教育部高等学校文科计算机基础教学指导分委员会立项教材
普通高等教育“十一五”国家级规划教材配套教材
工业和信息产业科技与教育专著出版资金立项教材

# 大学计算机基础实验教程

## （第2版）

景　红　主编

電子工業出版社
Publishing House of Electronics Industry
北京·BEIJING

## 内 容 简 介

本书是教育部高等学校文科计算机基础教学指导分委员会立项教材，普通高等教育“十一五”国家级规划教材配套教材，工业和信息产业科技与教育专著出版资金立项教材。本书倡导在教学实施过程中，以真实任务驱动、学生自主实验、教师面对面辅导、项目成果评价，很好地实现以教师为主导、学生为主体的教学模式。全书主要内容包括：微机系统基本操作、微机系统配置与优化管理、网络基本应用操作、电子文档的制作、PowerPoint 2010 演示文稿的制作、电子表格的制作、Internet 的应用、网页制作、虚拟光驱与 Visio 作图、Photoshop 软件的应用、Flash 软件的应用、其他常用软件工具的使用、综合实验等。

本书可作为高等学校非计算机专业大学计算机基础课程的教材，也可以作为高职高专、网络课程的培训和自学教材，有助于计算机初学者系统地学习计算机基础知识。



**图书在版编目（CIP）数据**

大学计算机基础实验教程 / 景红主编．—2 版．— 北京：电子工业出版社，2015.9
ISBN 978-7-121-26990-5

I．①大…　II．①景…　III．①电子计算机－高等学校－教材　IV．①TP3

中国版本图书馆 CIP 数据核字（2015）第 195627 号

策划编辑：王羽佳
责任编辑：周宏敏
印　　刷：北京虎彩文化传播有限公司
装　　订：北京虎彩文化传播有限公司
出版发行：电子工业出版社
　　　　　北京市海淀区万寿路 173 信箱　　邮编：100036
开　　本：787×1092　1/16　印张：16.75　字数：491 千字
版　　次：2015 年 9 月第 1 版
印　　次：2018 年 10月第 4 次印刷
定　　价：35.00 元

凡所购买电子工业出版社图书有缺损问题，请向购买书店调换。若书店售缺，请与本社发行部联系，联系及邮购电话：（010）88254888，88258888。

质量投诉请发邮件至 zlts@phei.com.cn，盗版侵权举报请发邮件至 dbqq@phei.com.cn。

本书咨询联系方式：（010）88254535，wyj@phei.com.cn。

# 前　言

“大学计算机基础”课程是新生入校的第一门计算机课程，是大学本科各学科专业学生必修的公共基础课程，是计算机基础教学的基础。

本书是“大学计算机基础”课程配套的实验教程，其内容由学生上机实践自学完成，所以教材的组织更加强调引导学生通过真切的经验构建属于自己的知识和能力体系，培养学生思维能力、问题解决能力、协作学习能力和操作能力。倡导在实施过程中，以真实任务驱动、学生自主实验、教师面对面辅导、项目成果评价，很好地实现以教师为主导、学生为主体的教学模式。建议具体的实施办法如下：（1）安排每位学生每周 2 小时的计划内上机实验，分别就“实验一”到“实验十一”所给出的实验任务进行自学并提交成果文档；（2）期末提交“综合实验”规定的各项任务的成果文档。

全书凝聚了我校该课程全体任课教师的辛勤劳动，是以 2009 年出版的《大学计算机基础实验教程》为基础的并对其中大部分内容进行了修改和更新，承担具体编写工作的教师有（以姓氏拼音为序）：崔波、景红、李茜、刘军、刘倩、王坤、吴燕、杨柳、张旭丽。这里同时对承担实验视频录制工作的闫思杨、李杨、杨博、沈继文同学表示深深的感谢。

计算机科学与技术是一个发展非常迅速的学科，相关技术的书籍和资料的时效性很强，加上编者水平所限，本书在选材上的局限性甚至错误在所难免，欢迎广大读者提出宝贵意见，在此先行致谢。

编　者

2015 年于四川成都

# 目　　录

# 实验准备 入门技能（微机系统基本操作）

**目标：** 1. 掌握计算机系统的启动与关闭以及熟悉键盘操作指法；
2. 掌握常用输入设备、输出设备、存储设备的使用方法；
3. 掌握文件资源管理的基本操作，包括：文件的复制、移动、删除，文件的重命名、属性的设置，查找文件的方法，以及“文件夹选项…”操作等；
4. 通过控制面板查看和修改主要输入与输出设备的设置；
5. 查看和修改系统基本配置信息。

**任务：** 1. 启动与关闭计算机；
2. 键盘指法练习；
3. 文件及文件夹的基本操作；
4. 修改鼠标、显示器、输入法的设置；
5. 显示系统硬件配置信息。

## 任务 1 开关计算机和键盘指法练习

**背景说明：**

计算机的启动和关闭与日常生活中使用的家用电器的开、关方法有所不同。用户与计算机进行交流时，如何启动和关闭计算机？又如何将信息输入给计算机呢？这里，我们首先需要练习开关计算机，以及通过键盘盲打练习来熟悉一下键盘。

**具体操作：** 任务 1 由 3 个子任务组成。

**子任务 1：启动计算机。具体操作步骤如下。**

【步骤 1】打开电源插座的开关，指示灯亮，表明插座正常供电。

【步骤 2】打开其他外部设备，例如音箱、打印机、扫描仪等的电源开关。

【步骤 3】打开显示器的电源开关，一般在显示器的面板上是符号为⏻的按钮，显示器的电源指示灯闪烁，表明显示器已经打开。

【步骤 4】打开主机箱的电源开关，一般在主机箱的面板上是符号为⏻的按钮，主机箱的电源指示灯亮，表明主机已经打开。

【步骤 5】计算机首先进行自检，在无故障的情况下启动操作系统。

Windows 7 系统启动正常，进入图 0-1 所示的欢迎界面。单击用户账户名（如果有多个，单击需要进入的某一个），若该账户用户没有设置密码，系统将直接登录，否则，在用户账户图标右下角会自动出现一个空白文本框，在此处输入密码，然后单击向右箭头图标，或直接按回车键登录系统。

登录成功后，将显示如图 0-2 所示的“Windows 7 操作系统主界面”。

**注意：** 如果计算机上安装了多个操作系统，计算机在启动过程中将显示操作系统列表，用户可通过上下光标键选择要使用的操作系统。在 Windows 7 启动过程中按“F8”键，将进入 Windows 7 多重启动菜单，用户可以根据不同的需求，选择不同的方式来启动 Windows 7 操作系统。

图 0-1 Windows 7 “欢迎使用”界面

图 0-2 Windows 7 操作系统主界面

**子任务 2：关闭计算机。具体操作步骤如下。**

【步骤 1】关闭所有已打开的应用程序，并且对未保存的文件进行存盘。

【步骤 2】单击开始菜单中的“关机”按钮，将自动关闭主机的电源，如图 0-3 所示。

相关说明：

（1）如果在开始菜单中，电源按钮上的字样并非“关机”，可在该处单击鼠标右键，再选择“属性”，系统会弹出“任务栏和「开始」菜单属性”对话框，在“「开始」菜单”选项卡中将电源按钮操作设置为“关机”，如图 0-4 所示。

（2）“关机”时，用户有以下几种选择。

- **关机**：当选择“关机”时，系统首先会关闭所有运行中的程序（如果某些程序不太配合，可以选择强制关机）；然后系统后台服务关闭；接着系统向主板和电源发出特殊信号，让电源切断对所有设备的供电，计算机彻底关闭，下次开机就完全是重新开始启动计算机了，当然，这个启动时间会比较长。

图 0-3　开始菜单图

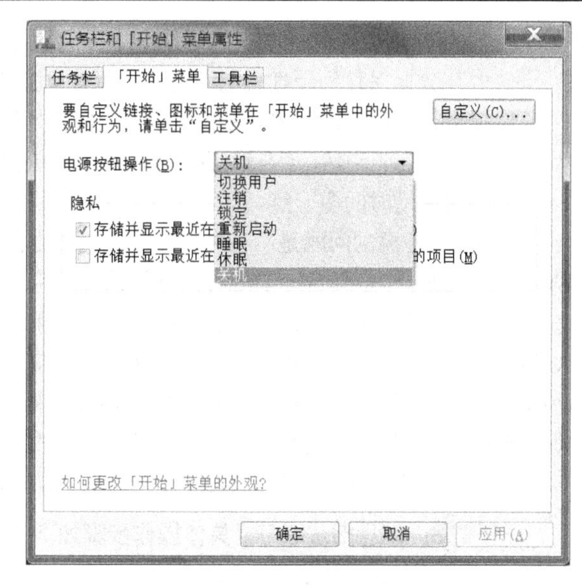


图 0-4　关闭计算机

- **注销**（L）：由于 Windows 允许多个用户登录计算机，所以注销和切换用户功能就显得必要了。顾名思义，注销就是向系统发出清除现在登录的用户的请求，清除后即可使用其他用户来登录系统，注销不可以替代重新启动，只可以清空当前用户的缓存空间和注册表信息。当然，出于其他目的，也可以使用注销操作以节省时间（如使修改后的注册表生效）。
- **切换用户**（W）：和注销类似，也是允许另一个用户登录计算机，但前一个用户的操作依然被保留在计算机中，其请求并不会被清除，一旦计算机又切换到前一个用户，那么他仍能继续操作，这样即可保证多个用户互不干扰地使用计算机了。
- **锁定**（O）：一旦选择了“锁定”，系统将自动向电源发出信号，切断除内存以外的所有设备的供电。由于内存没有断电，系统中运行着的所有数据将依然被保存在内存中，这个过程仅需1～2 秒的时间，当从锁定态转为正常态时，系统将继续根据内存中保存的上一次的“状态数据”进行运行。当然，这个过程同样也仅需 1～2 秒。而且，由于锁定过程中仅向内存供电，所以耗电量是十分小的，对于笔记本电脑，电池甚至支持计算机接近一周的“锁定”状态。所以，如果要经常使用计算机的话，推荐不要关机，锁定计算机就可以了，这样可以大大节省再次使用时所需的时间，更何况这样也不会对计算机产生什么不利的影响（因为除内存外其他设备都断电了）。
- **重新启动**（R）：按下“R”键，机器进入重新启动状态。这时，相当于执行“关闭”操作后再重新启动计算机。该操作主要用于：完成某些设备或应用程序的安装，或更改某些功能设置后，系统提示需要重新启动计算机。另外，需要切换到其他操作系统，或是系统出现某些异常需要重新启动计算机来恢复其正常功能时。
- **睡眠**（S）：当执行“睡眠”时，内存数据将被保存到硬盘上，然后切断除内存以外的所有设备的供电。如果内存一直未被断电，那么下次启动计算机时就和“锁定”后启动一样了，速度很快，但如果下次启动（注意，这里的启动并不是按开机键启动）前内存不幸断电了，则在下次启动时遵循“休眠”后的启动方式，将硬盘中保存的内存数据载入内存，速度也自然较慢了。
- **休眠**（H）：执行“休眠”后，系统会将内存中的数据保存到硬盘上，具体来说是保存在系统盘的 hiberfil.sys 文件中（所以这个文件一般比较大，除非先禁用休眠功能，否则无法将其删除），内存数据保存到硬盘后电源会切断所有设备的供电，下次正常开机时，hiberfil.exe 文件中的数据会被自动加载到内存中继续执行，也就是说，休眠功能在断电的情况下保存了上次使用计算机的状态。当然，休眠以后，再进行的开机操作就是正常开机了，所以启动速度还是很慢，比正常启动时间多一点。

**特别需要注意的问题是**：在关闭计算机电源之前，用户要确保正确退出 Windows 7。这是因为：Windows 7 是一个多任务、多线程的操作系统，也就是说可以同时运行多个程序，如果前台程序运行完后即关掉电源，就可能会丢失后台程序的数据和运行结果。其次，运行 Windows 7 时可能需要占用大量的磁盘空间以保存临时文件，这些临时文件在正常退出 Windows 7 时将自动予以删除，以免浪费计算机资源。然而，非正常退出将使 Windows 7 来不及删除临时文件，从而造成资源浪费。如果直接关闭电源，系统将认为是非正常中断，可能会造成致命的错误并导致系统无法再次启动。

【步骤 3】关闭其他外设的电源，比如显示器、音箱、扫描仪等。

**子任务 3：键盘指法练习。具体操作步骤如下。**

【步骤 1】在桌面上单击右键，选择快捷菜单中的“新建”命令，单击“文本文档”，则会在桌面上出现“新建文本文档.txt”，如图 0-5 所示。

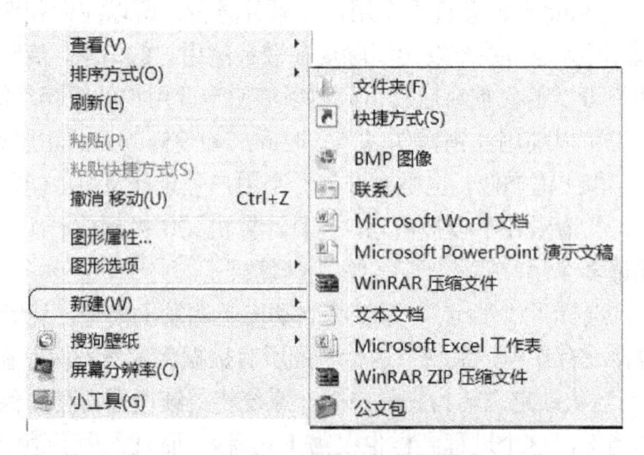


图 0-5　新建文本文档

【步骤 2】鼠标双击，打开该文本文档。

【步骤 3】进行键盘盲打练习（即眼睛不要看键盘）。指法分区如图 0-6 所示。（更多指法操作介绍详见本章知识点中的“键盘操作”相关部分。）依次在文本文档中输入从 a 到 z 的 26 个字母，如图 0-7 所示。

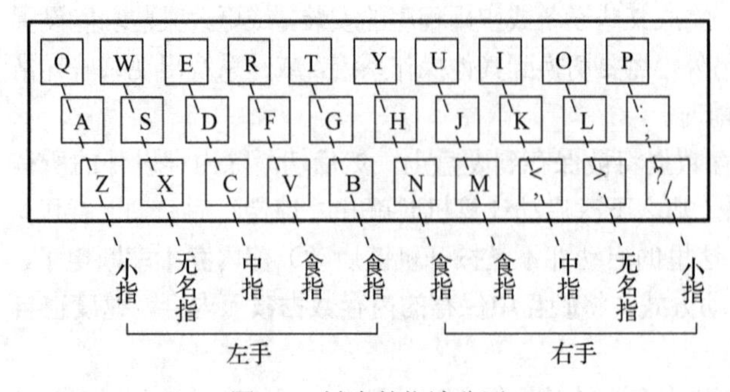


图 0-6　键盘的指法分区

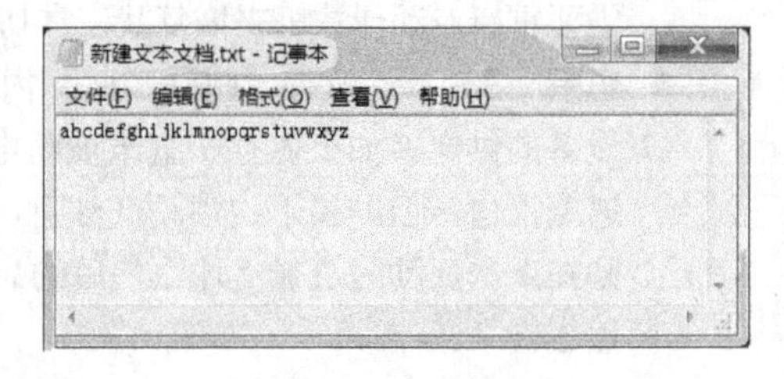


图 0-7　指法练习

# 任务 2　文件及文件夹基本操作

**背景说明：**

本实验的目的在于通过操作与管理文件“notepad.txt”，熟悉文件及文件夹的基本操作，以及通过完成“显示‘我的文档’文件夹下所有文件的扩展名”的任务，达到熟悉文件夹选项操作的目的。

**具体操作：**任务 2 由 5 个子任务组成。

**子任务 1：在 D 盘上以自己的学号为名建立一个新的文件夹，在此文件夹下面建立“记事本”文件夹。具体操作步骤如下。**

【步骤 1】单击“开始”按钮，单击“计算机”菜单项。

【步骤 2】打开“计算机”窗口，双击“D”盘的盘符，如图 0-8 所示。

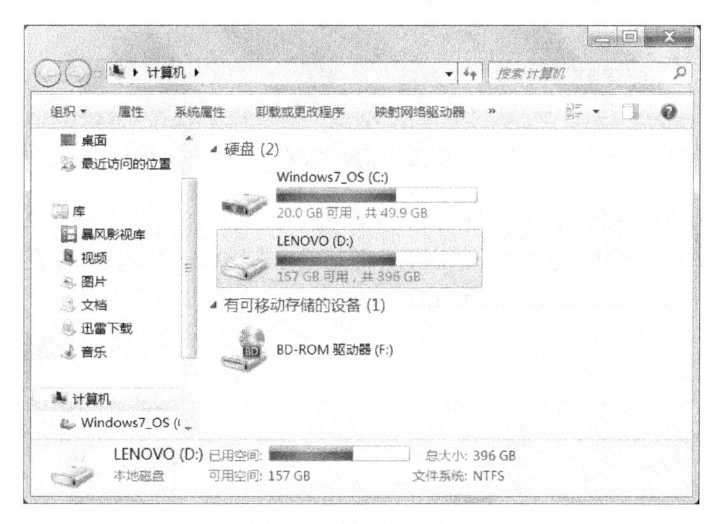


图 0-8　“计算机”窗口

【步骤 3】打开“D”盘，单击鼠标右键，选择“新建”→“文件夹”，如图 0-9 所示。

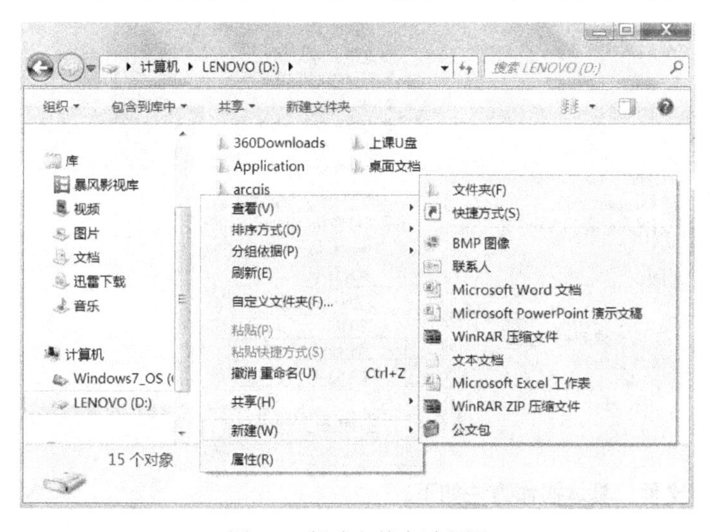


图 0-9　新建文件夹过程图

【步骤 4】在“D”盘将出现一个名字为“新建文件夹”的文件夹，如图 0-10 所示。输入学号“20052345”作为文件夹的新名字。

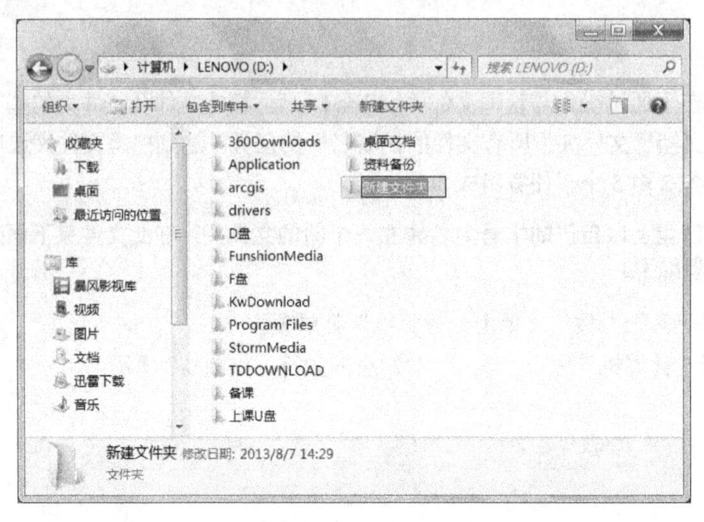


图 0-10　新建的文件夹

【步骤 5】用鼠标双击打开“20052345”文件夹，采用与上面同样的方法建立文件夹，用“重命名”的方法将“新建文件夹”改为“记事本”的名字，即用鼠标右键单击“新建文件夹”，在弹出的快捷菜单中选择“重命名”，输入“记事本”作为文件夹的新名字，如图 0-11 所示。

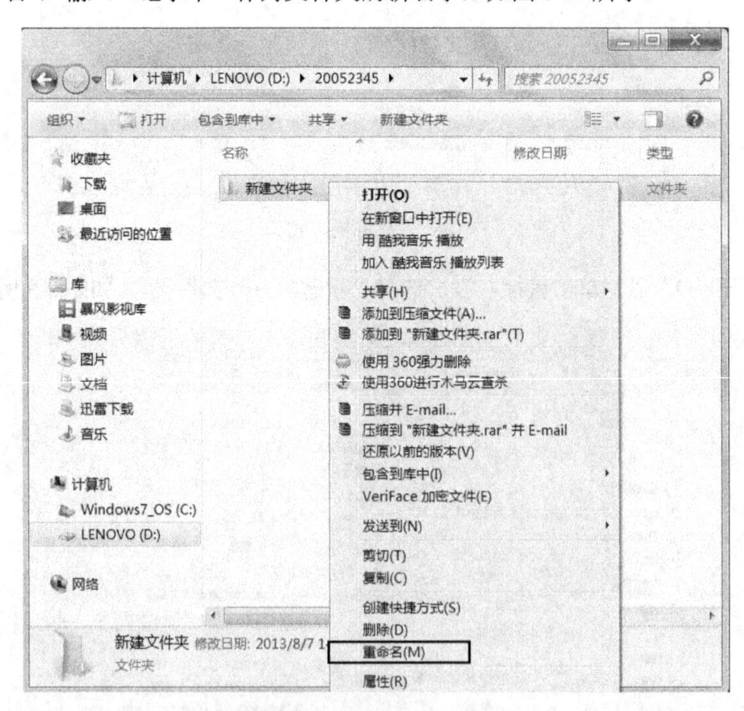


图 0-11　重命名文件夹

**子任务 2：查找文件。具体操作方法如下。**

【方法 1】如图 0-12 所示，单击“开始”按钮，在光标所在位置（“搜索程序和文件”处），输入要搜索的程序或文件的名称（全名或部分文件名均可），即可搜索到与之相关的程序和文件。搜索结果如图 0-13 所示。

图 0-12 “开始”菜单

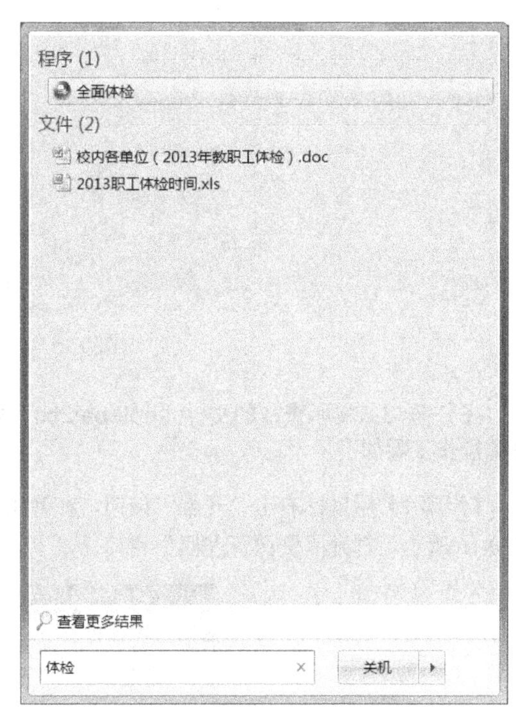


图 0-13 “搜索”菜单项

【方法 2】如图 0-14 所示，打开“计算机”窗口后，在“搜索计算机”处输入要搜索程序或文件（或文件夹）的名称（如“notepad”），搜索结果将显示在窗口的右下子窗口中。

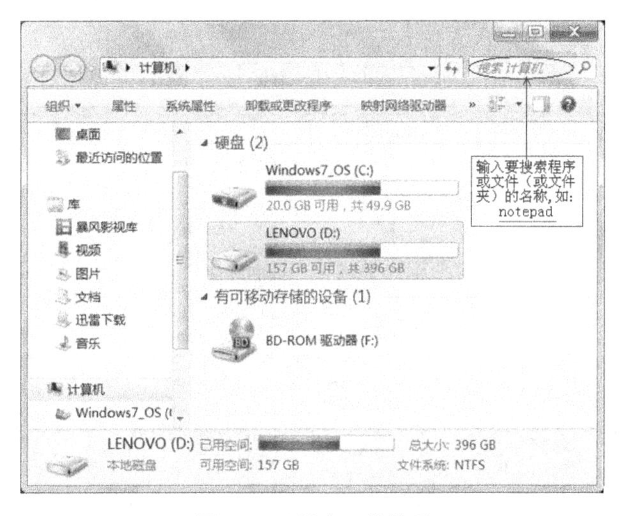


图 0-14 “搜索”菜单项

【补充说明】：如需设置搜索条件、搜索范围等具体参数，则可以通过单击“开始”→“控制面板”选项来打开“控制面板”，在其窗口中选择“索引选项”，如图 0-15 所示。在打开的新窗口中设置相关的参数，从而进一步加快搜索速度。

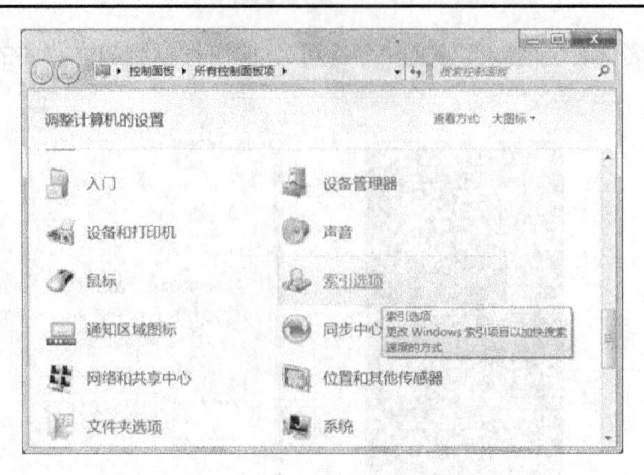


图 0-15 设置“索引选项”

**子任务 3：将所查找的文件“notepad.txt”复制到“记事本”文件夹下，属性修改为“只读”。具体操作步骤如下。**

【步骤 1】用鼠标右击“开始”按钮，在弹出的快捷菜单中选择“打开 Windows 资源管理器”，如图 0-16 所示，打开“资源管理器”窗口。

图 0-16 “开始”按钮的快捷菜单

【步骤 2】按照任务 2 搜索结果指定的路径，选择左侧“计算机”下的 D 盘，找到目录“D:\”。在找到的“notepad.txt”文件上单击鼠标右键，选择快捷菜单中的“复制”命令，如图 0-17 所示。

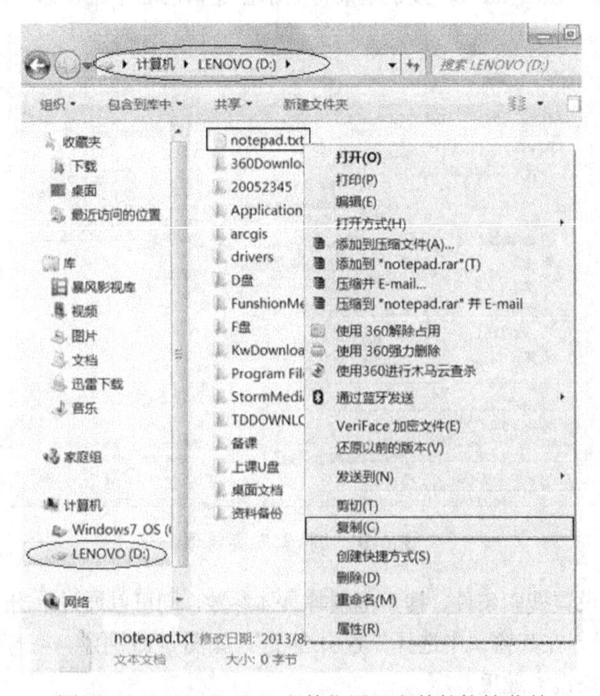


图 0-17 “notepad.txt”文件位置及文件的快捷菜单

【步骤 3】打开目录“D:\20042345”下的“记事本”文件夹，在空白处单击鼠标右键，选择“粘贴”命令，即将找到的文件“notepad.txt”粘贴到指定的位置，如图 0-18 所示。

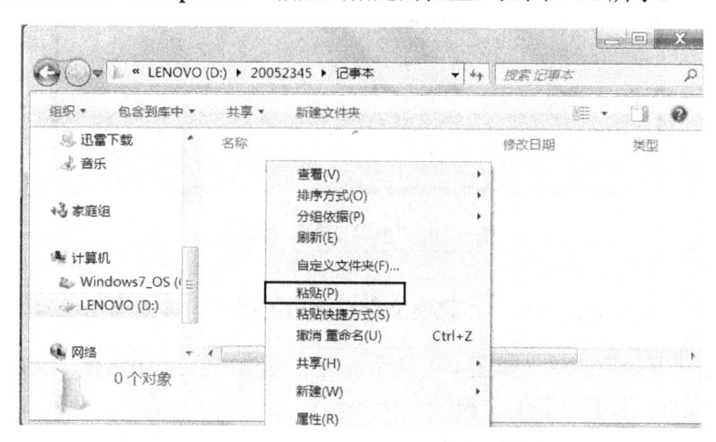


图 0-18　文件夹下空白处的快捷菜单

【步骤 4】用鼠标右键单击“notepad.txt”文件，在弹出的快捷菜单中选择“属性”命令，在弹出的“notepad.txt 属性”对话框中选择“只读”，单击“应用”按钮，如图 0-19 所示。

图 0-19　“notepad.txt 属性”对话框

**子任务 4：移动文件“notepad.txt”到桌面，删除该文件。具体操作步骤如下。**

【步骤 1】用鼠标右键单击“notepad.txt”文件，在弹出的快捷菜单中选择“属性”命令，在其中选择“剪切”选项。

【步骤 2】在桌面上单击鼠标右键，在弹出的快捷菜单中选择“粘贴”。文件“notepad.txt”将被移动到桌面；原 D 盘下的文件“notepad.txt”将不再存在。

【步骤 3】在“桌面”上用鼠标右击“notepad.txt”文件，在弹出的快捷菜单中选择“删除”命令；在“删除文件”对话框中单击“是”按钮，完成文件的删除任务，如图 0-20 所示。

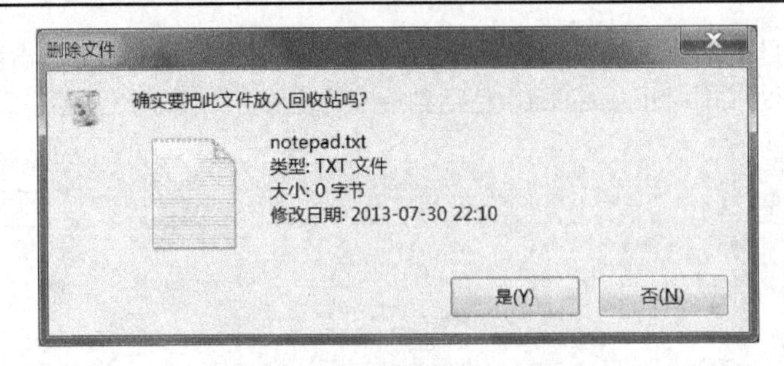


图 0-20 “删除文件”对话框

**子任务 5：使用“文件夹选项…”，熟悉文件夹选项的操作。具体操作步骤如下。**

【步骤 1】单击“开始”菜单（如图 0-3 所示），在“开始”菜单中选择“文档”选项，或在桌面双击“我的文档”图标，打开“我的文档”。

【步骤 2】选择“工具”菜单下的“文件夹选项”，在弹出的“文件夹选项”对话框中选择“查看”选项卡，将“隐藏已知文件类型的扩展名”复选框中的√用鼠标去掉，并单击“确定”按钮，如图 0-21 所示。

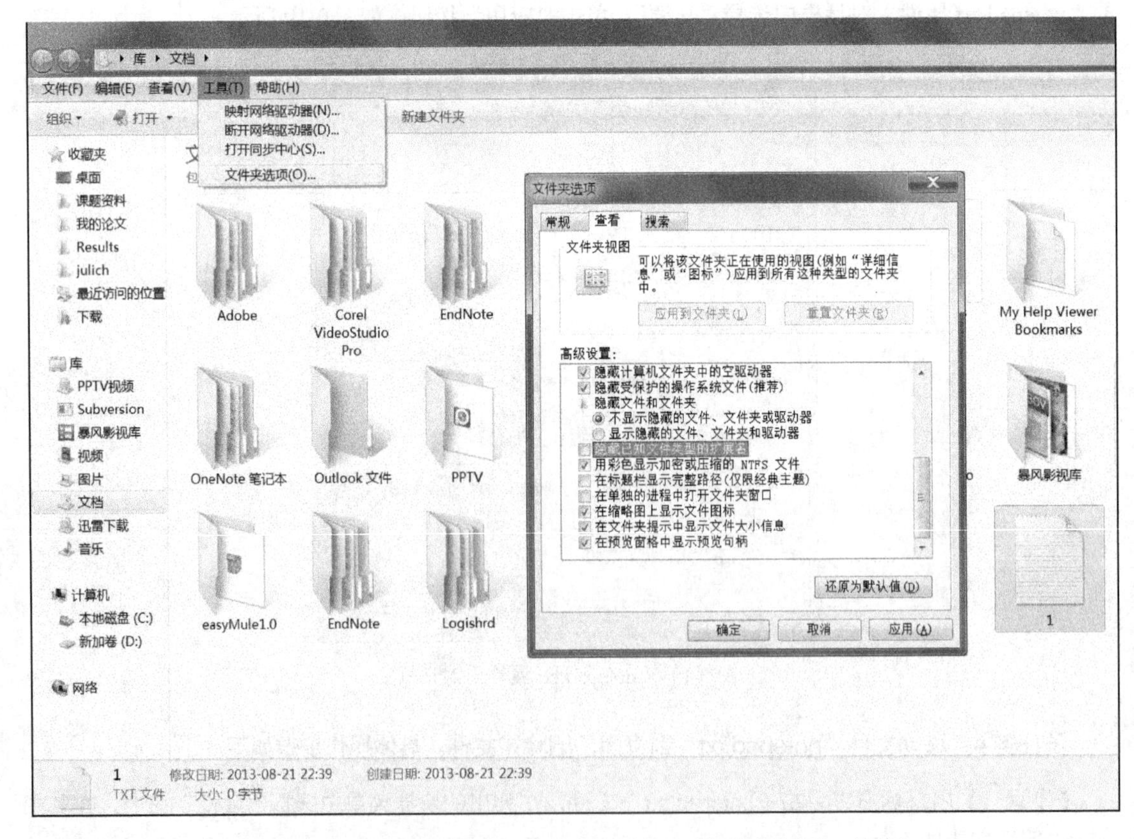


图 0-21 “工具”菜单下的“文件夹选项”及“文件夹选项”对话框

【步骤 3】在“我的文档”窗口中将显示文件的扩展名。如原来的文本文档“1”就以“1.txt”的名字呈现，如图 0-22 所示。

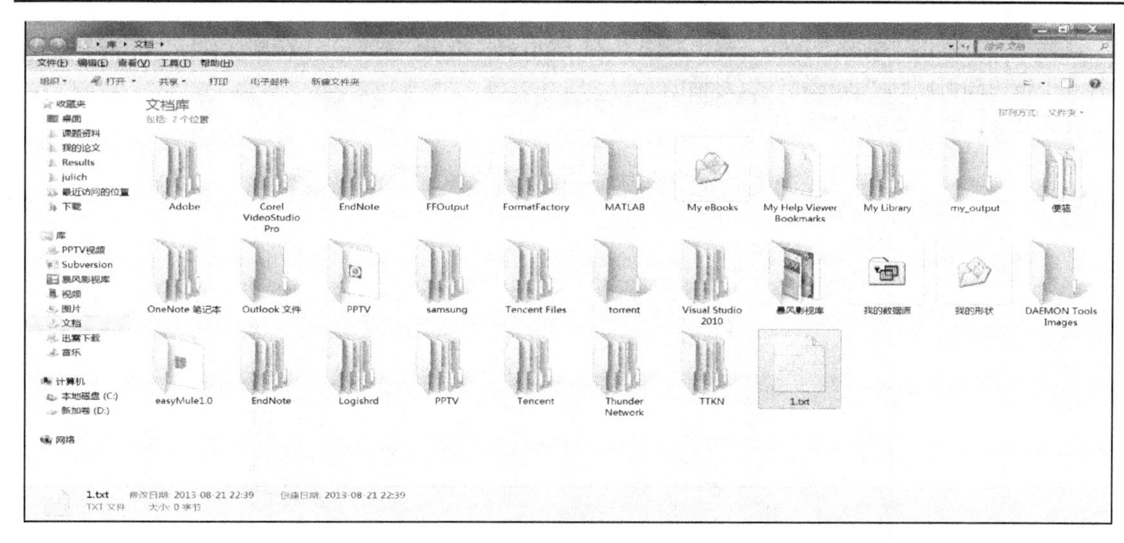


图 0-22　设置结果

# 任务 3　常用设备属性的设置

**背景说明：**

用户与计算机进行交互是通过系统的输入/输出设备来实现的，不同的用户使用这些设备的习惯是不一样的。通过对系统输入/输出设备的设置可以使我们更方便地使用计算机系统，下面介绍主要的输入/输出设备的配置过程。

**具体操作：**任务 3 由 4 个子任务组成。

**子任务 1：修改系统处于“正常选择”状态时的鼠标指针图形。具体操作步骤如下。**

【步骤 1】通过单击“开始”→“控制面板”选项来打开“控制面板”，然后在控制面板中双击“鼠标”图标，弹出“鼠标属性”对话框。

【步骤 2】选择“指针”选项卡，在“自定义”列表框中选择“正常选择”，如图 0-23 所示。

图 0-23　“鼠标属性”对话框

【步骤 3】单击“浏览”按钮，弹出如图 0-24 所示的“浏览”对话框，在此选择任一文件后单击“打开”按钮即可回到“鼠标属性”对话框。

【步骤 4】单击“确定”按钮。

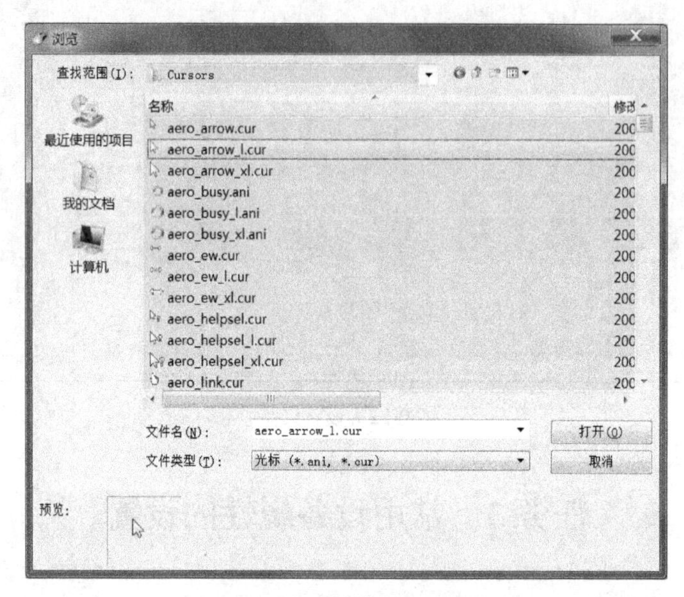


图 0-24 “浏览”对话框

**子任务 2：设置显示器的分辨率为 800×600。具体操作步骤如下。**

【步骤 1】在控制面板中双击“显示”图标，弹出“显示属性”对话框。

【步骤 2】单击“调整分辨率”功能选项，如图 0-25 所示。

【步骤 3】单击“分辨率”处的下拉箭头图标，在下拉列表中选择“800×600 像素”并释放鼠标，如图 0-26 所示。单击“确定”按钮。

【步骤 4】系统弹出消息对话框，确认是否保留显示设置。单击“保留更改”按钮，保留新的设置。

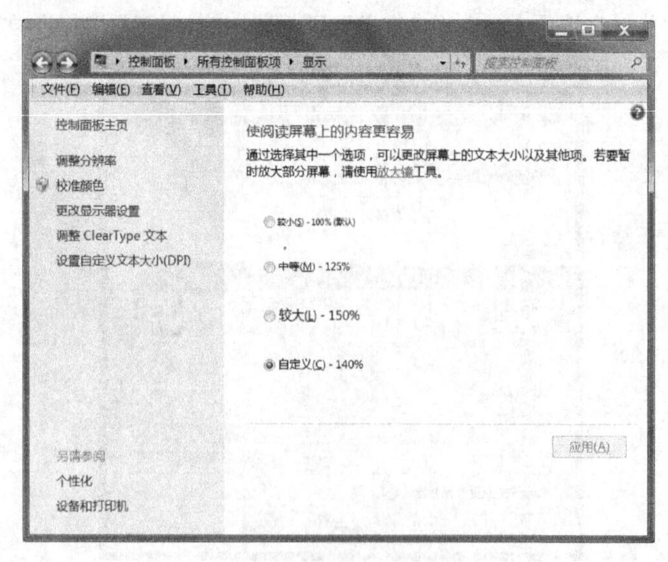


图 0-25 “显示属性”对话框

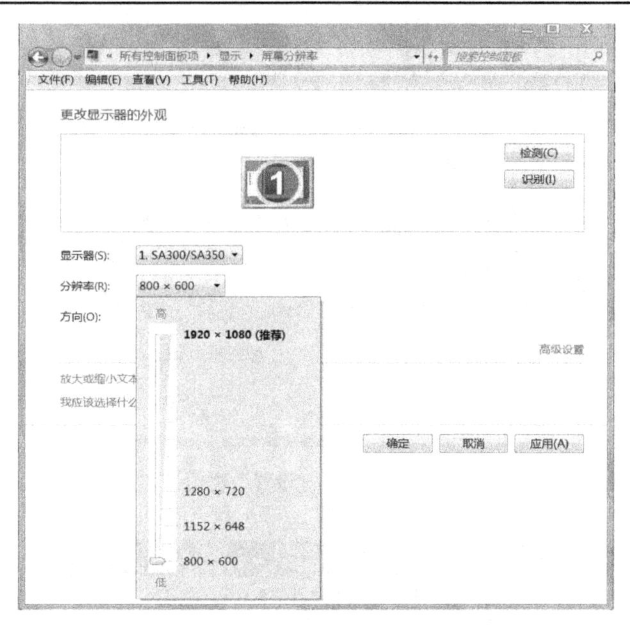


图 0-26 “显示属性”对话框

**子任务 3：设置 Ctrl+Shift+1 为“全拼”输入法的热键。具体操作步骤如下。**

【步骤 1】在控制面板中双击“区域和语言”选项图标，弹出“区域和语言”对话框。

【步骤 2】单击“键盘和语言”选项卡，如图 0-27 所示。

【步骤 3】单击“更改键盘”按钮，弹出图 0-28 所示的“文本服务和输入语言”对话框。

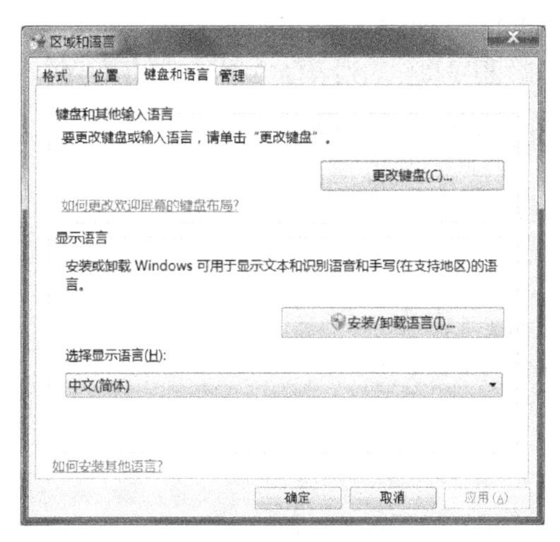


图 0-27 “区域和语言”对话框

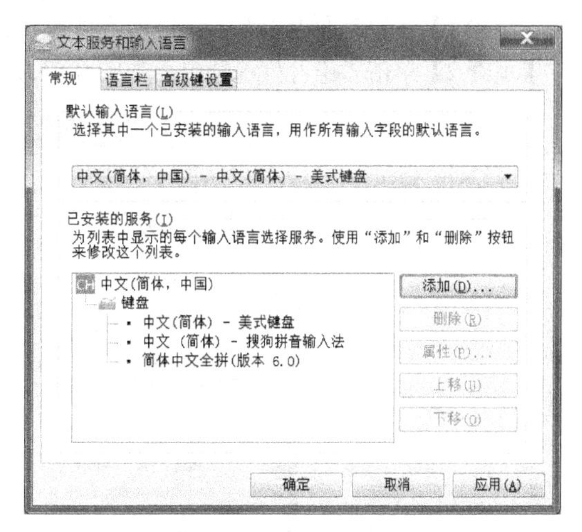


图 0-28 “文本服务和输入语言”对话框

【步骤 4】单击“高级键设置”选项卡，如图 0-29 所示，在“输入语言的热键”列表框中选择“切换至……全拼”，单击“更改按键顺序”按钮。

【步骤 5】在弹出的图 0-30 所示的“更改按键顺序”对话框中，首先选择“启用按键顺序”复选框，然后选中“Ctrl+Shift”单选框，最后在“键”后面的下拉列表框中选择数字 1。

【步骤 6】依次单击各个对话框中的“确定”按钮使配置生效，今后不管处于什么输入法状态，只要同时按下“Ctrl”+“Shift”+“1”键即可切换到“全拼”输入法。

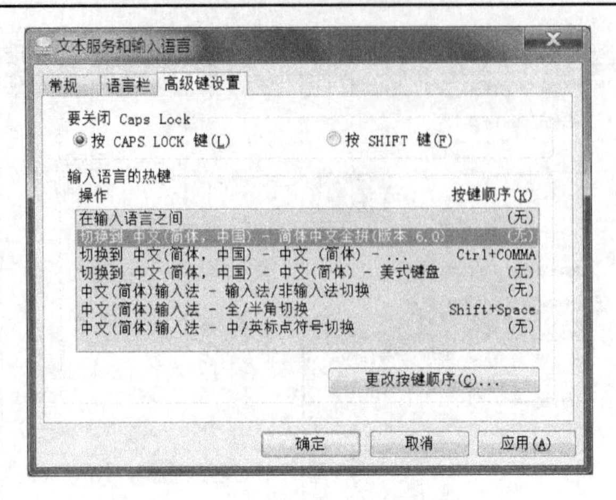


图 0-29 “高级键设置”选项卡

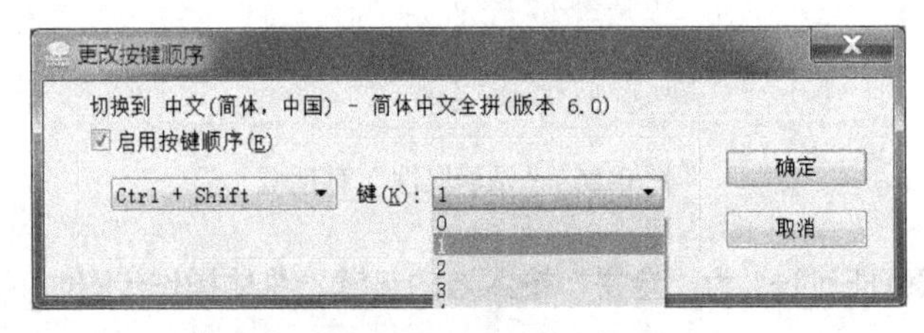


图 0-30 “更改按键顺序”对话框

**子任务 4：设置 Windows 系统在“关闭程序”事件时的声音。具体操作步骤如下。**

【步骤 1】在控制面板中双击“声音”图标，弹出“声音”对话框。
【步骤 2】单击“声音”选项卡，如图 0-31 所示。在“程序事件”列表框中选择“关闭程序”。

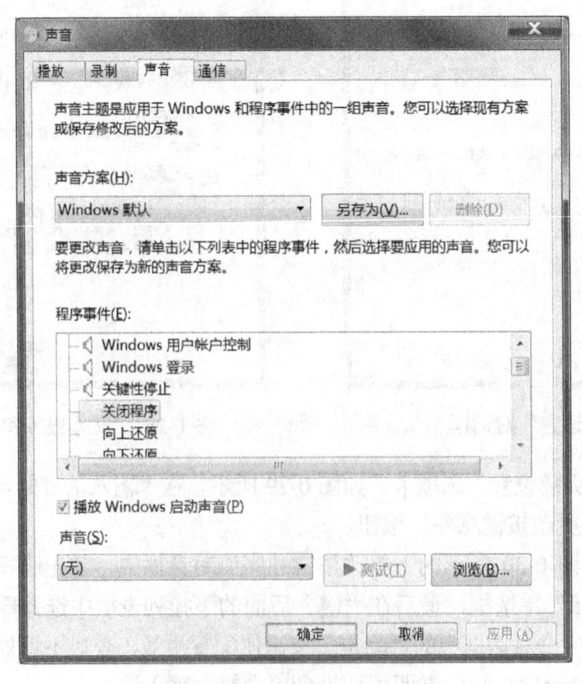


图 0-31 “声音”对话框

【步骤3】单击“浏览”按钮，弹出图0-32所示的“浏览新的关闭程序声音”对话框。

【步骤4】在该对话框中选择任意声音文件后依次单击“确定”按钮。

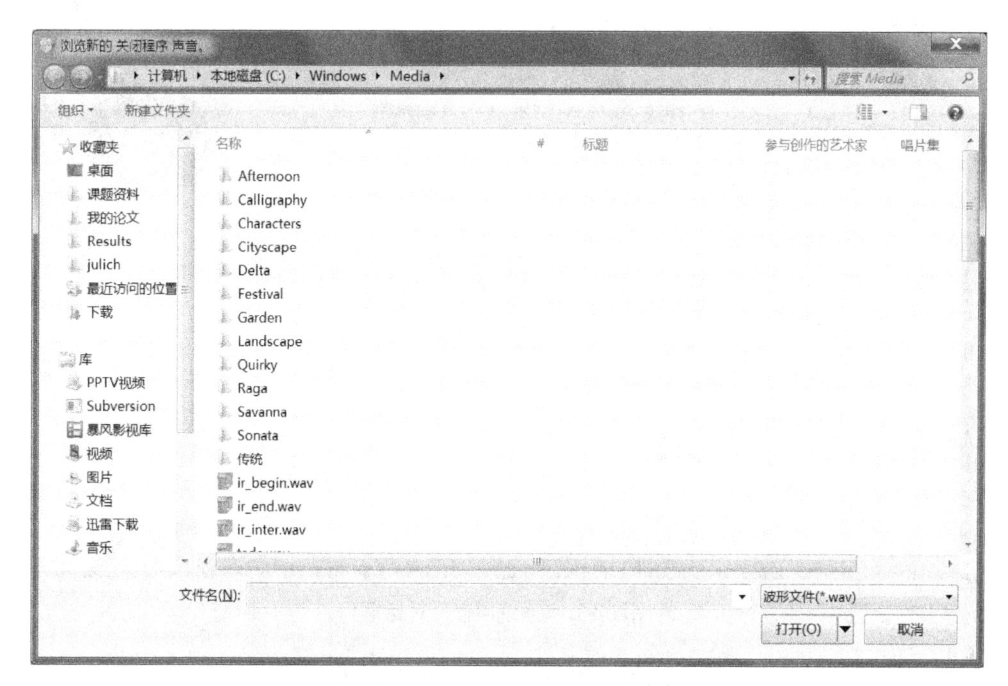


图0-32 “浏览新的关闭程序声音”对话框

# 任务4 系统硬件配置信息的查询

**背景说明：**

计算机的硬件标志了计算机性能的好坏。硬件要正常工作则需要相应的驱动程序支持。要维持计算机正常运行，必须了解计算机系统的各种硬件信息、查看其工作状态。下面通过两个实例介绍硬件信息的查询方法。

**具体操作：**任务4由2个子任务组成。

**子任务1：查找本机CPU信息。具体操作步骤如下。**

【步骤1】在桌面“计算机”图标上单击鼠标右键。

【步骤2】在弹出的快捷菜单中选择“属性”，弹出图0-33所示的窗口。该窗口中显示了本机的基本信息（如处理器、内存、操作系统等）。

**子任务2：查找本机网络适配器的名称。具体操作步骤如下。**

【步骤1】在图0-33所示的系统属性窗口中单击左侧的“设备管理器”功能选项，单击后如图0-34所示。

【步骤2】单击该对话框中“网络适配器”前面的符号展开，显示本机网络适配器信息。

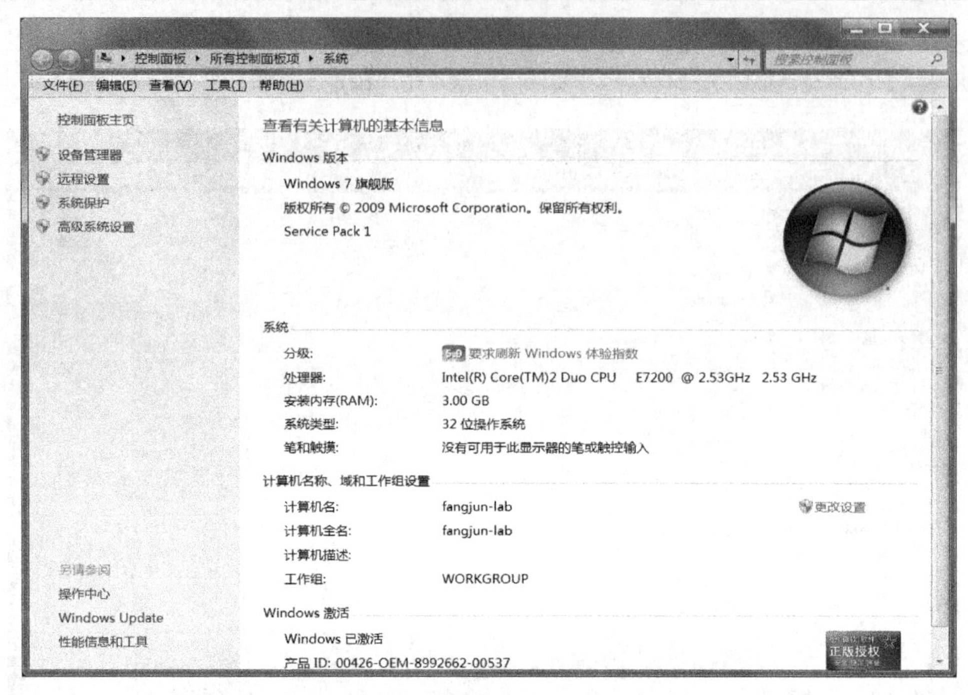


图 0-33 “系统属性”对话框

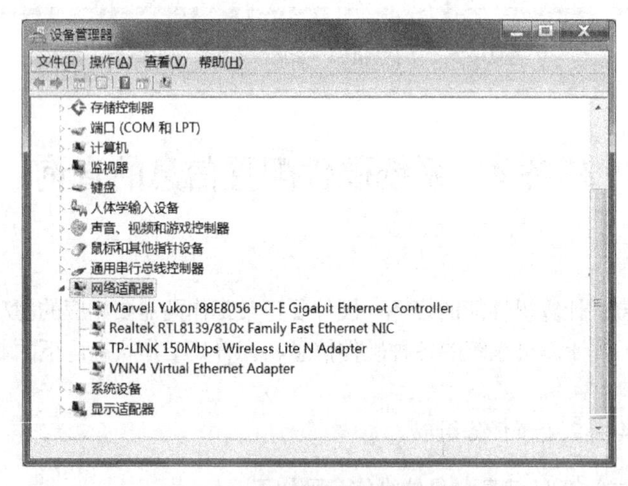


图 0-34 “设备管理器”对话框

# 知识点　微机系统基本操作

主要内容包括：①键盘操作；②鼠标操作；③磁盘管理（查看磁盘状况，磁盘扫描程序，磁盘碎片整理程序）及磁盘格式化；④文件、文件夹的基本操作（利用“资源管理器”和“计算机”来管理文件和文件夹）；⑤控制面板的使用；⑥自定义任务栏与“开始”菜单。

## 1. 键盘操作

在 Windows 系统中，用户与计算机的交互一般是通过键盘和鼠标来进行的。

键盘是目前最普遍而又最重要的输入设备。微型计算机的键盘已标准化，多数以 101 键为主。整个键盘分为 4 个区：主键盘区（也称为打字键区）、功能键区、小键盘区和光标控制键区，如图 0-35 所示。

键盘的操作经常是字符键与功能键组合使用。

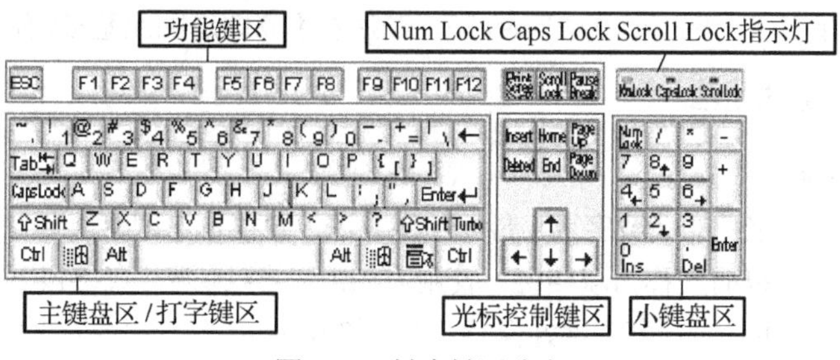


图 0-35　键盘键区分布

## 1.1　键盘操作的指法

1）坐姿

初学键盘输入时，首先必须注意的是击键的姿势：身体保持笔直，稍偏于键盘右方；将全身重量置于椅子上，座椅旋转到便于手指操作的高度，两脚平放；两肘轻轻贴于腋边，手指轻放于规定的字键上，手腕平直；人与键盘的距离通过可移动椅子或键盘的位置来调节，以调节到人能保持正确的击键姿势为好。

2）基准键与手指的对应关系

位于键盘第二行的 8 个字键称为基准键，它与手指的对应关系如图 0-36 所示。

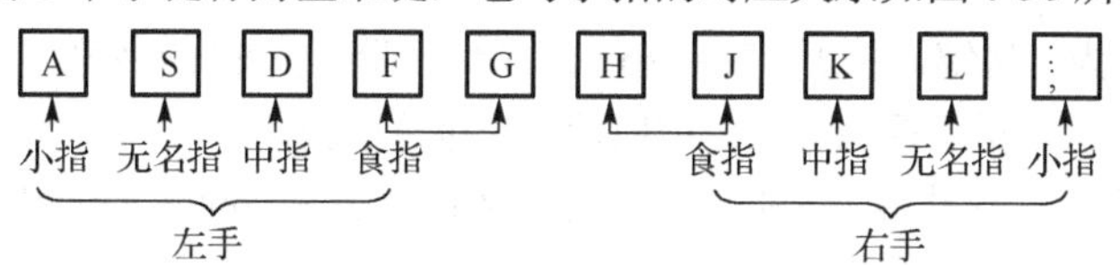


图 0-36　基准键与手指的对应关系

3）键盘指法分区

键盘的指法分区如图 0-37 所示，在基准键位的基础上，对于其他字母、数字、符号采用与 8 个基准键的键位相对应的位置来记忆，即凡两斜线范围内的字键，由规定的手的同一手指管理，这样既便于操作，又便于记忆。

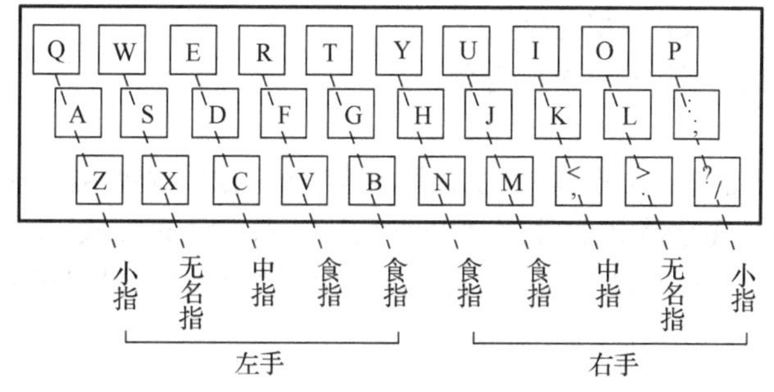


图 0-37　键盘的指法分区

4）手势

手指保持弯曲，稍微拱起，指尖后的第一关节微成弧形，分别轻轻地放在字键的中央。输入时，手指抬起，只有要击键的手指可伸出击键。输入后，手指立即缩回。

5）空格的击法

右手从基准键上迅速垂直上抬，拇指横着向下一击并立即回归，每击一次输入一空格。

6）换行键的击法

需要执行时，抬起右手小指击一次<Enter>键，击后右手立即退回原基准键位。

### 1.2 键盘的各个键的用法

1）字母、数字按键

（1）按键上只有一个字符的（数字或字母）使用方法：直接按下即可。

（2）按键上有两个字符的（称为双档键）使用方法：以%5为例，直接按下，输入的是“5”，如果需要输入“%”，则应先按下“Shift”键并保持（不释放），再按下%5（这种操作方法称为同时按下，通常以Shift+5表示）。“Shift”键称为上符键或上档键。

2）组合按键

需要同时和其他键相配合使用的按键。

（1）输入大小写字母的方法：系统默认状态下，直接输入的为小写字母。如果需要输入大写字母，可同时按下“Shift”键和字母键。另外，“CapsLock”键称为“大小写锁定键”，用于字母大小写的切换。按下“CapsLock”键，“CapsLock”指示灯亮，输入的字母为大写。

（2）重启系统或启动任务管理器：同时按下“Ctrl”+“Alt”+“Del（或Delete）”三个按键即可。

3）专用按键和功能按键

“Enter”键称为回车键，在输入文本内容时，按下“Enter”键表示换行；在输入命令时，按下“Enter”键表示执行命令。

“Backspace”键称为退格键，按下“Backspace”键将删除光标前的字符。

“Esc”键称为取消键，用于退出程序，或取消正在进行的程序。

“F1”～“F12”键称为功能键，它们的作用随着运行程序的不同，其作用也不同。

光标控制键区的4个箭头称为光标键，用于上、下、左、右移动光标的位置。

“Home”键：用于将光标移动到一行的开始。

“End”键：用于将光标移动到一行的结尾。

“Insert”键：用于改变输入状态（“插入”或“替换”）。“插入”状态时，输入信息插入到光标所在位置，光标后面的内容向后移动。“替换”状态时，输入信息将依次替换光标后的字符。

“Delete”键：用于将光标所在位置后面的字符删除。

“Page UP”键：用于显示前一屏的内容。

“Page Down”键：用于显示后一屏的内容。

4）小键盘区

在键盘的最右边一般都有一个小键盘区，它是将数字键和编辑键集中在一起，便于输入一些数据。

“Mum Lock”键：称为数字锁定键，按下“Mum Lock”键，“Mum Lock”指示灯亮，表示小键盘区作为数字键使用；再次按下“Mum Lock”键，“Mum Lock”指示灯灭，表示小键盘区作为编辑键使用。

5）按键将弹出开始菜单。

## 2. 鼠标操作

通常使用鼠标左键完成激活屏幕菜单、选择命令和执行命令等功能。而位于两个键中的智能鼠标轮可直接控制应用的滚动条，用户只要敲击一下轮子，并在希望的方向上移动鼠标，还可滚动文档（如果要停止滚动只需再击一下轮子即可），其作用是为了方便浏览。

鼠标指针，即鼠标光标，只有在安装了鼠标时才会出现。移动鼠标时，这个指针在屏幕上的位置会跟着变化。通常屏幕上的鼠标指针显示为一个空心箭头。根据情况，Windows 7 有时会把这个箭头换成一个双箭头、十字叉、砂漏等形状，以表示不同的含义，如砂漏状的光标表示计算机正在工作、请用户等待。

常用的鼠标操作方式有：指向、单击、双击、单击右键、拖动和选定文本 6 种基本操作。

- **指向**：指将鼠标指针移动到屏幕上的某一个对象之上，用来显示对象信息和打开级联菜单等。
- **单击**：指快速地按下鼠标左键并立即放开，用来选择对象、按钮和执行菜单命令等。
- **双击**：指无间隙地连续按动两下鼠标左键然后迅速放开，用来启动一个应用程序或打开一个窗口。
- **单击右键**：指快速地按下鼠标右键并立即放开。当单击鼠标右键时，屏幕上会立即弹出鼠标所指对象的快捷菜单，供用户使用。
- **拖动**：指按住鼠标左/右键不放，移动鼠标指针到某个位置后再放开。用来改变对象的位置。
- **选定文本**：在文本起始处按下鼠标左键，拖动鼠标指针至文本块的结尾处，释放鼠标，使文本处于黑底白字的状态。

同时，只需点击一下滚轮，并在希望的方向上移动鼠标，就可滚动文档。若要停止滚动，只需再击一下滚轮即可。

## 3. 磁盘管理及磁盘格式化

### 3.1 磁盘管理

磁盘（包含硬盘和其他可移动驱动器等）是计算机系统中用于存储数据的主要设备，磁盘管理与维护直接影响到计算机中数据的安全性及计算机的性能，定期对磁盘进行管理与维护十分重要，使用时应经常查看系统磁盘资源的使用状况。

#### 3.1.1 磁盘格式化

通常对于新购买的空白磁盘，制造厂商已进行了格式化，即买来可直接使用。目前，遇到最多的是对移动磁盘的格式化，这里以 U 盘为例，具体操作步骤如下。

（1）把需要格式化的 U 盘插入 USB 接口。

（2）右击 U 盘驱动器的图标，屏幕上将弹出一个快捷菜单，单击“格式化”命令项，弹出“格式化”对话框，按对话框中的标识选取适当的选择项，单击“开始”按钮，弹出“格式化警告”消息框，用户确认是否进行该操作。单击“确定”按钮，就可开始对 U 盘进行格式化了。单击“取消”按钮退出即可。操作过程如图 0-38 所示。

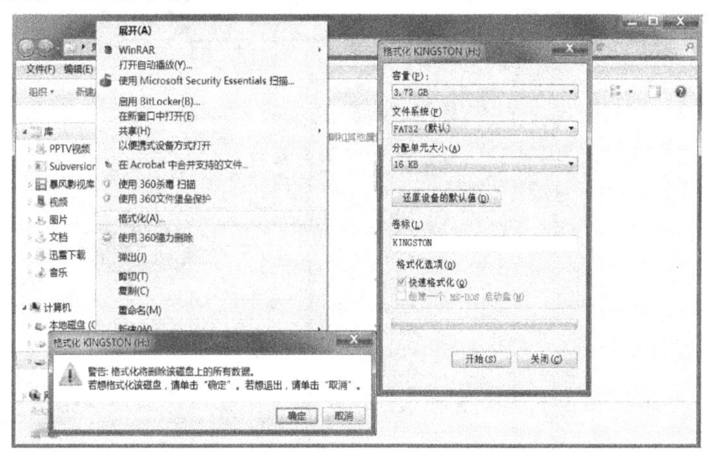


图 0-38 对 U 盘进行格式化的操作过程

### 3.1.2 查看磁盘状况

（1）鼠标右键单击桌面上的“计算机”图标，选择“管理”命令，即可打开“计算机管理”窗口。单击“计算机管理”窗口中的“磁盘管理”选项，可以查看和管理磁盘，了解磁盘的使用情况、分区格式等有关信息，如图 0-39 所示。

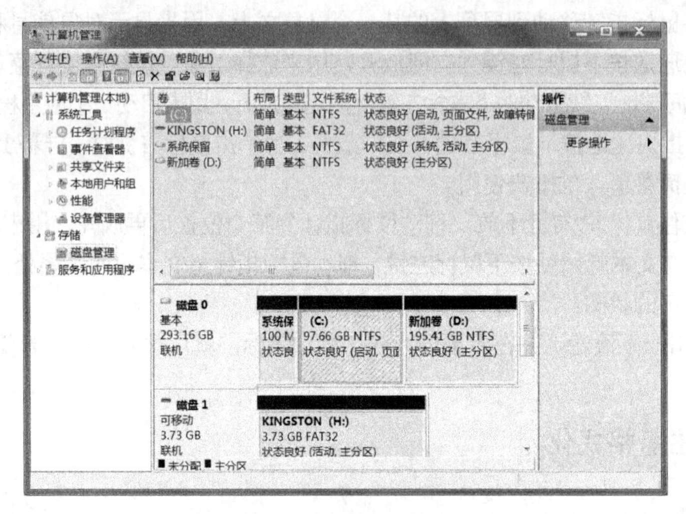


图 0-39 查看磁盘状况

（2）在“资源管理器”中查看和设置磁盘属性。右击需查看的某磁盘驱动器的图标，屏幕上将弹出一个快捷菜单，单击“属性”命令项，在“属性”对话框中选取适当的选择项，即可完成查看和设置磁盘属性，如图 0-40 所示。

### 3.1.3 磁盘扫描程序

磁盘在使用过程中难免会出现某些错误，影响磁盘的正常使用，需要对磁盘进行检测和修复。利用 Windows 7 提供的磁盘扫描程序可以检测、诊断并修复磁盘错误。

使用磁盘扫描程序检查磁盘的具体操作步骤如下。

（1）用鼠标右击待扫描磁盘的驱动器图标，选择弹出的快捷菜单中的“属性”命令，打开该磁盘驱动器的“属性”对话框，如图 0-40 所示。

图 0-40 查看和设置磁盘属性

（2）选择“工具”选项卡，单击“查错”选项组中的“开始检查”按钮，打开“检查磁盘”对话框，选中“自动修复文件系统错误（A）”复选框，可指定磁盘扫描程序自动修复磁盘中的文件系统错误（俗称逻辑错误）。否则，在搜索到文件系统错误时，磁盘扫描程序会提示用户指定修复错误的方式。选中“扫描并尝试恢复坏扇区（N）”复选框，不仅可以检查并修复磁盘上文件系统的逻辑错误，还可以扫描磁盘的物理表面，检查物理错误，标记损坏的扇区，并尽量将坏扇区上的数据移到好扇区上。若取消此复选框，将只检查并修复磁盘上文件系统的逻辑错误。单击“开始”按钮，按设定的选项对磁盘进行扫描。操作过程如图 0-41 所示。

说明：逻辑错误是指由于断电、非正常关机、非正常启动计算机等原因造成的磁盘空间分配上的问题。物理错误是指由于磁盘使用时间过长或使用不当等原因造成的磁盘表面某个区域存储数据不可靠的问题。

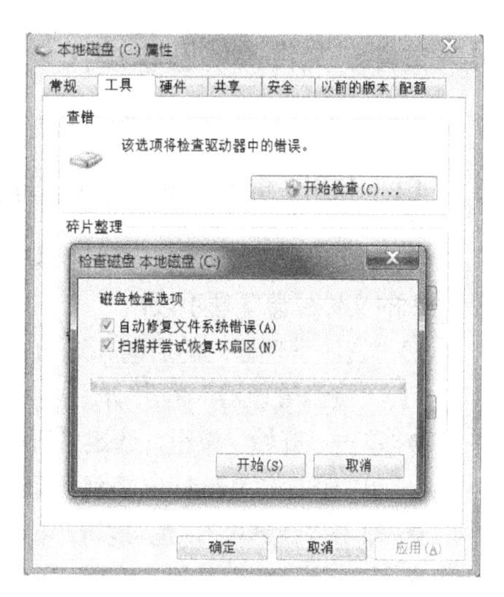


图 0-41 “磁盘扫描程序”的操作过程

### 3.1.4 磁盘碎片整理程序

磁盘在经过一段时间的使用之后，由于反复写入和删除文件，磁盘中的空闲扇区将分散到不连续的物理位置上，可能造成同一文件会支离破碎地存储在磁盘上的不同位置，需要磁头到处去读写数据，会增加磁头的机械移动，缩短磁盘的使用寿命，降低磁盘的访问速度。文件碎片积攒过多，会明显降低系统的速度和性能。定期地使用 Windows 7 提供的磁盘碎片整理程序对磁盘碎片进行整理，可以提高对磁盘空间的利用率和延长磁盘使用寿命。

磁盘碎片整理的具体操作步骤如下。

（1）打开“控制面板”并单击“性能信息和工具”图标，再单击“高级工具”，在选项组中选择“打开“磁盘碎片整理程序””，打开如图 0-42 所示的“磁盘碎片整理程序”窗口。或者通过单击“开始”→“所有程序”→“附件”→“系统工具”→“磁盘碎片整理程序”命令来打开“磁盘碎片整理程序”窗口。

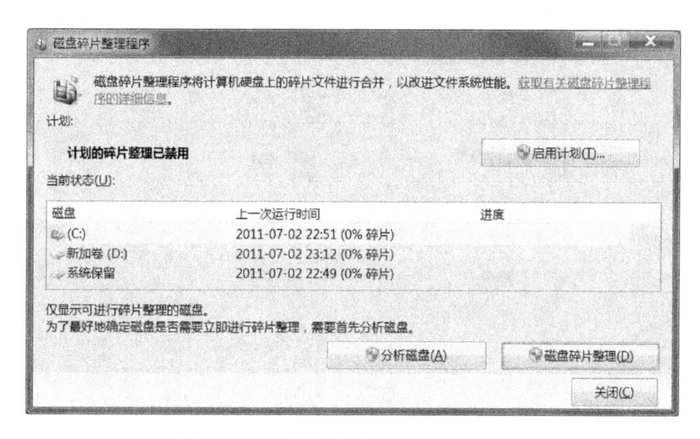


图 0-42 “磁盘碎片整理程序”窗口

（2）选中待整理的磁盘分区，单击“磁盘碎片整理程序”窗口中的“分析磁盘”按钮，可开始分析该磁盘分区的碎片情况。完成磁盘分析后，系统将显示磁盘碎片所占的百分比。如果需要对该分区进行碎片整理，则可单击“磁盘碎片整理”按钮。

## 4．文件、文件夹的基本操作

在 Windows 7 系统中，对文件进行管理主要使用“资源管理器”和“计算机”。

### 4.1　利用“资源管理器”来管理文件系统

在 Windows 7 中，“资源管理器”是一个重要的文件管理工具，为用户提供了使用更灵活、功能更强大的文件资源管理手段。

1）“资源管理器”的启动和退出

（1）“资源管理器”的启动。

- 单击“开始”按钮，选定“所有程序”，在弹出的级联菜单中选择“附件”，在再弹出的级联菜单中单击“Windows 资源管理器”命令；
- 双击“计算机”，也可以打开“资源管理器”（此处是传统的计算机内容而不是“库”）；
- 右击“开始”按钮，在弹出的快捷菜单中选择“打开 windows 资源管理器”命令；
- 使用键盘上的快捷键 +E，是打开“资源管理器”最方便的方式。

（2）退出“Windows 资源管理器”。

- 单击标题栏上的“关闭”按钮；
- 选择“文件”菜单的“关闭”命令；
- 双击窗口左上角的“控制”按钮；
- 直接按“Alt”+“F4”键。

2）“Windows 资源管理器”窗口

“资源管理器”窗口如图 0-43 所示，由两部分组成，左窗口区显示树，称为**树格**；右窗口区显示所选的文件夹（或驱动器、桌面部件等），称为**内容格**。“桌面”包含了系统的所有文件，管理系统的所有资源，如“计算机”、“控制面板”、“回收站”等，构成树形结构。

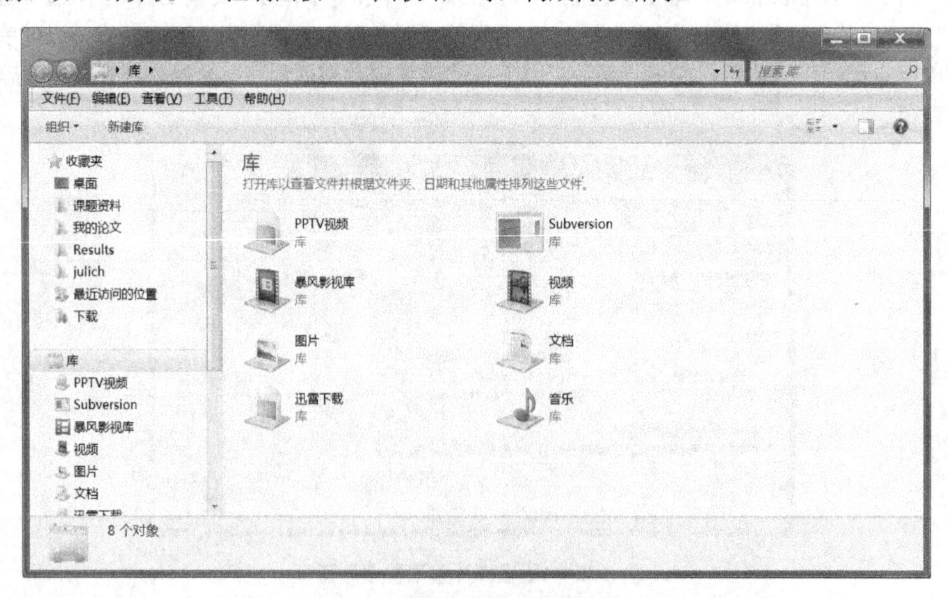


图 0-43　Windows 资源管理器窗口

“资源管理器”中一个非常重要的部件就是树形控件，即树格中图标前的展开点。“ ▷ ”号树形控件表示该驱动器或文件夹下面有下一级文件夹，但没有在树格中显示出来，“◢ ”号树形控件表示该驱动器或文件夹下面有下一级文件夹，而且已在树格中显示出来了。树形控件的使用很简单，比如，单击某一文件夹前的“ ▷ ”号，树形分支随之扩展，该文件夹中的所有文件夹显示在树格中，同时其树形控件转为“ ◢ ”号；如果单击某一文件夹图标，这时该文件夹中的所有文件夹和文件将随之显示在内容格中；而如果双击该文件夹图标，则不仅树形分支被展开，在树格中显示该文件夹中的所有文件夹，而且该文件夹中的所有文件夹和文件将随之显示在内容格中。

3）用“资源管理器”浏览并打开文件和文件夹

通过 Windows 资源管理器可以打开任一文件或文件夹。双击其中的文件或文件夹，即可打开该文件或文件夹。对于已经注册类型的文件，系统将启动相应的应用程序来打开它。对于可执行的应用程序，系统将直接运行该程序。对于文件夹，则将显示该文件夹的内容。

4）选择多个文件或文件夹

（1）选择连续的文件组或文件夹组。

单击组内的第一个文件或文件夹名，然后按住“Shift”键，单击组内的最后一个文件或文件夹名即可。如果要去掉此次选择，则松开“Shift”键，单击空白处即可。

（2）选择不连续的文件组或文件夹组。

先单击第一个文件或文件夹名，再按住“Ctrl”键，依次单击其他想选择的文件或文件夹名。如果想去掉此次的选择，松开“Ctrl”键，再单击空白处即可。如果想去掉其中某一个已经选择的文件或文件夹，可在按住“Ctrl”键时，再次单击该文件或文件夹。

5）查看和设置文件或文件夹的属性

在 Windows 7 系统中，每个文件和文件夹都有其自身特有的一些信息，如文件的类型、创建时间、在磁盘中所在的位置、所占空间的大小、修改时间、文件的属性等。查看和设置文件或文件夹属性的具体操作步骤如下。

（1）在“资源管理器”窗口中，右击需查看或设置属性的文件或文件夹图标，在弹出的快捷菜单中单击“属性”命令，打开“属性”对话框，默认的选项卡是“常规”，在该对话框中就可查看和设置一些文件或文件夹的属性，如图 0-44(a)所示。单击“高级…”按钮，如图 0-44(b)所示，弹出“高级属性”对话框，可选择设置文件的存档和编制属性，以及其压缩和加密属性。

(a)“常规”选项卡

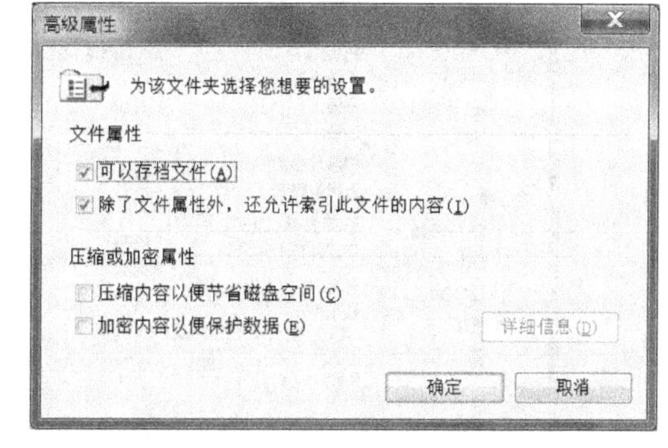


(b) 高级属性

图 0-44　“属性”对话框

（2）在“属性”对话框中，单击“自定义”选项卡。对于文件，允许用户创建新的属性以及提供关于该文件的其他信息。对于文件夹，允许用户更改在缩略图视图中出现在文件夹上的图片、更改文件夹图标并为文件夹选择新的模板，如图 0-45 所示。

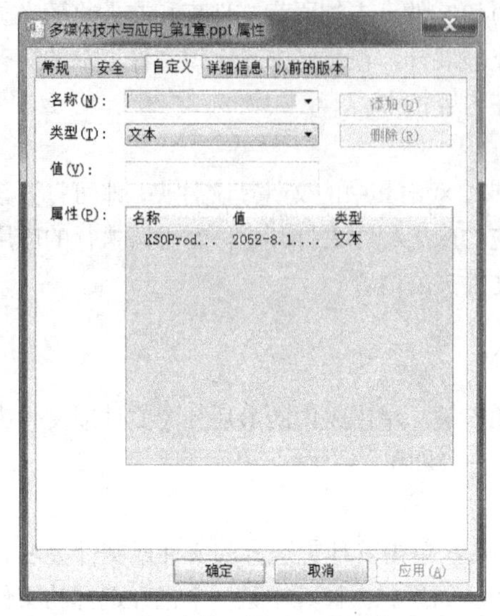


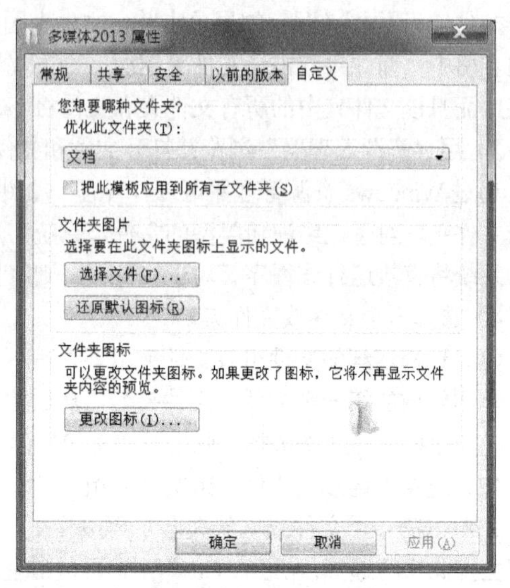


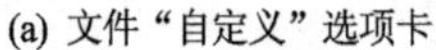
(a) 文件“自定义”选项卡

(b) 文件夹“自定义”选项卡

图 0-45 “自定义”选项卡

6）以不同的方式显示文件

在查看文件的相关信息时，可能会发现有些需要的信息没有显示出来，或者显示的方式不适合查看，用户可以根据需要调整文件或文件夹的显示方式。具体操作步骤如下。

在“资源管理器”窗口中，单击菜单栏上的“查看”菜单，可在级联菜单中选择不同的显示方式（默认方式为平铺显示），效果如图 0-46～图 0-50 所示。

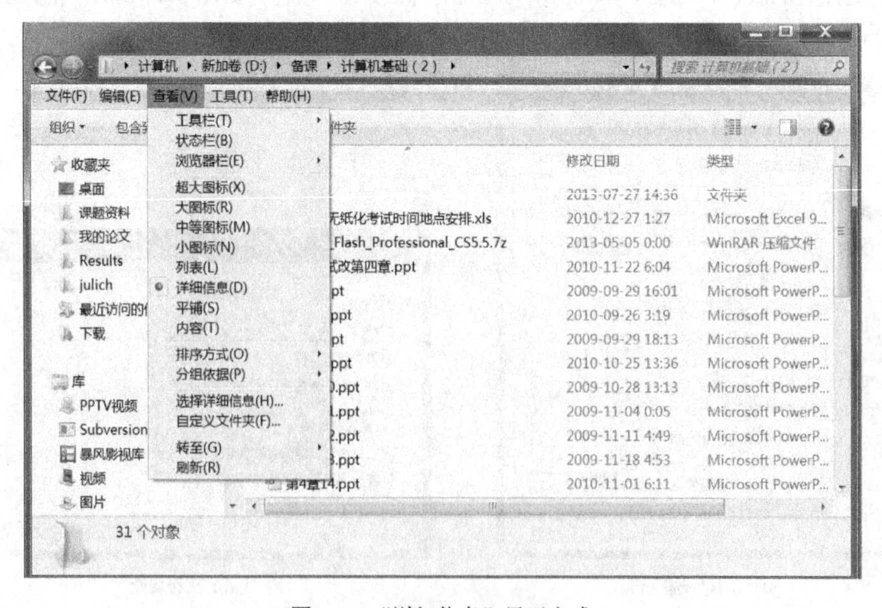


图 0-46 “详细信息”显示方式

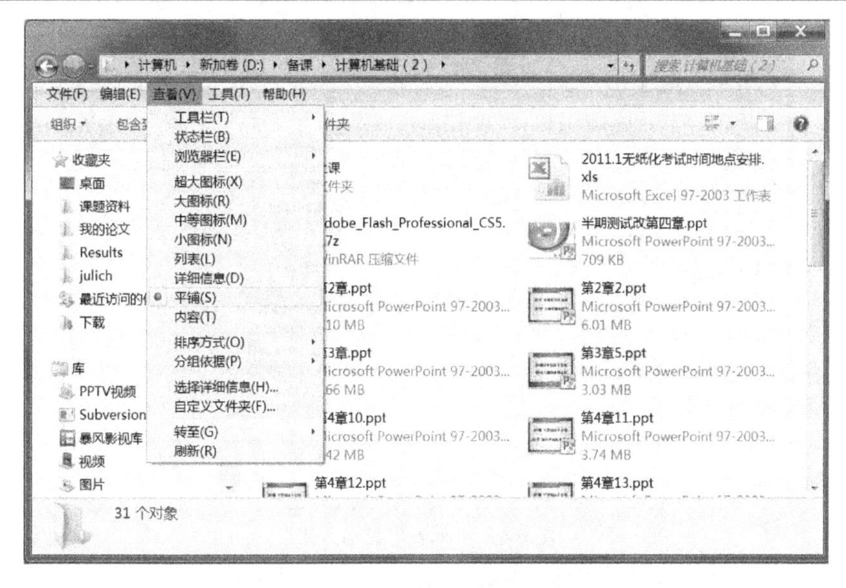


图 0-47 “平铺”显示方式

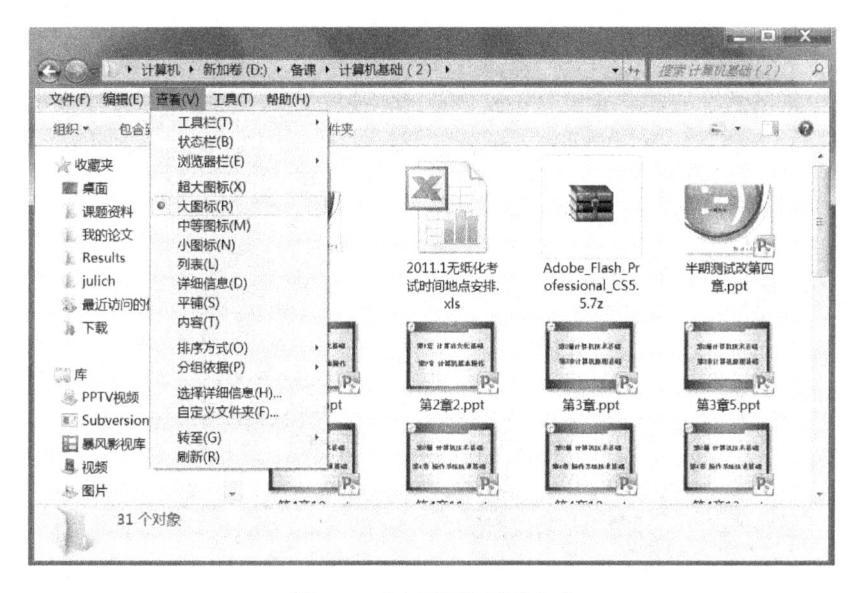


图 0-48 “大图标”显示方式

7）以不同的方式排列文件或文件夹

如果想在大量的文件和文件夹中快速地找到具有某项特殊信息的文件，例如查看最近刚刚修改过的文件，可以重新调整文件和文件夹的排列方式，集中和突出显示所需内容。具体操作步骤如下。

单击“资源管理器”窗口菜单栏上的“查看”菜单，在弹出的菜单中选定“排序方式”命令，其子菜单中提供了多种排列方式，根据需要选择相应的排列方式即可。例如，选择按“修改时间”排列，调整后的排列结果如图 0-51 所示，选择其他排列方式与此类似，这里不再详细介绍。

8）移动和复制文件或文件夹

移动和复制文件或文件夹的操作方法很多，这里介绍最常用的两种方法。

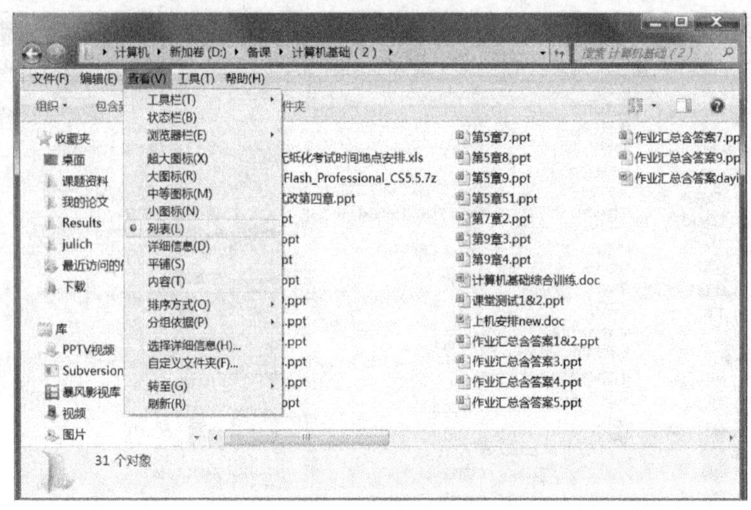


图 0-49 “列表”显示方式

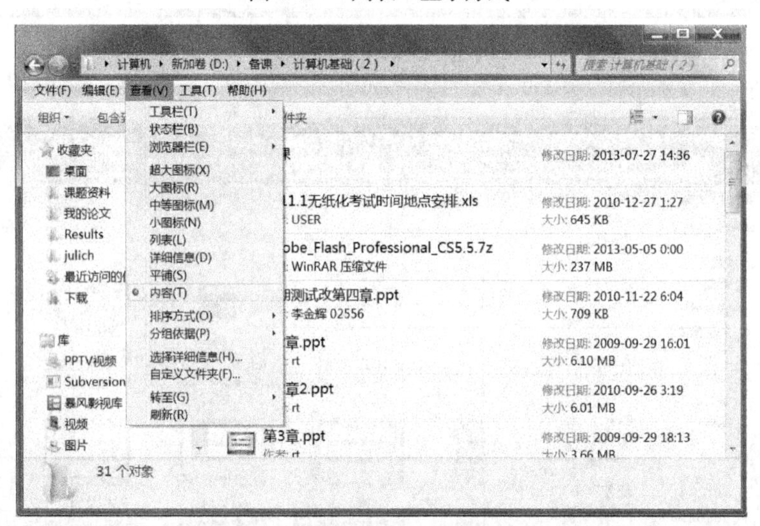


图 0-50 “内容”显示方式

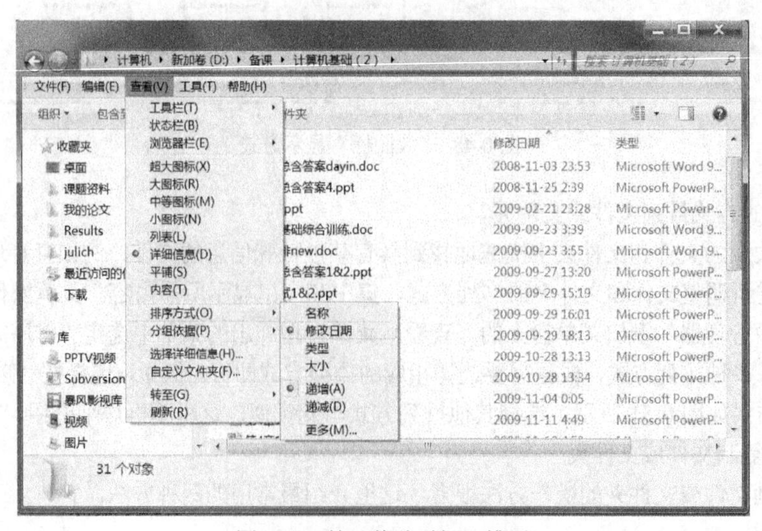


图 0-51 按“修改时间”排列

（1）利用鼠标右键实现移动或复制文件或文件夹。

选择多个文件或文件夹后，鼠标右击，在弹出的快捷菜单中单击“剪切”（或“复制”）命令项；然后，选择目标文件夹，鼠标右击，在弹出的快捷菜单中单击“粘贴”命令项，即可实现对文件或文件夹的移动（或复制）操作，如图 0-52 所示。

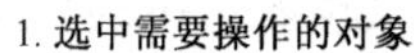

图 0-52　利用鼠标右键实现移动或复制操作过程

（2）利用鼠标右键拖放移动或复制文件和文件夹。

选取需要移动（或复制）的对象后，按住鼠标右键不放，将对象拖至要移动（或复制）的目标文件夹处，然后释放鼠标右键，在弹出的快捷菜单中选择“移动到当前位置”（或“复制到当前位置”），即可完成移动（或复制）任务，如图 0-53 所示。

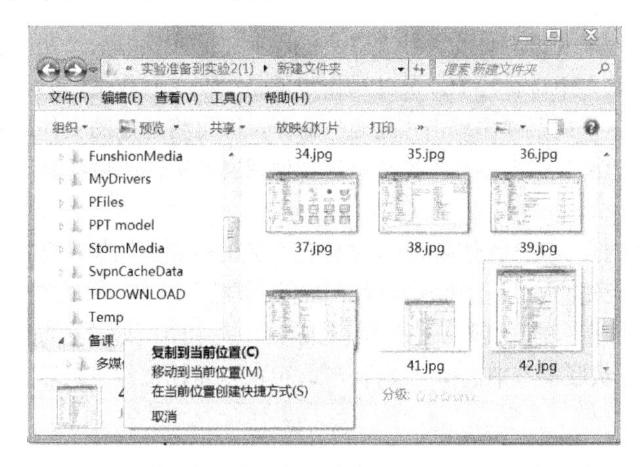


图 0-53　利用鼠标右键的拖放实现移动或复制操作过程

9）删除文件或文件夹

在计算机的日常使用中，应及时删除无用的文件和文件夹，既利于磁盘文件的管理，又可节省磁盘空间，从而提高系统运行的速度。删除文件或文件夹的具体操作步骤如下。

（1）选中要删除的文件或文件夹，鼠标右击，在弹出的快捷菜单中单击“删除”命令。

（2）系统将弹出“删除文件”对话框，单击“是”按钮，系统将把删除的文件或文件夹放入“回收站”中；单击“否”按钮，将不删除对象。如图 0-54 所示。在默认设置下，从硬盘删除的文件或文件夹只是从原来的位置被移到了“回收站”中，并没有彻底删除。只有在清空“回收站”或在“回收站”中被再次删除时，所选文件或文件夹才会真正地从硬盘中删除。

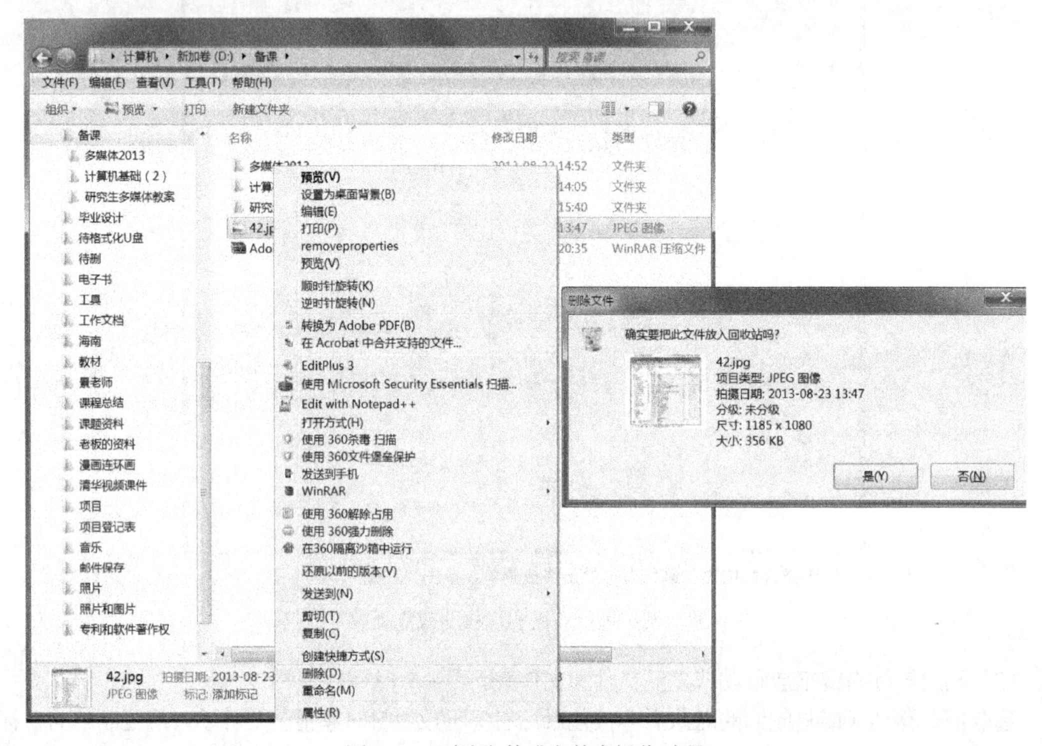


图 0-54 删除文件或文件夹操作过程

10）还原文件或文件夹

在使用过程中，有时难免把一些文件或文件夹删除到“回收站”后，又需要使用这些文件或文件夹，此时可以从“回收站”中进行还原。具体操作步骤是：在“回收站”中选定待还原的文件或文件夹，鼠标右击，在弹出的快捷菜单中单击“还原”命令，即可将选定的文件或文件夹还原至其被删除时的位置。如果直接从“回收站”中往外拖放所选文件或文件夹，则可将其还原到指定的其他位置。

11）新建文件夹

要建立新的文件夹时，先在树格中选中新文件夹存放的位置。例如，欲在 D 盘下的 xq 文件夹中创建一个新的文件夹，应先选中 xq 文件夹，然后单击菜单栏下方的“新建文件夹”命令，这时内容格中将出现名为“新建文件夹”的新文件夹。或是在 xq 文件夹中空白处单击鼠标右键，在弹出的快捷菜单中选择“新建”，再在级联菜单中选择“文件夹”，也可以新建文件夹。然后，用户可以修改这个新文件夹的名称。

12）重命名文件或文件夹

为了方便使用，可以根据自身的喜好更改文件或文件夹的名称。一般常采用以下两种方法。

（1）选中待重命名的文件或文件夹，鼠标右击，在弹出的快捷菜单中单击“重命名”命令。此时，文件或文件夹的名称进入蓝底白字的可编辑状态，直接输入新的文件或文件夹名称，然后在屏幕的其他位置单击鼠标，或按回车键，完成重命名操作。

（2）两次单击（注意：并非双击）待重命名的文件或文件夹，就可进入蓝底白字的可编辑状态，其余操作与第一种方法相同。

13）发送文件或文件夹

在 Windows 7 中允许把文件或文件夹发送到其他位置或应用程序中。具体操作步骤是：选中待发送的文件或文件夹后，鼠标右击，在弹出的快捷菜单中选中“发送到”，将弹出级联菜单。选择发送的目标位置或应用程序，即可完成发送操作，如图 0-55 所示。发送的实质是复制，因为发送的目标位置或应用程序中的只是源文件的副本文件，源文件仍被保留在原处。

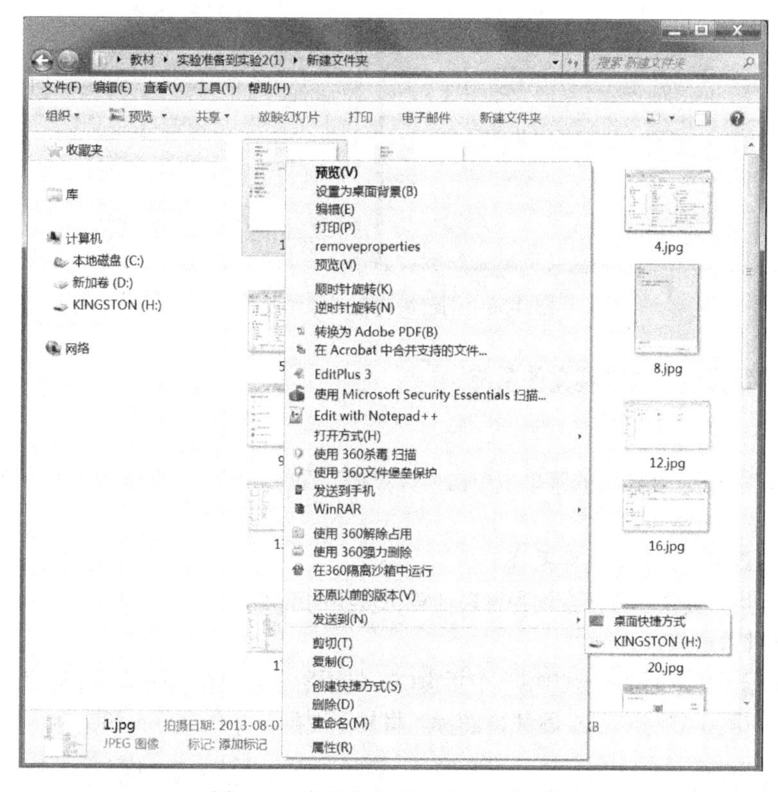


图 0-55　发送文件或文件夹操作过程

14）快捷方式

Windows 7 为用户提供了一种访问文档、文件（或文件夹）和程序的非常方便的方法，就是在桌面或任何文件夹中放置快捷方式。例如，如果我们经常要用到“画图”应用程序，为简单起见，可将“画图”程序的快捷方式放置在桌面上。这样，在需要的时候就不用查找了，只需双击桌面上的快捷方式即可。

创建快捷方式的具体方法如下。

首先，找到欲创建快捷方式的对象，如图 0-56 所示，使用“资源管理器”在 C:\Windows\System32\ 文件夹中找到“画图”对象（mspaint.exe）（或在“开始”菜单→“所有程序”→“附件”中找到），按住鼠标右键将内容格中的“画图”图标拖到树格中的“桌面”上或直接拖到桌面，放开鼠标右键，在随之弹出的快捷菜单中，单击“在当前位置创建快捷方式”命令项，至此整个创建过程就完成了（也可以选中后右击，单击“发送到”→“桌面快捷方式”）。

**注：**①我们可以为任何对象（如文件夹、打印机、驱动器等）创建快捷方式。建立文件的快捷方式并不能改变文件的位置，只是为了更迅速地打开文件；删除快捷方式也不会删除源文件。②删除快捷方式也很简单。例如，要删除“画图”快捷方式，只需右键单击“画图”快捷方式，然后选定弹出菜单中的“删除”选项即可。另一种方法是将“画图”的快捷方式从桌面拖到“回收站”即可将“画图”快捷方式删除。

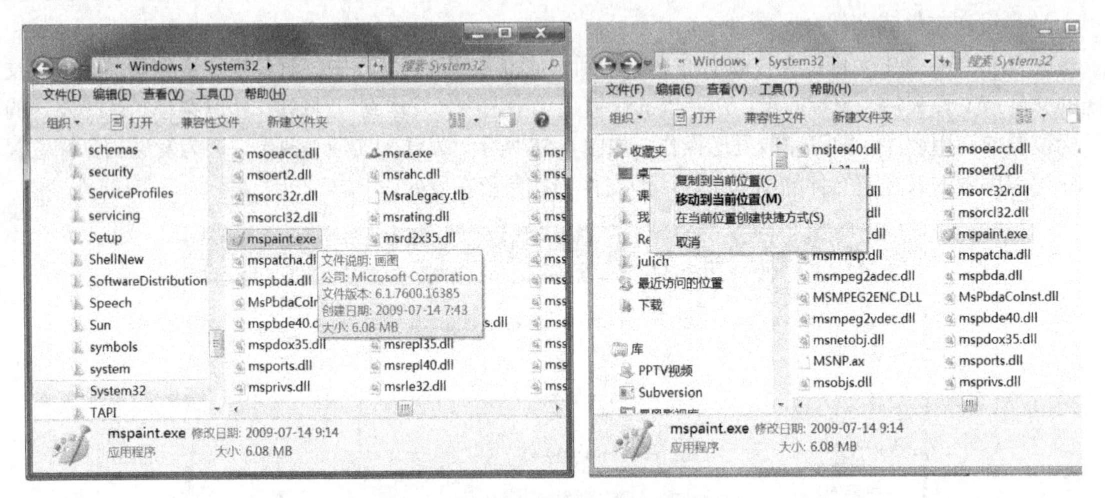


图 0-56　创建快捷方式操作过程

## 4.2　利用“计算机”来管理文件系统

1）“计算机”窗口

单击“开始”按钮，在弹出的菜单中单击“计算机”图标，屏幕上会显示出“计算机”窗口，如图 0-57 所示。

2）利用“计算机”来管理文件系统

“计算机”为用户提供了方便查询和管理计算机资源的手段。

（1）浏览文件系统。

双击某驱动器图标，屏幕上会出现一个新窗口，显示所有存储在该驱动器中磁盘上的高层文件夹和文件。例如，在图 0-57 中在双击硬盘 D 图标，将显示硬盘 D 中的文件夹和文件，如图 0-58 所示。

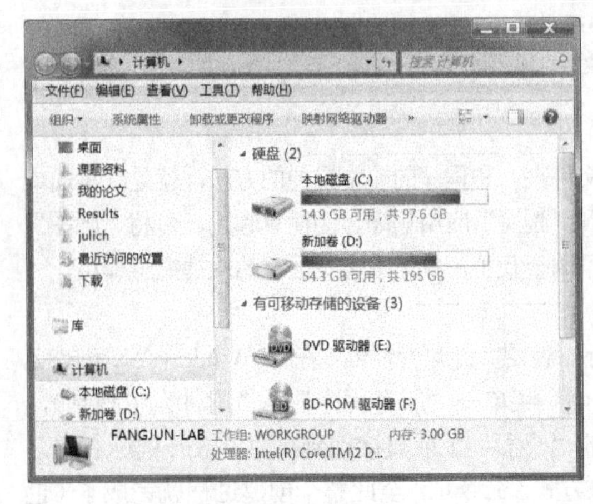


图 0-57 “计算机”窗口

图 0-58　显示硬盘 D 中的文件夹和文件

（2）文件的移动或复制。

在“计算机”中单击要移动或复制的文件（或文件夹），选择“编辑”菜单中的“剪切”（或“复制”）命令项。然后双击欲放置此文件（夹）的文件夹，选择“编辑”菜单下的“粘贴”就可以实现将指定的文件或文件夹移动（或复制）到目标文件夹中。

（3）删除文件或文件夹。

要删除文件或文件夹，只需找到并选择该文件或文件夹，然后在“文件”菜单中选择“删除”命令项即可。

通过以上介绍，可以看出利用“计算机”对文件或文件夹的管理与使用“资源管理器”原则上基本相似，只是刚打开时的初始窗口有所不同。有关利用“计算机”对文件或文件夹的更多管理操作不再多述。

（4）文件夹选项。

通过上面的介绍了解到，管理、浏览文件系统可以用“计算机”和“资源管理器”，不同的用户可能需要不同的浏览方式，不同的浏览方式也会带来不同的效率。在 Windows 7 中，可以通过单击“计算机”和“资源管理器”菜单中的“工具”选项，在弹出的级联菜单中单击“文件夹选项”，打开“文件夹选项”对话框，使用该对话框即可实现设置个性化的浏览方式。

打开“文件夹选项”对话框后默认的选项卡是“常规”，在“常规”选项卡中就可自定义基本的浏览方式，如图 0-59 所示。在“常规”选项卡中有 3 个选项组：“浏览文件夹”、“打开项目的方式”、“导航窗格”。

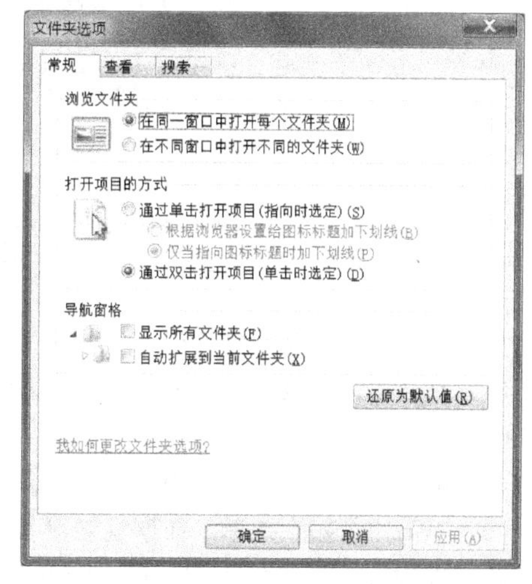


图 0-59 “文件夹选项”对话框中的“常规”选项卡

①“浏览文件夹” 选项组：设置是否在同一窗口打开不同的文件夹。选中第 1 个单选框（系统默认方式），在窗口中打开某个文件夹时，此文件夹的内容将在本窗口中显示。选中第 2 个单选框，文件夹的内容将在一个新的窗口中显示。

②“打开项目的方式”：设置使用单击或双击打开项目。选中第 1 个单选框，窗口中的项目将以链接的方式显示，用鼠标单击即可打开此项目。选中第 2 个单选框（系统默认方式），用鼠标双击的方式打开窗口中的项目。

③“导航窗格”：设置“导航窗格”中的显示方法。如果选择“显示所有文件夹”复选框，则在“导航窗格”中显示计算机中的所有文件夹。

“还原为默认值”按钮：如果对所设置的浏览效果不满意，又忘了改动过哪些地方，单击该按钮，可把设置还原为最初的系统默认值。

在“文件夹选项”对话框中，选择“查看”选项卡，在该选项卡中还可进行一些更高级的设置，如图 0-60 所示。

## 5．控制面板的使用

在安装 Windows 7 操作系统时，安装程序会提供默认的标准工作环境配置，这些配置可能不能满足用户个性化的工作环境。这时，用户可以借助强大的“控制面板”工具，根据自己的需要和任务的特性对本机的外观和功能进行再配置。例如，改变桌面的外观，调节鼠标的灵敏度，修改键盘的速度，添加或删除程序、输入法，以及设置口令等。

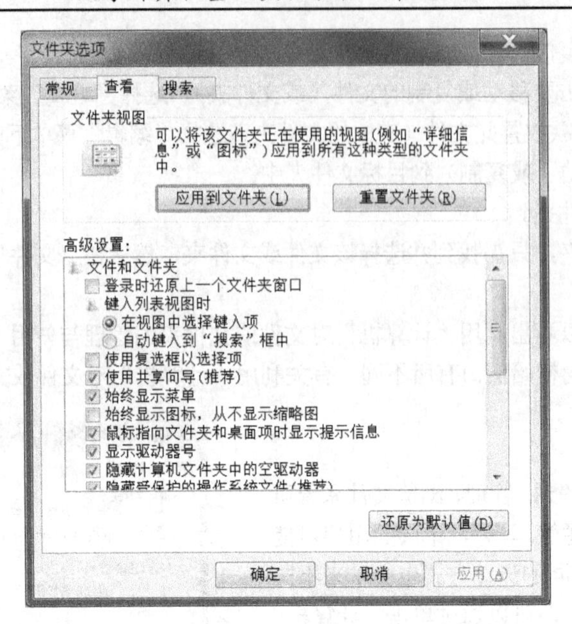


图0-60 “文件夹选项”对话框中的“查看”选项卡

启动控制面板的方法有3种：

（1）打开“计算机”，单击菜单栏下方的“打开控制面板”选项，弹出“控制面板”窗口，参见图0-61。

（2）单击“开始”菜单中的“控制面板”命令选项，弹出“控制面板”窗口。

（3）单击“开始”菜单，在搜索处输入“控制面板”，单击即可打开。

我们以设置键盘属性为例：键盘作为一种重要的输入设备，其功能是其他设备代替不了的。在Windows操作系统中，用户可以通过“键盘属性”对话框对键盘属性进行设置。例如，调节键盘速度，操作步骤如下：

（1）单击“控制面板”窗口中的“键盘”图标；

（2）在弹出的“键盘属性”对话框中，单击“速度”选项卡；

（3）在“速度”选项卡中调整字符重复延迟、字符重复速度和光标闪烁频率，如图0-62所示。

图0-61 控制面板

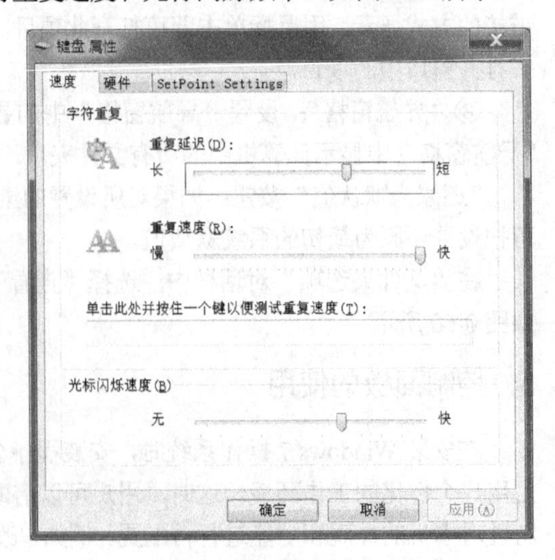


图0-62 “键盘属性”对话框

## 6. 自定义任务栏与“开始”菜单

1）自定义任务栏

任务栏是位于桌面下方的一条粗横杠，在横杠上集中了开始菜单、活动任务区、语言区和系统通知区等。可以在任务栏上进行不同的操作而获得不同的功能，从而实现自己的目的。任务栏的主要功能包括：①开始菜单。可以用于存放操作系统或设置系统的绝大多数命令，而且还可以使用安装到当前系统里面的所有的程序。②任务切换区。单击活动任务区中的程序图标，可以很方便地在打开的不同窗口间切换；③语言区。可以选择输入方法或切换输入状态；④系统通知区。查看系统通知区中长驻程序（如反病毒实时监控、防火墙、系统时钟等）的运行状态。如果双击时钟显示区，将打开“日期/时间属性”对话框，可重新设置系统日期和时间；⑤显示桌面。单击任务栏最右侧，可以迅速返回桌面。如图 0-63 给出的是一个常规任务栏示例。

图 0-63　Windows 7 的任务栏

设置任务栏属性的操作步骤为：①右击任务栏的空白处（启动“任务栏和开始菜单属性”窗口的方法之一）；②在弹出的快捷菜单中单击“属性”命令选项；③单击“任务栏和开始菜单”窗口中“任务栏”选项卡；④在“任务栏”选项卡中，设置任务栏外观以及通知区域属性，也可单击“自定义”按钮，设置自定义通知区（参见图 0-64），默认设置下的任务栏总是位于桌面的下方。

任务栏和「开始」菜单属性
任务栏　「开始」菜单　工具栏
任务栏外观
锁定任务栏(L)
自动隐藏任务栏(U)
使用小图标(I)
屏幕上的任务栏位置(T)：底部
任务栏按钮(B)：从不合并
通知区域
自定义通知区域中出现的图标和通知。　自定义(C)...
使用 Aero Peek 预览桌面
当您将鼠标移动到任务栏末端的“显示桌面”按钮时，会暂时查看桌面。
使用 Aero Peek 预览桌面(P)
如何自定义该任务栏?
确定　取消　应用(A)

图 0-64　设置任务栏属性

2）自定义“开始”菜单

用户设置个性化的“开始”菜单的操作步骤为：①右击任务栏空白处；②在弹出的快捷菜单中单击 “属性”命令选项；③单击“任务栏和开始菜单属性”对话框中的“「开始」菜单”选项卡；④在“「开始」菜单”选项卡中，可单击系统提供的“如何更改开始菜单的外观”，根据需要查看如何设置外观；也可单击“自定义”按钮，进行更个性化的设置。

3）查询和更改系统属性

（1）查询系统属性。

右击“计算机”图标，选择其快捷菜单中的“属性”选项，这时在随之弹出的“系统属性”窗口中可以看到：本机所安装的操作系统软件名称及版本和注册号、CPU 的类型和主频以及内存容量等信息，参见图 0-65。

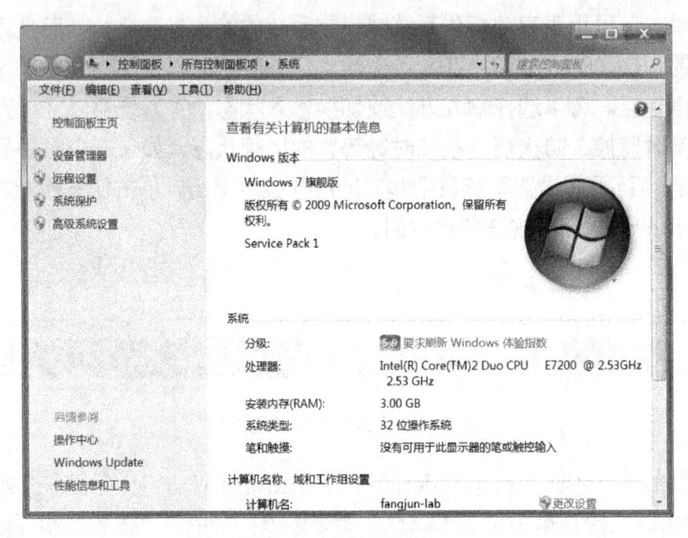


图 0-65　系统属性窗口

（2）设备管理器。

单击“系统属性”窗口的“设备管理器”选项，在随之弹出的“设备管理器”窗口中，列出了所有要安装在计算机上的硬件设备，利用“设备管理器”可以更改设备的属性，参见图 0-66。

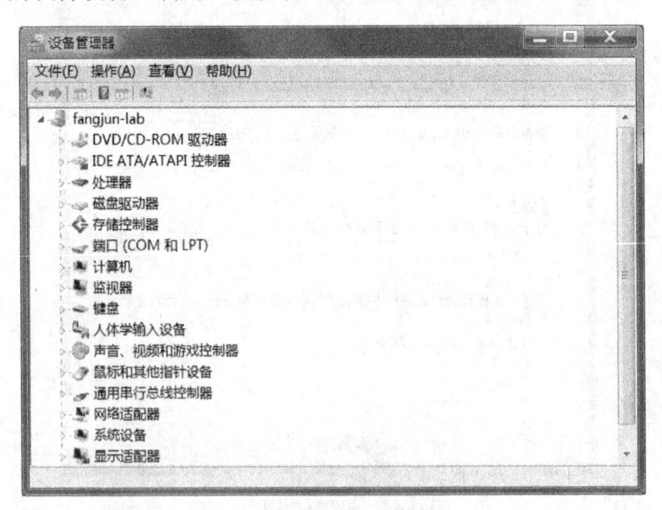


图 0-66　设备管理器

# 实验一　微机系统配置与优化管理

**目标**：1. 了解微机硬件连接技术和操作系统的安装方法；
2. 了解系统性能指标；
3. 掌握 BIOS 的查询与修改；
4. 掌握性能测试与维护技术。

**任务**：1. BIOS 的查询与修改；
2. 检测、修复和优化系统配置；
3. 测试系统性能；
4. 用户及虚拟内存管理。

## 任务 1　BIOS 的查询与修改

**背景说明：**

BIOS 是英文“Basic Input Output System”的缩略语，直译过来的中文名称就是“基本输入输出系统”。BIOS 是硬件与软件程序之间的桥梁，被安放在一块可读写的 CMOS RAM 芯片中，保存着计算机最重要的基本输入输出的程序、系统设置信息、开机后自检程序和系统自启动程序等。其主要功能是为计算机提供最底层的、最直接的硬件设置和控制。

BIOS 的功能很多，主要包括开机时自检及初始化、程序服务和设定中断等几个方面。

自检及初始化：开机后 BIOS 最先被启动，然后它会对计算机的硬件进行完全彻底的检测和测试。完整的自检包括：BIOS 能够对 CPU、主板、基本的 640KB 内存、1MB 以上的扩展内存及系统 ROM 等进行测试；实现 CMOS 中系统配置的校验；BIOS 能够初始化视频控制器，测试视频内存、检验视频信号和同步信号，测试 CRT 接口；可以对键盘、软驱、硬盘及 CD-ROM 子系统做检查；可以对并行口（打印机）/串行口（RS232）进行检查。如果发现问题，对严重故障则会停机且不给出任何提示或信号，而非严重故障则给出屏幕提示或声音报警信号，等待用户处理。如果未发现问题，则将硬件设置为备用状态，然后启动操作系统，把对计算机的控制权交给用户。

程序服务：BIOS 直接与计算机的 I/O（输入/输出）设备打交道，通过特定的数据端口发出指令，传送或接收各种外部设备的数据，实现软件程序对硬件的直接操作。

设定中断：开始时，BIOS 会给 CPU 各种硬件设备的中断号，当用户发出使用某个设备的指令后，CPU 就根据中断号使用相应的硬件完成工作，再根据中断号跳回原来的工作。

目前常见的 BIOS 主要有 AMI BIOS 和 AWARD BIOS，下面以 AWARD BIOS 为例介绍 BIOS 设置的基本操作。

**具体操作**：任务 1 由 3 个子任务组成。

**子任务 1：设置超级用户（管理员）密码。具体操作步骤如下。**

【步骤 1】启动计算机，BIOS 开始进行 POST 自检。
【步骤 2】不停按下键盘上的 Del 键（或 Delete 键），直到进入 CMOS 设置主菜单。
【步骤 3】进入 CMOS 设置主菜单，如图 1-1 所示。

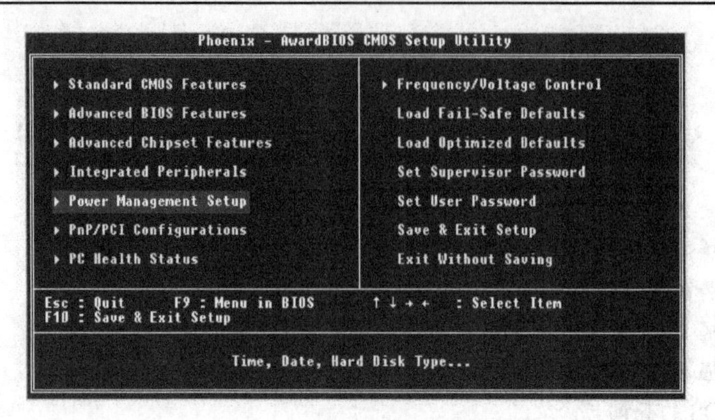


图 1-1 Award BIOS 的设置主界面

【步骤 4】在 BIOS 设置程序主界面，选中“Set Supervisor Password”，按“Enter”键。

【步骤 5】弹出图 1-2 所示提示框，在“Enter Password”后输入密码，按“Enter”键。

【步骤 6】系统弹出图 1-3 所示的提示框，要求再次输入密码以便确认，在“Confirm Password”后面重新输入刚才输入的密码，然后按“Enter”键。

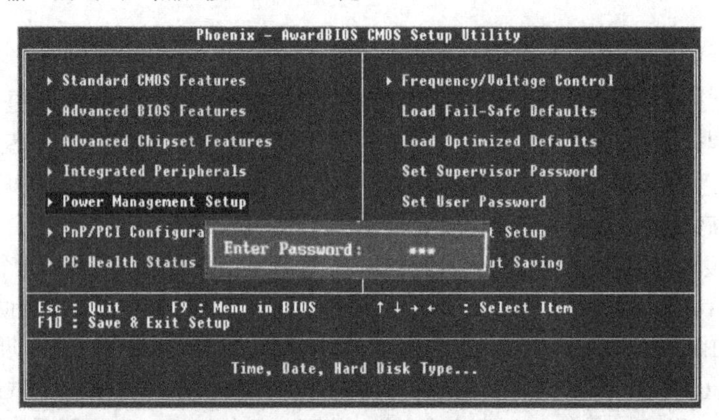


图 1-2 输入密码的提示框

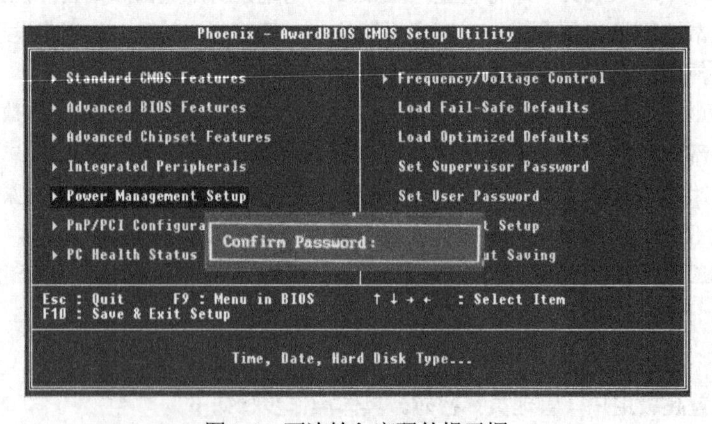


图 1-3 再次输入密码的提示框

【步骤 7】按“F10”键，弹出图 1-4 所示窗口，选择 Y（即“Yes”）保存退出。当重新启动计算机后，进入 BIOS 程序设置需要输入密码。

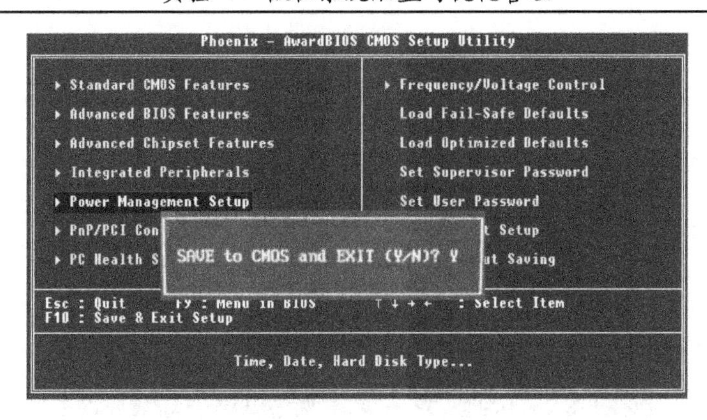


图 1-4　保存修改

说明：设置用户密码的方法与设置超级用户密码相同，只是最初设置时需要选择“Set User Password”。设置超级用户密码后，每一次开机后想进入 BIOS 设置时，系统都会要求输入密码，从而达到禁止未经授权的用户随意修改 BIOS 内容的目的。设置用户密码后，每次系统启动时，系统都会要求输入密码，从而达到禁止未经授权的用户使用你的电脑的目的。

**子任务 2：设置启动顺序。具体操作步骤如下。**

【步骤 1】启动计算机，BIOS 开始进行 POST 自检。

【步骤 2】不停按下键盘上的“Del”键（或“Delete”键），直到进入 CMOS 设置主菜单。

【步骤 3】进入 CMOS 设置主菜单，如图 1-5 所示。

【步骤 4】将光标移到“Advanced BIOS Features”项上，按“Enter”键，进入其子菜单中，如图 1-5 所示。

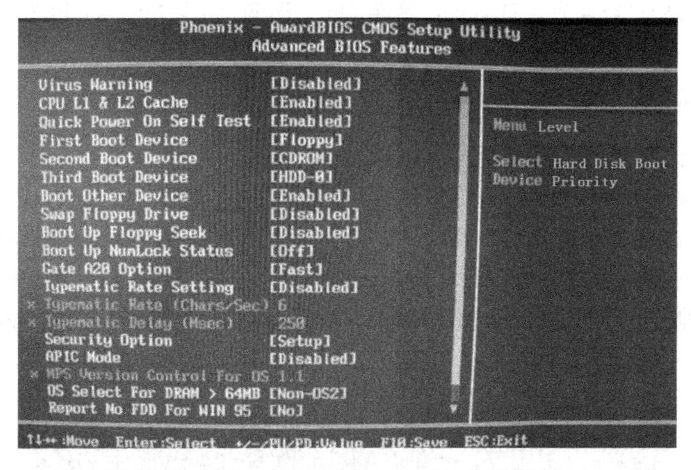


图 1-5　“Advanced BIOS Features”子菜单

【步骤 5】选择“First Boot Device”：将光标移到“First Boot Device”项上，按“Enter”键，弹出选项菜单，如图 1-6 所示，使用方向键将光标移动到要作为第一引导盘的选项上，例如移到“CDROM”选项上（表示将使用光驱启动盘启动计算机），按“Enter”键确认选择，返回到主菜单中。

若要设置第二启动设备，可在“Second Boot Device”项中设置；要设置第三启动设备，则在“Third Boot Device”项中设置。设置方法与上述设置第一启动设备的方法一致。

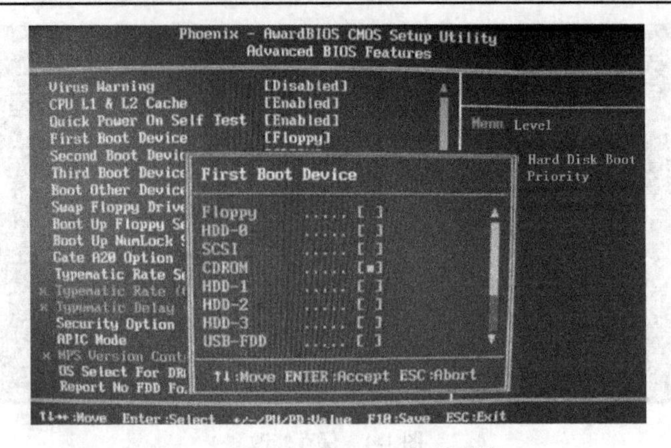


图 1-6 “First Boot Device”选项窗口

【步骤 6】按“F10”键保存退出。

**补充说明**：各个选项的意思如下。

- “Floppy”：使用软盘启动盘启动电脑。
- “HDD”：使用硬盘作为第一启动设备。其中，“HDD-0”为硬盘 C 优先启动，“HDD-1”为硬盘 D 优先启动，“HDD-2”为硬盘 E 优先启动，“HDD-3”为硬盘 F 优先启动。
- “SCSI”：SCSI 设备优先启动。
- “CDROM”：使用光驱启动盘启动电脑。
- “USB-FDD”：把 U 盘模拟成软驱模式。

**特别提示**：如果为了安装操作系统或其他需要，将第一启动设备设置为光驱启动，那么安装完操作系统后，要改回硬盘作为第一启动设备，这样才能保证使用硬盘启动电脑。可以把第一启动设置成为硬盘，其他的启动项目设置成为 Disable，这样系统启动就会相对快一点，因为系统不用去搜索其他多余的硬件装置。

**子任务 3：定时开机。具体操作步骤如下。**

【步骤 1】启动计算机，BIOS 开始进行 POST 自检。

【步骤 2】不停按下键盘上的“Del”键（或“Delete”键），直到进入 CMOS 设置主菜单。

【步骤 3】进入 CMOS 设置主菜单，如图 1-1 所示。在其中选择“Power Management Setup”。

【步骤 4】在图 1-7 中选择“PM Wake Up Events”（不同的电脑主板可能不一样，选择“Wake up”字样的就可以。个别主板选择“Power Management Setup”后直接就可以设置“Resume By Alarm”）。

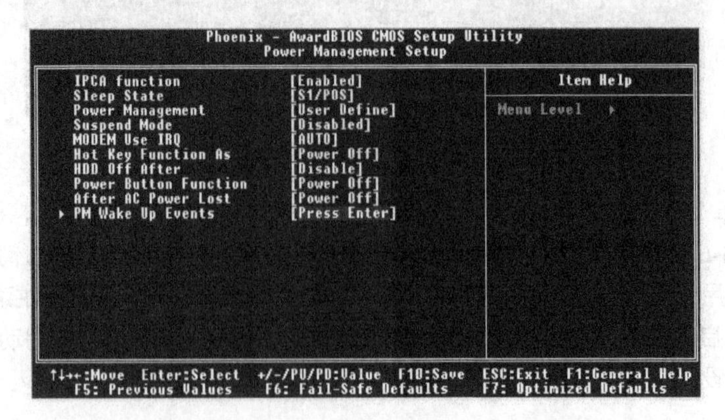


图 1-7 “Power Management Setup”选项窗口

【步骤5】在图1-8中设置“Resume By Alarm”（定时开机）中的选项：设置“Month Alarm”为NA（表示每天都自动开机，有些主板为EVERY DAY）；设置“Day of Month Alarm”为0（同样表示忽略日期，每天都定时开机）；设置“Time (hh:mm:ss) Alarm”为某一具体时间（如设置时间为8:30:00，这样每天早晨8:30电脑都会自动开机）。

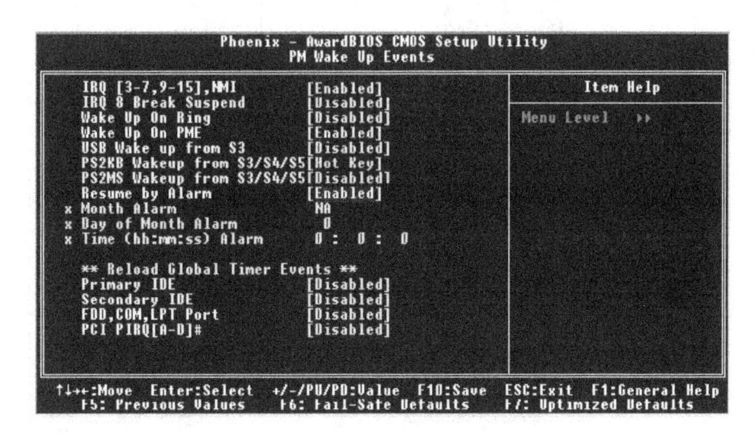


图1-8　设置“Resume By Alarm”

【步骤6】按“F10”键保存退出。

# 任务2　检测、修复和优化系统配置

**背景说明：**定期对计算机软硬件进行系统维护和优化是一件非常必要的工作。全面的系统维护和优化对于绝大多数用户来说是具有一定难度的。利用一些专用工具软件，如360安全卫士、Norton Utilities、Windows优化大师等，可以使系统维护和优化变得简单和轻松。

360安全卫士是一款由奇虎360推出的功能强、效果好、受用户欢迎的上网安全软件。360安全卫士拥有查杀木马、清理插件、修复漏洞、电脑体检、保护隐私等多种功能，并独创了“木马防火墙”功能，依靠抢先侦测和云端鉴别，可全面、智能地拦截各类木马，保护用户的账号、隐私等重要信息。下面以360安全卫士的使用为例，简要介绍检测、修复和优化系统配置方法。

**具体操作：**任务3由4个子任务组成。

**子任务1：全方面进行电脑体检。具体操作步骤如下。**

【步骤1】在浏览器地址栏中输入http://www.360.cn/，访问360官方网站，从中下载360安全卫士。下载完成后，双击下载的exe可执行文件进行安装。（可以选择快速安装，也可以选择自定义安装。快速安装软件会决定安装在什么地方、怎样安装等。建议自定义安装，因为有些软件可能存在捆绑等。）安装完成后，可以选择“立即打开360安全卫士”，进入到360安全卫士初始界面，如图1-9所示。（以后开机会自动启动，在任务栏右下角单击360安全图标即可进入。）

【步骤2】单击图1-9中的“立即体检”，即可对电脑进行全面详细的检查。分别进行故障检测、垃圾检测、速度检测、安全检测和系统强化。并根据检测结果对电脑进行评分，如图1-10所示。用户可以根据需要对各项结果进行修复和清理，也可以单击“一键修复”选项对所有问题进行修复。

(a) 下载的文件

(b) 打开安装向导

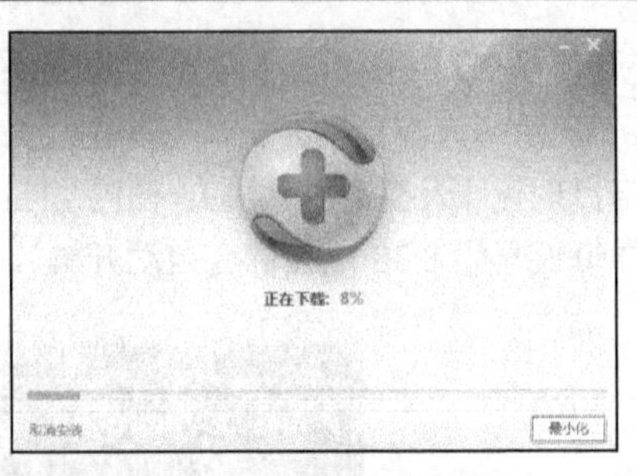


(c) 安装 360 安全卫士

(d) 安装结束进入 360 安全卫士界面

图 1-9　360 安全卫士

图 1-10　电脑体检结果

**子任务 2：检查、修复系统配置。具体操作步骤如下。**

【步骤 1】进行漏洞修复。单击图 1-9 中的“系统修复”，接下来单击“漏洞修复”。这里的漏洞修复是特指 Windows 操作系统在逻辑设计上的缺陷或在编写时产生的错误，系统漏洞可以被不法者或者电脑黑客利用，通过植入木马、病毒等方式来攻击或控制整个电脑，从而窃取电脑中的重要资料和信息，甚至破坏系统。根据界面提示查看是否有需要修补的漏洞，如图 1-11 所示，如需修复可单击“立即修复”。

【步骤 2】进行系统常规修复。单击图 1-9 中的“系统修复”，接下来单击“常规修复”，可以检查电脑中多个关键位置是否处于正常状态。当遇到浏览器主页、开始菜单、桌面图标、文件夹、系统设置等出现异常时，使用系统修复功能，可以找出问题出现的原因并修复问题，如图 1-12 所示。可以选择“常规修复”来自动修复系统，也可以单击“电脑专家”，输入问题的关键词来解决。

图 1-11　漏洞修复

图 1-12　系统常规修复

**子任务 3：系统维护。具体操作步骤如下。**

【步骤 1】进行木马查杀。木马对电脑危害非常大，可能导致包括支付宝、网络银行在内的重要账户密码丢失。木马的存在还可能导致隐私文件被复制或删除。所以及时查杀木马对安全上网来说十分重要。360 的木马查杀功能可以找出电脑中疑似木马的程序并在取得允许的情况下删除这些程序。单击进入木马查杀的界面后，如图 1-13 所示，可以选择“快速扫描”、“全盘扫描”和“自定义扫描”来检查电脑里是否存在木马程序。扫描结束后若出现疑似木马，可以选择删除或加入信任区。

图 1-13 木马查杀

【步骤 2】360 在检测文件过程中很可能出现误删的情况，如要找回这些误删文件可以按以下步骤进行：首先单击“木马查杀”，进入图 1-14 所示界面，在该界面中单击恢复区；然后选择需要恢复的文件，如图 1-15 所示，选中后单击恢复按钮；最后设定文件的恢复位置，可以将其恢复到原先的位置，也可以进行自定义，还可以设定文件不再查杀。设置完成后，单击“恢复”按钮即可。

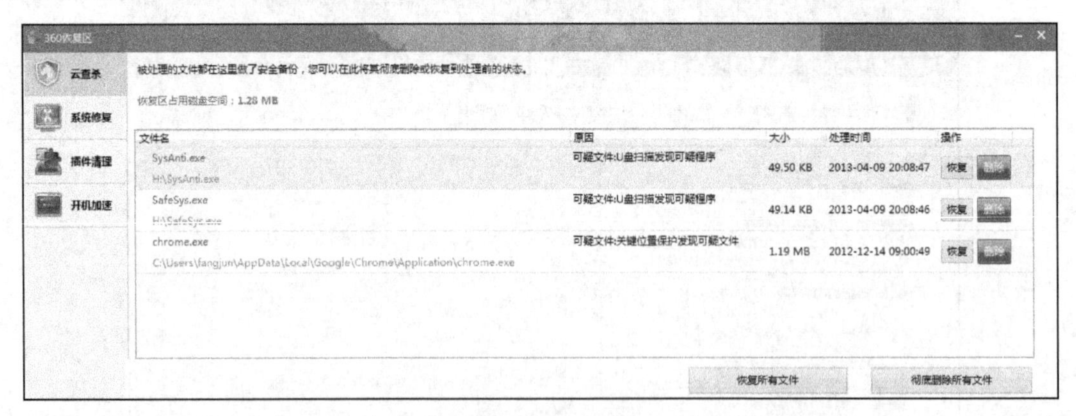


图 1-14 恢复区

【步骤 3】360 安全卫士不断进行改版，木马库也在不断升级。如果需要升级，在图 1-9 所示界面的右下方，单击向上的蓝色小箭头，如图 1-16 所示，系统会自动对木马库进行检测。发现新版本，就可以自动升级。

【步骤 4】设置木马防火墙。当安装 360 安全卫士之后，360 木马防火墙会根据电脑的需要和网络环境自动开启需要的防护。单击图 1-9 中的“木马防火墙”，用户可根据需要选择关闭全部或部分防护功能，并可设置电脑遭遇木马风险时的提示模式，如图 1-17 所示。

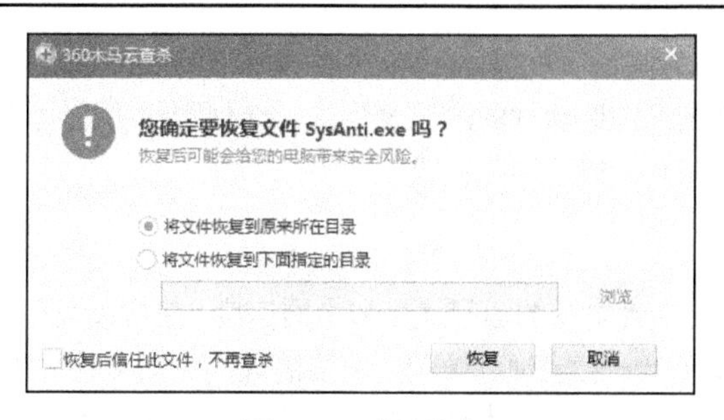


图 1-15　确认恢复

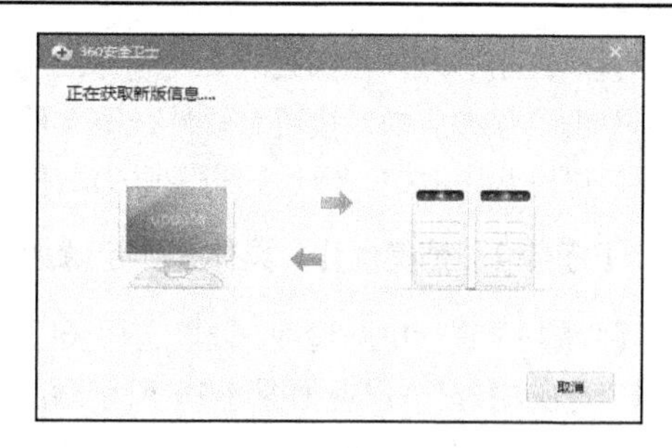


图 1-16　木马库升级

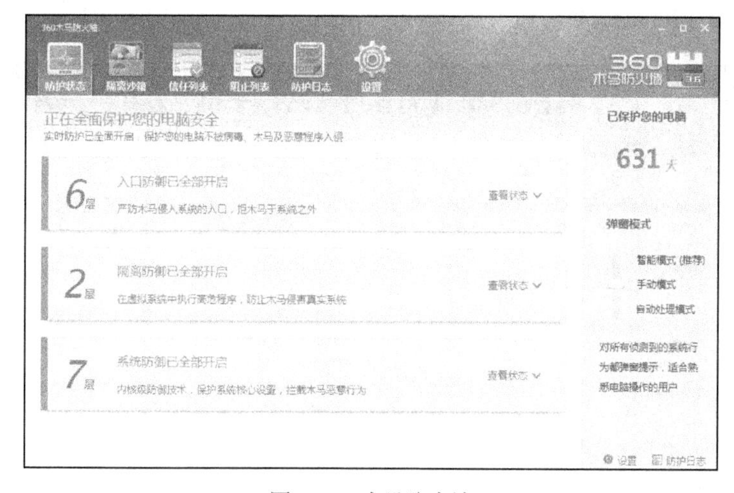


图 1-17　木马防火墙

【步骤 5】强力卸载软件。单击图 1-9 中的“软件管家”，在弹出的窗口中单击“软件卸载”，如图 1-18 所示，选择要卸载的软件，单击“卸载”按钮，根据软件卸载提示进行操作。

图 1-18　强力卸载软件

说明：某些软件在卸载后会发现 360 提示“强力清扫”，这是因为软件并没有被彻底卸载。可以继续单击“强力清扫”按钮对软件残留文件进行清扫。勾选软件的注册表信息，选择删除所选项目。删除后退出强力清扫。经过卸载及强力清扫，最后 360 会提示卸载完成。

**子任务 4：性能优化。具体操作步骤如下。**

【步骤 1】进行电脑清理。垃圾文件长时间堆积会拖慢电脑的运行速度和上网速度，浪费硬盘空间。单击“电脑清理”，出现如图 1-19 所示画面。可以在“一键清理”中勾选需要清理的垃圾文件种类并单击“一键清理”按钮。如果不清楚哪些文件该清理、哪些文件不该清理，可单击左下角的“推荐选择”，让 360 安全卫士来进行合理的选择。也可以根据需要分别单击“清理垃圾”、“清理插件”等选项，并单击“开始扫描”按钮，扫描完成后，如图 1-20 所示，选择“立即清理”。

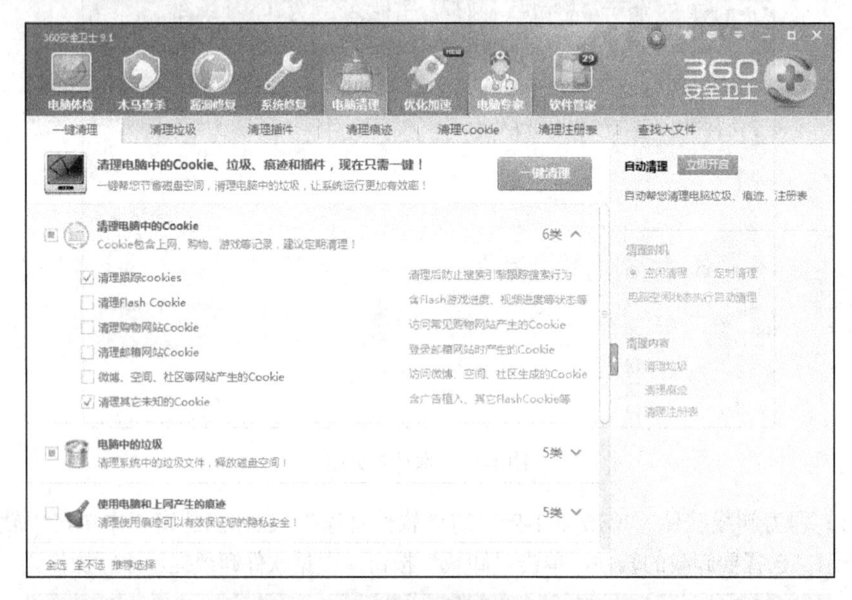


图 1-19 电脑清理

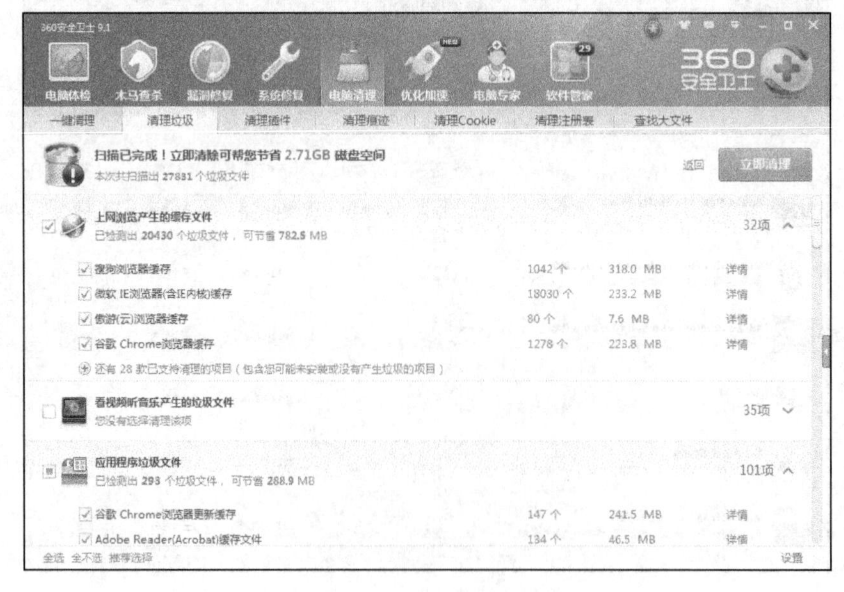


图 1-20 清理垃圾文件

【步骤 2】进行优化加速。优化加速是 360 安全卫士中能够帮助全面优化系统、提升电脑速度的一个重要功能。单击“优化加速”软件会自动检测电脑中的可优化项目，选择需要优化的项目，单击“立即优化”按钮即可进行电脑优化，如图 1-21 所示。

图 1-21　优化加速

此外，如果很多软件开机自动运行的话，会影响电脑的开机时间和运行速度。可以选择“优化加速”功能下的“启动项”，在启动项里可以设置软件开机时是否自动运行。对于不必要的软件可以在开机时禁止启动，被禁止启动的项目也在这里，可以对其重新恢复启动，如图 1-22 所示。

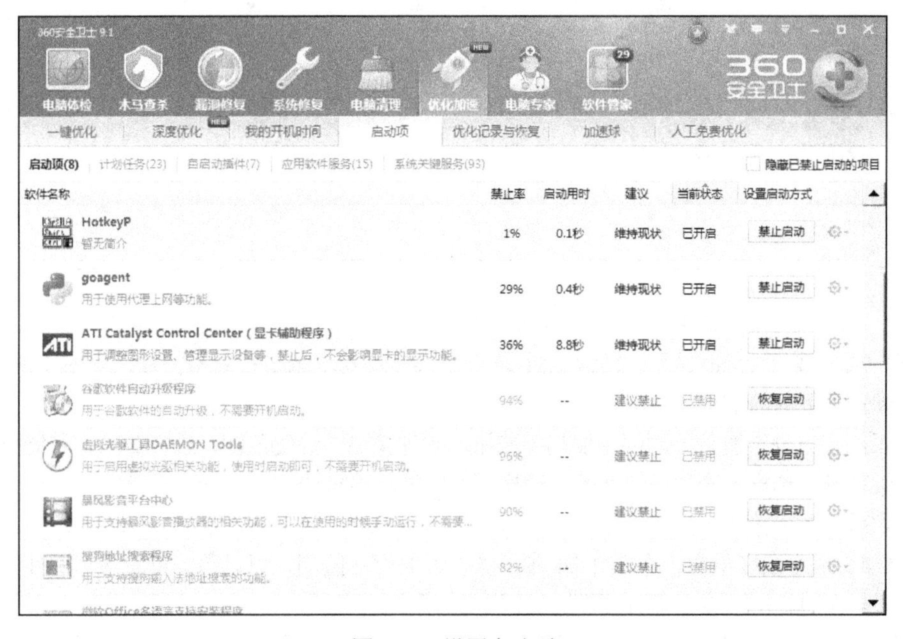


图 1-22　设置启动项

# 任务 3 系统性能测试

**背景说明**：目前，用于微机系统性能测试的工具软件很多，而且提供的功能各有千秋。例如，SiSoft 发行的 Sandra，提供有查看系统所有配件信息、系统稳定性综合测试、性能调整向导等功能；免费软件 PCMark，集易用性和专业性为一体，可以对笔记本电脑、桌面 PC、工作站以及多个 Windows 操作系统的性能进行可靠的测试和比较，并且可以利用软件提供的在线结果浏览器，将测试结果与世界上最大的性能数据库进行对比；PC-Doctor for Windows，可测试并收集所有的计算机组件的信息，并且有测试计算机的完整诊断解决方案。这里介绍操作比较简单、已经插入到 360 安全卫士中的鲁大师。

**具体操作**（简单硬件检测）：

【步骤 1】启动 360 安全卫士，如图 1-9 所示，在右侧的“功能大全”中选择鲁大师（如果没有，单击“功能大全”旁边的“更多”，在未添加功能中找到“鲁大师”，单击图标，即可开始安装，如图 1-23 所示）。也可在鲁大师的官方网站下载安装。

图 1-23 添加“鲁大师”

【步骤 2】安装了“鲁大师”之后，运行程序。会自动对电脑进行基本扫描，如图 1-24 所示，显示计算机硬件配置的简洁报告。

在首页的上方分布着鲁大师的主要功能按钮：硬件检测、温度监测、性能测试、节能降温、一键优化和高级工具。单击这些功能按钮可以切换到对应的功能模块。

【步骤 3】进行硬件检测。根据需要在左侧选项中单击想要了解的相关对应硬件的信息。

【步骤 4】进行温度检测。在图 1-24 中单击上方的温度监测，可以帮助查看各个硬件的温度，当温度过高时会及时提醒，以防硬件损坏，如图 1-25 所示。

还可以在该界面中单击“优化内存”，一键快速优化释放物理内存，加快电脑运行速度。

图 1-24　电脑概览

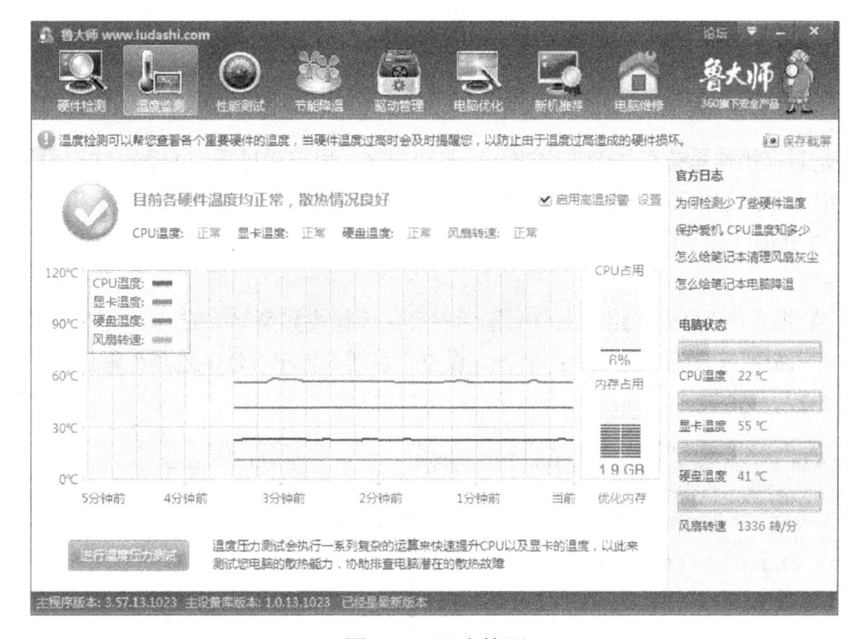


图 1-25　温度检测

【步骤 5】进行性能测试。通过模拟电脑计算获得的 CPU 速度测评分数和模拟 3D 游戏场景获得的游戏性能测评分数综合计算所得。该分数能表示电脑的综合性能，测试完毕后会输出测试结果和建议，参见图 1-26。

该软件还可以通过驱动管理帮助用户安装和管理驱动、通过电脑优化实现系统响应速度优化、用户界面速度优化、文件系统优化、网络优化等优化功能，操作简单快捷，因此，在新一代的系统工具中得到了较广泛的应用。

图 1-26 性能测试

# 任务 4 虚拟内存管理

**背景说明：**

虚拟内存是目前操作系统存储管理中的一项重要内容，用户通过适当的虚拟内存设置可以使操作系统等价于使用了更大的内存，从而提高计算机系统的运行性能。下面通过“将本机的虚拟内存设置到D区、大小为1GB”的具体实例介绍虚拟内存的设置过程。

**具体操作：**

【步骤1】在桌面“计算机”图标上单击鼠标右键，选择快捷菜单中的“属性”项，弹出“系统”对话框，选择“高级系统设置”选项卡；单击“设置”按钮，弹出“性能选项”对话框，选择“高级”选项卡，如图1-27所示。

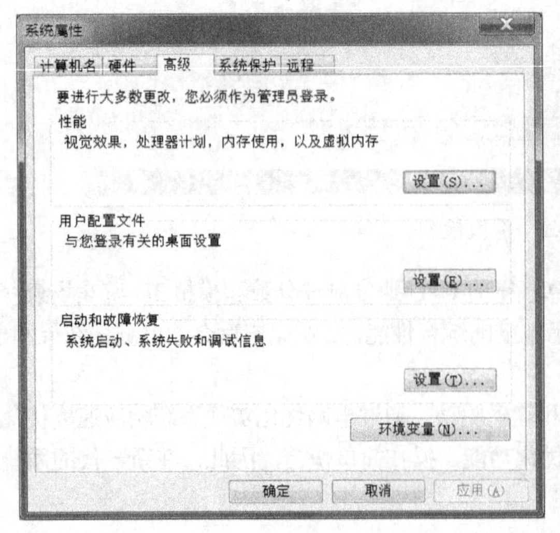


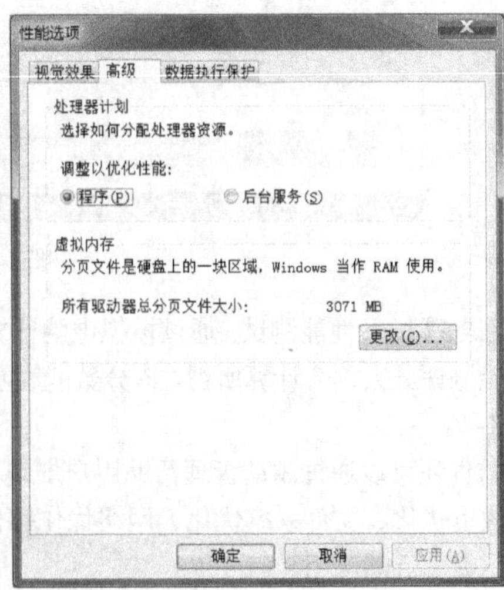


图 1-27 “系统属性”及“性能选项”对话框

【步骤 2】在该对话框的虚拟内存下单击“更改”按钮，弹出图 1-28 所示的“虚拟内存”对话框。

【步骤 3】首先在“驱动器”列表框中选择虚拟内存原所在分区（C 区），同时选择“无分页文件”单选框，单击“设置”按钮。

【步骤 4】然后在“驱动器”列表框中选择虚拟内存新的所在分区（D 区），同时选择“自定义大小”单选框，并在“最大值”后输入 1000，在“初始大小”后输入一个较小的数（如 400），单击“设置”按钮。

【步骤 5】依次单击“确定”按钮即可。

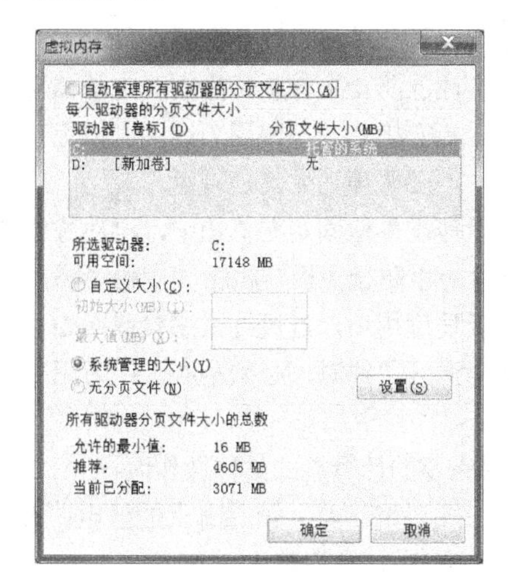


图 1-28 “虚拟内存”对话框

# 知识点　微机系统配置与优化管理

主要内容包括：①微机硬件系统的安装；②Windows 操作系统的安装；③计算机系统性能测试与维护技术；④快速用户切换、任务管理器的使用以及计算机和工作组更名方法。

## 1. 微机硬件系统的安装

组装微机时，我们首先要了解微机的主要组成部分。一台电脑主要由主机、显示器、键盘与鼠标、音箱等部件组成，即由主机和外部设备构成。其中主机内有：主板、CPU、内存、硬盘、光驱、显卡、声卡、电源等部件。外部设备指主机箱以外的设备，例如显示器、键盘、鼠标、音箱、打印机、扫描仪等都是微机的外部设备（简称“外设”）。一台微机主板提供有多个各类接口，方便用户连接各种硬件设备。

打开机箱的外包装，可以看到随机箱安装的会有许多附件，如螺丝、挡片等，这些附件在安装过程中会一一用到。取下机箱的外壳，如图 1-29 所示（以 ATX 结构的机箱为例），会发现机箱的整个机架由金属组成，其中有可以安装光驱、硬盘和电源等的固定架。机箱一侧的一块大铁板称为底板，底板上的铜柱用来固定主板。机箱背部的槽口和挡片（可以拆下），用以连接外设。

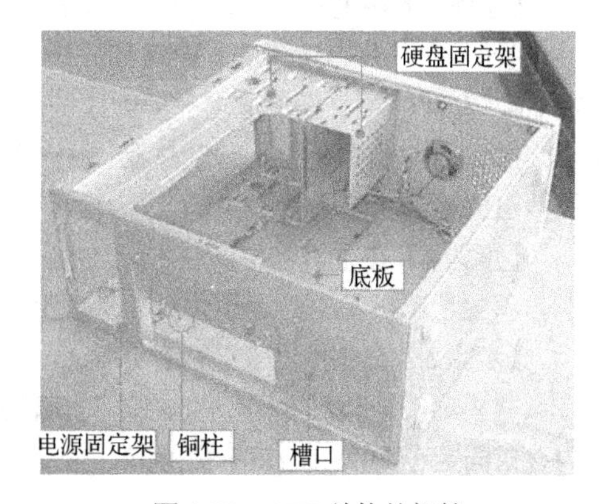


图 1-29　ATX 结构的机箱

在动手安装之前应仔细阅读主板和各种板卡的说明书，熟悉各种接口等的位置及方位。由于微机的配件多数都有精密的电子元器件，它们都怕静电，所以在组装之前先触摸大块的金属物品或者用清水洗手以消除静电。

1）在装机过程中，特别需要注意的事项

（1）装机过程中不要连接电源线，严禁带电插拔硬件，以免烧坏芯片和部件。

（2）安装电源开关线时，必须小心，严禁接反，可用万用表测量检查，若电源线接错发生短路，会烧毁电源。

（3）芯片安装时，应注意方向，不要装反，以免烧坏芯片。

（4）防止静电。装机过程中要注意防止人体所带静电对电子器件造成损伤。

（5）拆除各部件及连线时，应小心操作，不要用力过大，以免拉断连线或损坏部件。

（6）对各个部件要轻拿轻放，不要碰撞，尤其是硬盘。

（7）主板、光驱、软驱、硬盘等硬件应固定在机箱中，再对称将螺丝拧上，最后对称拧紧。安装主板的螺丝时一定要加上绝缘垫片，以防止主板与机箱的接触短路。

（8）在拧紧螺栓或螺帽时，要适度用力，过度拧紧螺栓或螺帽可能会损坏主板或其他塑料组件。

（9）如果是AT电源，安装电源开关线时，必须小心，用万用表测量检查。若电源接错，发生短路，会烧毁电源。

2）利用电脑配件组装成一台完整的计算机的具体操作流程

【步骤1】做好准备工作、备妥配件和工具、消除身上的静电；设置好主板跳线（说明：目前很多主板都是免跳线主板，可省去此步骤）；打开机箱。

【步骤2】安装电源。

安装电源一般来说是组装电脑的第一步，安装电源前应先检查主板、软驱、硬盘的安装位置和安装孔的匹配情况，检查机箱形状是否规则，有没有划痕，机箱的各种螺丝是否齐全，机箱的各个槽是否合适。还应检查机箱高度是否适合所选用的各种插卡。检查完毕后就可以开始安装电源了。

主板上的电源分AT电源和ATX电源两种。ATX电源的好处是可以实现软件关机，目前市场上流行的主板一般只有ATX电源。

安装电源比较简单，把电源放在机箱电源固定架上，使电源后的螺丝孔和机箱上的螺丝孔一一对应，然后拧上螺丝。最后将ATX电源的20针长方形插座接入主板的ATX电源接口中，它不能接反（一般插反是插不进去的）。

【步骤3】在主板上安装CPU和散热器。

把CPU芯片有斜角的方向对准插槽相应的位置插入插槽，并固定好CPU插槽的稳定杆；然后，在CPU芯片的中心部位涂上一层薄薄的散热硅胶，其主要作用是保证CPU和散热器能良好接触，使CPU能稳定工作；之后，将散热器（风扇）轻轻地和CPU芯片接触在一起，并将扣子扣在CPU插槽的凸出位置上，参见图1-30。

【步骤4】在主机箱中安装主板。

将主板和机箱上的螺丝孔对准，拧上机箱自带的螺丝，参见图1-31。

【步骤5】在主板上安装内存条。

将内存的缺口对准插槽的缺口，垂直地插下去，内存插槽两边的白色扳手将自动向内侧扳起，使内存条固定在插槽中，参见图1-32。

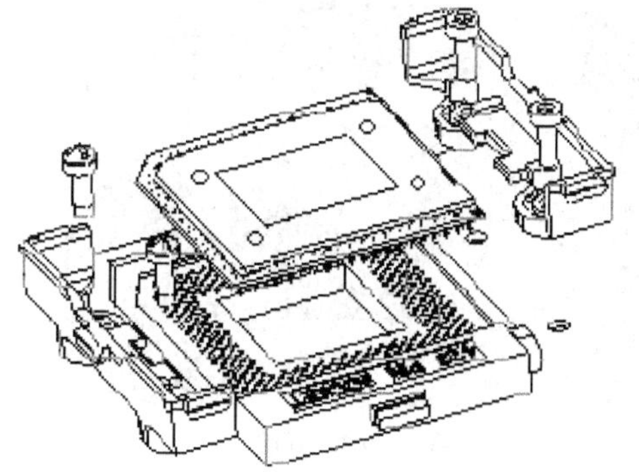

(a) 安装 CPU 芯片

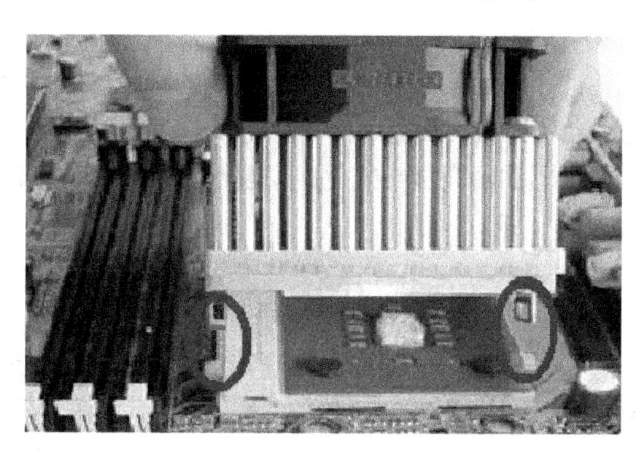
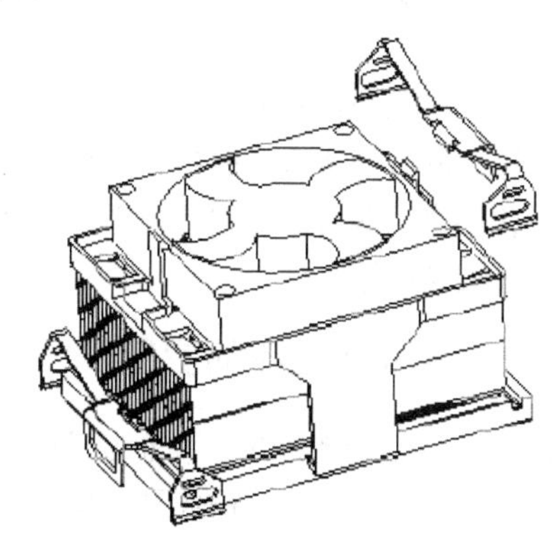

(b) 安装 CPU 的散热器

图 1-30　安装 CPU

图 1-31　安装主板

图 1-32　安装内存条

【步骤 6】在主板上安装各种插件板。

将显卡垂直插入 AGP 的插槽中，在左边的红色区域处拧紧螺丝，将其固定，参见图 1-33。显然，如果显示卡是整合在主板上的，则没有此步骤。声卡、网卡等的安装方法雷同，所不同的是要插在 PCI 插槽里（图中主板上的白色插槽）。

【步骤 7】在主机箱中安装硬盘及各种驱动器。

把硬盘放进架子里，对准驱动器与架子的螺丝孔并上紧螺丝；然后，将硬盘架固定安装在机箱相应的位置上；将软驱从机箱的面板塞入，并上好螺丝；光盘安装方法雷同；接下来，将硬盘以及光盘等的数据线插入主板的 IDE 插槽，注意对准缺口，如图 1-34 所示。

【步骤 8】连接主板电源线（把电源的插头插进主板的电源插座里），连接主板与机箱面板上的开关、指示灯、电源开关等连线，闭合机箱盖。

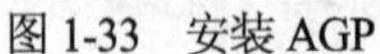

图1-33 安装AGP

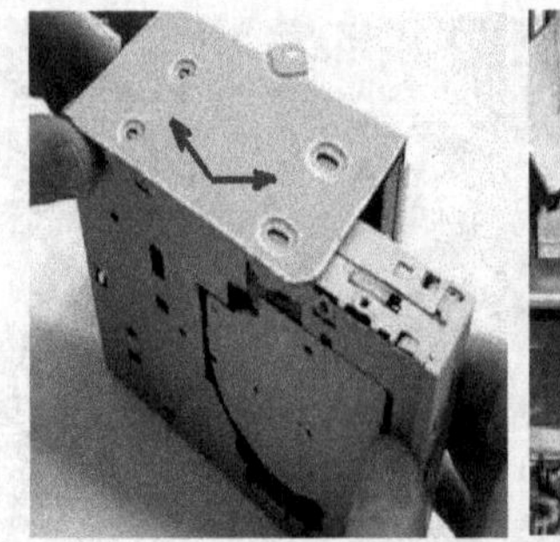

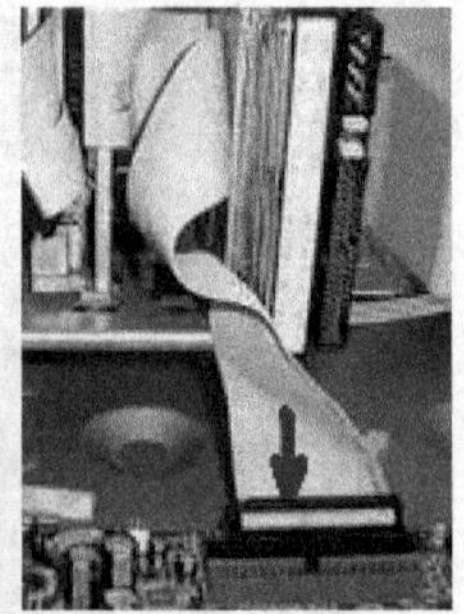

图1-34 安装硬盘以及光驱

最后，连接显示器，连接键盘和鼠标。至此，整个机器的安装工作即完毕。可以加电测试，如有故障应及时排除。

一般在组装微机硬件时，要根据主板、机箱的不同结构和特点来决定组装的顺序，以安全和便于操作为原则。同时，新组装机初次使用时，通常会在开机时运行BIOS设置程序，设置系统CMOS参数；初始化硬盘，即对硬盘进行分区，再将各逻辑驱动器高级格式化；安装操作系统，安装硬件驱动程序，以及安装应用软件。

## 2. Windows操作系统的安装

Windows 7的安装方式大致分为三种：升级安装、全新安装和多系统共享安装。升级安装即覆盖原有的操作系统，如果想将操作系统替换为Windows 7，升级可以在Windows XP、Vista等操作系统中进行；全新安装则是在没有任何操作系统的情况下安装Windows 7操作系统；多系统共享安装指保留原有操作系统使之与新安装的Windows 7共存的安装方式，安装时不覆盖原有操作系统，将新操作系统安装在另一个分区中，与原有的操作系统可分别使用，互不干扰。这里将简要介绍全新安装。

全新安装常用方式：一种是通过Windows 7安装光盘引导系统并自动运行安装程序；另一种是通过U盘、移动硬盘等启动盘进行启动，然后手工安装程序。前一种安装方式操作简单，并且可省去一个复制文件的步骤，安装速度也要快得多。

### 2.1 第一种安装方式

**具体操作：**

【步骤1】BIOS中将启动顺序设置为CDROM优先（设置步骤详见实验任务2），并用Windows 7安装光盘进行启动，重新启动电脑，进入系统安装界面，计算机将开始读取光盘数据，引导启动，如图1-35所示。

图1-35 安装界面

【步骤2】如图1-36所示，单击“现在安装”按钮。（若有的安装光盘需要选择安装语言格式，则无需改动，直接单击“下一步”按钮。）等待安装程序启动，稍等片刻。

【步骤3】如图1-37所示，在弹出的许可协议中，勾选“我接受许可条款”复选框，单击“下一步”按钮。

图 1-36　准备安装界面

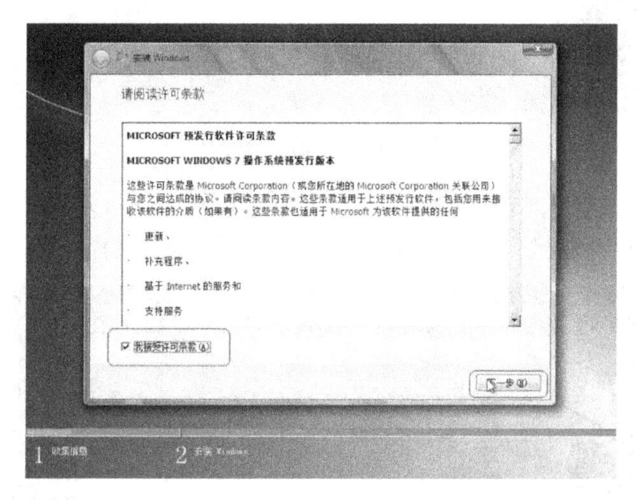


图 1-37　接受许可条款

【步骤 4】选择安装类型。如图 1-38 所示，如果是系统崩溃重装系统（全新重装系统），请选择“自定义（高级）”；如果想从 XP、Vista 升级为 Win7，请选择“升级”。

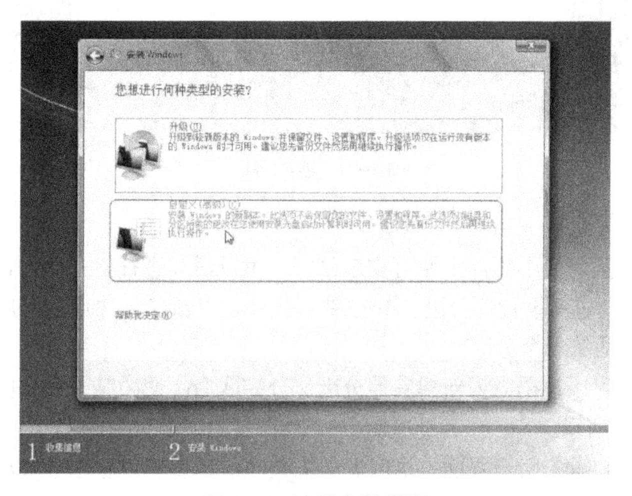


图 1-38　选择安装类型

【步骤 5】如果磁盘从未分区，在需要分区的情况下，可以选择如图 1-39 中“驱动器选项（高级）”选项进行分区。

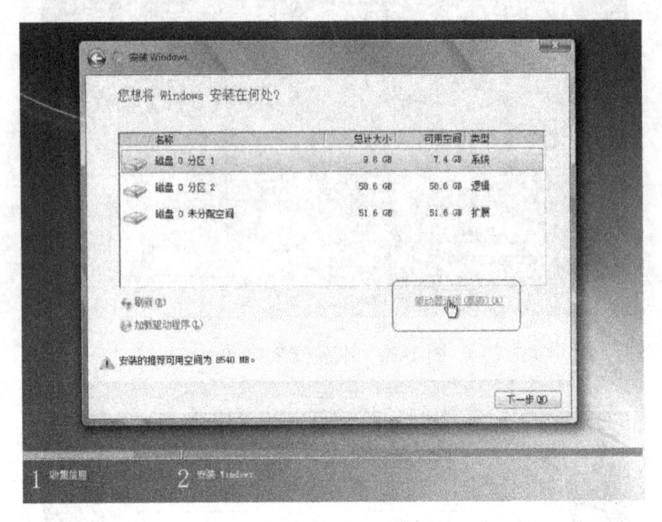


图 1-39 驱动器选项设置

如果对原有分区不满意，则可先删除原有分区，如图 1-40 所示。（注意：若有重要数据要提前备份。）删除原有分区后再新建分区，安装系统。重新分区安装系统的过程如下。

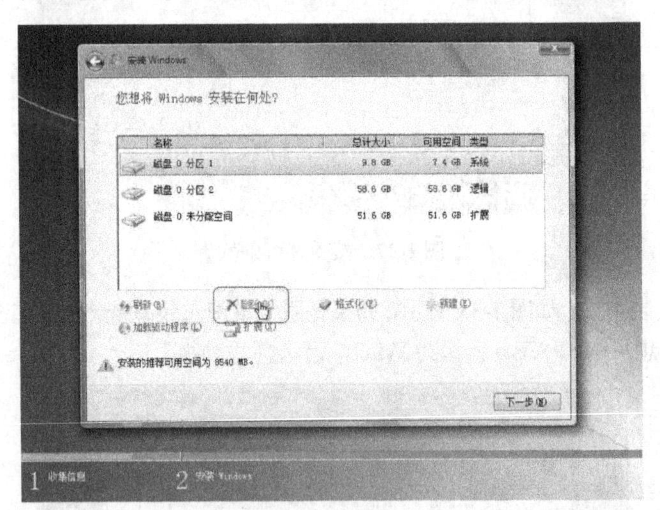


图 1-40 删除分区

首先，单击“驱动器选项（高级）”选项。

如不想重新设置分区，又不想保留原有安装系统，可以对其进行格式化，再进行安装。

接下来，根据需要，重新设置新分区。单击图 1-41 中的“新建”，如图 1-41 所示，设置分区大小，单击“应用”按钮，完成第一个分区。

采用同样的方法，可以根据需要新建其他分区。分完区后，选中某一个分区，单击“下一步”按钮开始安装，如图 1-42 所示。

【步骤 6】出现如图 1-43 所示界面。这时开始安装系统，安装过程中计算机会重启数次。整个过程需要 10～20 分钟（具体时间取决于 C 盘大小及计算机配置）。

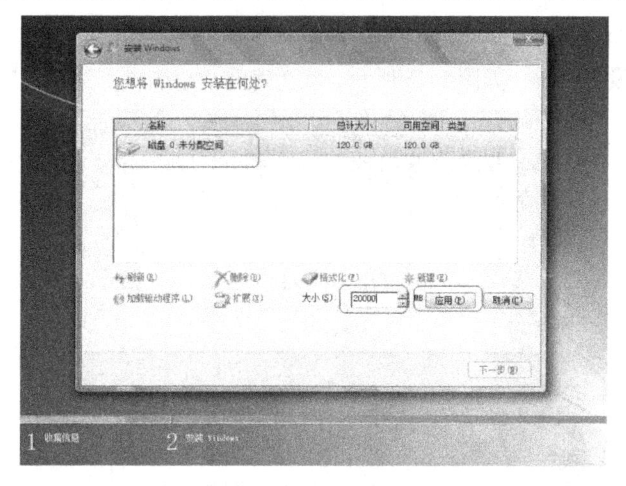


图 1-41　新建分区

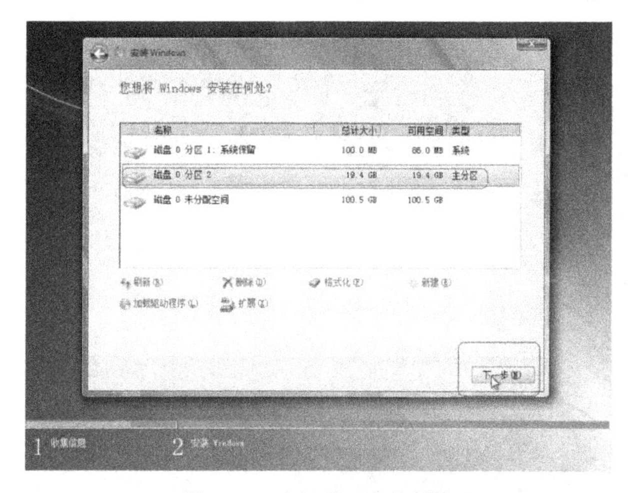


图 1-42　选择分区安装系统

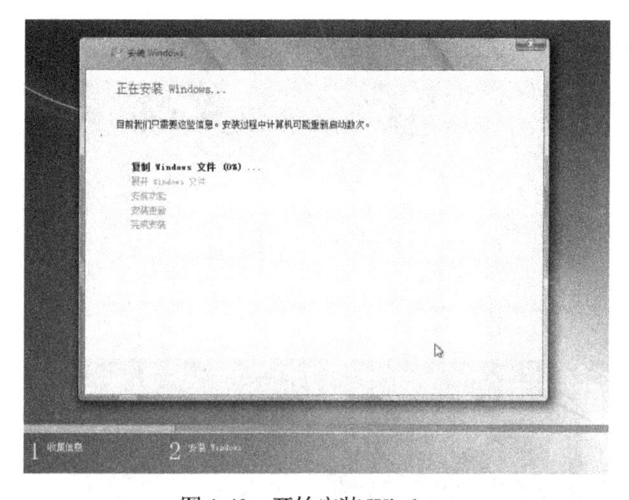


图 1-43　开始安装 Windows

【步骤 7】如图 1-44 所示，输入个人信息，单击“下一步”按钮。

【步骤 8】为账户设置密码，如图 1-45 所示。设置完成后单击“下一步”按钮。

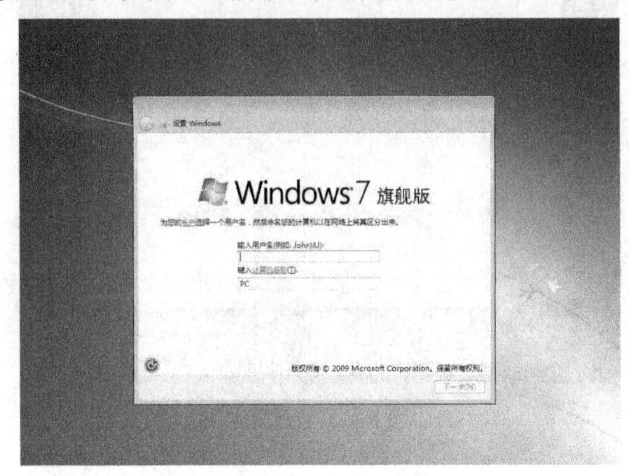


图 1-44　输入个人信息

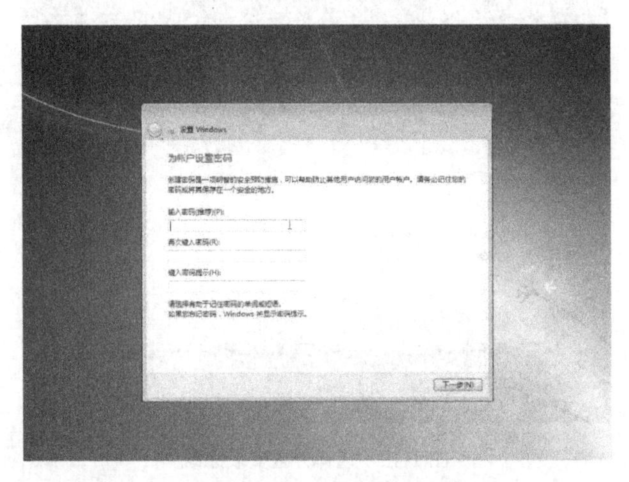

图 1-45　设置密码

【步骤 9】输入产品密钥并激活，单击“下一步”按钮，如图 1-46 所示。

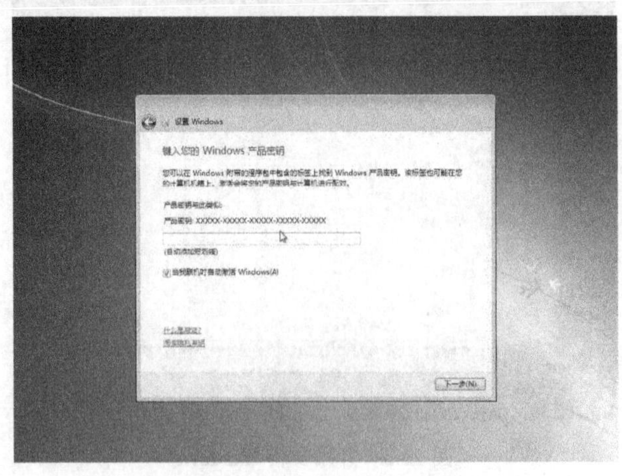

图 1-46　输入产品密钥

【步骤 10】询问是否开启自动更新，如图 1-47 所示。根据需要进行选择。

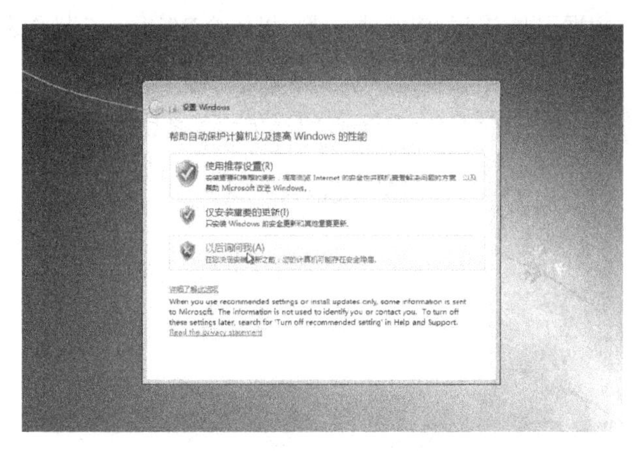


图 1-47 自动更新设置

【步骤 11】如图 1-48 所示，调整日期、时间。一般不需要调整，直接单击“下一步”按钮即可。

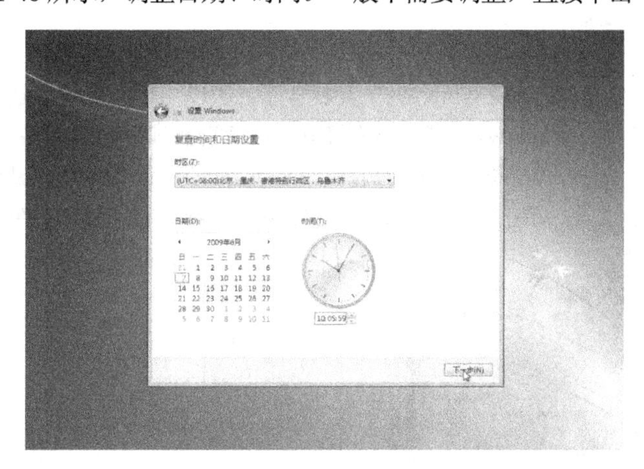


图 1-48 调整日期和时间

【步骤 12】配置网络，如图 1-49 所示。请根据网络的实际安全性选择。如果安装时计算机未联网，则不会出现此对话框。

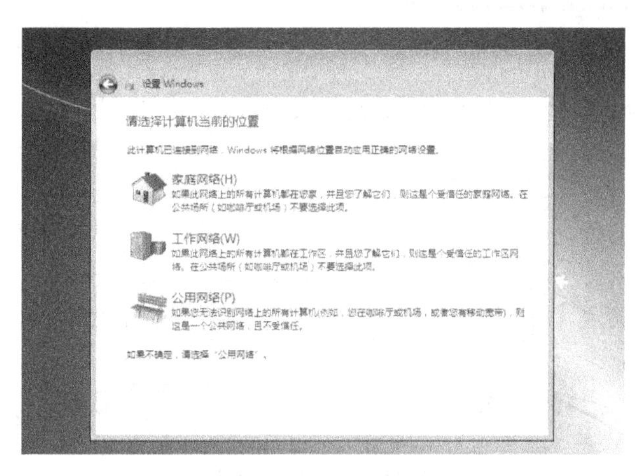


图 1-49 设置网络

【步骤 13】设置完成后，Windows 7 会根据之前的设置配置系统，这个过程会持续 5 分钟，如图 1-50 所示。完成后，根据需要安装相应驱动，就可以体验 Windows 7 操作系统了。

图 1-50　安装完成

## 2.2　第二种安装方式

通过 U 盘进行启动，然后安装 Windows 7 安装程序。所以，首先需要创建一个启动 U 盘，而在此过程中，需要两个条件：Windows 7 USB/DVD Download Tool 和 Windows 7 的 ISO 文件。

（1）首先，下载工具——Windows 7 USB/DVD Download Tool。下载后安装，如图 1-51 所示。

（2）双击打开这个工具，单击“浏览”按钮找到 Windows 7 的 ISO 文件，单击“Next”按钮。如图 1-52 所示。

图 1-51　下载 Windows 7 USB/DVD Download Tool

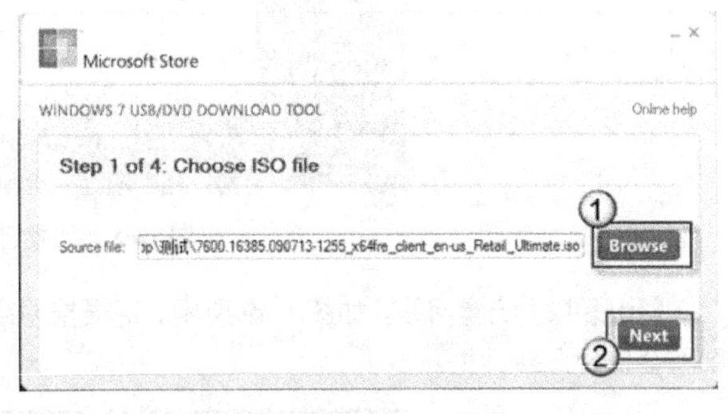


图 1-52　找到 Windows 7 的 ISO 文件

（3）接下来，系统会提示选择启动介质，选择 USB Device，如图 1-53 所示。

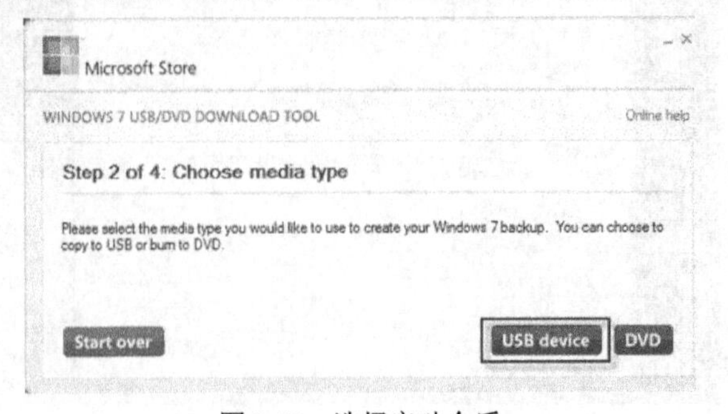


图 1-53　选择启动介质

（4）选中需要使用的U盘（如果有多个 U 盘，可以从下拉菜单中选择准备使用的那一个），单击“Begin copying”按钮如图 1-54 所示。

图 1-54　开始复制

（**注意：此处，用作启动盘的 U 盘应具有至少 4GB 的闪存内存。**）

（5）现在 Windows 7 USB/DVD Download Tool 就开始创建启动 U 盘了，如图 1-55 所示。这个过程可能需要几分钟。

图 1-55　制作启动 U 盘

启动 U 盘创建好后，连接到电脑，将 BIOS 电脑第一启动项设置为 U 盘启动，即可开始系统安装。之后的安装过程与实验任务中光盘安装情况是一样的。

## 3. 计算机系统性能测试与维护技术

### 3.1　计算机性能测试

这里简要介绍一些常用方法。

1）整体性能测试

进行整体性能测试的软件会测试电脑硬件各种设备的协调和兼容能力，还会测试网络速度、磁盘传输性能、办公特性等，从而得出这一部机器的综合性能分数。

Everest ultimate：这是一个综合性的系统检测分析工具，拥有数十种测试项目，主要包括 CPU、主板、内存、传感器、GPU、显示器、多媒体、逻辑驱动器、光驱、ASPI、SMART、网络、DirectX、基准测试等，支持的平台包括 Intel、AMD、VIA、nVIDIA、SIS 等。

SiSoftware Sandra professional 2008：是一套功能强大的系统分析评测工具，拥有超过 30 种以上的测试项目，有整机的性能分析，也有局部的详细测试，主要包括 CPU、Drives、CD-ROM/DVD、Memory、

SCSI、APM/ACPI、鼠标、键盘、网络、主板、打印机等。全面支持当前各种 VIA、ALI 芯片组和 AMD DDR 等平台。

HWiNFO32：电脑硬件检测软件。主要可以显示处理器、主板芯片组、PCMCIA 接口、BIOS 版本、内存等信息，另外 HWiNFO 还提供了对处理器、硬盘以及 CD-ROM 的性能测试功能。

2）CPU 处理能力测试

CPU 作为电脑的中央处理器，其重要性不言而喻。测试 CPU 的稳定性，对于保障电脑正常运行是至关重要的。

（1）检测 CPU 是否被超频。

Intel Processor Frequency ID Utility：这是 Intel 发布的一款检测自家 CPU 的工具。软件使用一种频率确定算法（速度检测）来确定处理器以何种内部速率运行，然后再检查处理器中的内部数据，并将此数据与检测到的操作频率进行比较，最终会将系统总体状态作为比较结果通知用户。该工具列出的“报告频率”和“预期频率”两项数据，前一项表示被测试 CPU 的当前运行速度，后一项表示被测试 CPU 出厂时所设计的最高操作速度，只要两者数据一致，即说明 CPU 未被超频。

（2）CPU 信息检测。

CPU-Z：该软件可以提供全面的 CPU 相关信息报告，包括处理器的名称、厂商、时钟频率、核心电压、超频检测、CPU 所支持的多媒体指令集，并且还可以显示出关于 CPU 的 L1、L2 的资料（大小、速度、技术），支持双处理器。目前的版本可进行 CPU、缓存、主板、内存和 SPD 五个项目的测试分析。新版本增加了对 AMD 64 处理器在 64 位 Windows 操作系统的支持，增加了对新处理器 Celeron M、Pentium 4 Prescott 的支持。

WCPUID：可以显示 CPU 的 ID 信息、内/外部时钟频率、CPU 支持的多媒体指令集。重要的是它还具有“超频检测”功能，而且能显示 CPU/主板芯片组/显示芯片的型号。

（3）CPU 稳定性测试。

可使用 CPU Burn、Toast、Super π以及 Prime 95。不过 Prime 95 的测试环境非常苛刻，很多用户用 Prime 95 来测试超频后的 CPU，并以此作为超频成功的证据。只要单击执行文件就可进入主界面，单击菜单栏“Option（选项）”中的“CPU”即可对测试进行设置。在这里，用户可以设置测试的时间、测试所使用的内存容量，可以看到测试的起始和结束时间、CPU 的型号、实际频率以及缓存等信息。设置好以后单击菜单栏上“Option（选项）”中的“Torture Test（稳定性测试）”就可以开始测试了。由于 Prime 95 的系统稳定性测试消耗的系统资源并不多，用户可以在测试期间进行其他操作，这时 Prime 95 会在系统托盘中生成一个红色的图标，代表测试正在顺利进行着，如果这个图标的颜色在测试还没有结束之前就变成黄色了，说明测试失败，你的系统没有达到 Primr 95 所要求的稳定性。Prime 95 默认的测试时间为 12 小时，如果通过 12 小时的测试，则说明系统稳定；如果能通过 24 小时以上的测试，则表明这个系统基本不会因为稳定性而出现故障。

（4）Hot CPU Tester Pro。

适用于爱好超频的用户，支持 MMX、SSE、AMD 3DNow!等技术，可以测试出 L1 和 L2 缓存、系统和内存的带宽、主板的芯片、多 CPU 的兼容性、CPU 的稳定性、系统和内存总线，新版本支持最新的 AMD Athlon 64 和 AMD Opteron CPU、支持超线程处理器，更换了新的界面，优化了测试功能。

3）内存测试软件

内存的质量和兼容性关乎电脑的稳定性，可以选用下列软件进行测试。

（1）DocMemory。

是一种先进的电脑内存检测软件，有“内存神医”之称。DocMemory 提供有十来种精密的内存检测程序，其中包括 MATS、MARCH+、MARCHC-以及 CHECKERBOARD 等。选用其中的老化测试可以检测出 95%以上内存软故障。

（2）MemTest。

此软件小巧、测试迅速、安装后在程序项里单击软件名即可运行。它通过对电脑进行存储与读取操作可分析检查内存情况。当遇到任何来自内存的错误时，该软件都会即时反映出来。

4）显示器检测

（1）CRT 显示器检测。

Nokia Monitor Test：是一款 Nokia 公司出品的显示器测试软件，界面新颖、独特，功能齐全，能够对几何失真、四角聚焦、白平衡、色彩还原能力等进行测试。

（2）液晶显示器测试。

CheckScreen：是一款非常专业的液晶显示器测试软件，可以很好地检测液晶显示器的色彩、响应时间、文字显示效果、有无坏点、视频杂讯的程度和调节复杂度等各项参数。打开 Monitors Matter CheckScreen 程序后，切换到“LCD Display”选项卡。相关测试项目如下。

- Colour：色阶测试，以三原色及高达 1670 万种的色阶画面来测试色彩的表现力。当然，无色阶是最好的，但大多数液晶显示器均会有一些偏色，少数采用四灯管技术的品牌这方面做得比较好，画面光亮、色彩纯正、鲜艳。
- Crosstalk：边缘锐利度测试，屏幕显示对比极强的黑白交错画面，我们可以借此来检查液晶显示器色彩边缘的锐利程度。由于液晶显示器采用像素点发光的方式来显示画面，因此不会存在 CRT 显示器的聚焦问题。
- Smearing：响应时间测试，测试画面是一个飞速运动的小方块，如果响应时间比较长，就能看到小方块运行轨迹上有很多同样的色块，这就是所谓的拖尾现象。如果响应间比较短，我们所看到的色块数量也会少得多，因此笔者建议使用相机的自动连拍功能，将画面拍摄下来再慢慢观察。
- Pixel Check：坏点检测，坏点数不大于 3 均属 A 级面板。
- TracKing：视频杂讯检测，由于液晶显示较 CRT 显示器具有更强的抗干扰能力，即使稍有杂讯，采用“自动调节”功能后就可以将画面大小、时钟、相位等参数调节到理想状态。

5）显卡测试软件

显卡的性能对于游戏爱好者来说至关重要，而目前测试显卡都采用权威的 3DMark 测试软件。3Dmark 系列的大规模游戏运算可用来检测显卡是否稳定，以便及早发现产品中的缺陷。3Dmark 系列目前常用的版本有 3Dmark 03、3Dmark 05 和 3Dmark 2006，其使用方法完全相同。

6）硬盘测试软件

各大硬盘厂商都有专门的硬盘测试工具软件，而这里主要介绍硬盘测试软件 HD Tune。这是一款小巧易用的硬盘工具软件，其主要功能有硬盘传输速率检测、健康状态检测、温度检测及磁盘表面扫描存取时间、CPU 占用率。另外，还能检测出硬盘的固件版本、序列号、容量、缓存大小以及当前的 Ultra DMA 模式等。虽然这些功能其他软件也有，但难能可贵的是此软件把所有这些功能集于一身，而且非常小巧，速度又快，更重要的是它是免费软件，可自由使用。而 HD Tune 的收费版本 HD Tune Pro 提供了更加全面的硬盘检测功能，如 AAM 控制、磁盘擦写、文件基准测试等，为用户提供了更加全面的硬盘信息。

7）光驱测试软件

光驱测试软件是著名刻录软件 Nero 套装的一部分，也可以单独下载。该软件是目前可以支持最多光盘驱动器的检测软件，绝大部分 CD、DVD 光盘驱动器或刻录机都可以使用该软件进行检测。该软件可以测试刻录机的刻录速度、刻录机或者光驱的传输方式、光盘的读取与模拟刻录测试、光盘刻录之后的品质，并且可以显示刻录机或光驱的寻道时间及 CPU 占有率等。

## 3.2　计算机性能维护

计算机的维护是指使微型计算机系统的硬件和软件处于正常、良好运行状态的活动，包括检查、测试、调整、优化、修理、更换等工作。

1）电脑软件维护

电脑日常的软件维护主要包括清理系统垃圾、整理磁盘碎片、备份及查杀病毒四个方面，下面分别进行简单介绍。

操作系统是控制和指挥电脑各个设备和软件资源的系统软件，一个安全、稳定、完整的操作系统极有利于系统的稳定工作和使用寿命。如果对操作系统不注重保护，那么回报你的将是无数次的死机、系统运行速度不断降低、频繁地出现软件故障。

维护操作系统应做到以下几步。

（1）清除系统垃圾。

主要有如下几个方面的工作要做。

① 删除系统产生的临时文件：Windows在安装和使用过程中产生的垃圾文件包括：临时文件（如*.tmp、*._mp等）、临时备份文件（*.bak、*.old等）、临时帮助文件（*.gid）、磁盘数据文件（*.chk）及*.dir、*.dmp等其他临时文件。这些垃圾文件可通过系统的“查找”功能，将其从硬盘中找出并删除。

② 删除不常用的文件：在“控制面板”中进入“程序和功能”，在列表中选中需要删除的程序，然后单击“卸载”、“更改”或“修复”，如图1-56所示。另外，要打开或关闭Windows中某种功能的话，可以单击左侧“打开或关闭Windows功能”，打开如图1-57所示的窗口，在其中要打开某种功能，可选择其复选框；要关闭某种功能，可选非（即不选中）其复选框。（填充的框表示仅打开该功能的一部分。）

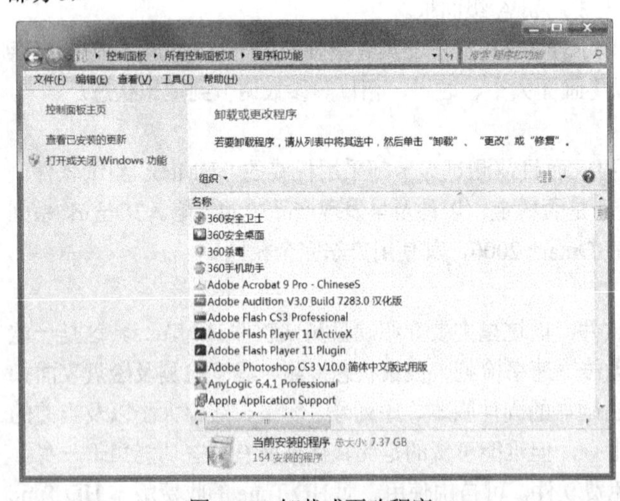


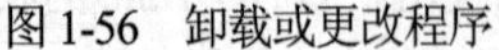
图1-56　卸载或更改程序

图1-57　打开或关闭Windows功能

③ 删除系统还原文件夹：Windows 7的系统还原虽然提高了系统的安全性，但随着不断安装软件和创建还原点，其还原备份文件夹（_Restor）会越来越大，从而浪费大量硬盘空间。删除还原点的方法为：在“控制面板”中单击“系统”图标，选择“系统保护”。此时弹出“系统属性”窗口，并自动切换到“系统保护”选项卡，如图1-58所示。单击“配置”，弹出如图1-59所示窗口，单击“删除所有还原点”旁边的“删除”按钮，再在弹出的窗口中选择“继续”，最后关闭窗口，则成功删除这些还原点。

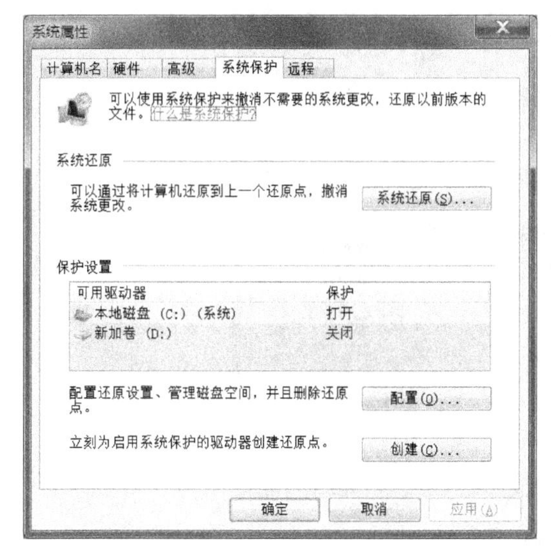


图 1-58　系统保护

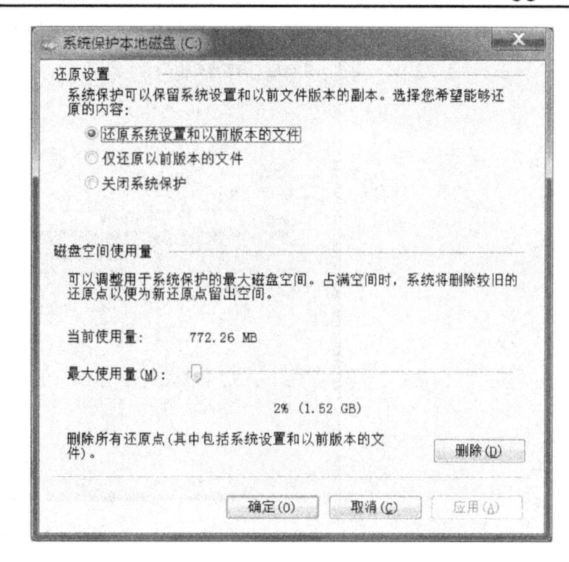


图 1-59　删除所有还原点

（2）整理磁盘碎片。

定期利用 Windows 操作系统的“所有程序”→“附件”→“系统工具”→“磁盘清理”对磁盘进行清理、维护和碎片整理，彻底删除一些无效文件、垃圾文件和临时文件，从而使得磁盘空间及时释放。磁盘空间越大，系统操作性能越稳定，特别是 C 盘的空间尤为重要。

（3）备份。

操作系统往往因为病毒感染、黑客攻击和硬件故障等种种原因，运行得越来越慢，甚至常常崩溃。在这种情况下，操作系统的备份和还原就逐渐成为了必不可少的安全保护措施。可以使用 Ghost 备份操作系统，也可以创建系统还原点，当系统出现问题时使用系统还原程序将系统还原到还原点时的状态。具体的步骤如下：

单击“开始”菜单，依次执行“所有程序”→“附件”→“系统工具”→“系统还原”命令，打开“系统还原”窗口，如图 1-60 所示。在打开的窗口中，单击“下一步”按钮，进入图 1-61 所示窗口，选择相应的还原点（还可单击“显示更多还原点”），单击“下一步”按钮。创建还原点完成后，单击“完成”按钮，即可开始系统还原。

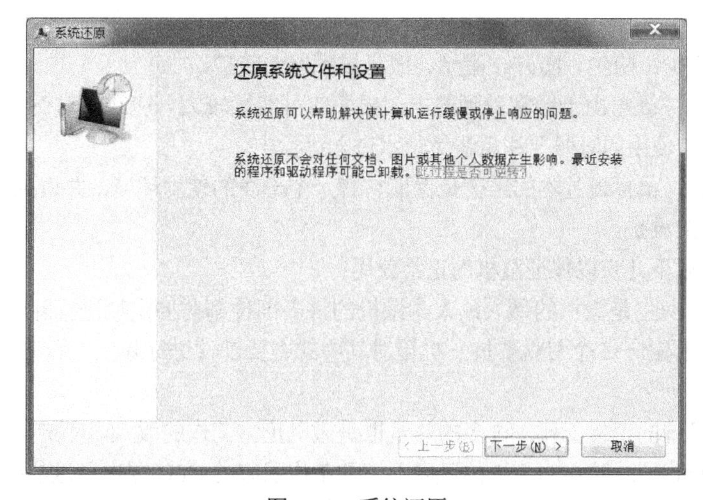


图 1-60　系统还原

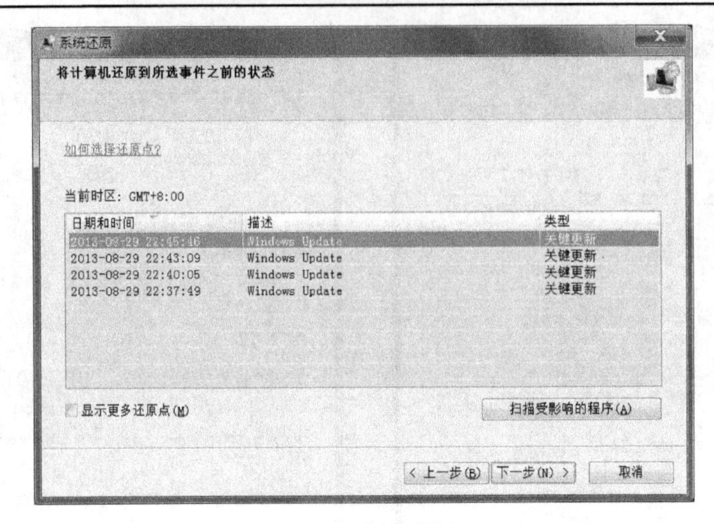


图1-61　选择还原点

（4）查杀病毒。

经常对系统进行查毒、杀毒，用干净的系统启动盘来重新启动电脑，用最新杀毒软件杀毒，每月至少查杀两次，确保电脑在没有病毒的干净环境下工作。特别是使用来历不明的外来盘时，一定要先查毒一次，安装或使用后再查毒一遍，以免那些隐藏在压缩程序或文件里的病毒有机可乘。

2）电脑硬件维护

（1）对电脑各部件的维护。

① 主板：最重要的是要保持使用的清洁。

② CPU：需要定期将CPU风扇拆卸下来进行除尘操作，同时要添加润滑剂保证CPU风扇的正常运转。

③ 内存：可用橡皮对内存的金手指部位进行擦拭，防止出现氧化而导致接触不良。

④ 硬盘：防震、防尘、防潮、防高温、防静电、防病毒、防磁、防工作时突然断电、定期整理硬盘和备份数据。

⑤ 光驱的维护：防震。按规定操作。在光驱托盘上放置和取出盘片时要小心，应用按键将光盘托架收回，不能用手强行推入。读盘的时候不要按退盘键，尽量使用质量好的光盘，不用时应将光盘及时从光驱内取出。

⑥ 显示器的维护：防尘、防磁、避光、液晶显示器的防护。

⑦ 键盘的维护：键盘由于经常受到敲击，损坏的可能性较大。应经常对键盘进行除尘；不应用力敲击键盘；在日常使用的时候要注意避免使水进入键盘中。

⑧ 鼠标的维护：鼠标最基本的维护是保证它有一个干净的使用环境，并避免用力敲击。

（2）对于整机的维护。

一般需要做到以下几点以保证整机的正常使用：

① 定期除尘。灰尘是微机的最大敌人，微机的许多部件都需要定期进行除尘工作以免影响整机的正常工作。一般每隔1～2个月就要拆开机箱对其中的主要部件进行除尘，尤其是对主板和各个散热风扇进行重点除尘。

② 保证散热风扇的正常工作。过多的热量也是微机正常工作的敌人，应定期对CPU、电源等部位的散热风扇添加润滑油，防止由于散热风扇不正常工作引起的CPU或电源过热损坏而影响整机的正常工作。

③ 安装防病毒软件。目前病毒已经成为微机最大的敌人之一，尤其是对于那些已经上网的微机来说，感染病毒的可能性非常大。应在微机上安装最新的防病毒软件，并打开病毒监测功能，同时及时升级，防止由于病毒造成的数据丢失甚至是硬件损坏。

④ 保证微机的正常供电。如果微机长期工作在电压不稳的环境下，会对微机的主要部件造成损坏。对于这样的用户，可以考虑配置一台 UPS（不间断电源），以便保护电脑在断电的时候能及时保存数据。

## 4．快速用户切换、任务管理器的使用以及计算机和工作组更名

### 4.1　快速用户切换、计算机和工作组更名

1）快速用户切换

默认情况下，Windows 7 可以使多个用户更轻松地共享一台计算机。简单地讲，当需要以其他用户身份登录计算机并希望保持当前用户的程序运行状态时，可通过单击“开始菜单”中的“切换用户”按钮，并在之后的“欢迎”屏幕中单击欲登录的用户账户图片，即可轻松切换到该用户及其资源环境。

2）计算机和工作组更名

初次安装网络的时候，用户可以为局域网上的计算机设置计算机名和所属工作组，在之后的使用中，需要更改计算机名称或者更改其所在的工作组，具体操作步骤如下。

① 在“开始”菜单中的“计算机”图标上单击右键，在弹出的快捷菜单中单击“属性”命令，打开“系统”对话框，单击“计算机名”一旁的“更改设置”，弹出如图 1-62 所示窗口。在该选项卡中的“计算机描述”文本编辑框中输入新的计算机描述。

② 进一步单击该选项卡中的“更改”按钮，打开图 1-63 所示的“计算机名/域修改”对话框，在“计算机名”文本编辑框中输入将要更改的计算机名称；然后，可以选择“工作组”选项，并在其文本编辑框中输入将要加入的“工作组名称”，单击“确定”按钮，即可达到修改计算机名称和工作组名称的目的。

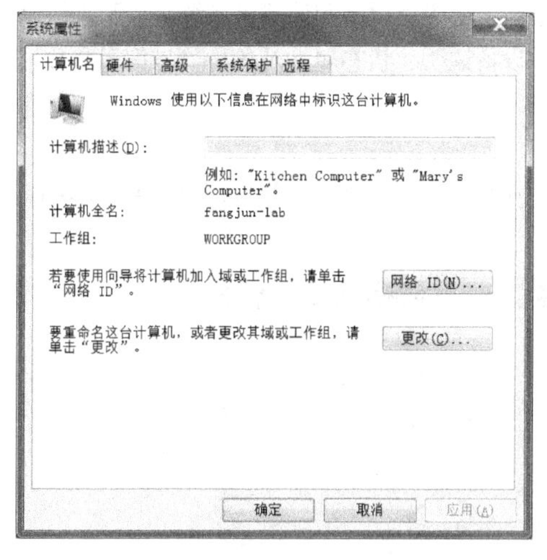


图 1-62　“计算机名”选项卡

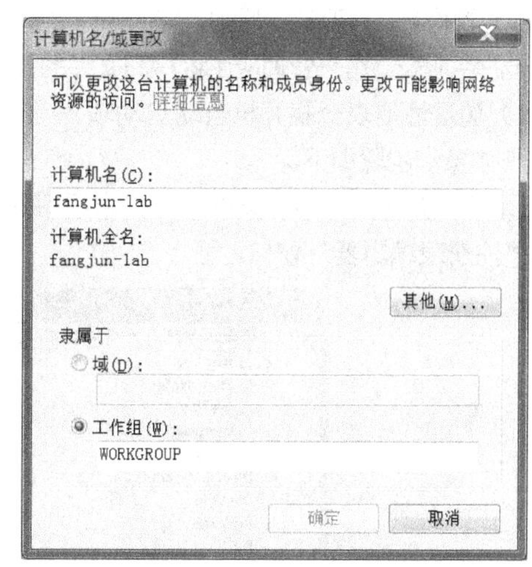


图 1-63　计算机名/域修改

### 4.2　任务管理器的使用

任务管理器为用户提供了有关应用程序和进程的运行情况，CPU、内存的使用情况和网络连接方

面的信息。通过 Windows 7 的任务管理器，不仅可以管理当前正在运行的任务，还可以实时地监视系统资源的使用状况和联网情况等，以验证系统设置的合理性。

启动任务管理器的方法有两种：一是在任务栏的空白区域单击鼠标右键，在弹出的快捷菜单中选择“启动任务管理器”命令；二是使用“Ctrl”+“Alt”+“Delete”组合键，在弹出的“Windows 安全”窗口中选择“启动任务管理器”，打开如图 1-64 所示的“Windows 任务管理器”窗口。

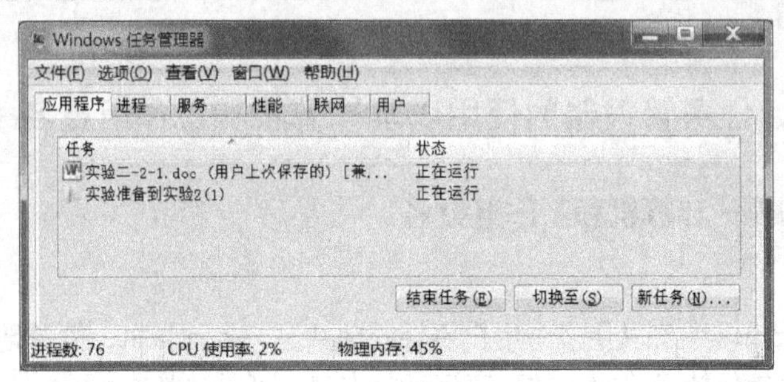


图 1-64 “Windows 任务管理器”窗口

对于一般用户来说，可以很方便地利用任务管理器管理正在运行的应用程序。具体操作为：单击任务管理窗口中的“应用程序”选项卡，可以查看系统中已启动的应用程序及其当前的状态，还可以关闭正在运行的应用程序或切换到其他应用程序，以及启动新的应用程序，如图 1-65 所示。

特别是当系统中运行的某一应用程序出错时，系统会长时间处于没有响应的状态。在这种情况下，用户可利用“任务管理器”关闭该应用程序。具体操作为：在图 1-65 中选中该应用程序并单击“结束任务”按钮（若有随之弹出的结束程序对话框，则单击其中的“立即结束”按钮），强行结束该程序。但是，如果此时被关闭的应用程序中还有用户没有保存的数据，这些数据将会丢失。

## 4.3 注册表与服务管理

在 Windows 95 及以后的版本中，采用了一种叫作“注册表”的数据库将各种信息资源集中起来并存储各种配置信息。按照这一原则，Windows 各版本中都采用了将应用程序和计算机系统全部配置信息容纳在一起的注册表，用来管理应用程序和文件的关联、硬件设备说明、状态属性及各种状态信息和数据等。

1）通过注册表查找开机自动启动项

具体操作步骤如下。

【步骤 1】在“开始”菜单中“搜索程序和文件”处输入 regedit 命令，按回车键，弹出图 1-65 所示的“注册表编辑器”窗口。

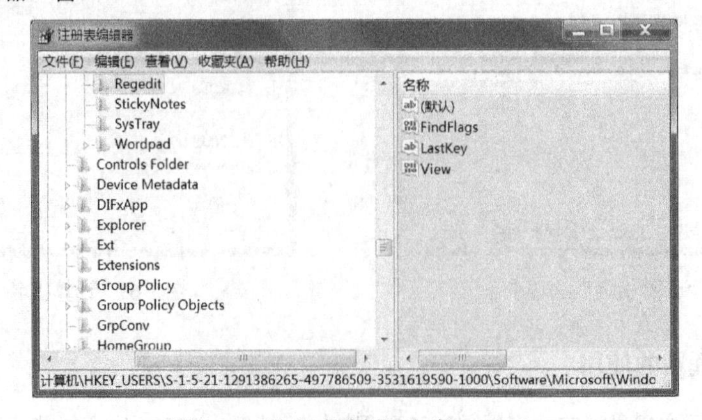


图 1-65 “注册表编辑器”窗口（一）

【步骤 2】在“注册表编辑器”窗口的左栏中使用类似在资源管理器中打开文件夹的操作方法打开 HKEY_LOCAL_MACHINE\SOFTWARE\Microsoft\Windows\CurrentVersion\Run 项，如图 1-66 所示，此时窗口的右栏列出了本机所有的开机自动启动程序。

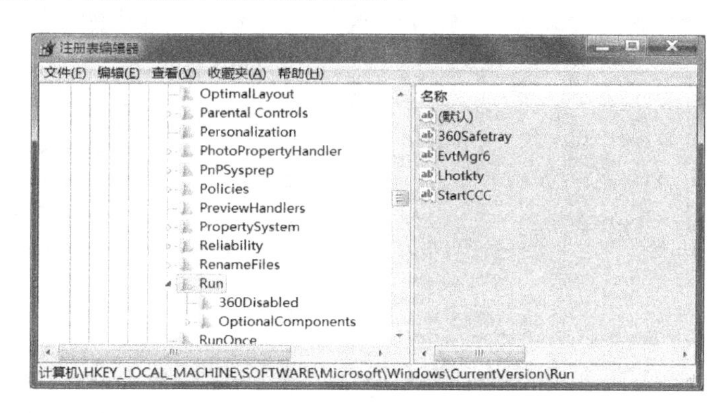


图 1-66 “注册表编辑器”窗口（二）

2）禁用本机的“server”服务

具体操作步骤如下。

【步骤 1】在“控制面板”中双击“管理工具”图标，弹出图 1-67 所示的“管理工具”窗口。

【步骤 2】双击该窗口中的“服务”图标，弹出图 1-68 所示的“服务”窗口。

【步骤 3】在该窗口的右栏中列出了本机所有服务的名称、描述、状态和启动类型等信息（如 Server 服务的当前状态是“未启动”，启动类型为“手动”）。

图 1-67 管理工具

【步骤 4】在 Server 服务项上单击鼠标右键，选择快捷菜单中的“属性”项，弹出图 1-69 所示的“Server 的属性”对话框。

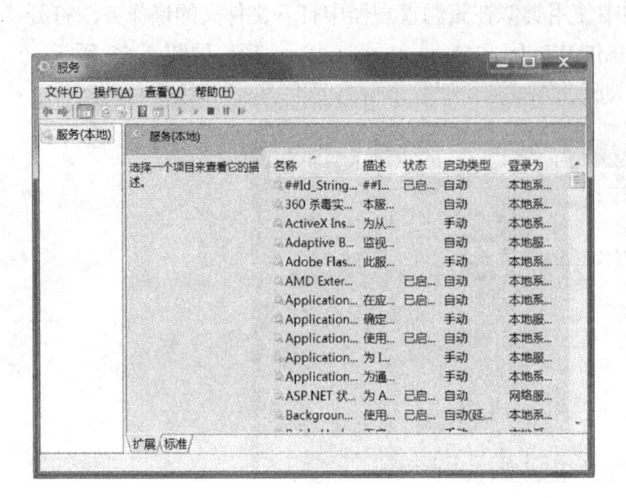


图 1-68 “服务”窗口

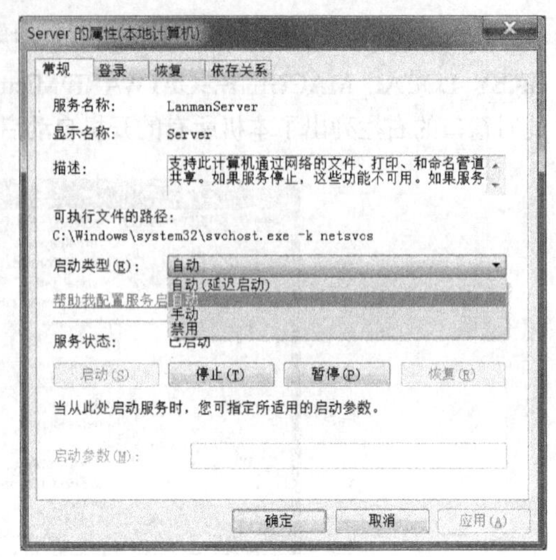


图 1-69 “Server 的属性”对话框

【步骤 5】在“启动类型”后的下拉列表框中选择“禁用”。

# 实验二　网络基本应用操作

**目标**：1. 掌握搜索引擎的使用；
2. 掌握软件下载、压缩与解压缩及安装方法；
3. 掌握免费邮箱的申请和使用；
4. 掌握网络常用命令。

**任务**：1. 利用搜索引擎查找指定的内容。
2. 利用工具软件下载软件，压缩/解压缩及安装软件；
3. 免费邮箱的申请与使用；
4. 掌握网络基本命令的使用。

## 任务 1　利用搜索引擎查找指定的内容

**背景说明**：网络真可谓是信息的海洋。在因特网上获取信息量的多少，往往取决于查询的方法适当与否。如果想及时而又准确地找出自己需要的资料，搜索引擎就是一件必不可少的搜寻利器。这里，通过利用搜索引擎搜索《成都商报》，阅读当日报纸新闻，学习搜索引擎的使用方法。

**具体操作**：

【步骤 1】启动浏览器，在地址栏中输入搜索引擎的网址 www.baidu.com，按“Enter”键，打开百度搜索引擎，如图 2-1 所示。

图 2-1　打开百度搜索引擎

【步骤 2】在文本框中输入关键字“成都商报”，单击“搜索”按钮，如图 2-2 所示。

【步骤 3】在图 2-2 中的多个网页中选择单击“成都商报电子版”，出现图 2-3 所示页面。在该页面中选择感兴趣的新闻消息阅读。

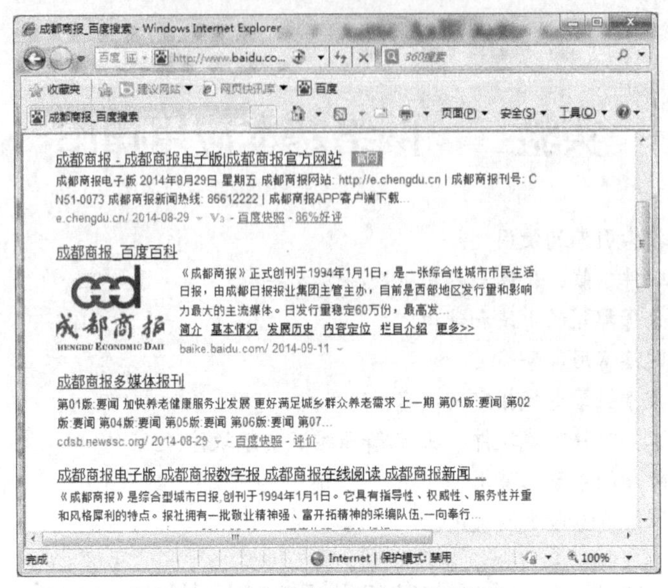


图 2-2　弹出找到的相关网页列表窗口

图 2-3　阅读新闻

# 任务 2　常用工具软件的下载及安装

**背景说明**：在上网的过程中，免不了要上传或者下载一些文件，这里介绍如何获取常用的工具软件，如“迅雷”、“WinRAR”等，如何利用这些工具下载指定的软件以及如何安装软件。

**具体操作**：

【步骤 1】打开 IE 浏览器，在地址栏中输入www.google.com，或在历史列表中选择该网址，启动搜索引擎，如图 2-4 所示。注意，google 是一个国外网站，如果本机不具有国外网络的访问权限，可通过输入www.baidu.com完成之后的操作。

【步骤 2】在文本框中输入关键字“迅雷下载”并按“Enter”键，弹出如图 2-5 所示窗口。

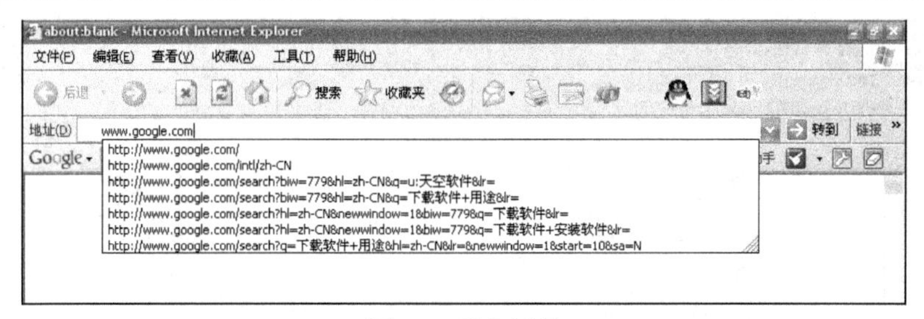


图 2-4　输入网址

图 2-5　找到的相关网址列表

【步骤 3】在列出的相关网页中选择某一可下载页面，单击该链接，出现图 2-6 所示页面。

【步骤 4】单击“立即下载”按钮，显示如图 2-7 所示正在下载的迅雷的相关信息，下载完毕后，在“完成下载”文件夹中可以看到迅雷软件，如图 2-8 所示。

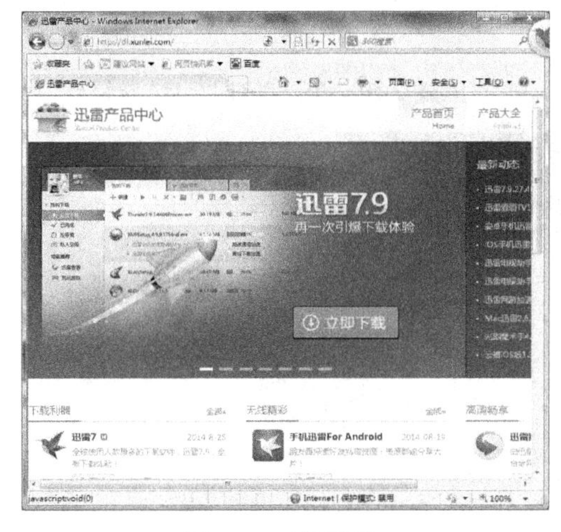


图 2-6　下载页面

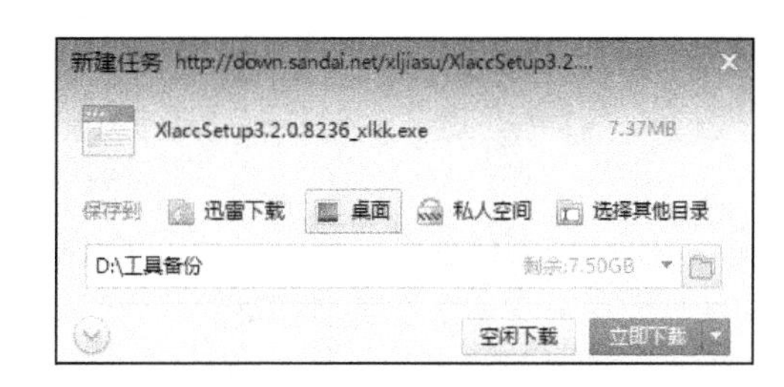


图 2-7　下载的迅雷相关信息

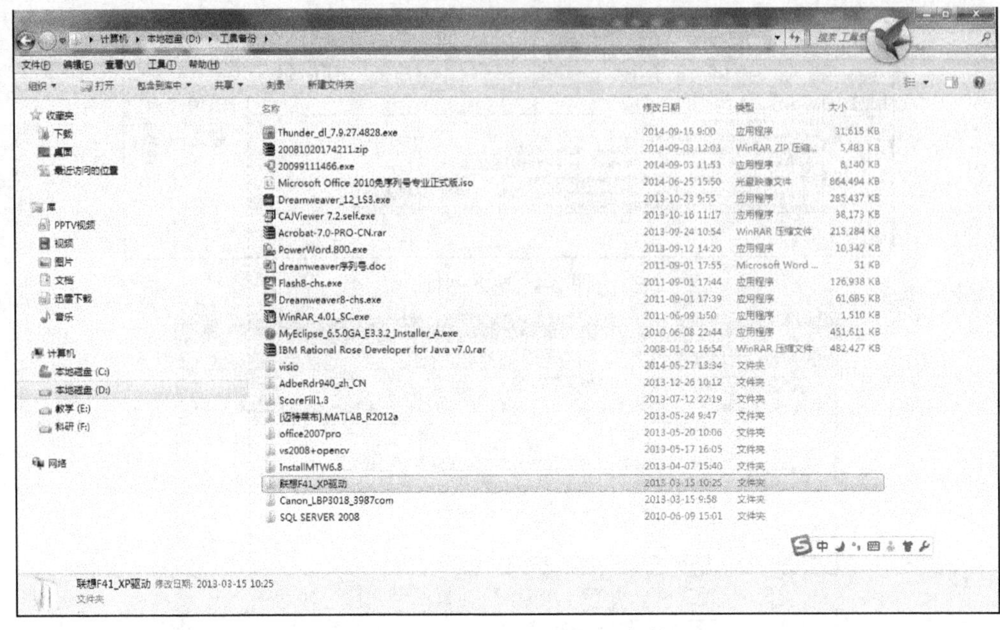


图 2-8　下载文件夹中的迅雷软件

【步骤5】双击下载目录下“迅雷”软件扩展名为.exe的文件，开始迅雷软件的安装过程，在弹出的安装窗口中，单击“接受并安装”按钮，如图2-9所示，同意本软件协议。

【步骤6】在弹出的图2-10所示的窗口中，单击“立即安装”按钮，进行迅雷软件的安装，如图2-11所示。

图 2-9　同意软件许可协议

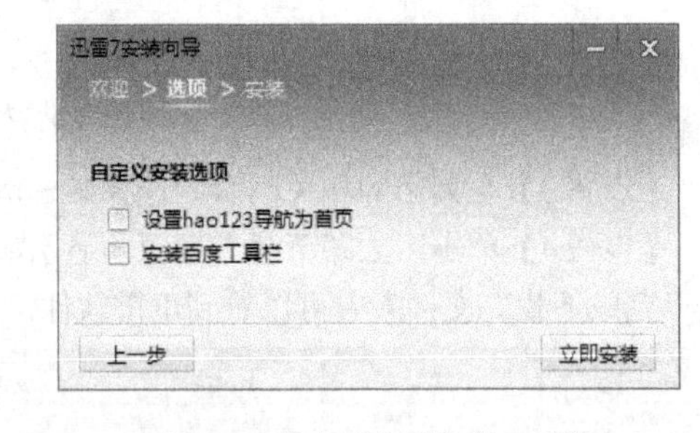


图 2-10　单击“立即安装”按钮

图 2-11　安装迅雷软件

【步骤 7】软件安装结束，启动迅雷工作界面，如图 2-12 所示。

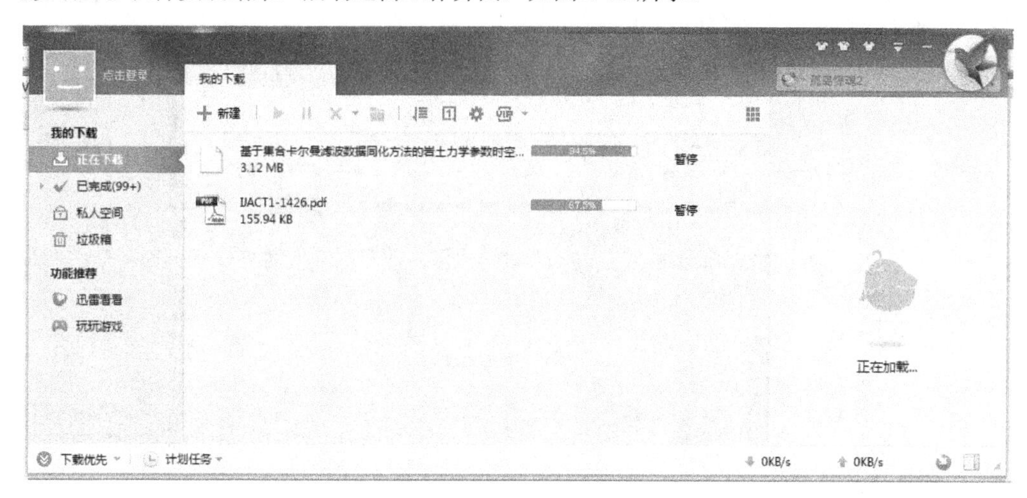


图 2-12 迅雷工作界面

# 任务 3 免费邮箱的申请与使用

**背景说明：**在网络快速发展的今天，利用网络实现信息的传递应该是我们必须掌握的一项技能，下面介绍如何申请免费邮箱及如何收发信件。

**具体操作：**任务 3 由 3 个子任务组成。

**子任务 1：在“搜狐”网上申请一个免费邮箱。具体操作步骤如下。**

【步骤 1】打开 Internet Explore（IE）浏览器，在地址栏输入“www.sohu.com”，如图 2-13 所示。

图 2-13 Sohu 首页

【步骤 2】用鼠标单击最上端的“邮件”，弹出图 2-14 所示窗口。选择右下角的“现在注册”，弹出图 2-15 所示窗口。

图 2-14　搜狐邮箱

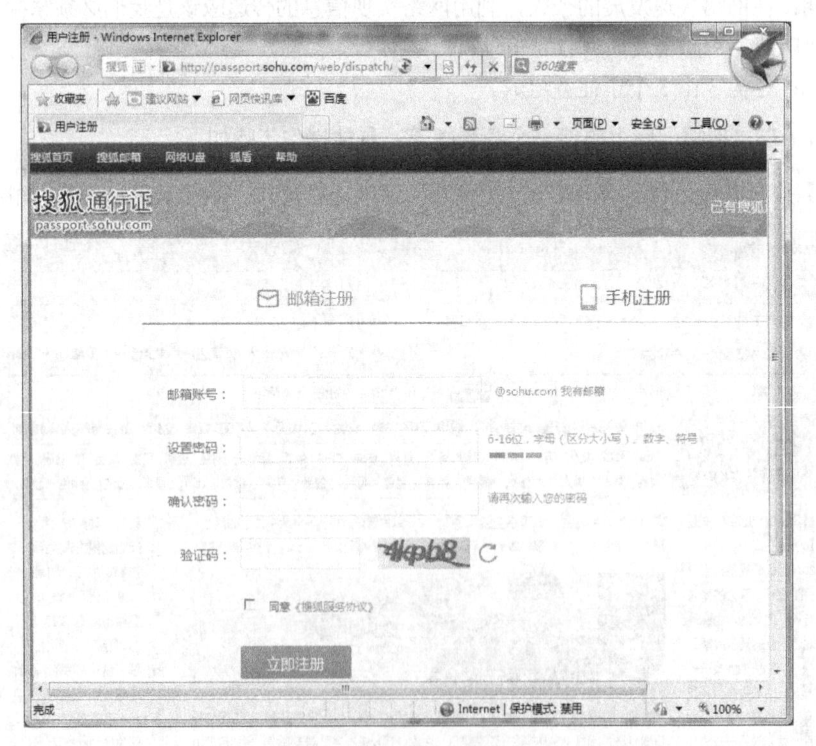


图 2-15　立即注册窗口

【步骤 3】输入邮箱名（要求唯一），例如输入“jsjjc2013”作为您的邮件账号，然后输入密码、密码确认（与密码相同）以及验证码，如图 2-16 所示。

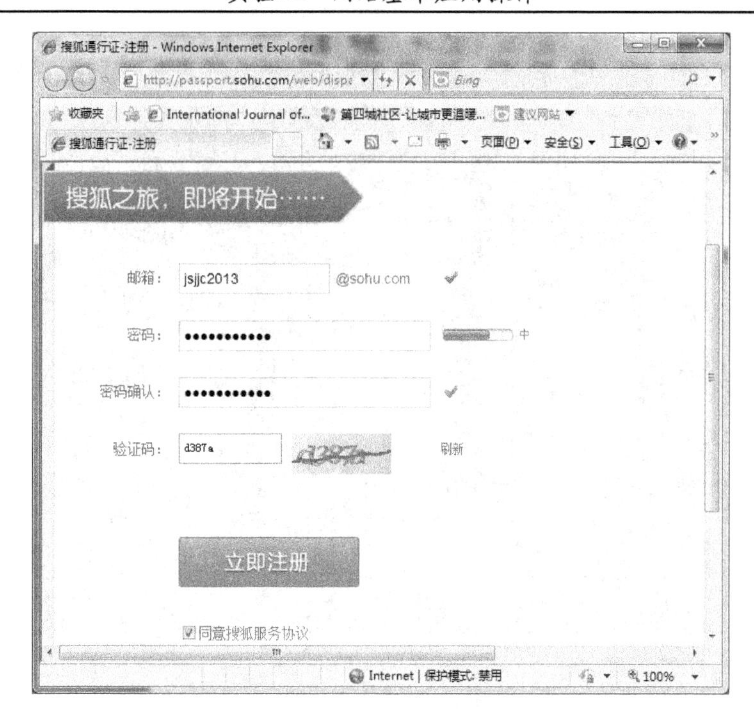


图 2-16　输入注册内容

【步骤 4】单击“立即注册”按钮，弹出图 2-17 所示窗口。

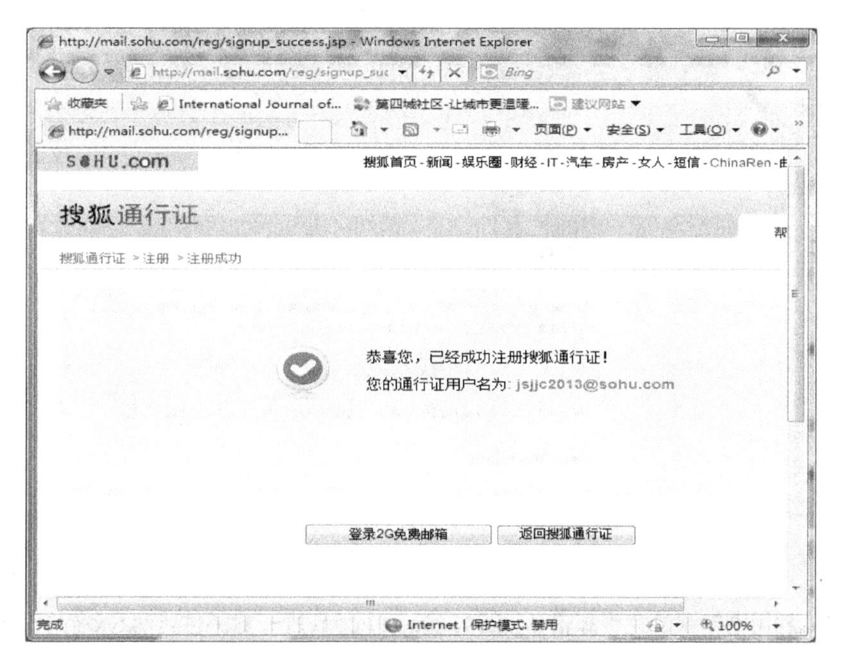


图 2-17　注册成功

【步骤 5】单击“登录 2G 免费邮箱”按钮，弹出图 2-18 所示窗口。

【步骤 6】单击“点击进入”按钮，弹出图 2-19 所示窗口。

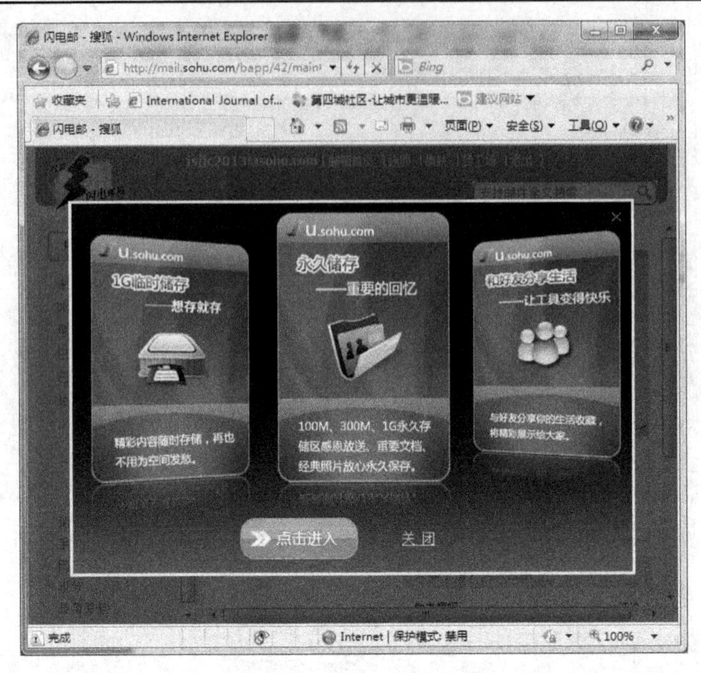


图 2-18 进入邮件窗口

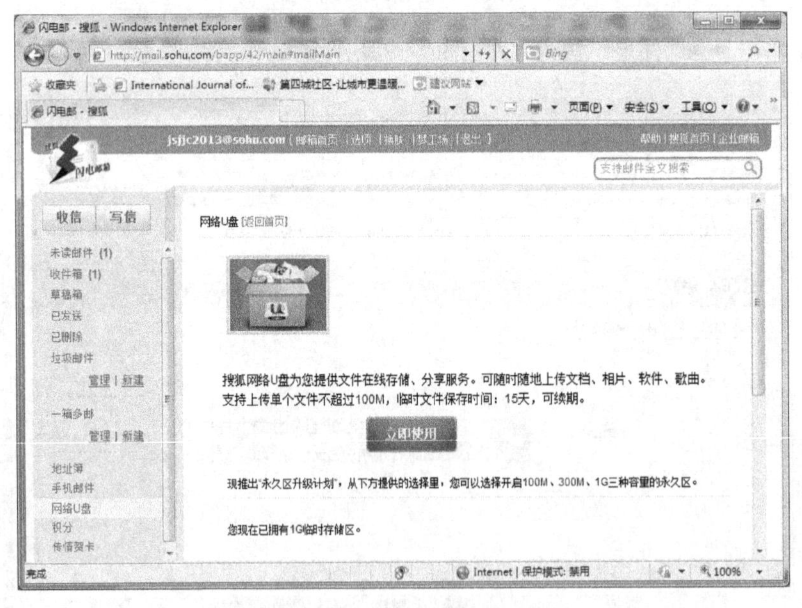


图 2-19 成功注册邮箱

**子任务 2：利用刚申请的免费邮箱 jsjjc2013@sohu.com 发一封邮件给xszyxx@163.com。具体操作步骤如下。**

【步骤 1】先登录www.sohu.com网站，然后在“用户名”和“密码”文本框中输入你的邮件账号和密码，如图 2-20 所示。

【步骤 2】单击“登录”按钮，弹出图 2-21 所示窗口，单击左边的“写信”按钮，弹出图 2-22 所示窗口。在“收件人”中输入xszyxx@163.com，在“抄送”和“暗送”中还可以输入你准备将这封信邮寄的其他人，在“标题”中输入这封信的标题，它将出现在收信人收到的邮件的标题栏中，以表明该信的主要内容。在信的正文处写出信的主要内容。

图 2-20　登录邮箱界面

图 2-21　成功登录邮箱

【步骤 3】在图 2-22 中单击“上传附件”按钮，找到要上传的文件，如图 2-23 所示。单击“打开”按钮，上传文件。

【步骤 4】如果“附件”已经上传成功，在图 2-24 的“已上传附件：”后的文本框中会列出“附件”的名称。单击“发信”按钮，如果邮件成功发出，会出现邮件发送成功界面窗口。

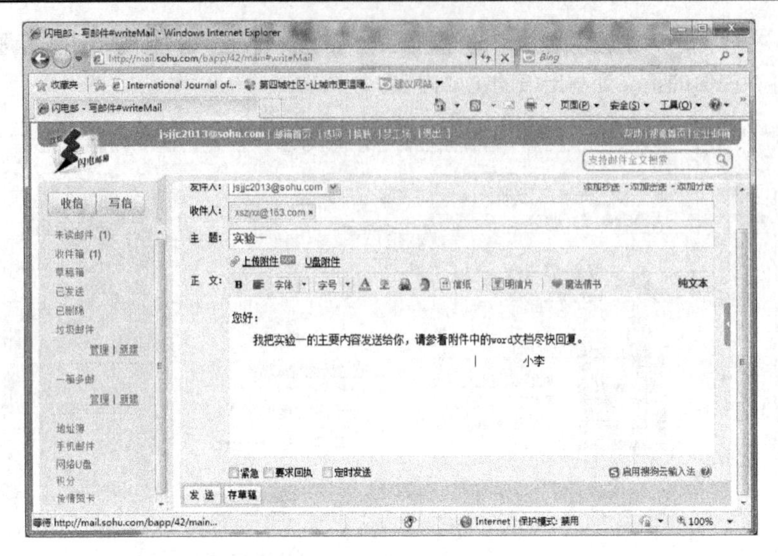


图 2-22 邮件书写实例

图 2-23 上传附件操作界面

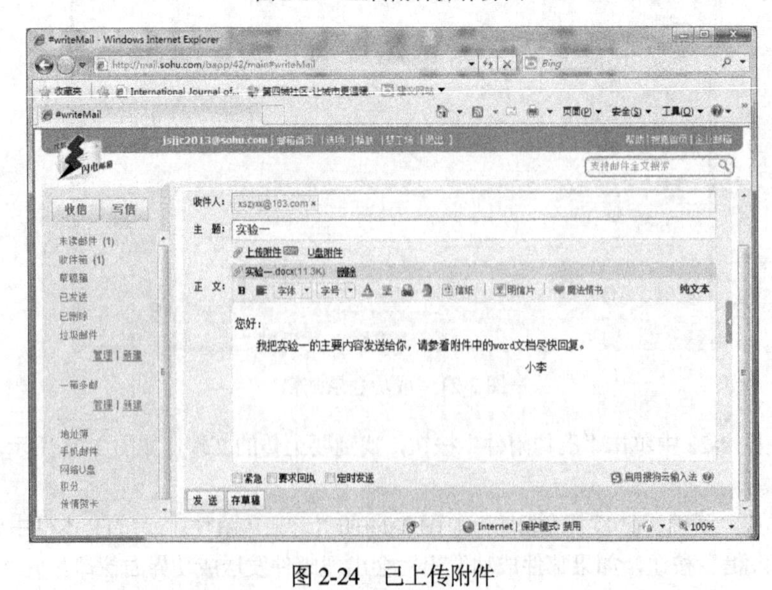


图 2-24 已上传附件

子任务 3：利用免费邮箱 jsjjc2013@sohu.com接收及阅读邮件。具体操作步骤如下。

【步骤 1】登录jsjjc2013@sohu.com，在收件箱中查看新邮件，如图 2-25 所示。

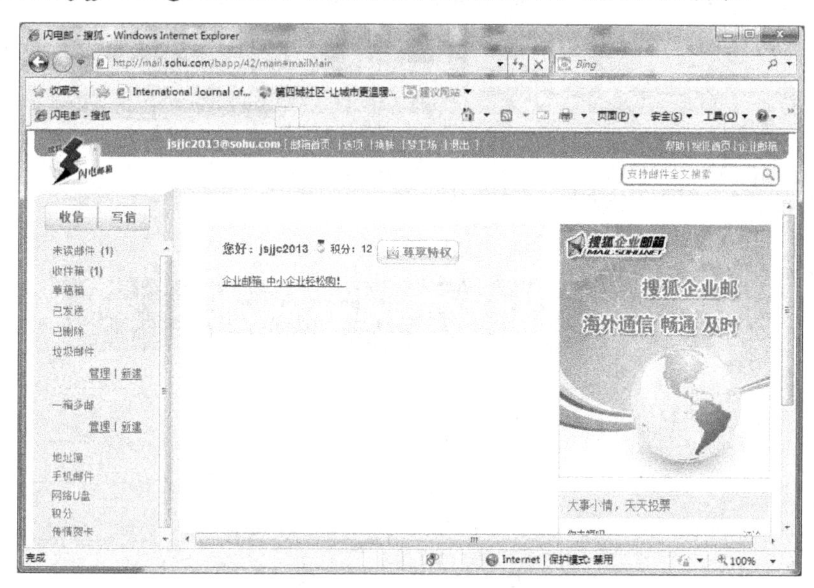


图 2-25　成功登录邮箱（有新邮件）

【步骤 2】单击图 2-25 左边的“收件箱”，在收件箱中查看新邮件，如图 2-26 所示。

图 2-26　查看新邮件

【步骤3】单击未读信件，打开该信，如图2-27所示。

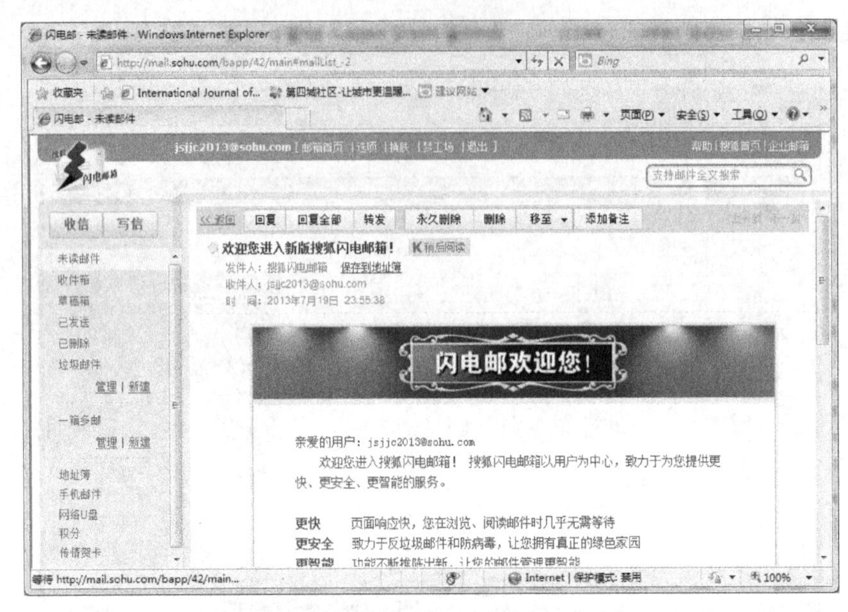

图2-27 显示邮件内容

# 任务4 网络基本命令操作

**背景说明**：我们可以使用网络基本命令ipconfig查看网络配置，使用Ping命令测试网络连接。除了可以直接登录提供邮箱的网站收发邮件外，还可以使用邮件的客户端软件。接下来看看它们的使用方法。

**具体操作**：任务4由2个子任务组成。

**子任务1：ipconfig命令的使用**

【步骤1】在“开始”菜单中选择“所有程序”→“附件”→“命令提示符”选项，如图2-28所示，弹出图2-29所示的“命令提示符”窗口。

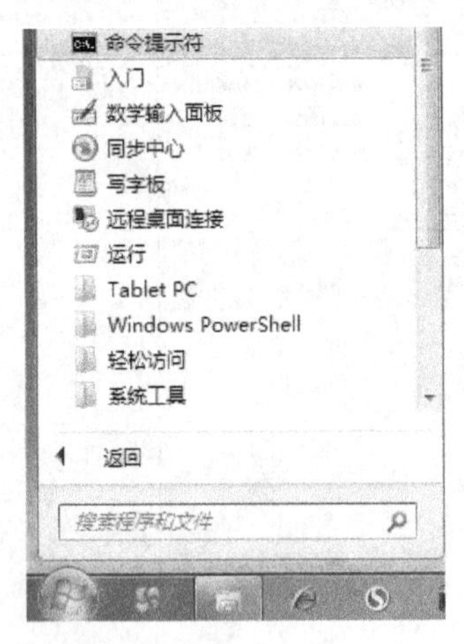


图2-28 选中命令提示符

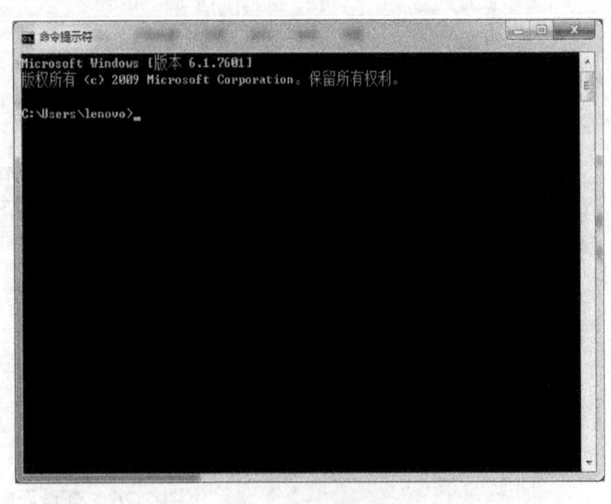


图2-29 “命令提示符”窗口

【步骤 2】在“命令提示符”窗口输入 ipconfig，得到图 2-30 所示的结果，查看本机网络配置信息。

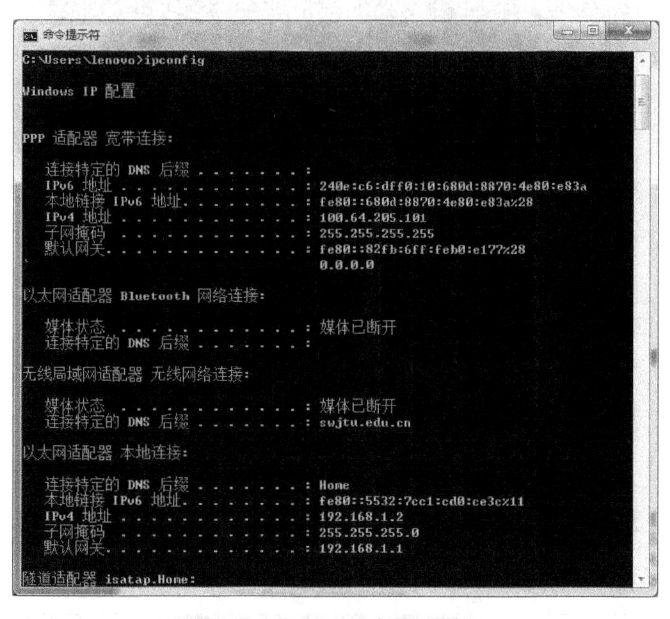


图 2-30　ipconfig 操作结果

【步骤 3】在“命令提示符”窗口输入 ipconfig /renew，得到图 2-31 所示的结果，查看刷新后的网络配置信息。

图 2-31　ipconfig /renew 操作结果

### 子任务 2：ping 命令的使用

【步骤 1】在“开始”菜单中选择“所有程序”→“附件”→“命令提示符”选项，弹出图 2-32 所示的“命令提示符”窗口。

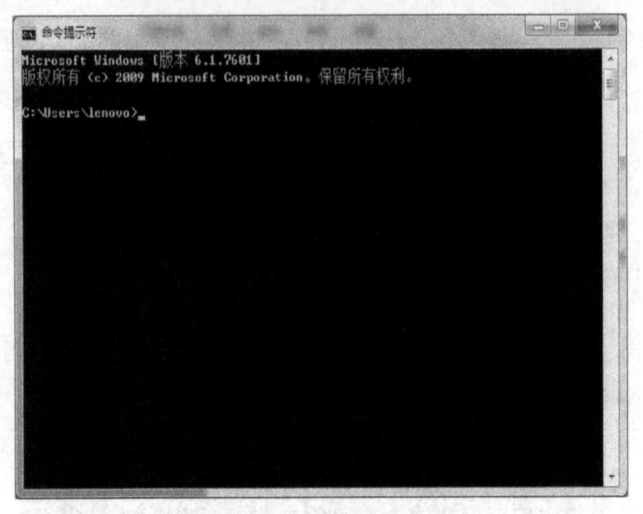


图 2-32 “命令提示符”窗口

【步骤 2】在“命令提示符”窗口中输入 ping www.swjtu.edu.cn，测试本机到 www.swjtu.edu.cn 网络的连接，得到图 2-33 所示信息。

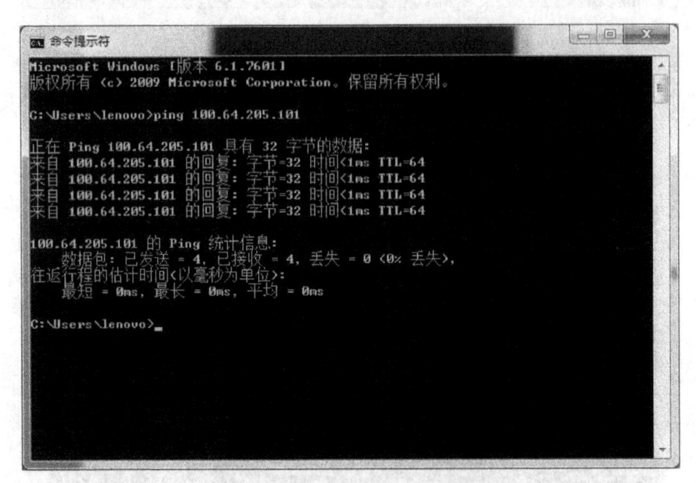


图 2-33 ping 测试连接

【步骤 3】在“命令提示符”窗口中输入 ping www.sina.com.cn，测试本机到 www.sina.com.cn 网络的连接，得到图 2-34 所示信息。

图 2-34 ping 测试到新浪 Web 服务器的连接

# 知识点 网络基本应用操作

主要内容包括：①网络信息搜索；②软件下载和解压缩常用工具；③软件的安装；④E-mail 通信；⑤网络基本命令。

## 1. 网络信息搜索

在 Internet 中，每一台入网的计算机（也称网站或站点）都有一个唯一的地址，称为 IP 地址。每个网页也都有一个独一无二的地址，称为 URL（Uniform Resource Locator，统一资源定位器），并以 http://开头。利用一台入网的计算机浏览万维网上的精彩世界，必备的条件有两个：一个是本地机中安装有 WWW 浏览器，另一个是要有对方 Web 服务器的 URL。目前世界上流行的浏览器有多种，这里以浏览器 Internet Explorer（简称 IE）为例：IE 与 Windows 捆绑在一起，通常在安装 Windows 系统时会自动安装 Internet Explorer 组件。

在 IE 浏览器地址栏编辑框中，输入搜狐网站主页（Web 结构上的首页）地址：http://www.sohu.com.cn/↙（注：下画线部分表示用户输入部分，↙表示回车键），可见 IE 窗口右上角的 标志开始闪动，这表明浏览器已经启动搜寻，正在与提供搜狐主页的服务器连接，同时反映连接进程的进度条会出现在状态栏中，显示下载网页的进度。如果连接成功，片刻之后，搜狐主页将显现在 IE 的页框中。一个网页通过设置多个超链接可与多个其他网页串联。这些网页或位于同一台机器中，或位于不同的机器上。由当前网页进入到下一网页的操作方法很简单，只需移动鼠标到页面上的含有超链接的文字或图片上，此时鼠标指针就会从原来的空心箭头（系统默认设置）变成一只小手或其他图形，单击鼠标即可进入到新的网页。这也就意味着，我们只要记住少数网址，就可由一扩充到十、十扩充到百，漫游在 Web 海洋中。

大多数网站主页上都会提供帮助用户查找该网站或其他网站信息资源的搜索引擎，另外一些是专门从事信息检索服务的网站，通过搜索引擎为用户在网上冲浪提供指南。搜索引擎一般具备有分类主题查询和关键字查询两种功能，它在完成指定的搜索任务后，通常是按最佳匹配站点先后排列，列出与搜索标准匹配的站点列表，列表中包含一组指向各个站点的超链接。这时，只要单击预备登录网站的超链接，即可启动该网站的主页。

国内常见的检索网站的网址包括：搜狐 http://www.sohu.com.cn，百度搜索 http://www.baidu.com，雅虎（中文版）http://cn.yahoo.com，网易 http://www.yeah.net，新浪http://cha.sina.com.cn/等。

1）雅虎中国

首先在检索栏内输入你所需要的关键字，按下“Search”键，YAHOO!就会自动搜寻其中的分类类目、网站、资料库信息及新闻资料库，并依此列出所找到的信息。列出资料的排列以根据与关键字的匹配程度高低为序，而新闻资料的排列还综合了更新时间等因素。除了这种简单的查询方式外，YAHOO！还支持进阶检索方式，想使用这种检索就要先了解其特定的语法：

- 使用双引号查询网站，例如输入“电脑音乐”之后，就只会出现“电脑音乐”的网站，而忽略包含“电脑与 MP3 音乐”的网站，注意双引号必须是半角字符。
- 加字母指定关键字出现的位置，如在关键字前加“t:”，搜索引擎仅会查询网站的名称；而在关键字前加“u:”，搜索引擎就会只查询所需的网址。
- 利用“+”、“-”号来限定结果，加了“+”号的关键字一定要在结果中出现，而加了“-”号的关键字就一定不要出现在查询结果中。

2）搜狐

升级后的中文搜狐检索系统又增加了新的功能，解决了中文的分词问题，如输入“电脑”之后，以前会把带有“电子”、“大脑”的词的网站也检索出来，而现在就能精确定位，节省了使用者的时间和精力。该系统还设有用户字典，允许自行定义词的名称、词性及对应的大五码字体，并将该词加入到词库中。具体的使用方法是：在检索文本栏中输入要查询的关键字，在按下“搜索”按钮后，搜狐中文检索系统会从以下4方面检索结果：

- 搜狐分类：查询符合条件的分类类目。
- 搜狐网站：查询符合条件的搜狐数据库中收录的网站。
- 全球网页：搜索Internet上符合条件的网页。
- 搜狐新闻：查询符合条件的搜狐新闻的内容。

影响检索结果的因素是关键字出现在页面的位置、频率及关键字本身的词性等。对于新闻而言则要参考其更新的日期，一般新闻检索只包含近3个月的内容。与雅虎相同的是，搜狐也包含自己的检索语法：

- 在前后两个关键字之间加上AND，表示这两个词是“与”的逻辑关系，搜索出的结果就会是同时包含了这两个关键字的页面。
- 在前后两个关键字间加OR，就表示这两个词是“或”的逻辑关系，搜索的结果更多、更广，只要是包含了这两个关键字中任何一个关键字的页面都会出现，这对查询概念模糊的内容十分适用。

3）新浪搜索

新浪搜索目前共分15大类，1万多细目10余万个站点。新浪网的搜索器查询顺序依次为：目录搜索、网站搜索、网页全文检索。

- 新浪搜索引擎在关键字查询框中允许单个词或多个词查询，有多种符号都可表示“且”的关系，如空格、逗号、加号和&。
- 新浪搜索引擎还包含了进阶搜索方式：在关键字前加“t:”，表示仅搜索网站标题；在关键字前加“u:”，则表示搜索网站的网址。除此之外，新浪搜索还能更好地支持对数字的查询。

4）中文Excite

我们可以利用中文Excite搜索引擎进行网页的搜索。检索时最常用的技巧如下：

- 输入关键字，Excite的搜索引擎会自定检索到符合信息需求的文献。
- “词组检索”也称“完全符合检索”，检索结果必须含有与提问式完全一样（包括次序）的字串。在搜索比较专指的文献时，则要使用双引号进行词组检索。
- 在检索词或字前面加上“+”来表示该词或字一定要出现在检索结果中，在检索词或字前面加上“–”来表示该词或字一定不能出现在检索结果中。使用时有一点十分重要，在“+”和“–”与其后面的检索词之间不能留有空格。
- 使用布尔检索符号。布尔检索符号包括AND（检索结果必须含有所有用AND连接起来的关键字）、OR（检索结果必须至少含有一个用OR连接起来的关键字）、NOT（检索结果不能含有紧接在NOT后面的关键字）和（ ）（表示要求检索结果含有所有输入的关键字）。这些符号必须大写，而且前后要有一个空格。如果使用了布尔检索式，Excite检索引擎会自动停止概念分析的检索功能，而检索到与关键字吻合的网页。

## 2．软件下载与解压缩常用工具

### 2.1　常用下载工具

对于大多数计算机用户来说，通过Internet搜索到自己需要的资源，往往希望把它下载（复制）到本地机。最直接和最简单的方法就是在浏览网页时，直接单击超链接进行下载。但在下载时经常会遇到因网络阻塞而导致下载的信息不完全，成为“垃圾”。所以，最理想的方法是借助下载工具来完成下载任务。而资源上传方法与下载相似，不同的是由本地计算机传送到远程主机上。上传一般需要拥有远程主机的账户，连接时要进行身份验证，即用账户和密码登录，而不能使用匿名登录。

常用下载工具大致可以分为三类。

（1）基于服务器-客户端模式（Server-Client）的 HTTP/FTP 等基本协议的下载软件，如：

- 网络蚂蚁（Netants）。
- 网络快车（网际快车，FlashGet，JetCar）。
- 影音传送带（网络传送带，Net Transport）。
- 迅雷（Thunder）。

这一类下载软件是直接从服务器上下载文件的，如电影、音乐、软件等。

（2）BT 类下载工具，如：

- Bittorrent。
- 比特精灵（BitSpirit）。
- 贪婪 BT（GreedBT）。

这类工具基于点对点原理（P2P 技术），文件并不存在于中心服务器上，即上下载文件的双方电脑互为客户端和服务器，它对网络带宽的要求较高，因为你在下载（Download）的同时还要上传（Upload）。另外，这种下载对电脑的硬盘也有一定的损伤。

（3）BT 类以外的点对点（P2P）下载工具，如：

- POCO 电骡（eMule）。
- 酷狗（Kugoo）。

这一类工具的原理和 BT 类下载工具相似。这种下载同样对硬盘有所损伤且消耗大量的网络带宽。

## 2.2　WinRAR 的应用

当我们从网上下载文件时，文件通常都是所谓的压缩文件，如 123.rar、123.zip。那到底什么是压缩文件呢？文件压缩就是设法采用某种技术，将文件所占用的空间变小，以达到节省资源的目的。文件一经压缩，内容自然不再是原样，因此，对于压缩了的文件在使用前必须要把压缩还原（称为解压）。

目前网络上的压缩文件格式有很多种，其中常见的有 Zip、RAR 和自解压文件格式 EXE 等。WinRAR 是一款流行且好用的 Windows 压缩工具软件，具有较为全面的压缩文件管理功能，除提供对 RAR 和 ZIP 格式压缩文件的支持外，还可以支持如 LZH、ARJ、ACE、CAB、TAR、ISO 等多种压缩文档格式。这里以 WinRAR 为例对文件的压缩和解压缩方法作简要介绍，更详细内容参见之后的实验十一部分。

1）压缩文件的方法

应用 WinRAR 压缩文件时，可按以下步骤进行：

① 选择需要压缩的文件或文件夹；

② 右击鼠标，在快捷菜单中选择“添加到压缩文件（add to archive）”，弹出“压缩文件名和参数（Archive name and parameters）”对话框；

③ 在“压缩文件名（Archive name）”编辑框中，输入压缩文件名称；

④ 单击“浏览”按钮，在弹出的“另存为”对话框中，指明压缩文件的存放位置，并单击“保存”按钮；

⑤ 回到“压缩文件名和参数”对话框中，单击“立即压缩”按钮即可，如图 2-35 所示。

如果预计压缩文件较大，可以采用分卷压缩的方法，即将其按指定字节容量压缩成若干子文件。具体操作方法是：在“压缩文件名和参数”对话框中，选择“压缩配置”的“自定义”选项，然后在“压缩分卷大小”下拉列表框中，选择字节数。

2）解压缩文件的方法

解压 WinRAR 压缩包文件，可按以下步骤进行：

① 双击要解压的压缩包，并在随之打开的“WinRAR”窗口中单击工具栏中的“解压到”按钮；或者右键单击要解压的压缩包，在弹出的快捷菜单中选择“解压文件…”命令选项；

② 在弹出的“解压路径和选项”对话框的“目标路径”文本框中输入压缩包解压后的保存位置，即解压路径（也可在右边文件列表窗口中选择），并可选择“更新方式”等选项；

③ 单击“确定”按钮即可，参见图 2-36。

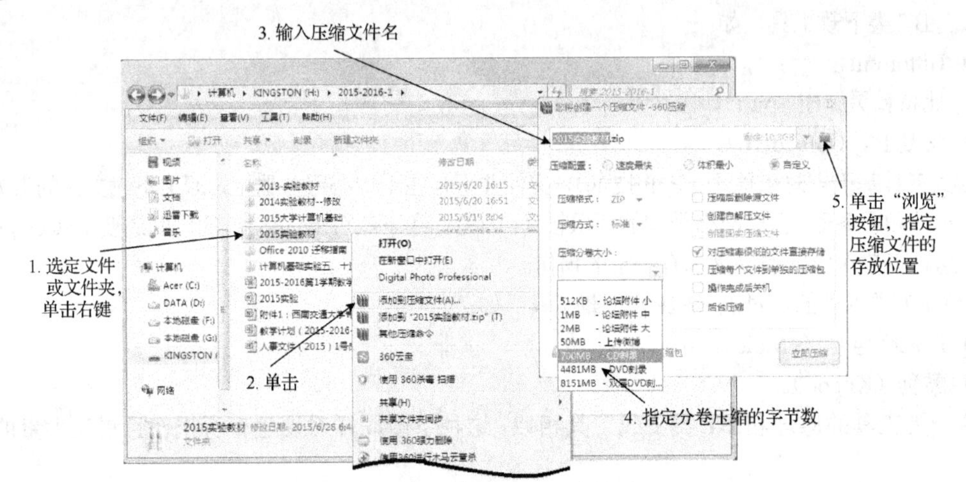


图 2-35　应用 WinRAR 压缩文件

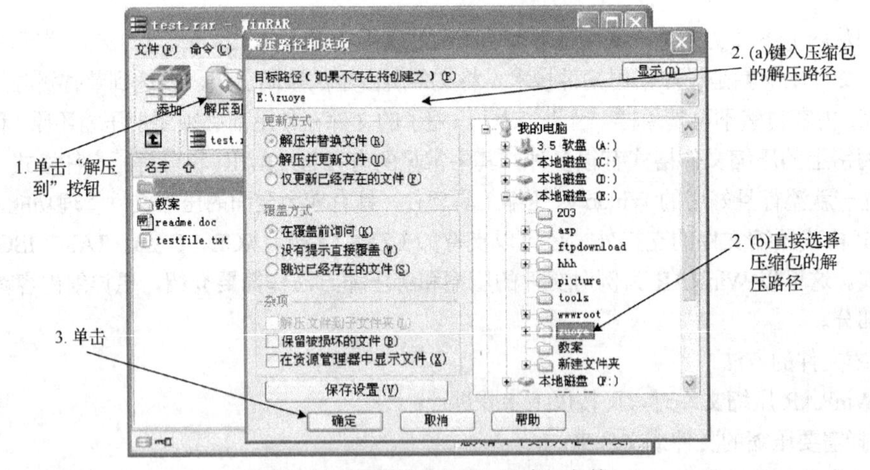


图 2-36　释放 WinRAR 压缩包文件

## 3．软件安装

所谓安装软件，就是将一些安装程序有规则地安装到硬盘上，以后电脑就可以通过读取硬盘上的程序来运行了。比如，Windows 的安装盘，设备的驱动盘，各种工具软件的安装程序，办公系统软件的安装盘，等等。

（1）找到软件安装源文件

① 如果只有一个文件，扩展名为 EXE，那么安装程序就是它了。只需双击即可。

② 如果是 RAR、ZIP 等压缩文件扩展名，则需要先解压后再做进一步处理。

③ 如果安装程序目录中有很多文件，现在就需要找到安装的主文件，扩展名为 EXE 。一般来说，安装主文件名为 setup.exe 或者是 install.exe。

（2）软件安装注意事项

① 在安装软件前，请先检查计算机配置和安装的软件是否符合软件产品的最低要求。

② 安装软件之前请确保计算机没有受病毒侵害，如果计算机上有病毒，安装的软件很可能不能正常运行。

③ 在运行安装程序前退出其他的 Windows 应用程序，否则可能会出现不能正确安装的情况，诸如个人系统防火墙、杀毒程序等。

## 4. E-mail 通信

电子邮件的英文全称是 Electronic Mail，简称 E-mail，是通过 Internet 传递的邮件，写信、发信和收信等都在计算机上完成，是目前网络用户最主要的传递信息的手段之一。在 Internet 的电子邮件系统中，每个电子邮件用户都有一个 E-mail 地址，也称邮件账户或邮箱地址。用户使用这个地址收发邮件，就好像采用传统邮递方式时都必须要在信封上写明收/发信人的地址一样。E-mail 地址的一般格式为：

用户名@ 电子邮件服务器域名

例如，rjxy@mars.swjtu.edu.cn

如何获取电子邮件地址呢？目前，对于大多数用户而言，一种最方便和经济的途径就是上网申请一个免费的 E-mail 地址。在 Internet 中，可以找到很多提供免费电子邮件服务的网站。例如，国内的 263、163、中华网等，只需简单的注册过程就可以申请到一个条件不错的免费邮箱，使用这种邮箱的不足是可能经常会收到很多无意义的广告。另一种途径就是向 ISP（网络服务提供商）申请，ISP 会根据提供服务内容的不同进行收费，这种邮箱在可靠性、安全性等方面比免费的电子邮箱要优越许多。

拥有了 E-mail 地址后，如何收发与管理邮件呢？通常可以使用 IE 以 WWW 在线方式（登录到提供该 E-mail 地址的服务器上）实现收取邮件、发送邮件并对邮箱进行管理，也可以使用邮件客户工具软件来实现收发和管理。常用的邮件客户工具软件如 Outlook Express、Microsoft Outlook、Messenger、Foxmail 等。

## 5. 网络基本命令

1）ping 命令

ping 是检查网络是否通畅或者网络连接速度的命令。对一个网址发送测试数据包，看对方网址是否有响应并统计响应时间，以此测试网络。ping 在 Windows 系统下是自带的一个可执行命令。ping 还可以使用多个参数，帮助用户分析判定网络故障。

应用格式：ping IP 地址。

2）ipconfig 命令

ipconfig 用于显示当前 TCP/IP 配置的设置值。当不带任何参数选项时，为每个已经配置了的接口显示 IP 地址、子网掩码和默认网关值。

ipconfig/all：当使用 all 选项时，ipconfig 能为 DNS 和 WINS 服务器显示它已配置且所要使用的附加信息（如 IP 地址等），并且显示内置于本地网卡中的物理地址（MAC）。如果 IP 地址是从 DHCP 服务器租用的，ipconfig 将显示 DHCP 服务器的 IP 地址和租用地址预计失效的日期（有关 DHCP 服务器的相关内容详见其他有关 NT 服务器的书籍或询问你的网管）。

ipconfig /release 和 ipconfig /renew：两个附加选项，只能在向 DHCP 服务器租用其 IP 地址的计算机上起作用。如果输入 ipconfig /release，那么所有接口的租用 IP 地址便重新交付给 DHCP 服务器（归还 IP 地址）；如果输入 ipconfig /renew，那么本地计算机便设法与 DHCP 服务器取得联系，并租用一个 IP 地址。

# 实验三　电子文档的制作

**目标**：1. 掌握 Word 中文字录入及常用的编辑技巧；
2. 掌握 Word 中的字体、段落和页面等格式设置；
3. 掌握 Word 中表格的制作；
4. 掌握 Word 中图片的插入和公式的插入，以及图文混排技术；
5. 掌握 Word 中页面的设置、页眉和页脚的添加、目录的编制和文档分节，以及邮件合并等高级编排技术。

**任务**：1. 制作个人简历；
2. 制作通知（内嵌表格）；
3. 制作请柬；
4. 论文格式编排。

## 任务 1　制作个人简历

**背景说明**：如今大学生就业面临激烈的竞争，为了给用人单位留下深刻的印象，个人简历的制作就显得尤其重要。一份个人简历通常包括封面和内容。封面要美观，能够吸引人；内容既要简洁，又能使用人单位对你有全面的了解。

**具体操作**：任务 1 由 6 个子任务组成，实例效果如图 3-1 和图 3-2 所示。

个人简历
2013 应届本科毕业生
姓名：
专业：
联系地址：
联系电话：
电子邮箱：

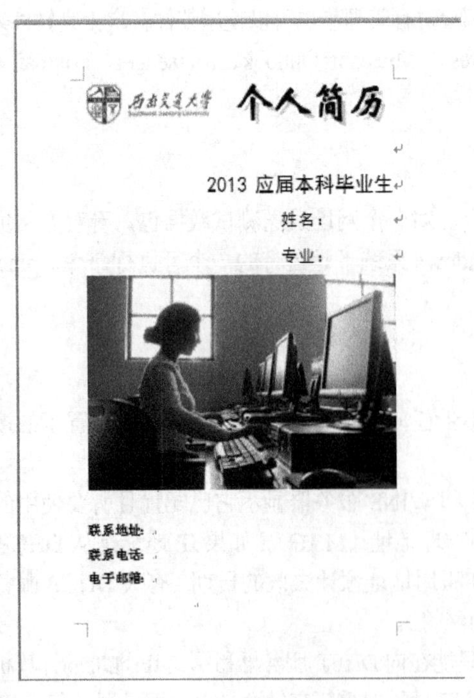

图 3-1　封面示例图

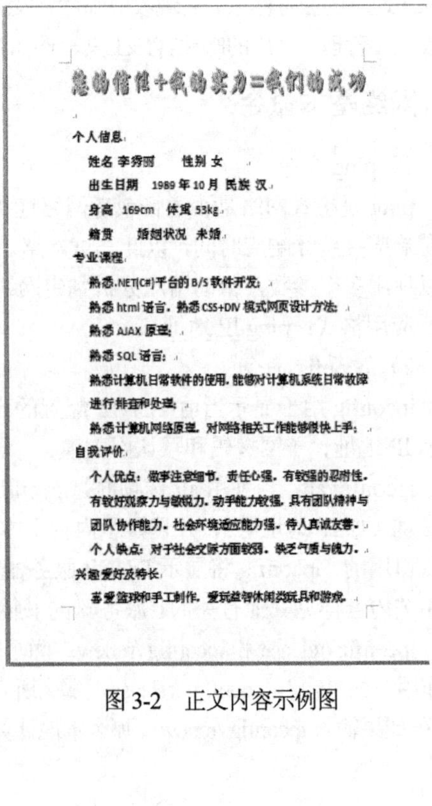
您的信任+我的实力=我们的成功
个人信息
姓名 李秀丽　　性别 女
出生日期　1989 年 10 月 民族 汉
身高 169cm　体重 53kg
籍贯　　婚姻状况 未婚
专业课程
熟悉.NET(C#)平台的 B/S 软件开发；
熟悉 html 语言，熟悉 CSS+DIV 模式网页设计方法；
熟悉 AJAX 原理；
熟悉 SQL 语言；
熟悉计算机日常软件的使用，能够对计算机系统日常故障进行排查和处理；
熟悉计算机网络原理，对网络相关工作能够很快上手；
自我评价
个人优点：做事注意细节，责任心强，有较强的忍耐性，有较好观察力与敏锐力，动手能力较强，具有团队精神与团队协作能力，社会环境适应能力强，待人真诚友善。
个人缺点：对于社会交际方面较弱，缺乏气质与魄力。
兴趣爱好及特长
喜爱篮球和手工制作，爱玩益智休闲类玩具和游戏。

图 3-2　正文内容示例图

**子任务 1：新建一个 Word 文档。具体操作步骤如下。**

【步骤 1】在 Word 主窗口中，单击左上角的“Office 按钮”，在弹出的菜单中选择“新建”命令，打开“新建文档”对话框。

【步骤 2】在该“新建文档”对话框中，单击“空白文档”选项，然后单击“创建”按钮，弹出新文档编辑窗口。

【步骤 3】在新文档编辑窗口中输入具体文档内容（参见之后各子任务的内容），如个人简历的内容。

【步骤 4】单击窗口左上角的“Office 按钮”，在弹出的菜单中选择“保存”命令，在随之弹出的“另存为”对话框中，指定“保存路径”、“文件名称”及“文件类型”，存储上述录入好的文档内容。注意，文件类型的默认值（即不另行指定）为“.docx”类型。

【步骤 5】单击左上角的“Office 按钮”，在弹出的菜单中单击“退出 Word”按钮，即可关闭 Word 软件正常退出。

说明：在已有的 Word 用户文档图标上双击，即可直接打开该用户的文档，以及进行再编辑，如图 3-3 所示。

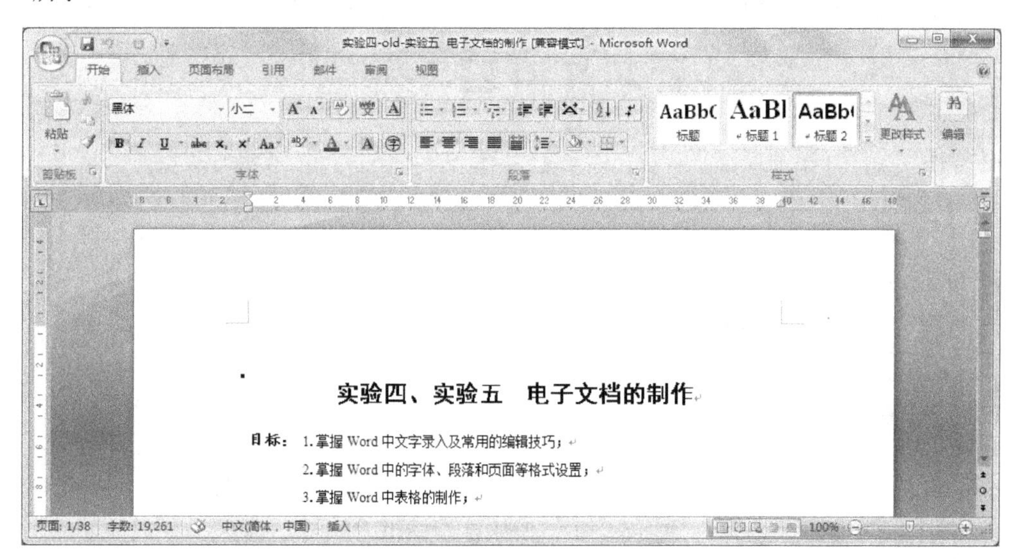


图 3-3　打开已有 Word 文档

**子任务 2：在文档中插入图片。具体操作步骤如下。**

【步骤 1】先将光标定位到要插入图片的地方，单击功能区的“插入”按钮，在随之弹出的子菜单中，选择“图片”命令。在弹出的“插入图片”对话框中，在路径栏中输入（或者在其下拉列表框中选择）图片的位置，然后用鼠标左键单击要插入的图片，选中它，如图 3-4 所示。

【步骤 2】单击“插入”按钮，选中的图片就插入到了文档中。选中这个图片，功能区会自动变化为图片工具的“格式”选项卡，如图 3-5 所示。

【步骤 3】选中的图片周围有一些黑色的小正方形，这些叫作尺寸控制点，把鼠标放到上面，鼠标指针就变成了可拖动的形状，按下鼠标左键拖动鼠标，就可以改变图片的大小。在默认情况下，可以把图片看成一行文字，如果要将图片向后移动两个空格，只需将光标定位到图片的前面，然后按两下空格键即可。

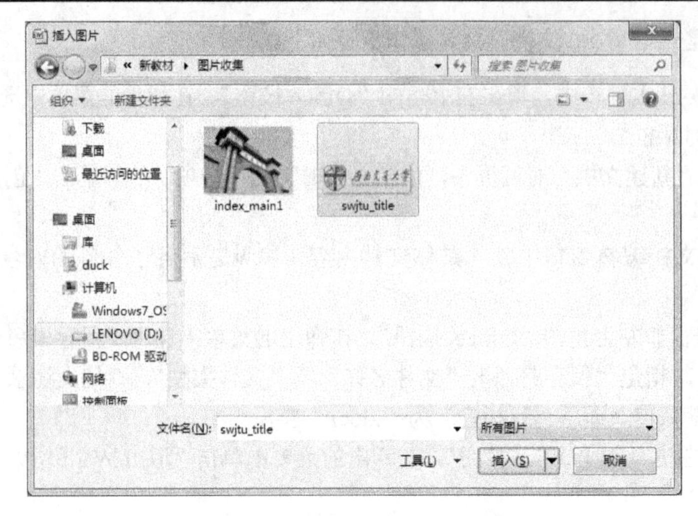


图 3-4 “插入图片”对话框

图 3-5 插入一张来自文件的图片

【步骤 4】通过裁剪把图片中不需要的部分裁掉：单击“格式”选项卡上的“裁剪”按钮，鼠标变成了裁剪的形状，在图片的尺寸控制点上按下左键，拖动鼠标拉出一个虚线框后松开左键，就可以把虚线框以外的部分裁掉了。

**子任务 3：输入文字和设置字体格式。具体操作步骤如下。**

【步骤 1】选择“开始”选项卡，单击“右对齐”按钮，在光标闪烁处输入“2013 应届本科毕业生”等文字。

【步骤 2】选中文字，如图 3-6 所示。

【步骤 3】在“字体”下拉框中选择黑体，在“字号”下拉列表框中选择文字大小，单击 **B** 按钮即可使文字加粗，然后再根据需要输入其他文字并设置字体格式。

【步骤 4】在正文中有一些文字带有下划线，可以单击“开始”选项卡上的“下划线”按钮 U 旁边的三角箭头，在打开的下拉列表中选择一种下划线，然后再输入文字，这时文字就带有下划线了。此时再单击“下划线”按钮，则以后输入的文字就不带有下划线。

图 3-6　设置文字格式

**子任务 4：插入剪贴画。具体操作步骤如下。**

【步骤 1】先定位光标到要插入剪贴画的地方，选择“插入”选项卡，选择“剪贴画”命令，在窗口右端出现“插入剪贴画”任务窗格，如图 3-7 所示。

图 3-7　插入剪贴画

【步骤 2】可以在“搜索文字”框内输入要查找的主题，例如输入“动物”两个字，然后单击“搜索”按钮，此时在任务窗格中就出现了所有跟动物有关的剪贴画。也可以直接单击“搜索”按钮，这时在任务窗格中就列出了 Word 所有自带的剪贴画。

【步骤 3】用鼠标单击某张剪贴画，这张剪贴画即插入到光标处。

**子任务 5：插入艺术字。具体操作步骤如下。**

封面中的“个人简历”以及正文中的“您的信任+我的实力=我们的成功”等文字看上去具有立体感，这是用 Word 中“插入艺术字”的功能做出来的。

【步骤 1】选择“插入”选项卡，选择“艺术字”命令，在弹出的“艺术字库”中选择一种样式后单击“确定”按钮，如图 3-8 所示。

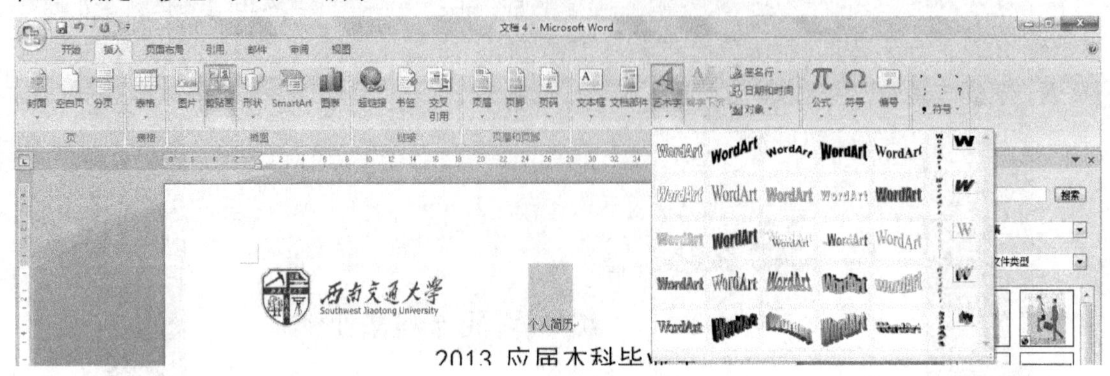


图 3-8 “艺术字”库对话框

【步骤 2】Word 接着又弹出“编辑艺术字文字”对话框，输入“个人简历”4 个字，在对话框中的“字体”下拉列表中选择一种美观的字体，并调节字体的大小（即字号），如图 3-9 所示。

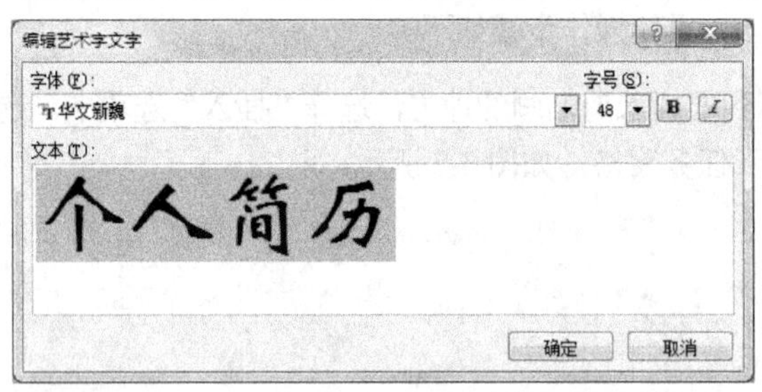


图 3-9 编辑艺术字

【步骤 3】单击“确定”按钮后，文档中就插入了这样的艺术字，如图 3-10 所示。双击插入的艺术字，就会切换到艺术字工具的“格式”选项卡，可以进行各种艺术字的设置，同时在艺术字的周围出现尺寸控制点，可以像调节图片大小一样调节艺术字的大小。

图 3-10 插入艺术字

**子任务 6：保存和打开 Word 文档。具体操作步骤如下。**

【步骤 1】编辑完文档，单击“Office 按钮”，选择“保存”命令，弹出“另存为”对话框，如图 3-11 所示。在“保存位置”下拉框中选择该文档要保存的位置，在“文件名”文本框中输入文件名；单击“保存类型”列表框右边的向下箭头，在打开的列表中选择一种文件类型。例如，选择“word 文档”，则所保存文件的扩展名为.docx；如果选择“Word 97-2003”，则所保存文件的扩展名为.doc；如果选择“纯文本”，则文件扩展名为.txt。

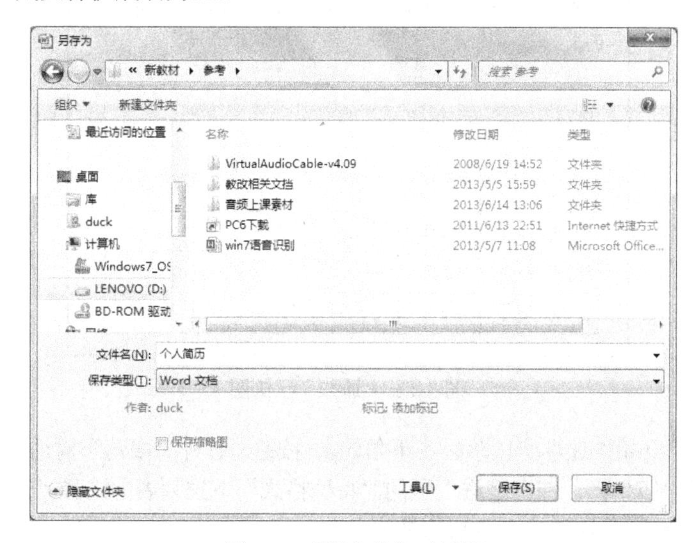


图 3-11　“另存为”对话框

【步骤 2】如果需要重新编辑以前保存的文档，可以单击“Office 按钮”，选择“打开”命令，弹出“打开”对话框，默认情况下，在“打开”对话框中列出当前文件夹内所有 Word 文档，选择所需文档，并单击“打开”按钮。如果所需文档不在此内，可以在“查找范围”列表框的下拉列表中选择文档所在的位置。

提示：在编辑文档的过程中，应经常保存文档（单击“Office 按钮”，选择“保存”命令，或单击快速访问工具栏中的保存按钮），以免因断电等原因造成文档丢失。也可以单击“Office 按钮”，选择“另存为”命令，用新的文件名将旧文档保存在新的位置。

# 任务 2　制作通知（内嵌表格）

**背景说明：**工会发布通知，准备组织职工利用暑假去张家界旅游，请职工们踊跃报名，并在通知后附了旅游日程表。

**具体操作：**任务 2 由 2 个子任务组成，实例效果如图 3-12 所示。

**子任务 1：制作通知。具体操作步骤如下。**

【步骤 1】输入标题和设置标题格式：首先新建一个空白文档，在光标停留处输入“通知”，现在的文字是按照默认字体格式显示的（即宋体，五号字，左对齐），选中标题文字，单击“开始”选项卡字体区右下角的按钮，打开“字体”对话框（见图 3-13），将标题文字设置为所需的字体和字号，然后单击“开始”选项卡上的“居中对齐”按钮，使标题居中。

【步骤 2】在标题的末尾按一下空格键，然后输入“new”，选中它，打开“字体”对话框，首先在打开的“字体”选项卡中设置字体、字号，如字体选择“宋体”，字号为“小四”，并在“字体颜色”

下拉列表中选择红色。再单击“字符间距”选项卡，如图3-13所示。在“位置”下拉列表中选择“提升”，并将其后的磅值设置为10，单击“确定”按钮。

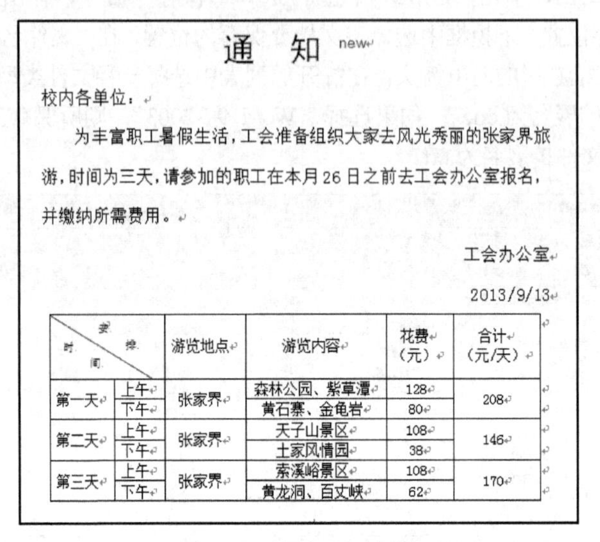

通　知 new

校内各单位：

为丰富职工暑假生活，工会准备组织大家去风光秀丽的张家界旅游，时间为三天，请参加的职工在本月26日之前去工会办公室报名，并缴纳所需费用。

工会办公室

2013/9/13

| 安排 / 时间 | | 游览地点 | 游览内容 | 花费（元） | 合计（元/天） |
|---|---|---|---|---|---|
| 第一天 | 上午 | 张家界 | 森林公园、紫草潭 | 128 | 208 |
| | 下午 | | 黄石寨、金龟岩 | 80 | |
| 第二天 | 上午 | 张家界 | 天子山景区 | 108 | 146 |
| | 下午 | | 土家风情园 | 38 | |
| 第三天 | 上午 | 张家界 | 索溪峪景区 | 108 | 170 |
| | 下午 | | 黄龙洞、百丈峡 | 62 | |

图3-12 “通知”示例图

【步骤3】单击“开始”选项卡段落区右下角的 按钮，打开“段落”对话框，如图3-14所示，设置文字位置为“两端对齐”，在“缩进”区的“特殊格式”下拉列表中选择“首行缩进”，单击“确定”按钮，回到编辑状态，继续输入通知的具体内容。

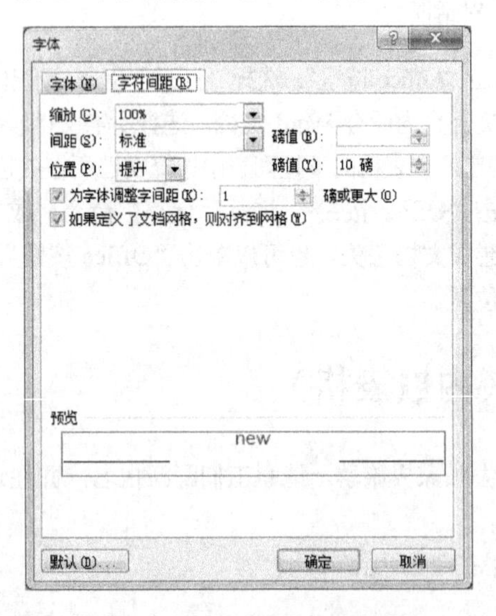


图3-13 “字符间距”选项卡

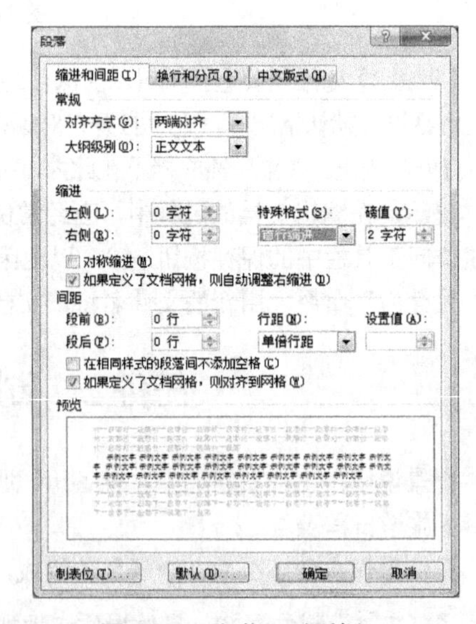


图3-14 “段落”对话框

【步骤4】正文输入完后，另起一行，设置段落对齐方式为“右对齐”，输入落款（工会办公室）。

【步骤5】再另起一行，选择“插入”选项卡的“日期与时间”命令，在“日期和时间”对话框的“可用格式”列表中选择一种，如图3-15所示，单击“确定”按钮。

**子任务2：插入表格。具体操作步骤如下。**

【步骤1】创建表格：把光标定位在要插入表格的位置，然后按以下方法操作。

方法 1：选择“插入”选项卡，单击“表格”中的“插入表格”命令，在“插入表格”对话框中，将表格的尺寸设置为 7 行 5 列，如图 3-16 所示，单击“确定”按钮。

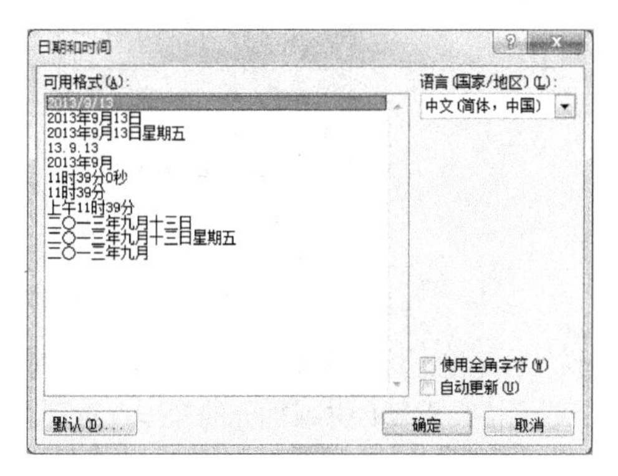


图 3-15　“日期和时间”对话框

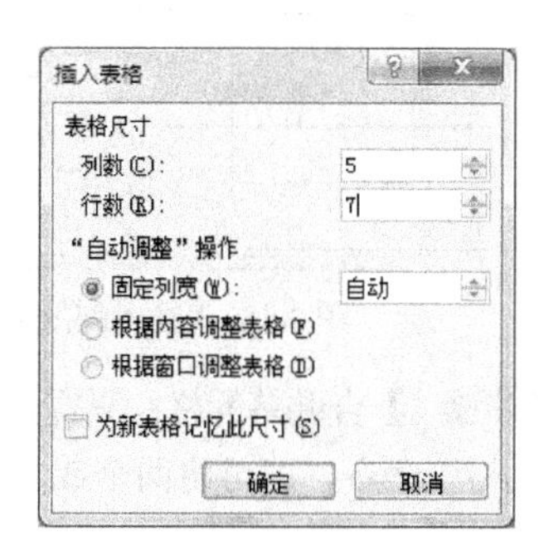


图 3-16　利用“插入表格”命令插入表格

方法 2：单击“插入”选项卡上的“表格”按钮，在弹出的网格显示框内单击鼠标左键，并向右下方拖动鼠标，确定表格的行、列数后松开鼠标左键即可插入一个表格，如图 3-17 所示。

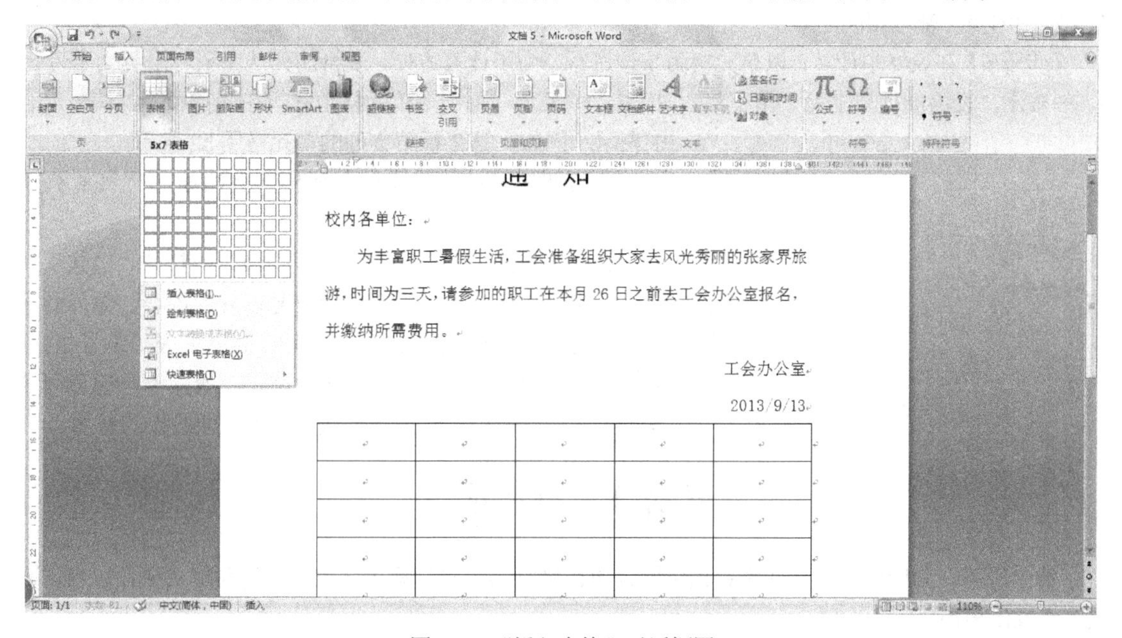


图 3-17　“插入表格”对话框图

【步骤 2】绘制斜线表头：选择“布局”选项卡中的“绘制斜线表头”命令，打开“插入斜线表头”对话框，如图 3-18 所示。在“表头样式”列表框中选择一种表头样式，在行标题框中输入“安排”，在列标题框中输入“时间”，在“字体大小”列表框中选择小五，单击“确定”按钮。

还可以手工绘制斜线表头：单击“设计”选项卡的“绘制表格”按钮，鼠标指针变成铅笔形，然后在单元格中画出斜线。

【步骤 3】拆分单元格：选中表格第一列的第 2～7 行，选择“布局”选项卡中的“拆分单元格”命令，打开如图 3-19 所示的对话框，在“列数”框输入要拆分的列数 2，在“行数”框中输入要拆分的行数 6，单击“确定”按钮。

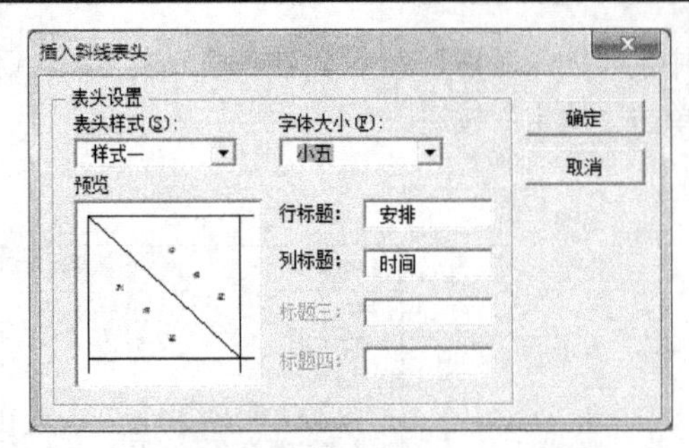


图 3-18 “插入斜线表头”对话框

图 3-19 “拆分单元格”对话框

【步骤4】合并单元格：只需选中要合并的两个或多个单元格，然后选择“布局”选项卡中的“合并单元格”命令，即可将两个或多个单元格合并为一个单元格。重复合并或拆分的操作，直到表格符合要求。

【步骤5】输入文字信息：表格创建完后，在单元格中单击鼠标放置插入符，就可以输入文本了，当输入文本到达单元格的右边框时，能自动换行并增加行高，以容纳更多的内容；按“Enter”键，即可在单元格中另起一行。对于重复的内容可以将其复制以加快编辑速度，在表格中移动或复制文本与在文档中的操作基本相同。

【步骤6】在表格中计算：以单元格为单位进行，为了计算方便，表格的列从左至右用英文字母a，b，…表示，表格的行自上而下用正整数1，2，…表示，每一个单元格由它所在的行和列的编号组合来表示。例如，第2行第2列的单元格用b2表示。

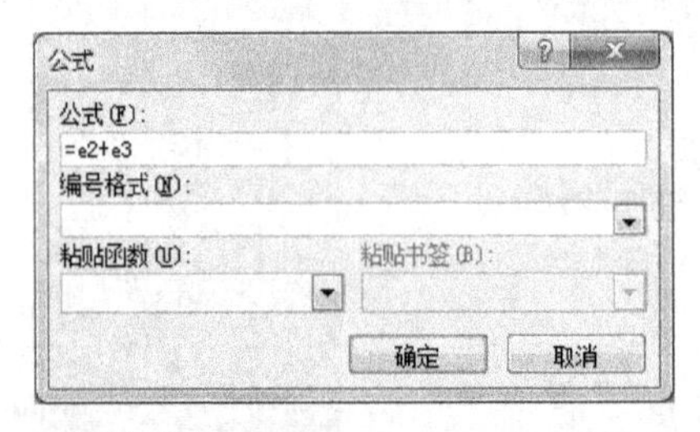


图 3-20 “公式”对话框

单击要放置计算结果的单元格（例如第2行第6列单元格）。

选择“布局”选项卡的“公式”命令，打开“公式”对话框，删除“公式”文本框中除等号以外的内容，输入数据和运算公式。例如，输入e2+e3（见图3-20）；从“编号格式”下拉列表中选择所需的数字格式；单击“确定”按钮就可计算出第一天的费用。然后再依次计算出其他两天的费用。

# 任务3 制作请柬

**背景说明**：为庆祝元旦，成都金正电脑公司在镜湖宾馆举行新年联谊会，特制作请柬，以便向有关人士发出邀请。

**具体操作**：任务3由5个子任务组成，实例效果如图3-21所示。

图 3-21 请柬示例图

**子任务 1：页面设置。具体操作步骤如下。**

【步骤 1】单击“页面布局”选项卡中“页面设置”区的按钮，打开“页面设置”对话框。单击“纸张”选项卡，将页面宽度设为 24 厘米，高度设置为 18 厘米，如图 3-22 所示。

【步骤 2】单击“视图”选项卡的“单页”按钮，将显示比例设置为“单页”。

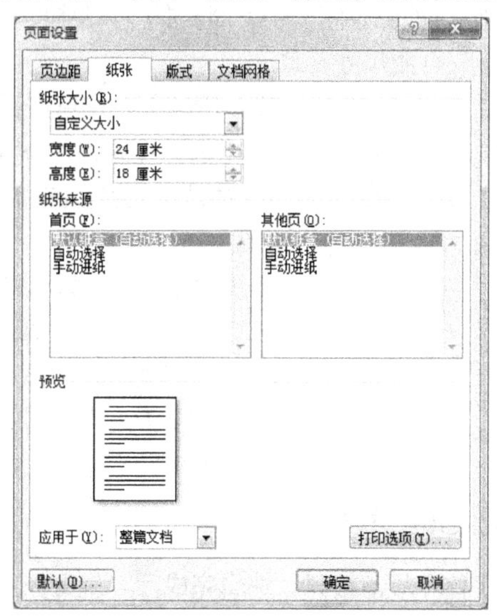


图 3-22　页面设置

**子任务 2：设置边框和底纹。具体操作步骤如下。**

【步骤 1】单击“页面布局”选项卡中段落区的边框按钮，在下拉列表菜单中选择“边框和底纹”命令，打开“边框和底纹”对话框。

【步骤 2】在“页面边框”选项卡中选择一种艺术边框，再单击“选项”按钮，打开“边框和底纹选项”对话框，将上、下、左、右边距都设置为 0（如图 3-23 和图 3-24 所示）。

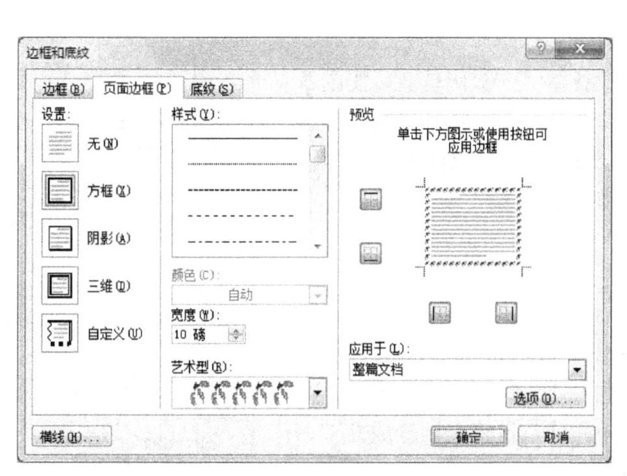


图 3-23　选择页面边框样式

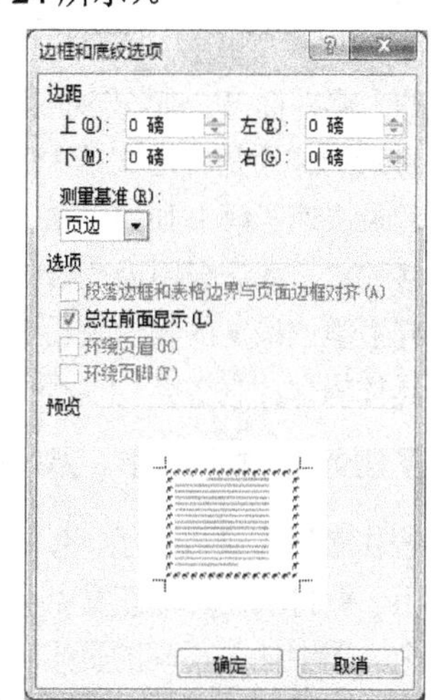


图 3-24　设置页面边框边距

【步骤 3】单击“确定”按钮，页面四周就加上了漂亮的边框。

**说明：**在“边框和底纹”对话框的“底纹”选项卡中，可对选定的文字或段落加上底色，因本任务不需要，所以此处省略。

**子任务3：插入艺术字和剪贴画。具体操作步骤如下。**

插入艺术字“邀请函”，并插入图片，具体步骤参见任务1。

**子任务4：将插入的图片设置为文档背景。具体操作步骤如下。**

【步骤1】单击插入的剪贴画，即可选中该图片。将鼠标移动到图片的某个尺寸控制点上，拖动鼠标改变图片尺寸，使图片的大小与页面尺寸一致。

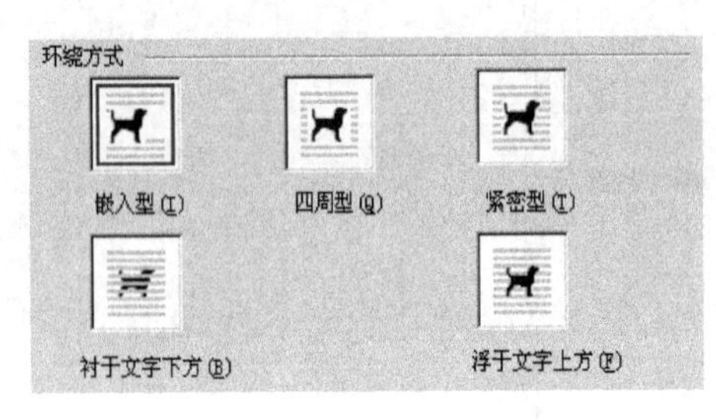


图3-25 文字环绕图片的方式

【步骤2】右键单击图片，在弹出的菜单中选择“文字环绕”，在弹出的下拉菜单中选择“衬于文字下方”。文字环绕是指文字在图片四周的分布情况，主要的环绕方式见图3-25。

【步骤3】作为背景图，不应有太高的对比度。单击“格式”选项卡中的“对比度按钮”，选择“–40%”，这时图片的对比度虽然降低了，但是颜色太深，图片上方的字看不太清楚，于是再单击“格式”选项卡中的“亮度按钮”，选择“+40%”。

**子任务5：输入请柬正文。具体操作步骤如下。**

输入请柬正文文本，调整字体和段落格式。编辑完成后，将文档保存为“邀请函.doc”。

# 任务4 论文格式编排

**背景说明：** 各所大学对大学毕业论文均有一定的格式要求，主要是页眉页脚以及目录等的设置。页眉和页脚用来插入标题、页码、日期等文本，也可以插入图形、符号。页眉和页脚只有在页面视图下才是可见的，但启动Word 2007后所呈现的是普通视图，因此在创建页眉和页脚前，应先单击视图切换按钮切换到页面视图。除了普通视图和页面视图，Word还有大纲视图和Web版式视图两种视图模式。大纲视图用于显示、修改或创建文档的大纲，而Web版式视图则用于创建网页。

目录的作用是列出文档中的各章节名及各章节的页码位置，使读者通过目录快速了解书刊的主题。在编制目录之前，首先要将文档用标题样式格式化，大纲视图最适合设置和编写标题。下面就以作者所在学校对研究生学位论文的要求来设置页眉、页脚以及目录。

**具体操作：** 任务4由5个子任务组成。

**子任务1：文档分节。具体操作步骤如下。**

按作者所在学校要求，论文扉页、摘要以及目录部分用罗马数字Ⅰ，Ⅱ，Ⅲ…编排页码，而正文部分用阿拉伯数字1，2，3…编排页码。在同一个文档中插入不同的页眉页脚，需要插入分节符将文档分成几节，然后在不同的节中设置不同的页眉和页脚。

将光标定位在需要分节的地方，选择“页面布局”选项卡上的“分隔符”命令，弹出“分隔符”菜单，如图3-26所示，在“分节符”区内有4个单选项。

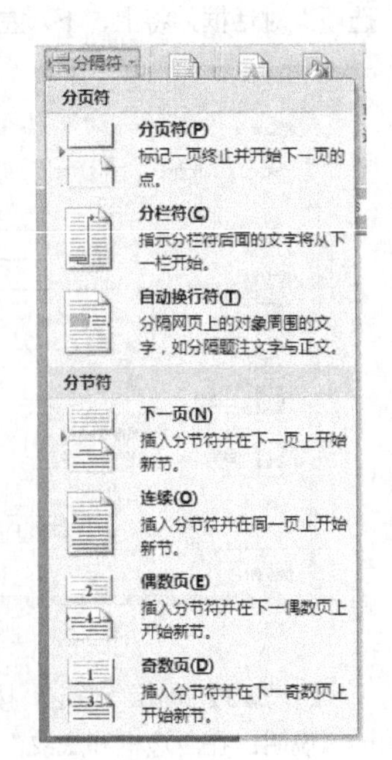


图3-26 分隔符菜单

- “下一页”：插入一个分节符，新节从下一页开始。
- “连续”：插入一个分节符，新节从同一页开始。
- “奇数页”或“偶数页”：插入一个分节符，新节从下一个奇数页或偶数页开始。

**子任务 2：页眉和页脚的设置。具体操作步骤如下。**

【步骤 1】首先在第一节中，单击“插入”选项卡的“页眉”按钮，选择“编辑页眉”命令，切换到页眉页脚状态，同时切换到页眉和页脚工具的“设计”选项卡，如图 3-27 所示。

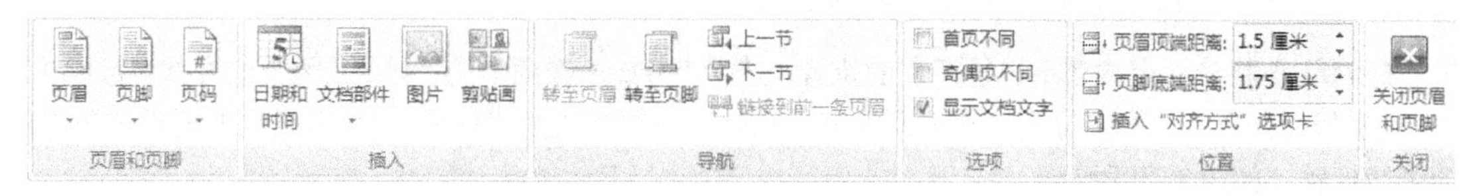


图 3-27　页眉和页脚工具的“设计”选项卡

【步骤 2】在页眉编辑区输入“西南交通大学硕士研究生学位论文”，连续敲空格键，将光标移动到这一行右端的合适位置。

【步骤 3】接着在页眉编辑区输入“第”，然后单击“设计”选项卡上的“页码”按钮，在弹出的菜单中选择“设置页码格式”，弹出“页码格式”对话框，将页码的数字格式设置为罗马数字，如图 3-28 所示。

【步骤 4】单击“页码”按钮，选择“当前位置”、“普通数字”。

【步骤 5】在页眉编辑区输入“页”，页眉的字号均用小四号黑体，如图 3-29 所示。

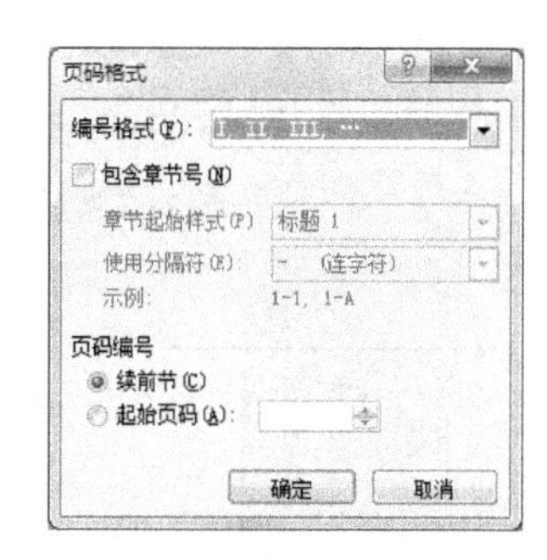


图 3-28　设置页码格式

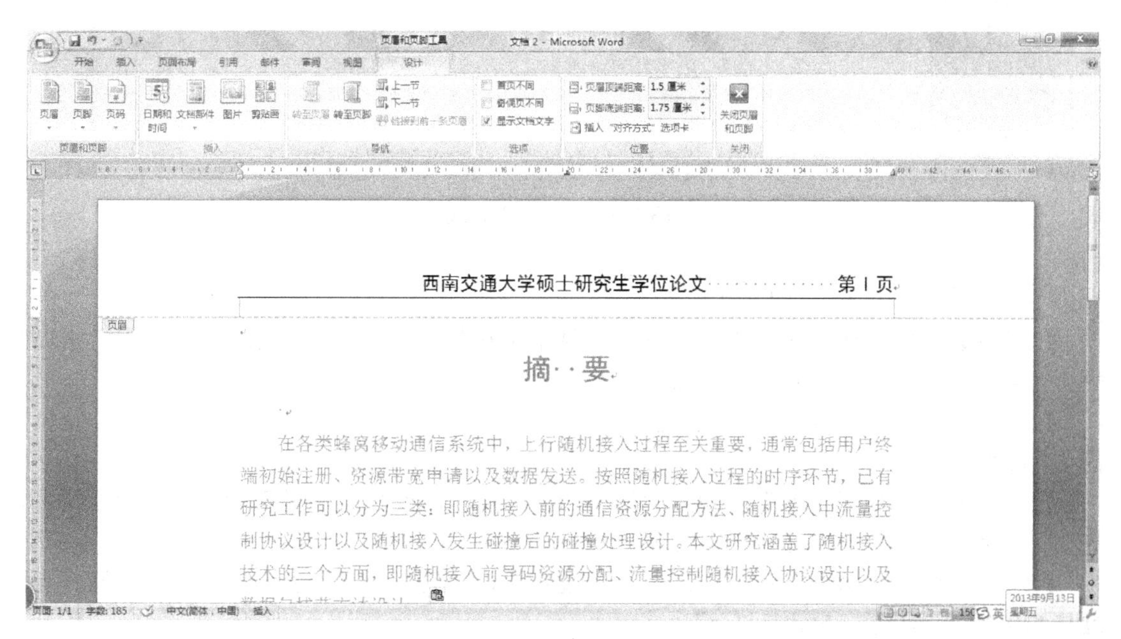


图 3-29　编辑页眉

【步骤 6】默认情况下，页眉中有一条横线，要编辑页眉中的横线，应先选中横线上一行的段落标记↵，打开“表格和边框”工具栏，在工具栏的框线下拉列表中选择不同的按钮，可以删除或改变页眉中的横线。

【步骤 7】单击页眉和页脚工具的“设计”选项卡上的“页脚”按钮，选择“编辑页脚”命令，切换到页脚，单击“插入”选项卡中的“形状”按钮，选择“直线”按钮 ╲，在页脚区画一直线。

【步骤 8】在文档的第二节插入页眉和页脚，操作步骤同前。在打开“页码格式”对话框（见图 3-28）后，将页码的数字格式设置为阿拉伯数字，选中“页码编号”区的“起始页码”单选按钮，并将起始页码设置为“1”。

【步骤 9】单击页眉和页脚工具的“设计”选项卡上的“关闭页眉和页脚”按钮，返回到正文编辑状态。

**子任务 3：设置章节的标题样式。具体操作步骤如下。**

【步骤 1】将光标定位在章标题所在的位置，选择“开始”选项卡的“样式”区中的样式“标题 1”。

【步骤 2】再将光标定位在每章下面的节标题处，设置样式为“标题 2”，根据需要再设置节下面的 3 级标题，如图 3-30 所示。

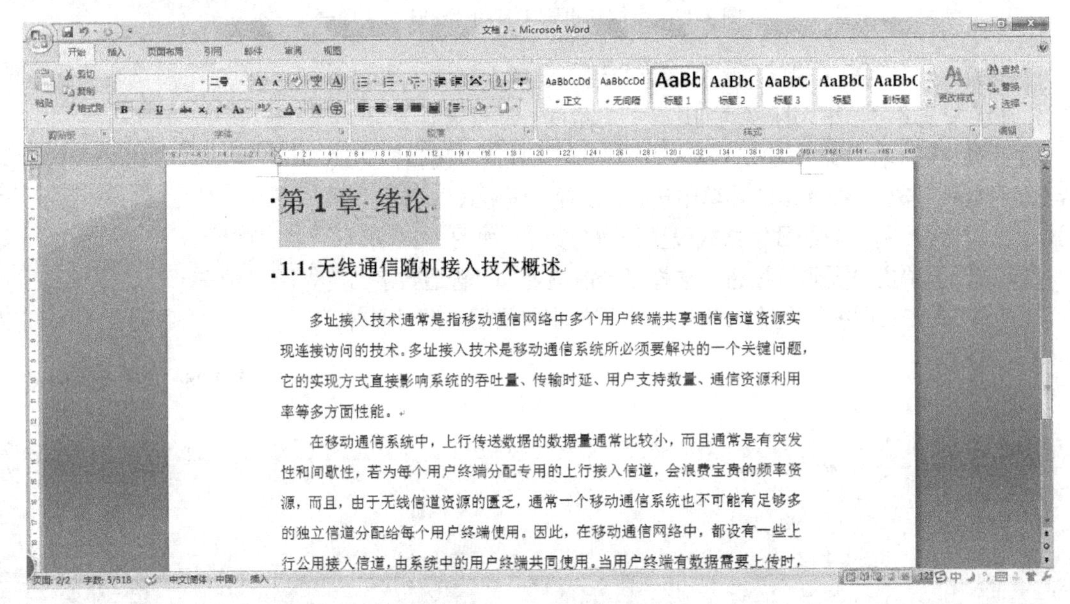


图 3-30 设置标题样式

**子任务 4：编制目录。具体操作步骤如下。**

【步骤 1】将光标定位于要放置目录的地方，通常在中英文摘要后另起一页。单击“引用”选项卡中的“目录”按钮，选择“插入目录”命令，如图 3-31 所示。

【步骤 2】在“格式”下拉列表中指定一种编制目录的风格，从“打印预览”框中可以看到该风格的目录效果。

【步骤 3】选中“显示页码”复选框，表示在目录中每一个标题后面将显示页码；选中“页码右对齐”，表示目录中的页码放在该行的最右端。

【步骤 4】在“显示级别”框内可指定目录中显示的标题级数；在“制表符前导符”框中可指定标题与页码之间的分隔符，默认是“…”。

【步骤 5】单击“确定”按钮，Word 将搜索整个文档的标题，以及标题所在的页码，并把它们编制成目录后插入到文档中，如图 3-32 所示。

当目录被插入到文档中后，用户可以像在文档中编辑文本一样来编辑目录。如果对目录的格式不满意，可以重新打开“目录”对话框进行修改。

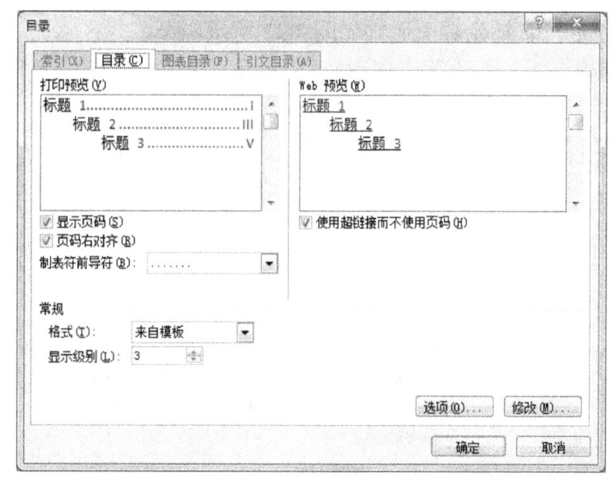


图 3-31 “目录”选项卡

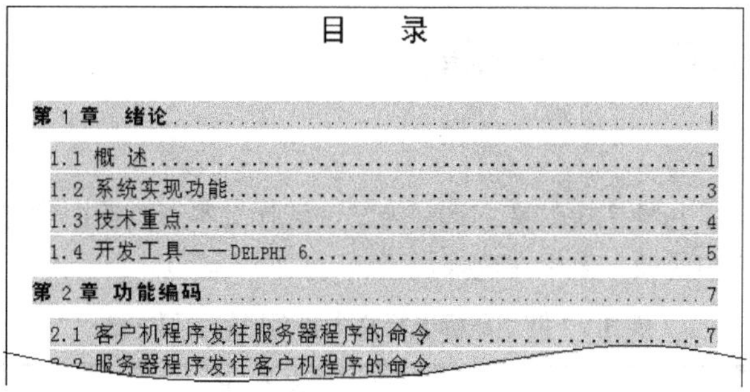

目　录

第 1 章　绪论......1
1.1 概 述......1
1.2 系统实现功能......3
1.3 技术重点......4
1.4 开发工具——DELPHI 6......5
第 2 章 功能编码......7
2.1 客户机程序发往服务器程序的命令......7
2.2 服务器程序发往客户机程序的命令

图 3-32 生成目录

**子任务 5：更新目录。具体操作步骤如下。**

编制目录以后，如果在文档中进行了增加或删除文本等操作，引起了页码的变化，就需要更新目录。

【步骤 1】在需要更新的目录区单击将其选中。

【步骤 2】单击鼠标右键，从弹出的快捷菜单中选择“更新域”，打开“更新目录”对话框。

【步骤 3】如果在对话框中选择“只更新页码”单选框，则只更新目录中的页码，保留目录的格式；选择“更新整个目录”，则重新编制目录。

【步骤 4】单击“确定”按钮，Word 按照新页码建立新目录，并询问是否要替换当前目录。若选择“是”，则删除当前的目录，插入新的目录；若选择“否”，则保留当前的目录并在另外的位置插入新目录。

# 知识点　文字处理工具软件 Word

中文 Word 2007 是 Microsoft Office XP 中的一个重要组件，是 Windows 平台上最强大的文字处理软件，适于制作各种文档，如书籍、信函、传真、公文、报刊以及简历等，具备有强大的版面编排功能，并提供了非常友好的操作界面。同时，Word 2007 还支持与其他应用程序之间的信息交换，如在 Word 中插入画笔图片、Excel 工作表等对象，用户只需在 Word 中双击该对象即可启动相应的软件对该对象进行编辑；Word 文档还可另存为网页格式，用户可先在 Word 中输入并排版文档，制作完成后再转存为网页。默认状态下，Word 2007 的任务窗格出现在屏幕的右端，使用任务窗格能够节约大量的时间，并加快任务的执行过程。

用户启动 Word 2007 后，其初始界面通常如图 3-33 所示。

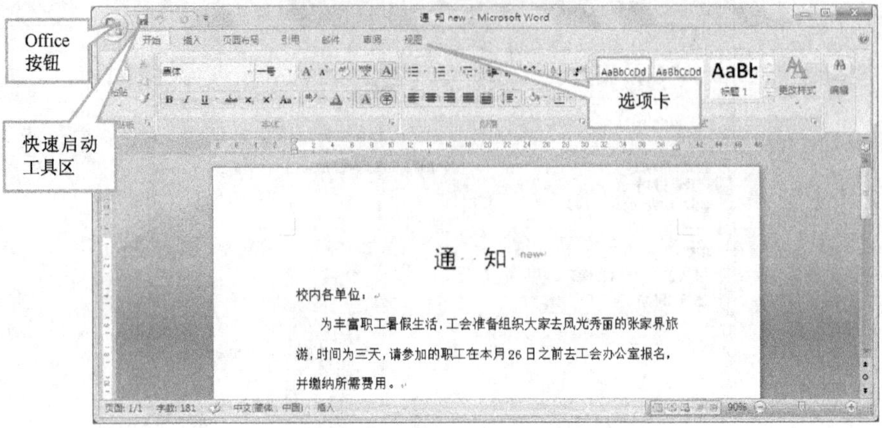

图 3-33 Word 2007 的使用界面

## 1. Word 2007 编辑技巧——文本编辑

### 1.1 选择文本

表 3.1 和表 3.2 列出了几种主要的文本选择方法（选择文本有时要用到选择栏，选择栏是指文档窗口左端至文本之间的空白区域，鼠标在选择栏区域时呈 形状）。

**表 3.1 使用鼠标选择文本和图形的主要方法**

| 要选择的文本 | 操 作 方 法 |
|---|---|
| 任意区域 | 光标置于区域开始处，按住鼠标左键并拖动光标到区域结束处，松开鼠标 |
| 一整行文字 | 鼠标移到该行的选择栏，单击鼠标左键 |
| 连续多行文本 | 鼠标移到文本首行的选择栏，按下鼠标左键向上或向下拖动 |
| 一个段落 | 在该段某一行的选择栏双击鼠标左键，或在该段任意位置连击三次鼠标左键 |
| 多个段落 | 在其中一段的选择栏双击鼠标左键并向上或向下拖动 |
| 选中一矩形区域 | 光标置于文本的一角，按住“Alt”键，拖动鼠标到对角 |
| 选择长文本 | 在文本开始处单击鼠标左键，然后在文本结束处，按住“Shift”键并单击鼠标左键 |
| 整篇文档 | 在选择栏连击三次鼠标左键，或按下“Ctrl+A”组合键 |

**表 3.2 使用键盘选择文本和图形的主要方法**

| 按 键 | 操 作 |
|---|---|
| Shift+← | 选择插入点左边的一个字符或汉字 |
| Shift+→ | 选择插入点右边的一个字符或汉字 |
| Ctrl+Shift+← | 选择插入点左边的一个英文单词或汉字片断 |
| Ctrl+Shift+→ | 选择插入点右边的一个英文单词或汉字片断 |
| Shift+↑ | 选择到上一行同一水平位置 |
| Shift+↓ | 选择到下一行同一水平位置 |
| Ctrl+Shift+↑ | 选择到段首 |
| Ctrl+Shift+↓ | 选择到段尾 |
| Shift+Home | 选择到段首 |
| Shift+End | 选择到段尾 |
| Ctrl+Shift+Home | 选择到文档开头 |
| Ctrl+Shift+End | 选择到文档末尾 |
| Shift+pgUp | 选择到上一屏 |
| Shift+pgDn | 选择到下一屏 |
| Ctrl+A | 选择整个文档 |

### 1.2　文本的移动和复制

选中目标文本后，就可以进行移动或复制的操作了。如果在同一个文档中进行短距离的移动或复制，可将鼠标指针移到选中的文本，待鼠标变为箭头形状后，按住鼠标左键拖动文本，即可将文本移动到新的位置。如果首先按住“Ctrl”键，然后按住鼠标左键并拖动，则可将文本复制到新的位置。另外，还可以利用剪贴板对文本进行移动和复制操作。

【步骤 1】选中要移动或复制的内容。

【步骤 2】移动操作：单击“开始”选项卡中的“剪切”按钮，或者选择“编辑”→“剪切”命令，将文本内容剪切到剪贴板中。

复制操作：可以单击“开始”选项卡中的“复制”按钮，或者选择“编辑”→“复制”命令，将文本内容复制到剪贴板中。

【步骤 3】将光标移到目标位置，单击“开始”选项卡中的“粘贴”按钮，或者选择“编辑”→“粘贴”命令，则可将指定的内容移动或复制到目标位置。

## 2．Word 2007 编辑技巧——格式排版

Word 用默认格式设置用户文档中的字体、段落和页面等格式。若用户所需设置与默认格式不同，则可通过下述方法来修改相应设置。

方法 1：在输入前设置新的格式，该格式将应用于以后输入的所有内容。

方法 2：在输入后选择需改变设置的文本、段落或页面，然后更改该部分的格式设置。

### 2.1　字体格式

1）改变字形

字形指的是附加于文本的属性，包括常规、加粗、倾斜或下划线等，Word 默认设置文本为常规字形。可按照以下步骤来改变字形。

【步骤 1】选择要修改字形的文本。

【步骤 2】单击“开始”选项卡中“字体”区的相应按钮，例如单击“加粗”按钮（快捷键为“Ctrl+B”），则选择的文本变成加粗字形。

此时该按钮呈按下状态。当再次单击此按钮时，它将恢复为弹起状态，同时也会使选择的文本恢复为常规字形。

2）改变字体

Word 默认设置中文字体为宋体，英文字体为 Times New Roman。可以按照以下步骤来修改字体。

【步骤 1】选择要改变字体的文本。

【步骤 2】单击“开始”选项卡中“字体”区中“字体”列表框右边的向下箭头，将出现如图 3-34 所示的下拉列表（用户列表框中显示的字体名可能与图例中所显示的稍有不同，这是由于 Windows 中安装的字体不同所致）。字体前的图标表示字体的类型。

如果所需的字体没有显示在列表中，可以拖动列表框右边的滚动块以显示所需的字体，单击之，就可以改变字体。

3）改变字号

Word 默认设置字号为五号（还可以使用磅数来表示字体大小，1 磅相当于 1/72 英寸），我们可以很方便地改变文本的字号，其操作步骤如下。

图 3-34　“字体”下拉列表

【步骤1】选择要改变字号的文本。

【步骤2】单击“开始”选项卡中“字体”区中“字号”列表框右边的向下箭头，将出现下拉列表。

【步骤3】单击“字号”下拉列表中的某一字号，即可改变字号。

4）给文本添加边框或底纹

在 Word 2007 中，可以给文本添加边框或底纹。具体操作步骤如下。

【步骤1】选择要添加边框的文本。

【步骤2】单击“开始”选项卡中“字体”区中的“字符边框”或“字符底纹”按钮即可。

说明：如果要给文本添加不同的边框或底纹，可选择“开始”选项卡中“段落”区中的“边框和底纹”命令，然后从“边框”或“底纹”选项卡中进行选择指定。

5）字符缩放

【步骤1】选择要进行字符缩放的文本，单击“开始”选项卡中“段落”区中“字符缩放”按钮右边的向下箭头，出现下拉列表。

【步骤 2】从“字符缩放”列表框中选择“150%”（如果选择一个小于 100%的缩放比例，可以将选择的文本设置为长体字），即可得到所需的结果。

6）设置字体颜色

如果用户拥有一台彩色打印机或者为了在屏幕上获得较好的显示效果，可以改变文本的颜色。首先选择要设置字体颜色的文本，然后单击“开始”选项卡中“字体”区中“字体颜色”列表框右边的向下箭头，会出现“字体颜色”下拉列表。从“字体颜色”下拉列表中选择一种颜色，即可使选择的文本改为相应的颜色。

## 2.2　段落格式

如图 3-35 所示，段落的格式设置主要包括以下几项。

- 段前间距：本段文字与上一段文字之间的距离。
- 段后间距：本段文字与下一段文字之间的距离。
- 行间距：本段中各行文字所占高度。

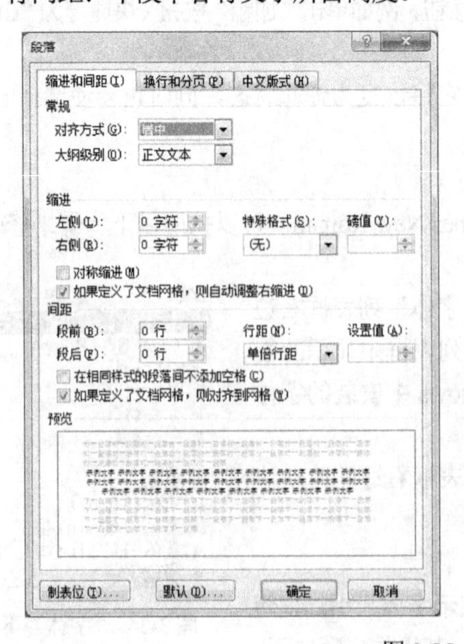


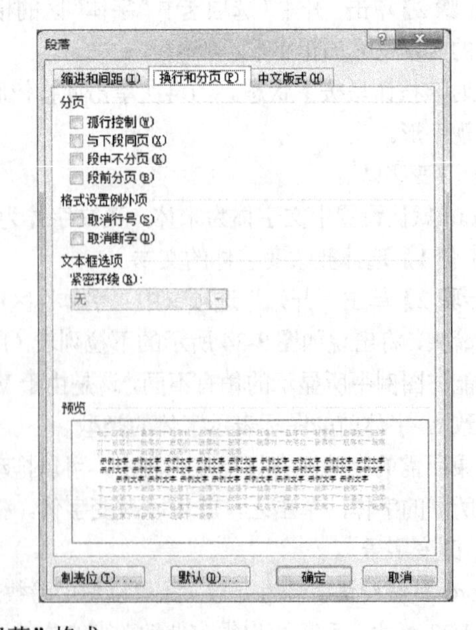


图 3-35　“段落”格式

- 首行缩进：本段第一行第一个文字相对于其余各行的第一个文字向右缩进的宽度。
- 悬挂缩进：本段其余各行第一个文字相对于第一行的第一个文字向右缩进的宽度。
- 左缩进：本段各行第一个文字向右缩进的宽度。
- 右缩进：本段各行最后一个文字向左缩进的宽度。
- 对齐方式：本段各行文字的排列方式，主要包括左对齐、右对齐、居中对齐和分散对齐4种方式。

设置段落格式的具体操作如下。

【步骤1】单击“开始”选项卡中“段落”区中的按钮，弹出图3-35所示的“段落”对话框。

【步骤2】单击“缩进和边距”选项卡，若已显示该选项卡，此步可省略。

【步骤3】在“间距”区中设置段落的段前和段后间距，单位为行或磅。

【步骤4】在“行距”下拉式列表框中选择行距的设置形式，主要包括单倍行距、多倍行距、固定值和最小值等，若设置形式需要参数，则直接在其后的设置值文本框中输入。

【步骤 5】在“特殊格式”下拉式列表框中选择“首行缩进”或“悬挂缩进”，并在其后的度量值文本框中输入缩进的宽度，单位为字符或厘米。

【步骤6】在缩进区中设置段落的左、右缩进值。

【步骤7】在对齐方式下拉式列表框中选择段落中文字的排列形式。

【步骤8】在“换行和分页”及“中文版式”标签中还有许多段落格式设置的选项，通常这些设置都很少使用，读者可通过实际操作体验各选项的功能。

【步骤9】单击“确定”按钮，使新的段落设置生效。

### 2.3 页面设置

页面设置是指文档在纸张页面中的排放格式，它主要包括以下几项。

1）添加页眉与页脚

要创建页眉与页脚，单击“插入”选项卡的“页眉”按钮，选择“编辑页眉”命令，切换到页眉页脚状态，同时切换到页眉和页脚工具的“设计”选项卡，如图3-36所示。

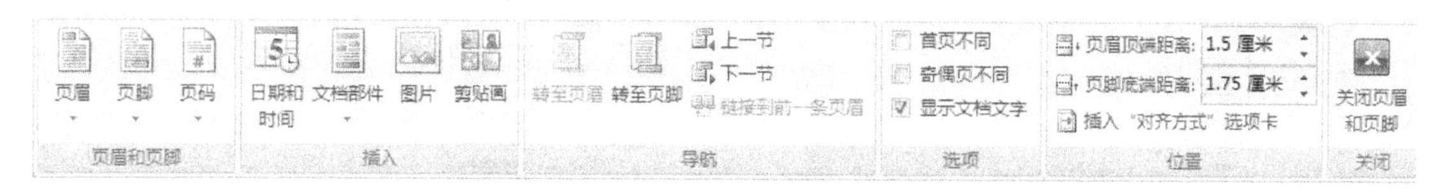


图3-36 页眉和页脚工具的“设计”选项卡

① 页码：插入页码，即第几页。Word虽然自动为文档分页，却不会自动将页码加入文档。若文档内容很多，则打印出来后将很难分清各页的先后顺序。这时，在每一页中加入页码就显得十分必要。设置页码格式，即表示是第几页的方法。单击该按钮将弹出图3-37所示的“页码格式”对话框。在“数字格式”下拉式列表框中可选择表示页码的符号序列（如1，2，3，…或A，B，C，…或Ⅰ，Ⅱ，Ⅲ，…等）。在“页码编排”区中选择页码的起始编号：单击“续前节”单选按钮表示页码符号序列从第一个开始使用；单击“起始页码”并在其后的文本框中输入一正整数表示页码符号序列从该正整数位置开始使用，通常用于编辑内容过多而采用多个文档分别进行处理的情况，此时，后一文档的起始页码应由前一文档的结束页码顺序设置。

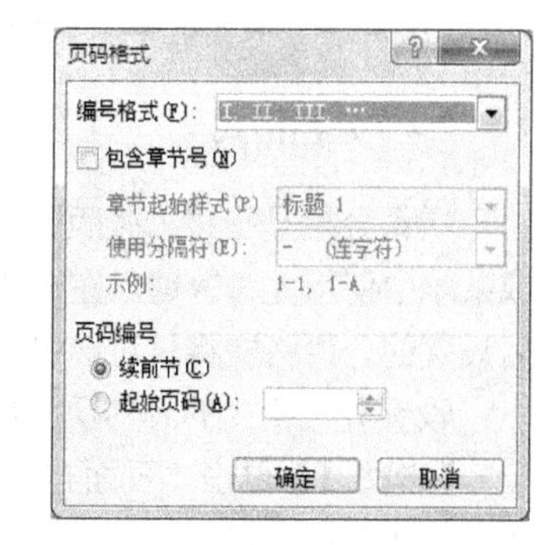


图3-37 “页码格式”对话框

② 日期和时间：插入当前的日期和时间。以后打开文档时，Word 自动将其更新为该文档上次保存时的日期和时间，便于用户跟踪文档的修改情况。

③ 位置区中的各功能：可设置页眉和页脚在文档各页中的显示位置。

④ 转至页眉、转至页脚：在页眉和页脚之间进行切换。

设置好页眉和页脚后，单击该工具栏中的“关闭页眉和页脚”按钮即可返回正文编辑状态。设置过页眉、页脚的文档只需在页眉或页脚位置处双击鼠标左键即可修改页眉和页脚。

2）页面格式设置

① 单击“页面布局”选项卡中“页面设置”区的按钮，打开“页面设置”对话框。在“页边距”标签选项卡（如图 3-38 所示）中可设置页面的上、下、左、右边距和页眉、页脚的位置。在“应用于”下拉式列表框中，可以选择修改的页面设置的作用范围为：整篇文档（本文档所有页面均采用此设置）、插入点之后（插入点之后的页面才使用此新的页面设置）、所选文字（新的页面设置只对选中部分文档内容有效），并可通过单击“方向”区中的“纵向”、“横向”单选按钮来交换高度和宽度。

② 在该对话框“纸张”选项卡的下拉式列表框中，如图 3-39 所示，可选择纸张类型。该处列出了大多数常用的标准纸张，若用户使用的不是这些标准纸张，可在该下拉式列表框中选择“自定义大小”，并在“宽度”和“高度”文本框中输入所使用纸张的实际尺寸。选择好纸张类型后，其尺寸大小会自动显示在下面的“宽度”和“高度”文本框中。

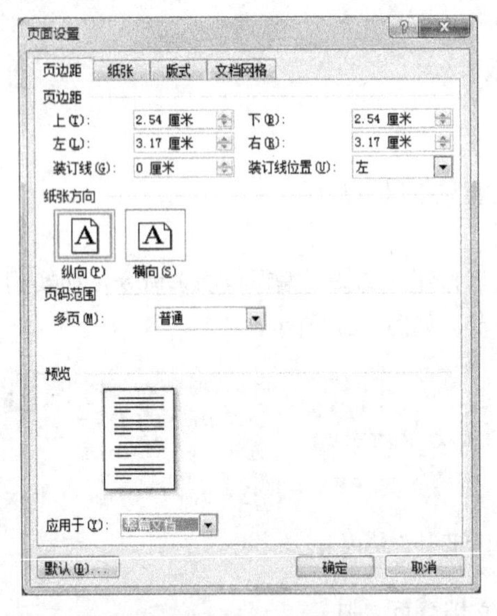


图 3-38 “页面设置”的“页边距”选项卡

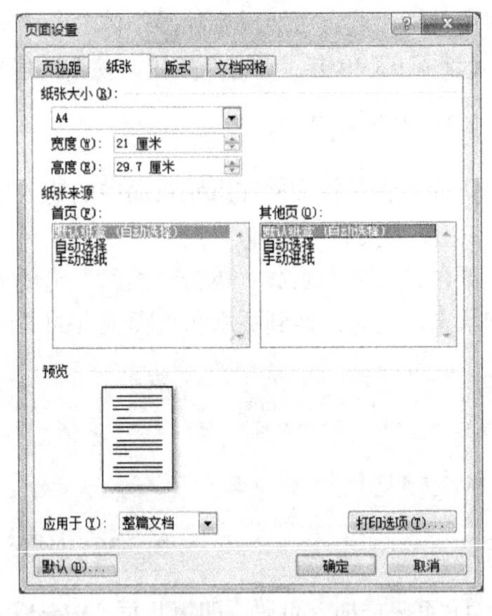


图 3-39 “页面设置”的“纸张”选项卡

## 2.4 分栏格式

所谓分栏是指将纸张版面分为若干列来排放内容，通常是为了节省版面或美观，这种格式在报刊或杂志中使用尤为普遍。在未选中文档内容时，设置的分栏格式将应用于整个文档；而选中文档内容后设置的分栏格式将只对选中部分有效。

设置分栏格式的具体操作步骤如下。

【步骤 1】单击“页面布局”选项卡的“分栏”按钮，可选择默认的分栏数，也可打开如图 3-40 所示的“分栏”对话框。

【步骤 2】在“预设”区中选择 Word 预定设置的几种分栏格式。

【步骤 3】选中“分隔线”复选框可在各栏之间加一条竖线。

【步骤4】在“宽度和间距”区的“栏宽”和“间距”中设置各栏的宽度和栏间的距离，通过单击“栏宽相等”复选框可设置各栏是否等宽。

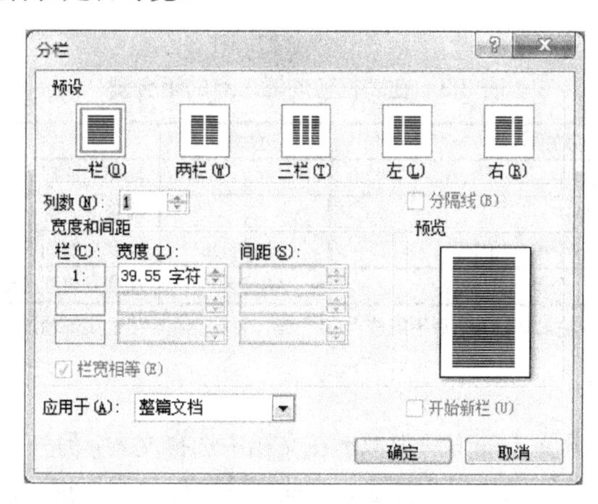


图 3-40　“分栏”对话框

【步骤5】若预定格式中没有所需分栏数，可在“栏数”文本框中直接输入一正整数，并通过与上述同样的方法设置栏宽等参数。

【步骤6】在“应用范围”下拉式列表框中选择新的分栏格式的作用范围，各选项的含义与页面设置中的应用范围选项相同。

【步骤7】单击“确定”按钮，完成分栏设置。

## 3．Word 2007 编辑技巧——表格编辑

单击选中表格，单击“布局”选项卡中的“属性”按钮，可进行表格属性的设置，如图 3-41 所示。

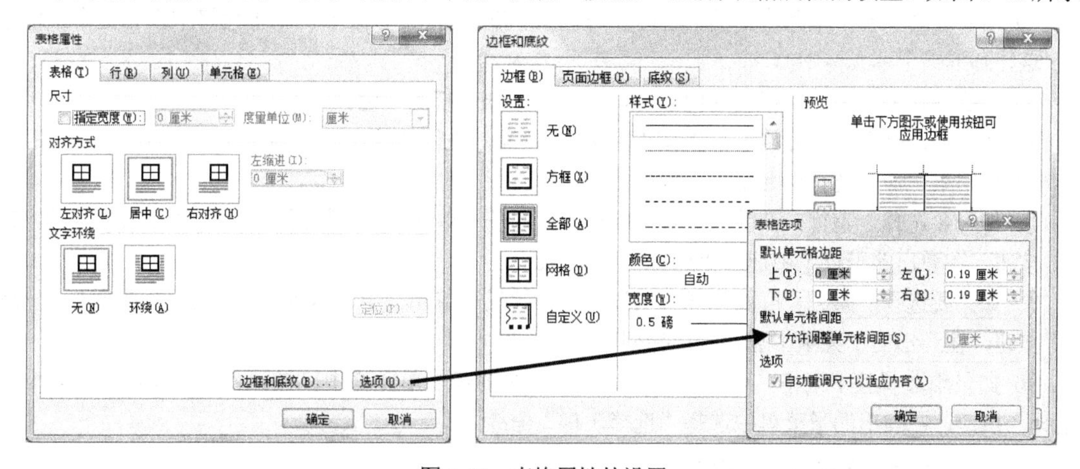


图 3-41　表格属性的设置

### 3.1　表格中的文本编辑

如果想在表格中输入文本，应首先将插入点放在要输入文本的单元格中，然后输入文本。如果想移到表格中的其他单元格，可使用表 3.3 中的组合键。

当输入的文本到达单元格右边线时自动换行，并且会加大行高以容纳更多的内容。输入过程中按回车键，可在该单元格中开始一个新段。当在一个单元格中插入了文本之后，可使用左、右方向键在

单元格中移动插入点，按“BackSpace”键可删除插入点左边的字符，按“Del”键可以删除插入点右边的字符。当移到该单元格的开头或末尾时，再按一次左、右方向键可以移到前一个单元格或下一个单元格中。

表3.3 在表格移动插入点的组合键

| 按键 | 移动插入点 | 按键 | 移动插入点 |
|---|---|---|---|
| Tab | 移到下一个单元格中 | ↑ | 移到上一行 |
| Shift+Tab | 移到前一个单元格中 | ↓ | 移到下一行 |
| Alt+Home | 移到当前行的第一个单元格中 | Alt+PgUp | 移到当前列的第一个单元格中 |
| Alt+End | 移到当前行最后一个单元格中 | Alt+PgDn | 移到当前列的最后一个单元格中 |

注：在表格的最后一个单元格中输入完数据之后不能按“Tab”键，否则会在表格的底部增加一个空行。

## 3.2 在表格中选择文本

在一个单元格中选择部分文本的方法类似于在文档中选择文本。另外，Word还提供了一些在表格中选择整个单元格、表格的整行或整列的方法。这些方法可以使用鼠标、键盘来实现，也可通过菜单命令来实现。

1）使用鼠标选择单元格、行或列的几种方法

① 如果想选择一个单元格，可以将鼠标指针移到该单元格的最左边，使其变成黑色的向右箭头，然后单击左键。

② 如果想选择一整行，可以将鼠标指针移到该行最左边的选定栏中使其变成向右箭头，然后单击左键。

③ 如果想选择一整列，可以将鼠标指针移到该列顶端的选定栏中使其变成黑色的向下箭头，然后单击左键。

2）使用键盘选择单元格、行或列的几种方法

① 当要选择下一个单元格中的内容时，可以按“Tab”键（如果下一个单元格中没有文本，仅把插入点移到下一个单元格中）。

② 当要选择上一个单元格中的内容时，可以按“Shift+Tab”键。

③ 如果要选择多个单元格，可以按“Shift”+方向键进行选择。

3）使用菜单命令选择单元格、行或列的几种方法

① 如果要选择一整行，可以把插入点放在该行的任一单元格中，然后单击“布局”选项卡的“选择”按钮，在弹出的子菜单中选择“选择行”命令。

② 如果要选择一整列，可以把插入点放在该列的任一单元格中，然后单击“布局”选项卡的“选择”按钮，在弹出的子菜单中选择“选择列”命令。

③ 如果想选择整个表格，可以将插入点放在表格的任一单元格中，然后单击“布局”选项卡的“选择”按钮，在弹出的子菜单中选择“选择表格”命令。

## 3.3 移动或复制单元格、行或列

将表格的单元格中的数据移动或复制到别的单元格中，可按照以下步骤进行。

【步骤1】选择要移动或复制的单元格（包括单元格结束符）。

【步骤2】选择“开始”选项卡中的“剪切”或“复制”命令将选择的内容存放到剪贴板中。

【步骤3】把插入点置于接收区左上角的单元格中，或者选择一个与剪切或复制内容同样大小的接收区。例如，复制时选择了一列中的两个单元格，则粘贴时也需要选择一列中的两个单元格，而不能选择一行中的两个单元格。

【步骤 4】选择“开始”选项卡中的“粘贴”命令。此时，Word 将剪贴或复制的内容粘贴到指定的位置，并且替换接收区单元格中已存在的内容。

如果需要移动或复制表格的一整行，可按照以下步骤进行。

【步骤 1】选择表格的一整行（即包括行尾标记）。

【步骤 2】选择“开始”选项卡中的“移动”或“复制”命令将该行内容存放到剪贴板中。

【步骤 3】在表格的另外位置选择一整行，或者把插入点置于该行的第一个单元格中。

【步骤 4】选择“开始”选项卡中的“粘贴”、“粘贴行”命令，复制的行被插入到表格选择行的上方，并不替换选择行的内容。

如果需要移动或复制表格的一整列，则按照以下步骤进行。

【步骤 1】选择表格的一整列。

【步骤 2】选择“编辑”菜单中的“移动”或“复制”命令将该列内容存放到剪贴板中。

【步骤 3】在表格的另外位置选择一整列，或者把插入点置于该列的第一个单元格中。

【步骤 4】选择“开始”选项卡中的“粘贴”、“粘贴列”命令，复制的列被插入表格选择列的左侧，并不替换选择列的内容。

### 3.4　在表格中删除文本

在表格中删除文本，可以选择下列某一操作：

- 如果要删除单元格中的文本，则选择该文本，然后按“BackSpace”键或“Del”键。
- 如果要删除一行中的文本，则选择该行，然后按“Del”键。
- 如果完全删除一行，则选择该行，然后选择“开始”选项卡中的“剪切”命令。

## 4．Word 2007 编辑技巧——编辑图片

Word 2007 最大的一个优点是能够在文档中插入图形，以实现图文混排。这些图形可以是由 Word 的“绘图”工具栏绘制的，也可以是由其他绘图软件建立后，通过剪贴板或文件插入到 Word 文档中的，并且在 Word 中可精确地调整图形的大小及位置。

### 4.1　插入现有图片

在 Word 中，可以插入由其他软件制作的多种格式的图形，如.pcx、.bmp、.tif 及 .pic 等格式。在文档中插入图片的具体操作步骤如下。

【步骤 1】将插入点置于要插入图片的位置。

【步骤 2】选择“插入”选项卡中的“图片”命令，出现如图 3-42 所示的“插入图片”对话框。

【步骤 3】单击“插入”按钮，即可将选择的图片插入到文档中。默认情况下，剪贴画以嵌入形式置于文档的光标所在处。

Word 2007 软件本身也提供了许多图片，这些图片称为剪贴画。用户可根据需要将剪贴画插入到自己的文档中。插入剪贴画的操作如下：选择“插入”选项卡中的“剪贴画”命令，在“剪贴画”面板中单击所需剪贴画的缩略图即可插入。

### 4.2　编辑和修改图片

1）编辑图片

当用户双击插入到文档中的图片时，则自动切换到如图 3-43 所示的“图片工具”的“格式”选项卡。在此可设置图片的亮度、对比度、图片边框、图片样式、大小、裁剪范围和置于文档中的形式、旋转方式等。

图 3-42 “插入图片”对话框

图 3-43 “图片工具”的“格式”选项卡

2）改变图片的大小

在文档中插入图片后，用户可以通过 Word 提供的缩放功能来控制其大小。首先用鼠标单击要修改的图片，在图片的周围出现 8 个控制点。把鼠标指针放在图片 4 个角的控制点上时，鼠标指针变成一个斜向的双向箭头。按住鼠标左键拖动使图片按比例放大或缩小，拖动时会出现一个虚线框以表明改变图片后的大小。当图形大小合适后，松开鼠标左键，即调整了图片的大小。

把鼠标指针放在图片左右两边中间的控制点上时，鼠标指针变成一个水平的双向箭头，按住鼠标左键拖动可改变图片的宽度；把鼠标指针放在图片上下两边中间的控制点上时，鼠标指针变成一个垂直的双向箭头，按住鼠标左键拖动可改变图片的高度。

通过鼠标虽然可以快速、直观地缩放图片，但是缩放的比例不能做到十分精确。如果要精确设置图片的大小，可以通过设置图片格式来调整图片的大小。

3）裁剪图片

如果用户只希望显示所插入图片的一部分，可通过“裁剪”工具将图片中不希望显示的部分裁剪掉。具体操作步骤如下。

【步骤1】单击选中要裁剪的图片。

【步骤2】单击“图片工具”的“格式”选项卡中的“裁剪”按钮，鼠标指针形状改变，当把鼠标指针移到某个句柄（或尺寸控制点）上并按下鼠标左键时，鼠标指针变成箭头形状。

【步骤3】按住鼠标左键向图片内部拖动时，可以隐藏图片的部分区域；向图片外部拖动时，可以增大图片周围的空白区域。如果要恢复被裁剪的区域，操作方法同上，只是将拖动方向改为向图片外部拖动句柄，即可将裁剪的部分重新显示出来。

默认情况下，插入到文档中的图片设置为浮动图片，浮动图片可在页面上任意移动位置。如果要移动图片，则把鼠标指针放在图片的内部，使鼠标指针变成四头箭头指针，按住鼠标左键在文档中移动，即可把图片放在所需的位置。

4）设置图片版式

默认情况下，插入或粘贴的图形以嵌入形式出现在文档中，但是这种形式不利于图形与文字的并排，此时可对该图形的嵌入形式进行修改。设置图片版式的操作如下。

【步骤1】在图3-43所示的“图片工具”的“格式”选项卡中单击“文字环绕”按钮，可以选择各种环绕方式，也可选择“其他布局选项”，显示如图3-44所示的“高级版式”对话框。

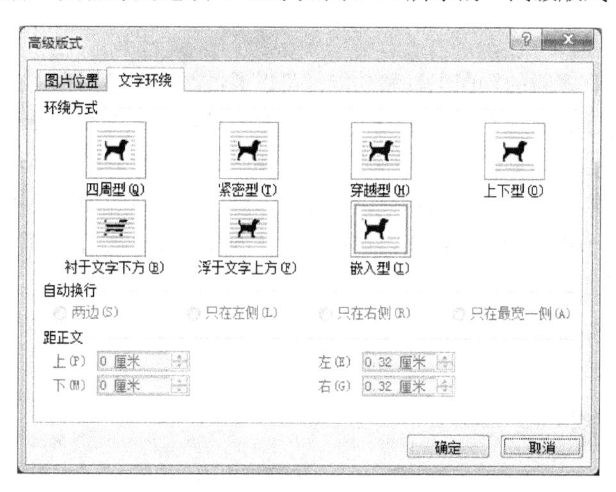


图3-44　“高级版式”对话框的“文字环绕”选项卡

【步骤2】在“环绕方式”区中选择文字在图片四周的分布情况。

- 嵌入型：即把图形作为一个文字与其他文字进行排列。在这种方式下，不管图形的高度是多少，其左右均只有一行文字，且与图片底端对齐。
- 四周型：出现在图形左右的文字行数由图形的高度确定，文字与图片对象边界之间的距离是固定的。
- 紧密型：出现在图形左右的文字行数由图形的高度确定，文字与图片对象中实际图形的开始或结束位置之间的距离是固定的。
- 浮于文字上方：图形与文字重叠，图形覆盖下面的文字。
- 衬于文字下方：图形与文字重叠，文字覆盖下面的图形，即所谓底图。

【步骤3】在“对齐方式”区中选择图形出现在一行中的位置。

【步骤4】单击“图片位置”标签，弹出图3-45所示的“图片位置”对话框，在此可进一步控制图片在文档中的位置及与文字间的排列关系。

【步骤5】单击“确定”按钮完成设置。

高级版式

图片位置 文字环绕

水平

对齐方式(A) 左对齐 相对于(R) 栏

书籍版式(B) 内部 相对于(F) 页边距

绝对位置(P) 0.05 厘米 右侧(T) 栏

相对位置(R) 相对于(E) 页面

垂直

对齐方式(G) 顶端对齐 相对于(E) 页面

绝对位置(S) 0.06 厘米 下侧(W) 段落

相对位置(I) 相对于(O) 页面

选项

对象随文字移动(M) 允许重叠(V)

锁定标记(L) 表格单元格中的版式(C)

确定 取消

图3-45 “高级版式”对话框的“图片位置”选项卡

## 4.3 绘制图形

Word 2007提供了许多新的绘图工具和功能，可以通过新的“绘图”工具栏轻松绘制出所需的图形。“绘图”工具栏的“自选图形”菜单中提供了100多种能够任意改变形状的自选图形，用户可以在文档中使用这些图形，也可以重新调整图形的大小，还可对其进行旋转、翻转、添加颜色，并与其他图形组合出更复杂的图形。很多图形都具有调整句柄，可以用来更改图形最主要的特征。

单击“插入”选项卡中“形状”按钮，然后选择“新建绘图画布”，即可切换到如图3-46所示的“绘图工具”的“格式”选项卡。

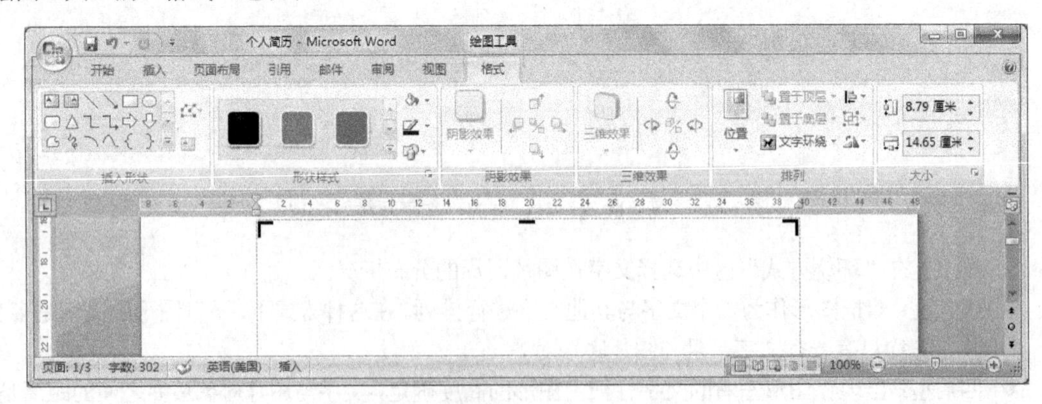


图3-46 “绘图工具”的“格式”选项卡

1）绘制自选图形

【步骤1】单击“插入形状”区的下拉按钮，弹出如图3-47所示的菜单，从中选择所需的类型。例如，如果要绘制平行四边形、梯形、菱形等图形，可以选择“基本形状”，再从级联菜单中选择所需的图形；如果要绘制各式各样的箭头，可以选择“箭头总汇”，再从级联菜单中选择所需的图形。

【步骤2】从“自选图形”菜单中选择了所需的图形之后，如果要插入一个预定义尺寸的图形，则在文档中插入图形的位置单击鼠标左键；如果要插入一个自定义尺寸的图形，则将鼠标指针移到要插入图形的位置，然后按住鼠标左键拖动。如果要保持图形的高度与宽度成比例，在拖动时按住“Shift”键。

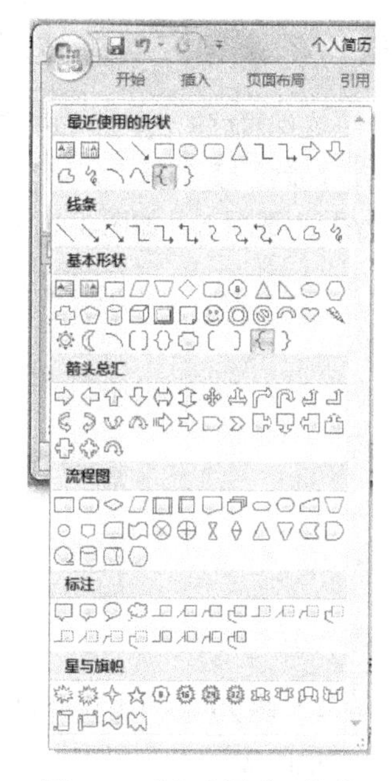


图 3-47　“自选图形”菜单

2）绘制线条

【步骤 1】在“自选图形”菜单中指向“线条”选项，单击所需的线型。

【步骤 2】拖动鼠标画线。要想从第一个结束点开始向相反的方向加长此线，则按住“Ctrl”键向后拖动鼠标。

如果只想绘制简单的线条、箭头、矩形以及椭圆，只需单击“自选图形”菜单中的相应按钮，然后把鼠标指针移到要绘制的位置。此时，鼠标指针变成十字形，按住鼠标左键进行拖动。如果要绘制正方形或圆形，则单击“矩形”或“椭圆”按钮之后，按住“Shift”键，再按住左键进行拖动。当大小合适时，松开鼠标左键即可。

3）绘制任意多边形

如果要绘制任意多边形，则在“自选图形”菜单中指向“线条”选项，再从级联菜单中单击“任意多边形”按钮，可以产生两种效果：第一种是连线，单击该按钮后，鼠标指标变成十字形，将它移到起点处单击鼠标左键，再移到其他点处单击，则两点之间连成一条直线。用同样的方法在其他位置处单击，就可以绘制一个任意多边形了。绘制完毕后，必须双击鼠标左键。第二种是自由曲线，单击按钮后，按住鼠标左键随意绘制不规则的曲线。绘制完毕后，也必须双击鼠标左键。当然，在绘制过程中可以将这两种效果结合起来使用：遇到需要绘制直线的地方，就用鼠标在各个顶点之间单击；遇到不规则的曲线时，按住鼠标左键进行绘制。

4）在绘制图形上添加文字

在 Word 2007 中，可以在绘制的图形（直线和任意多边形除外）上添加文字，这些文字将附加在绘制的图形上并随图形一起移动。

如果要在绘制图形上添加文字，可以右键单击该图形，再从快捷菜单中选择“添加文字”命令，即可开始键入文本，并且可以对键入的文本进行排版（如改变字体、字体大小等）。值得一提的是：如果旋转或翻转该图形，绘制图形上的文字不会跟着一起旋转或翻转。

5）组合图形对象

通过 Word 绘制的图形是一个个独立的对象，在进行格式排版时很难保证它们的相对位置不变。这时，用户可以通过组合图形对象的方法将许多独立的图形对象合成一个整体。组合图形的操作步骤如下。

【步骤 1】单击“开始”选项卡中的“选择”按钮，进入选图状态。

【步骤 2】拖动鼠标左键选中所有需组合的图形对象，可看到多个对象被选中。

【步骤 3】右键单击需要组合的图形对象，在弹出的子菜单中选择“组合”→“组合”命令，将所选图形对象合为一个整体。

组合后的图形对象是一个整体，用户不能对其中的某一部分进行单独处理。若想修改其中一部分的内容，则需首先取消该组合。方法是：先选中需取消组合的图形对象，然后右键单击，在弹出的菜单中选择“组合”→“取消组合”命令。此时，该图形又分解为组合前的各个独立对象，用户即可单独修改其中的某些对象。

## 5. Word 2007 编辑技巧——查找和替换

在编辑好的文档中如果有需要修改的地方，可以利用查找与替换功能。

【步骤1】选择“开始”选项卡的“查找”或“替换”命令，打开“查找和替换”对话框，再打开“替换”选项卡，如图3-48所示。

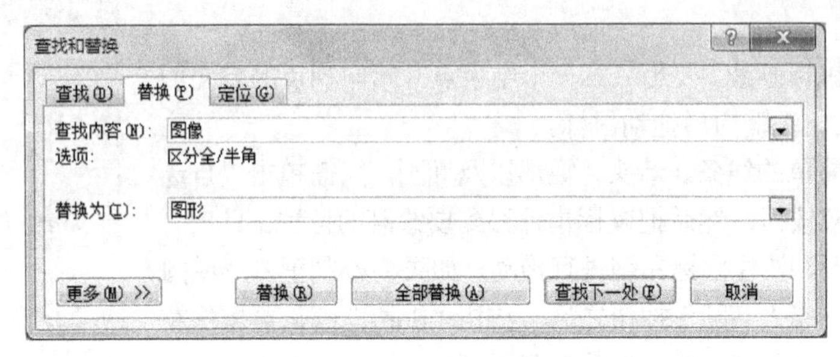


图3-48 “查找和替换”对话框

【步骤2】在“查找内容”编辑框中输入要查找的文字（如“图像”），在“替换为”编辑框中输入要替换的文字（如“图形”），单击“查找下一处”按钮。

【步骤3】当查找到指定的内容后，单击“替换”按钮，则该处的“图像”被替换为“图形”，并且继续进行查找；单击“全部替换”按钮，则Word将文档中所有的“图像”改为“图形”。

## 6. Word 2007 编辑技巧——撤消和恢复

编辑文档时，难免会出现错误的操作，比如不小心删除、替换或移动了某些文本内容，Word提供了“撤消”和“恢复”功能，可以帮助用户迅速纠正错误。如果只撤消最后一步错误操作，可单击快速访问工具栏上的“撤消”按钮；如果要撤消多步操作，可以单击“撤消”按钮右侧的三角标志，在弹出的下拉列表中保存了所有可以撤消的操作，单击列表中的某一项，则该项操作及其以后的所有操作都将被撤消。

执行完一次撤消操作后，如果用户又想恢复撤消操作之前的内容，可单击“恢复”按钮；要想恢复多步操作，可以单击“恢复”按钮右侧的▾，在弹出的下拉列表中保存了所有可以恢复的操作，单击列表中的一项，则该项操作及其以后的所有操作都将被恢复。注意，只有在刚进行了撤消操作后，恢复命令才生效，否则工具栏上的“恢复”按钮呈灰色的无效状态。

## 7. 获得帮助

用户在使用Word的过程中可能会遇到一些疑难问题，此时可通过单击“Microsoft Office Word 帮助”按钮打开如图3-49所示的“Word帮助”对话框，输入相应的关键字，可获得相关的帮助信息，该按钮在窗口的右上角。此外，在某个对话框中，如果用户不清楚如何使用这些选项完成任务，想得到相关帮助，可以单击“帮助”按钮 **?**，该按钮位于所用对话框的标题栏中。

图3-49 “Word帮助”对话框

# 实验四　PowerPoint 2010 演示文稿的制作

**目标：** 1. 掌握 PowerPoint 中演示文稿的新建、保存和打开等操作；
2. 掌握演示文稿中幻灯片的添加；
3. 掌握幻灯片中文字、图片、表格、公式和艺术字等信息的添加和编辑操作；
4. 掌握演示文稿中幻灯片播放方式的设置。

**任务：** 1. 新建演示文稿，设置幻灯片版式及格式；
2. 插入艺术字、图片、表格和超级链接；
3. 自定义动画与幻灯片切换的设置。

## 任务 1　创建演示文稿

**背景说明：** 使用 PowerPoint 2010 创建演示文稿文件。能为演示文稿设置应用设计模板，能为幻灯片设置版式；能插入新的幻灯片，并对幻灯片进行文本的输入、字体及格式的设置；能熟练使用项目符号与编号。

**具体操作：**

【步骤 1】启动 PowerPoint，应用程序窗口界面如图 4-1 所示。

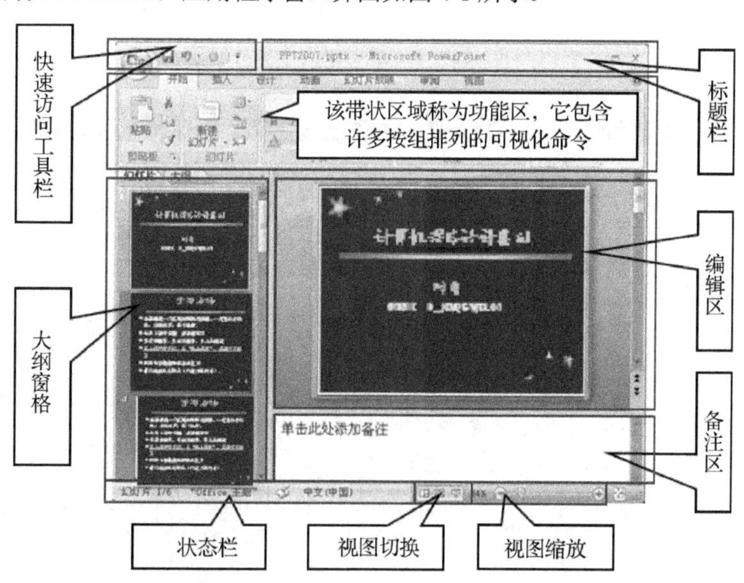


图 4-1　PowerPoint 应用程序窗口界面

启动 PowerPoint 之后，PowerPoint 会自动创建空白演示文稿，保存该文档并命名为“大学计算机基础”，如图 4-2 所示。或者单击“Office 按钮”，在打开的菜单上单击“新建”按钮，则会弹出“新建演示文稿”对话框，如图 4-3 所示，在其中选择“空白文档和最近使用的文档”，可创建一个新的空白演示文稿。

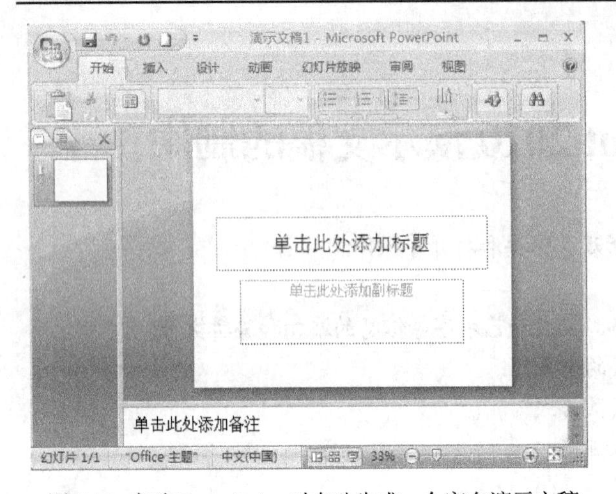


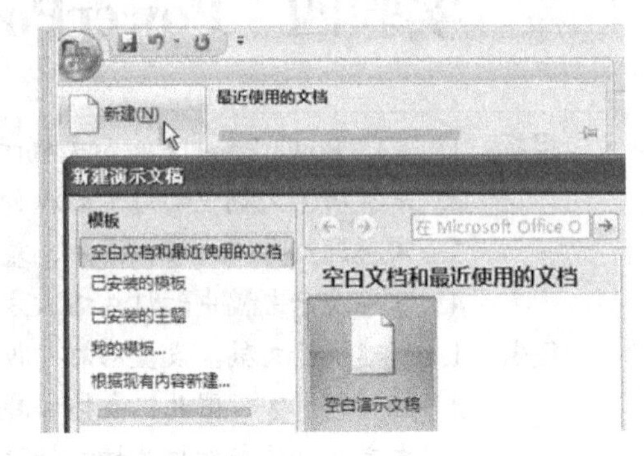


图 4-2　启动 PowerPoint 时自动生成一个空白演示文稿　　图 4-3　利用“新建”命令创建一个空白演示文稿

【步骤 2】在功能区中选择“设计”选项卡，在“主题”组可看到各种幻灯片主题模板。将光标悬停在各个主题模板上可以看到模板的名称，见图 4-4。对于要使用的模板，只需选中该模板然后右击鼠标，在弹出的快捷菜单中选择“应用于所有幻灯片”命令或直接双击该模板。这里选择“波形”模板，效果如图 4-5 所示。

图 4-4　“主题”功能区提供的各种主题模板

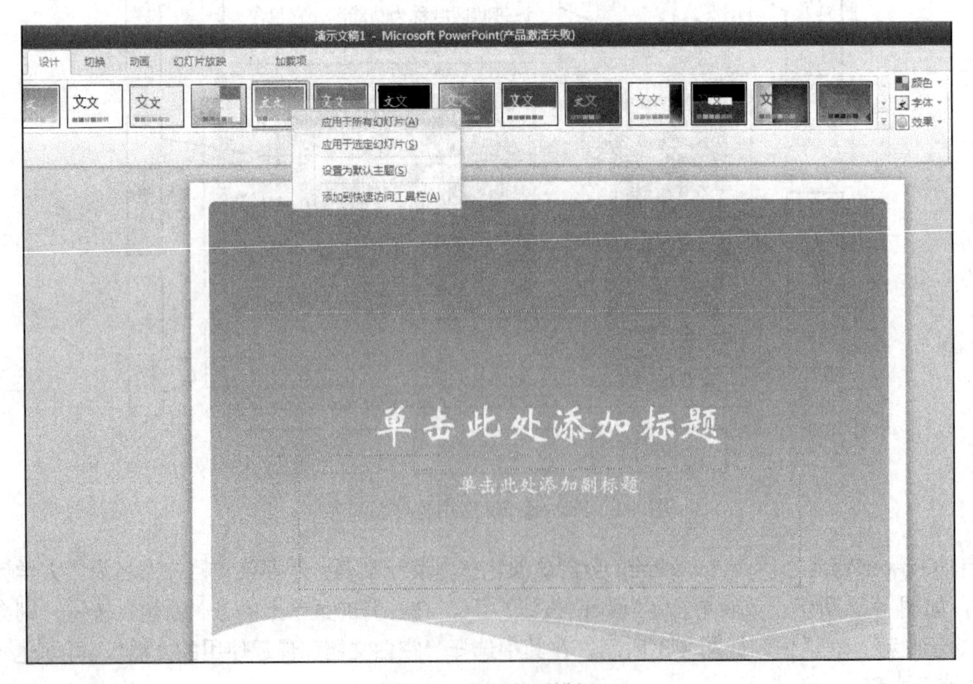


图 4-5　应用主题模板

【步骤 3】演示文稿第一张幻灯片的版式一般默认为“标题幻灯片”，在主标题栏输入“大学计算机基础”，选中标题文字，在“开始”选项卡的“字体”组，将其字体设置为“方正姚体”，字号为“60”，单击“字体颜色”按钮，如图 4-6 所示。在弹出的对话框中选择“其他颜色”命令；打开“颜色”对话框，如图 4-7 所示。在“自定义”选项卡中输入“红色”：63，“绿色”：109，“蓝色”：255。

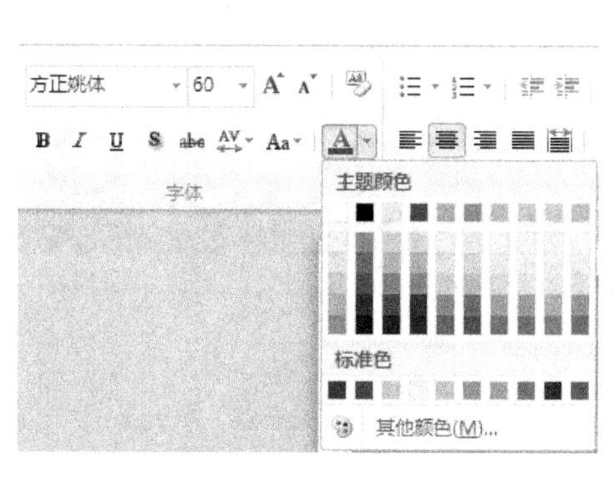


图 4-6 “字体”颜色选项卡

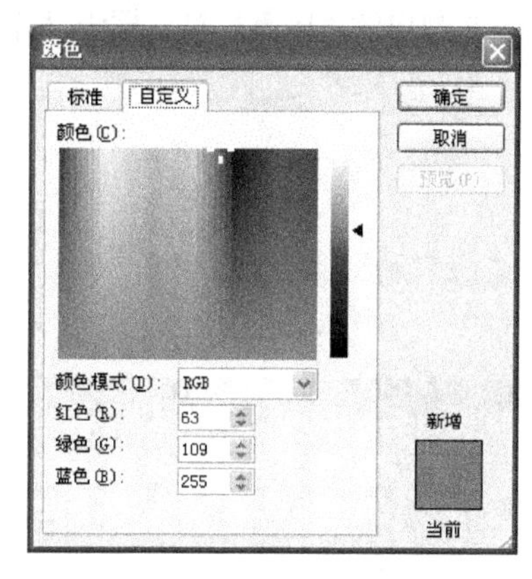


图 4-7 “颜色”对话框

【步骤 4】输入副标题“——让我们掌握计算机这个工具，打开专业提升的大门”，文字字体设为“宋体”，字号为“32”，颜色为“红色”：0，“绿色”：0，“蓝色”：102，效果如果 4-8 所示。

【步骤 5】选择“开始”选项卡，在“幻灯片”组中单击“新建幻灯片”按钮，在打开的命令菜单中选择“垂直排列标题与文本”版式，应用于当前新增的幻灯片，如图 4-9 所示。或按快捷键“Ctrl+M”，插入一张新幻灯片，右键单击新幻灯片，在快捷菜单中选择“版式”命令，在打开的命令菜单中选择“垂直排列标题与文本”版式。

图 4-8 字体设置效果图

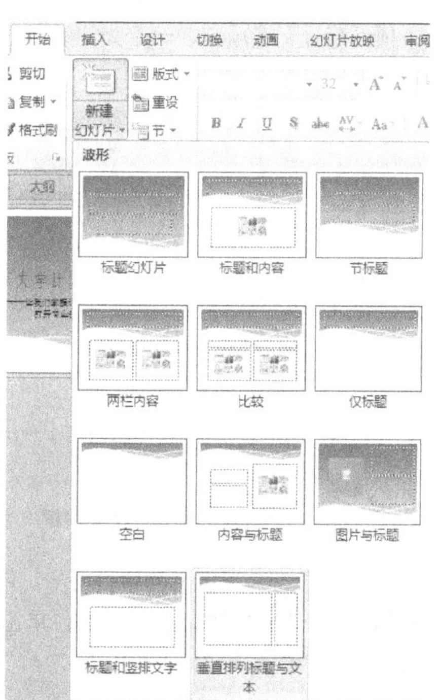


图 4-9 新增特定版式的幻灯片

【步骤6】在幻灯片的标题处输入文字“大学计算机基础主要教学内容”，字体设为“方正姚体”，字号为“40”，颜色为“红色”：63，“绿色”：109，“蓝色”：255；在文本框中输入如图4-10所示的文字，字体设为“宋体”，字号为“32”，颜色默认。选中所有文字，右键单击，在弹出的快捷菜单中选择“段落”命令。或在“开始”功能区的“段落”组，单击最右下角的按钮（图4-11中用圆圈框选的按钮）。在弹出的“段落”对话框中设置段前、段后间距为0.5行，其他保持默认值，如图4-11所示。

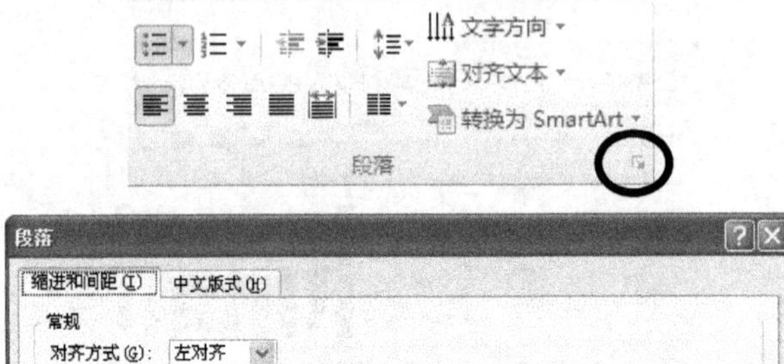


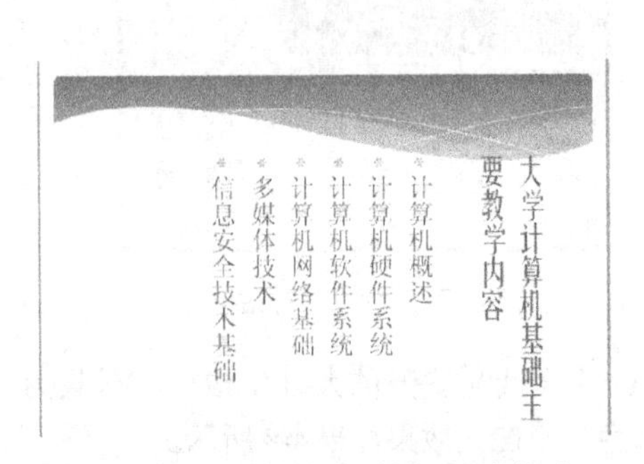


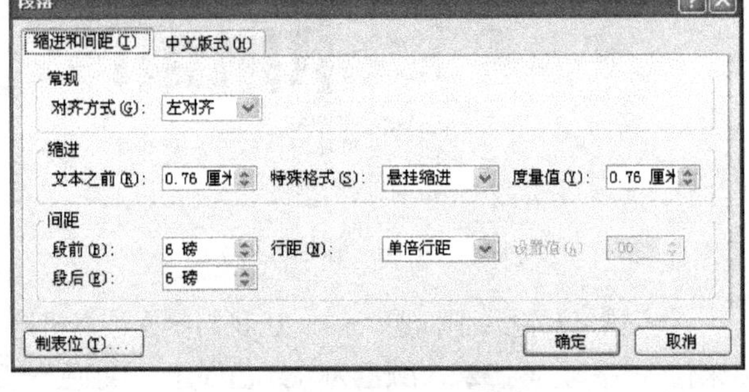


图4-10 输入文字内容并设置文字格式

图4-11 设置段落格式

【步骤7】选中第二张幻灯片中的文本，选择“开始”选项卡，在“段落”组中有“项目符号”和“编号”两个功能按钮。单击按钮旁的下拉三角箭头，会出现如图4-12所示的菜单命令，选择“项目符号和编号”命令，弹出“项目符号和编号”对话框，如图4-13所示。该对话框有两个选项卡，一个为“项目符号”选项卡，一个为“编号”选项卡。

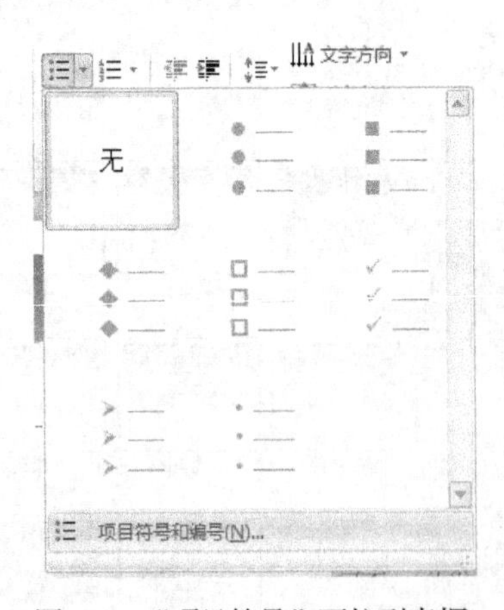


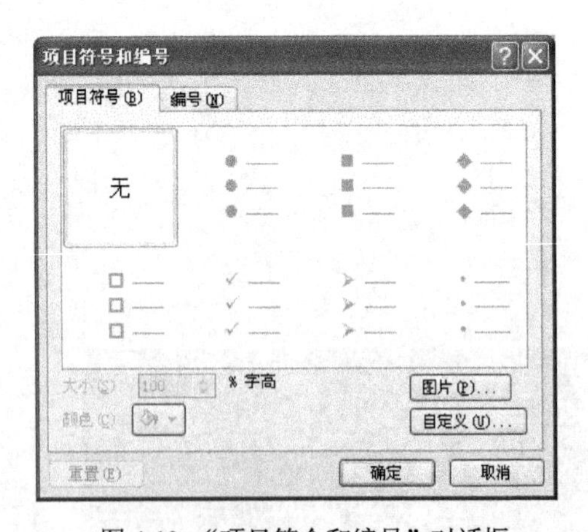


图4-12 “项目符号”下拉列表框

图4-13 “项目符合和编号”对话框

这里选择一种自定义的项目符号。单击“自定义”按钮，在“符号”对话框中选择如图4-14所示的符号样式，字符代码为“006C”，单击“确定”按钮后返回到项目符号和编号对话框，颜色设置为“红色”：0，“绿色”：51，“蓝色”：204，大小为90%字高，如图4-15所示，设置完成后，单击“确定”按钮即可。最后效果如图4-16所示。

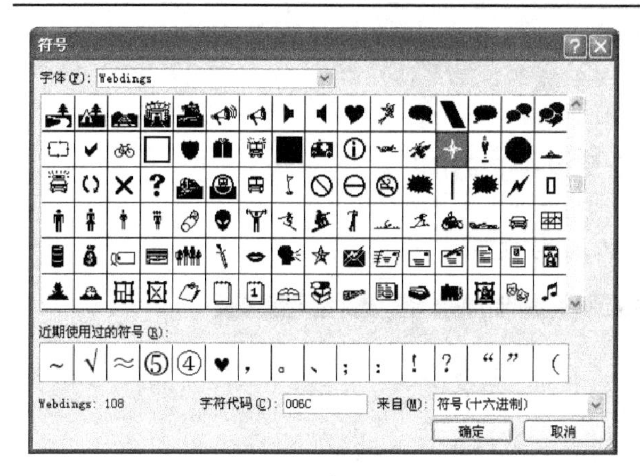


图 4-14　“符号”对话框

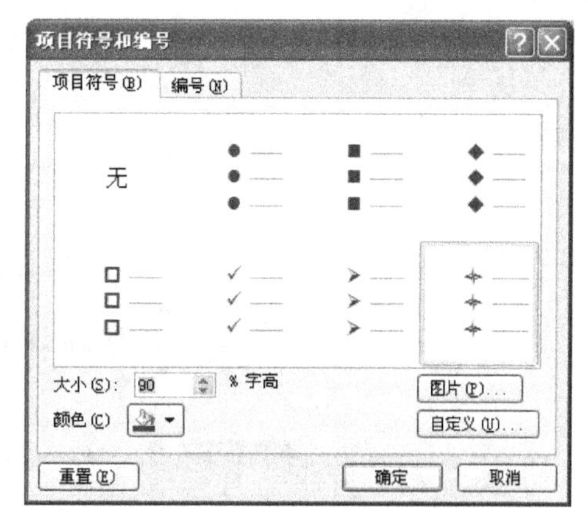


图 4-15　“项目符号和编号”对话框

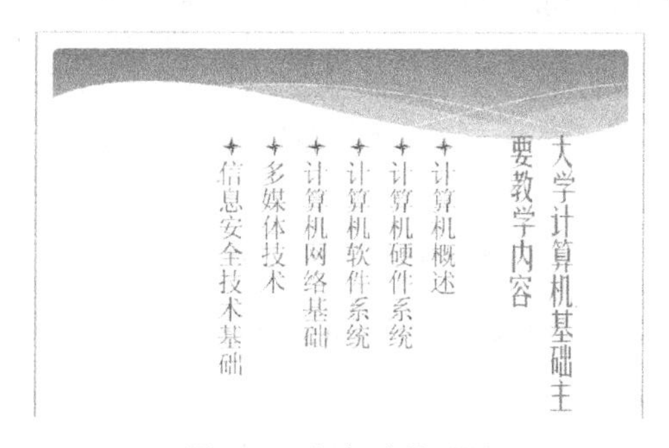


图 4-16　幻灯片效果图

# 任务 2　插入艺术字、图片和超链接

**背景说明：**能够在幻灯片中插入艺术字，并对艺术字进行格式设置；能在幻灯片中插入图片和为幻灯片设置背景；能进行幻灯片之间的超链接。

**具体操作：**

【步骤 1】继续在演示文稿“大学计算机基础.ppt”中进行操作。在第二张幻灯片后插入第三张幻灯片，并将该幻灯片设置为“空白”版式。

【步骤 2】选中第三张幻灯片，选择“插入”选项卡，在“文本”组选择“艺术字”按钮，在打开的艺术字模板中选第 3 行第 1 列的艺术字，单击“确定”按钮，如图 4-17 所示。

【步骤 3】在出现的艺术字文字编辑框中输入“世界第一台计算机—ENIAC”，选中所有文字，设置字体为“华文楷体”，字号为“48”，效果如图 4-18 所示。艺术字插入后，可像编辑图片一样将艺术字的大小和位置改变至合适的大小和位置。

【步骤 4】选中艺术字，在功能区会相应弹出一个“关联工具栏”(有的也称“上下文工具栏”)，上图为“绘图工具”，其下新多出一个“格式”选项卡，其中罗列出所有与该选中对象相关的功能操作按钮，如图 4-19 所示。

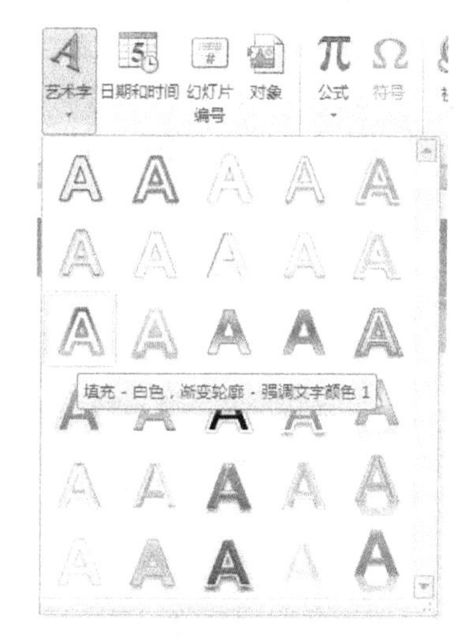


图 4-17　“艺术字库”列表

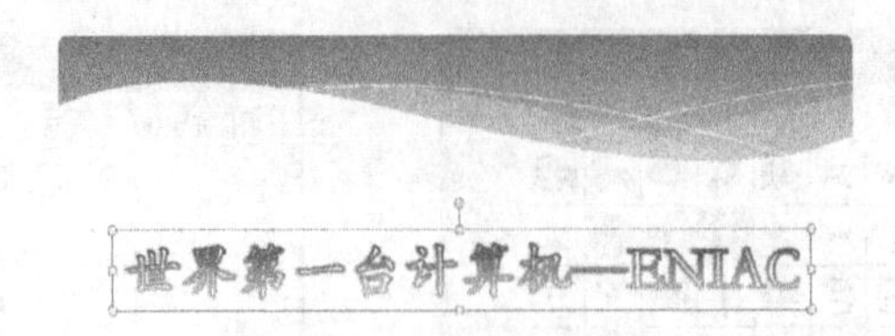


图 4-18　编辑艺术字文字

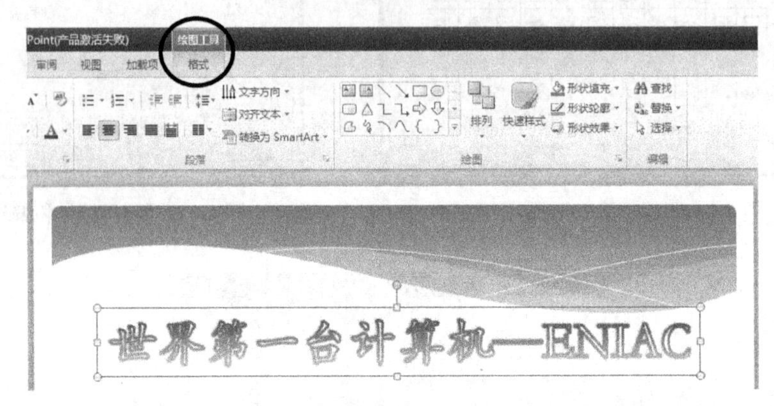


图 4-19　艺术字工具栏

【步骤 5】在“格式”选项卡中，选择“艺术字样式”组，其中可设置文字样式、文本填充、文本轮廓、文本效果，如图 4-20 所示。

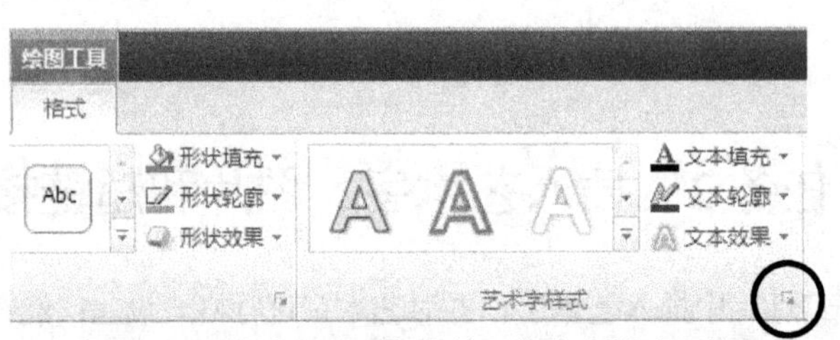


图 4-20　“格式”选项卡中的“艺术字样式”组

选择艺术字的文字样式为“应用于形状中的所有文字”菜单中第 2 行第 3 列的文字效果；文本填充为“红色”，文本轮廓为“黄色”，文本效果选择“发光”中的“发光变体”第 3 行第 2 列效果，同时选择文本效果中“棱台”的“棱纹”，设置如图 4-21 所示。设置完成后的效果如图 4-22 所示。

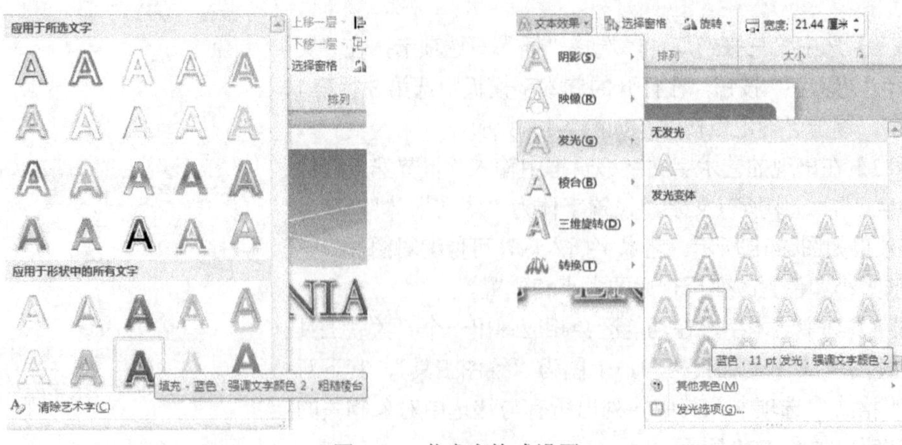


图 4-21　艺术字格式设置

【步骤 6】为了设置更多的艺术字效果，可单击图 4-20 中“艺术字样式”组最右下角的按钮（图中用圆圈框选的按钮），此时会弹出一个“设置文本效果格式”对话框，可进行更多的效果设置。如图 4-23 所示。

图 4-22　艺术字设置效果

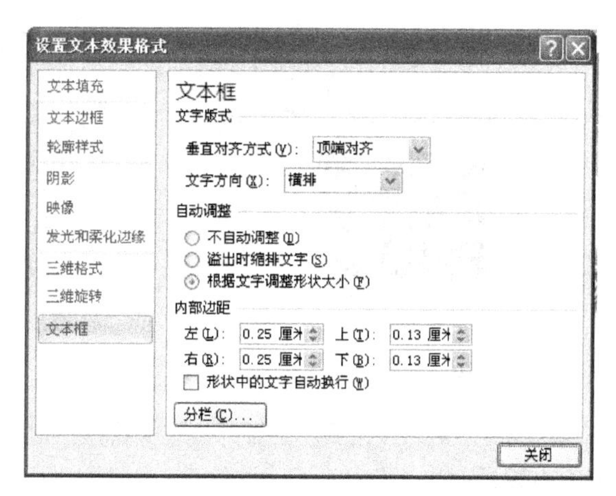


图 4-23　“设置文本效果格式”对话框

【步骤 7】继续编辑第三张幻灯片，选择“插入”选项卡中的“图像”组，单击“图片”按钮，打开如图 4-24 所示的“插入图片”对话框，选中示例图片中的“Sunset.jpg”单击“插入”按钮。

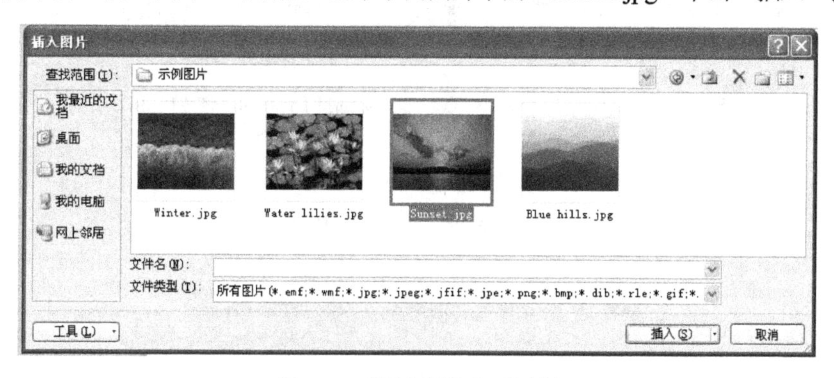


图 4-24　“插入图片”对话框

当插入图片后，把鼠标放在图片上，这时鼠标指针变成带箭头的十字形，按住左键拖动，可改变图片的位置。单击图片，图片周围出现圆形和方形的控制点，把鼠标放在控制点上，按下鼠标左键拖动，可以改变图片的大小。

当选择一张图片的时候，在上方功能区中会多出一个“格式”选项卡，如图 4-25 所示。通过该选项卡可以像设置文字一样给图片设置多种效果。在“图片效果”选择中还可进一步设置图片的三维效果灯。图片设置的最后效果如图 4-26 所示。

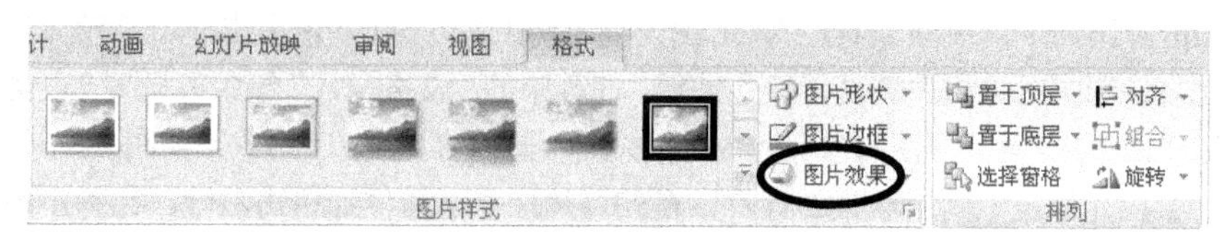


图 4-25　图片“格式”选项卡

【步骤8】插入第四张幻灯片，为“空白”版式。然后单击功能区的“插入”选项卡，单击其中的“对象”命令按钮，会弹出“插入对象”对话框，在“对象类型”列表中选择“Microsoft 公式 3.0”，如图4-27所示。

图4-26 幻灯片效果图

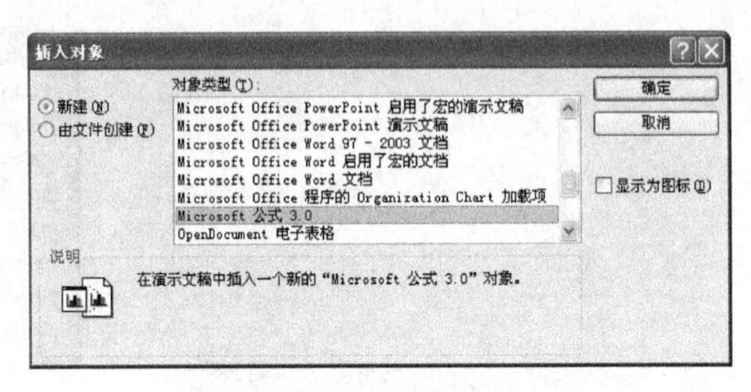


图4-27 “插入对象”对话框

单击“确定”按钮后，会打开公式编辑器窗口，进行如图4-28所示的操作，输入公式。完成效果如图4-29所示。

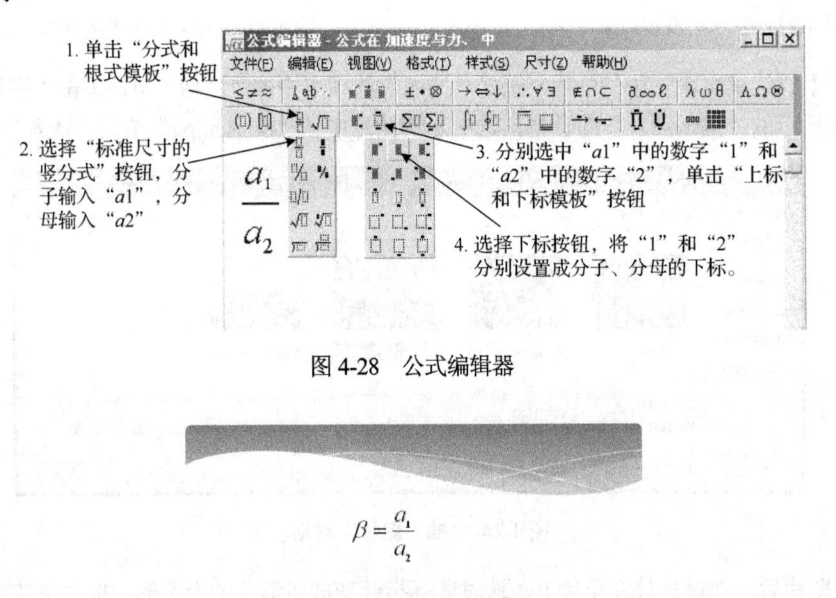


图4-28 公式编辑器

图4-29 公式编辑完成后的效果

【步骤9】插入第五张幻灯片，为“空白”版式。然后在功能区的“插入”选项卡上选择“表格”组，单击“表格”按钮，在下方表格模板中移动指针以选择所需表格的行数和列数，然后单击，即可在幻灯片中添加一个表格。或者，单击“插入表格”命令（图中圆圈框选的命令），在弹出的“插入表格”对话框中输入表格的“列数”和“行数”即可插入一张表格，如图4-30所示。选中生成的表格，在功能区会相应弹出一个“关联工具栏”，上图为“表格工具”，其下新多出一个“设计”选项卡，其中罗列出所有与该选中对象相关的功能操作按钮，在其中的“表格样式”组中可设置“表格样式”、“底纹”、“边框”、“效果”（设置方法可参见Word相关的实验内容），最后的效果如图4-31所示。

【步骤10】将光标定位到第一张幻灯片，在幻灯片任意空白位置单击右键，在弹出的快捷菜单中选择“设置背景格式”命令，系统会弹出“设置背景格式”对话框，如图4-32所示。

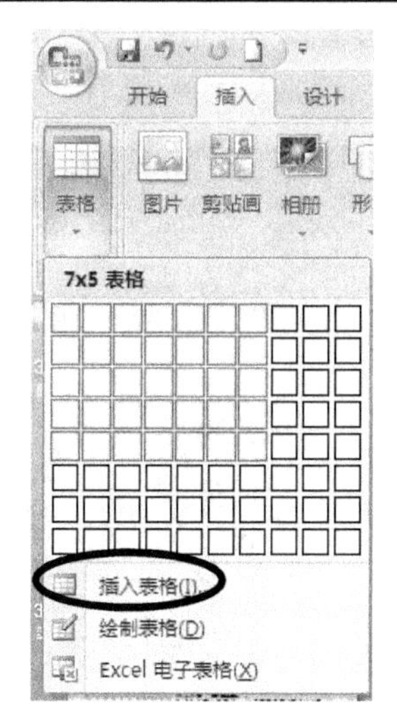


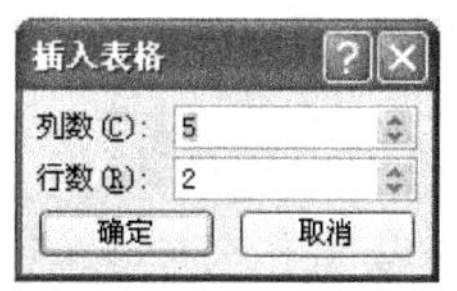


图 4-30　添加表格示意图

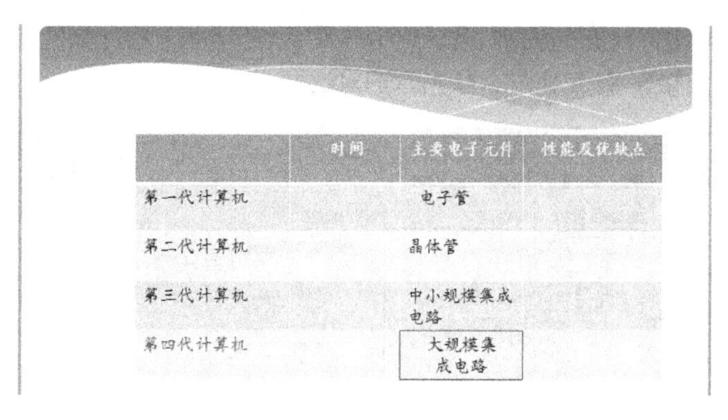

| | 时间 | 主要电子元件 | 性能及优缺点 |
|---|---|---|---|
| 第一代计算机 | | 电子管 | |
| 第二代计算机 | | 晶体管 | |
| 第三代计算机 | | 中小规模集成电路 | |
| 第四代计算机 | | 大规模集成电路 | |

图 4-31　表格编辑完成后的效果

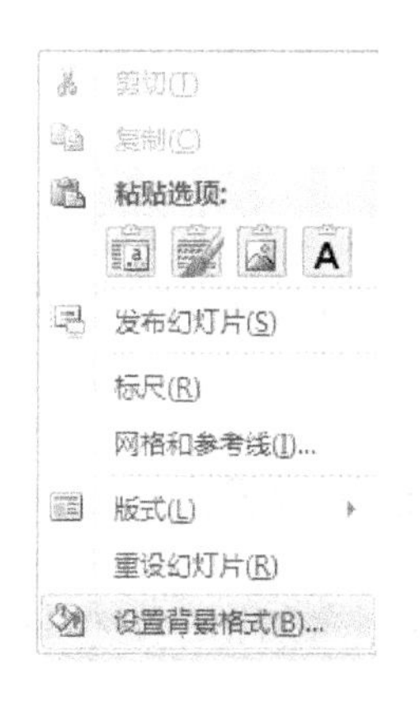


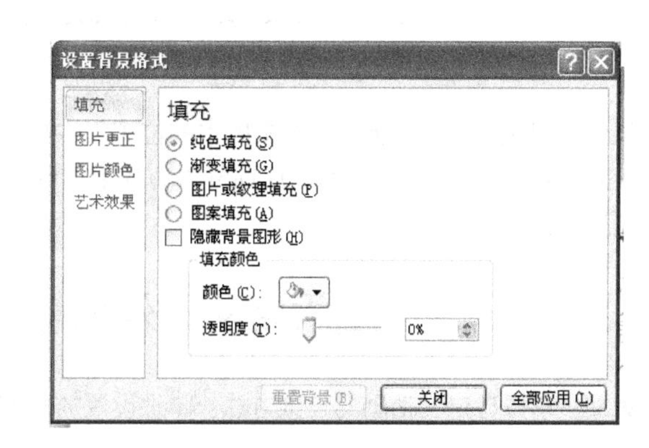


图 4-32　“设置背景格式”对话框

在“设置背景格式”对话框中选择“填充”命令，在“填充”效果中选“渐变填充”，然后选择“预设颜色”中的“麦浪滚滚”并单击，即可将背景应用于当前幻灯片，单击“应用全部”按钮，则背景会应用于当前演示文稿中的所有幻灯片，如图 4-33 所示。设置背景后的效果如图 4-34 所示。

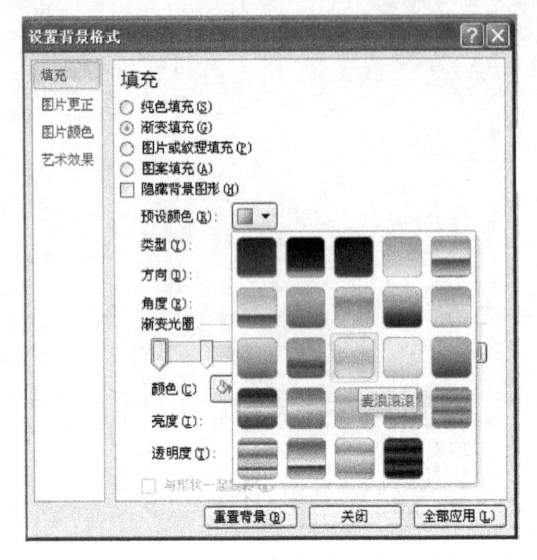

图 4-33 设置幻灯片背景

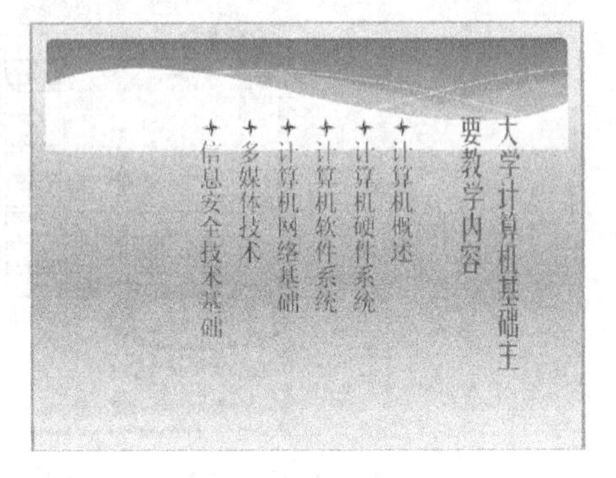


图 4-34 幻灯片效果图

【步骤 11】将光标定位到第二张幻灯片，选中艺术字“世界第一台计算机”，然后右键单击，弹出快捷菜单，选中“超链接”，打开如图 4-35 所示的对话框。

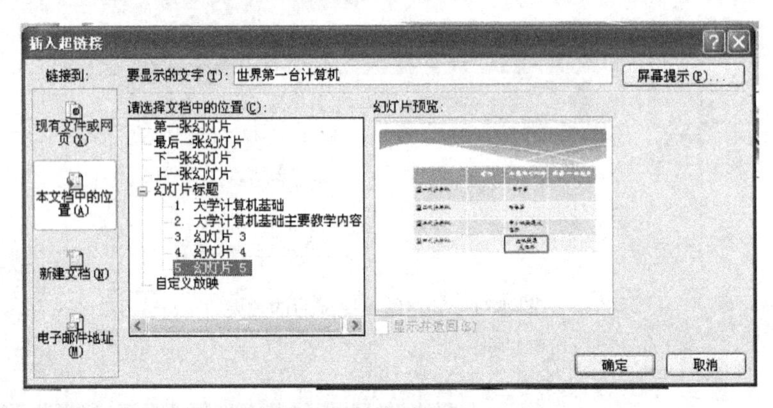


图 4-35 “插入超链接”对话框

在左边的“链接到:”中选择“本文档中的位置”，并在“请选择文档中的位置:”中选择“幻灯片标题”下的“幻灯片 5”，查看幻灯片预览中的效果，看是否链接到了正确的幻灯片，确认无误后，单击“确定”按钮。

## 任务 3 设定动画效果与文稿播放方式

**背景说明**：掌握自定义动画的设置方法；熟悉设置放映方式的方法；掌握幻灯片之间的切换方式。

**具体操作**：

【步骤 1】在第一张幻灯片中选中主标题“大学计算机基础”，在功能区切换到“动画”选项卡，在“动画”组中提供多种动画效果，如图 4-36 所示。如果需要更多的动画效果，可选择下方的“更多进入效果”、“更多强调效果”、“更多退出效果”等命令，会弹出相应的效果设置对话框。此处选择“进入”菜单下的“向内溶解”命令，如图 4-37 所示。

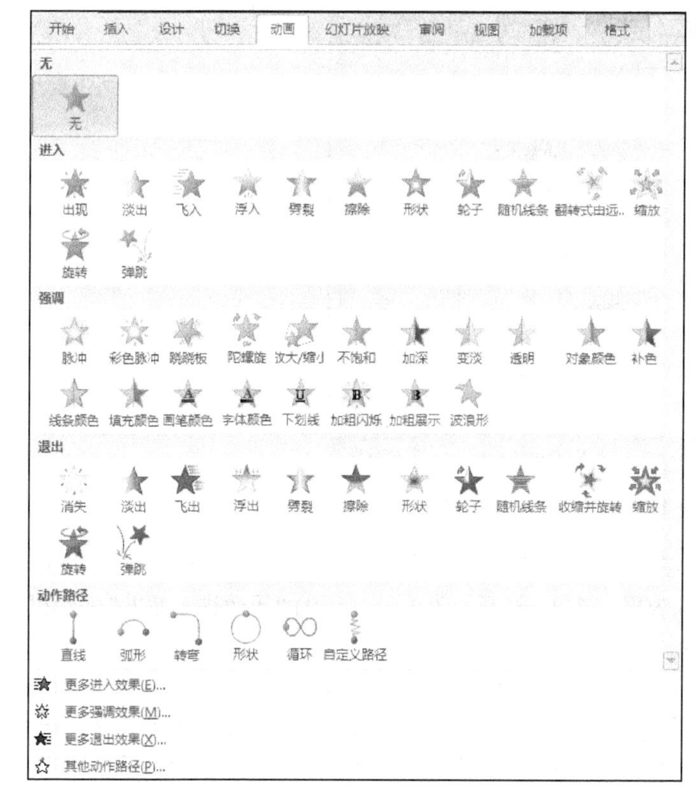


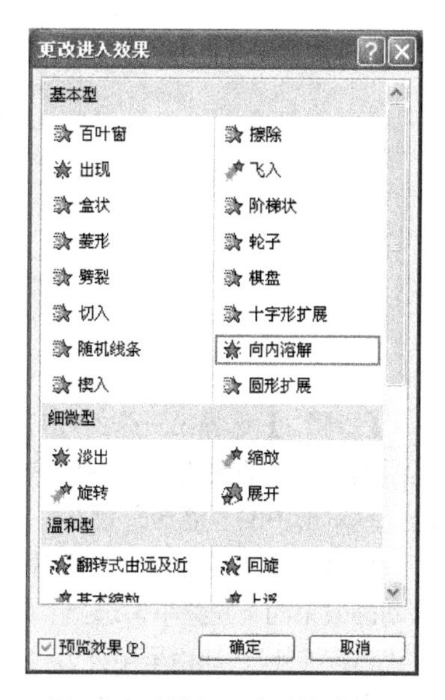


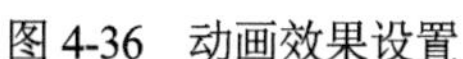
图 4-36　动画效果设置

图 4-37　“进入”动画效果设置

然后选中副标题“——让我们掌握计算机这个工具，打开专业提升的大门”，按照相同的方法设置“进入”的“飞入”动画效果。动画效果设置完成后，在应用程序窗口的右边会出现“动画窗格”，其中有设置好的动画效果，如图 4-38 所示。在“动画窗格”中选中第 2 个动画效果，单击右边下拉菜单选择“效果选项”，系统会弹出“飞入”对话框，如图 4-39 所示。在该对话框中可以设置动画增强效果。此处选择“效果”选项卡中“增强”中“播放动画后隐藏”的效果，则副标题的自定义动画会在动画播放完之后自动隐藏。

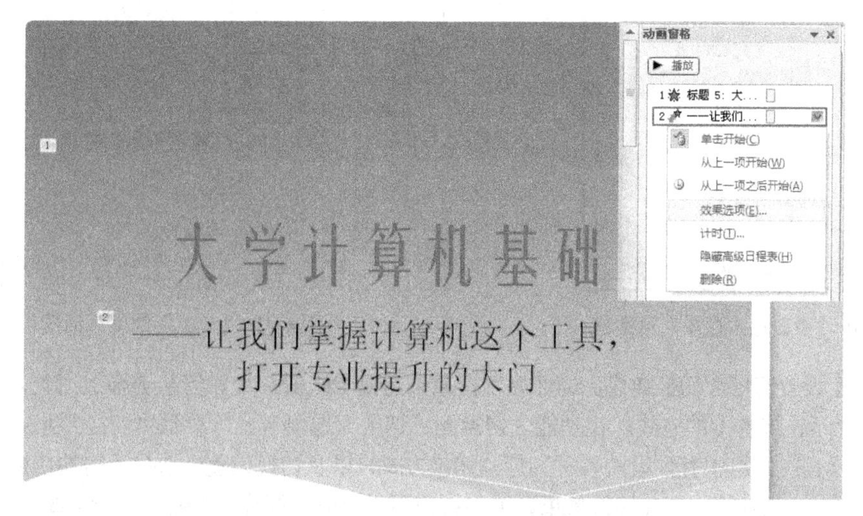


图 4-38　动画设置完成后的效果

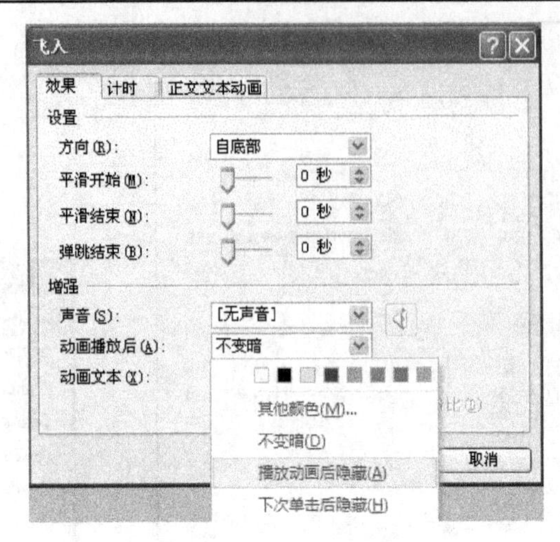


图4-39　设置动画增强效果

【步骤2】选择第三张幻灯片的艺术字标题“世界第一台计算机—ENIAC”，按步骤1中的方法为其添加自定义动画效果，选择“更多进入效果”菜单，打开如图4-40所示的“更改进入效果”对话框，选择基本形中的“菱形”效果，单击“确定”按钮。

【步骤3】选择第三张幻灯片中的图片，为其添加“盒状”动画效果，然后在“动画窗格”中单击该动画效果的下拉菜单，选择“效果选项”命令，打开如图4-41所示的对话框，在“效果”选项卡中设置方向“外”（即由里至外），“声音”设置为“风声”，还可以对动画播放后的效果进行设置，如“其他颜色、不变暗、播放动画后隐藏、下次单击后隐藏”等。

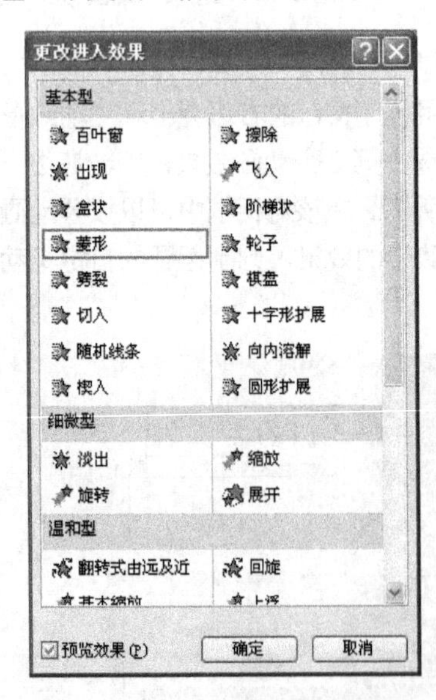


图4-40　“更改进入效果”对话框

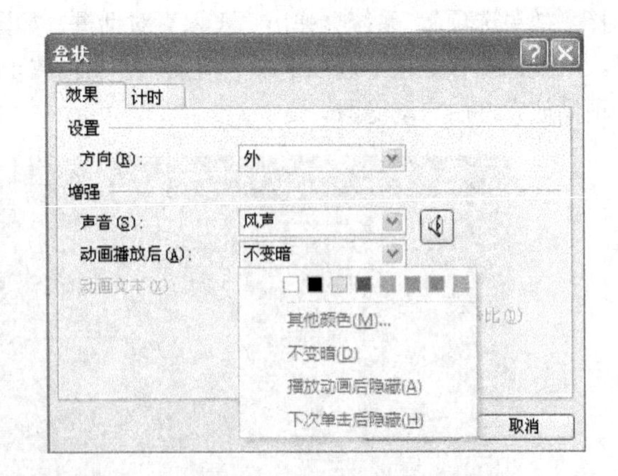


图4-41　“盒状”效果对话框

【步骤4】设置幻灯片切换效果。幻灯片切换效果是指一张幻灯片如何从屏幕上消失，以及另一张幻灯片如何显示在屏幕上的方式。在功能区切换到“切换”选项卡，可看到“切换到此幻灯片”组，如图4-42所示。在该组中有预设的各种幻灯片切换方式，以及切换设置。选择所需的切换方式，切换效果会自动预览，此时的幻灯片切换效果设置将被应用于当前幻灯片，如果单击“全部应用”按钮（图中画圈处），则所有幻灯片都会应用这一切换方式。

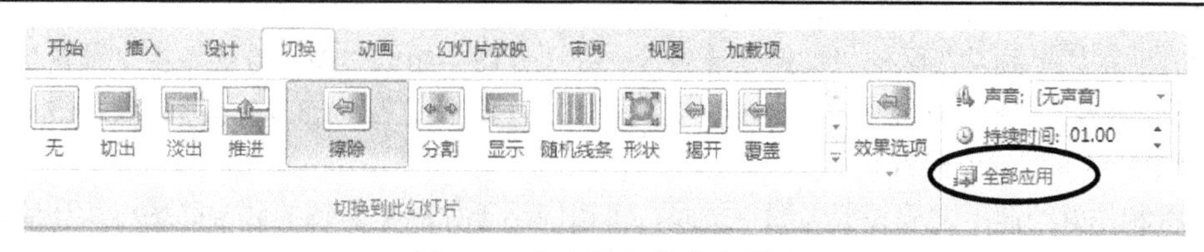


图 4-42　幻灯片切换方式设置

此外，可通过“效果选项”进一步设置切换方式，还可以增加切换时的声音效果、持续时间。这里设置“擦除”效果为“自左侧”，切换时的声音为“风声”，切换持续时间为 0.50。设置结果如图 4-43 所示。

【步骤 5】在功能区选择“幻灯片放映”选项卡，选择从头开始、从当前开始或者自定义放映。按“F5”键从第一张幻灯片开始放映。按“Shift+F5”键从当前幻灯片开始放映。见图 4-44。

图 4-43　幻灯片切换效果设置

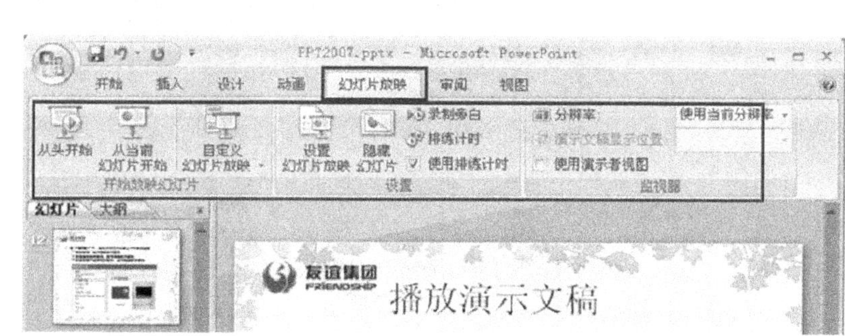


图 4-44　播放幻灯片

【步骤 6】演示文稿排练计时。

当完成演示文稿内容制作之后，可以运用 PowerPoint 的“排练计时”功能来排练整个演示文稿放映的时间。在“排练计时”的过程中，演讲者可以确切了解每一页幻灯片需要讲解的时间，以及整个演示文稿的总放映时间。

设置方法：切换到功能区的“幻灯片放映”选项卡，在其中的“设置”组中单击“排练计时”按钮，则演示文稿开始播放并计时。当播放完毕后，屏幕会弹出一个对话框，提示演示文稿播放的时间，如图 4-45 所示。

图 4-45　排练计时

【步骤 7】定时放映幻灯片。

用户在设置幻灯片切换效果时，可以设置每张幻灯片在放映时停留的时间，当等待到设定的时间后，幻灯片将自动向下放映。

设置方法：切换到功能区的“切换”选项卡，在“计时”组的“换片方式”将“设置自动换片效果”勾选上，然后定义停留的时间，则幻灯片在停留预定的时间之后会自动往后播放，如图 4-46 所示。

【步骤 8】循环放映幻灯片。

用户将制作好的演示文稿设置为循环放映，可以应用于如展览会场的展台等场合，让演示文稿自动运行并循环播放。

设置方式：切换到功能区的“幻灯片放映”选项卡，在“设置”组中，单击“设置幻灯片放映”按钮，如图 4-47 所示，系统会弹出如图 4-48 所示的“设置放映方式”对话框，在其中的“放映选项”选项区域中，选中“循环放映，按 ESC 键终止”复选框，则在播放完最后一张幻灯片后，会自动跳转到第 1 张幻灯片，而不是结束放映，直到用户按“ESC”键退出放映状态。

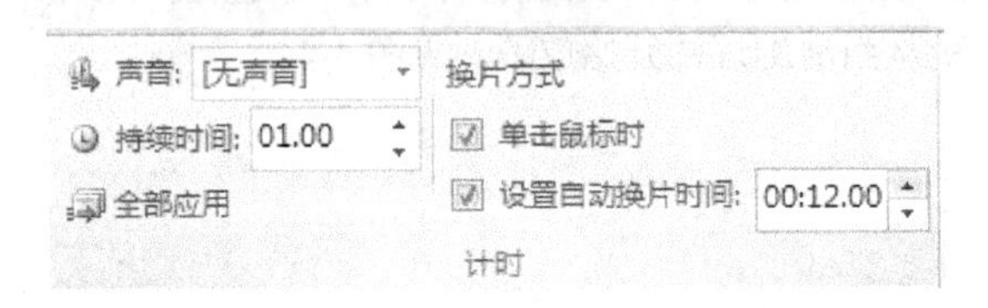


图 4-46　设置幻灯片的定时播放

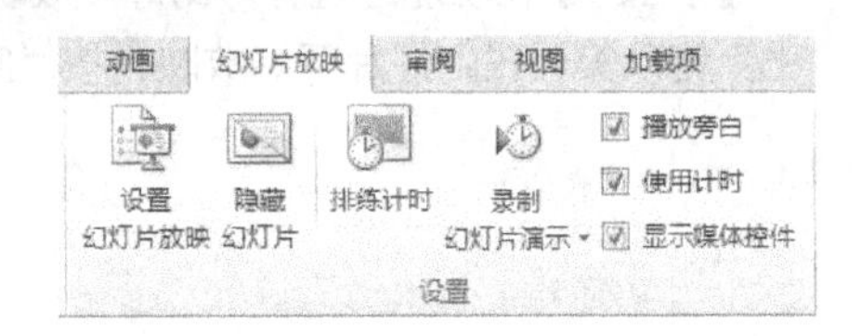


图 4-47　设置幻灯片放映

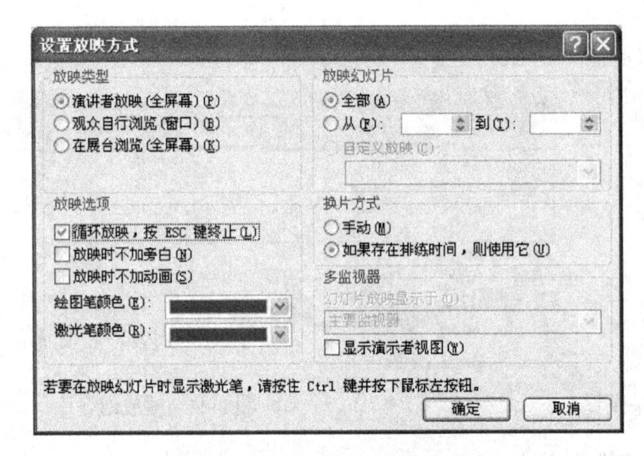


图 4-48　设置幻灯片的循环播放

# 知识点　幻灯片制作工具软件 PowerPoint

PowerPoint XP 是目前最新版本的制作演示文稿的软件。利用它可以将演示文稿制成一张一张的幻灯片，通过计算机或投影仪播放，还可以在演示文稿中设置各种引人入胜的视觉、听觉效果。PowerPoint 主要用于学术交流、产品展示、工作汇报和情况介绍等方面。

为了使制作的演示文稿在播放时能给观众留下深刻的印象，设计演示文稿通常遵循以下规则：重点突出；简洁明了；形象直观。同时要尽可能多地使用图形、图表、声音、动画、影片剪辑等效果，替代文字的使用，使之更加生动有效。

## 1. 使用内容提示向导创建演示文稿

通过内容提示向导，用户可以很方便地创建一个演示文稿。具体操作步骤如下。

（1）可以通过文件菜单中的“新建”命令，在“可用的模板和主题”选项卡中选择演示文稿类型，如图 4-49 所示。

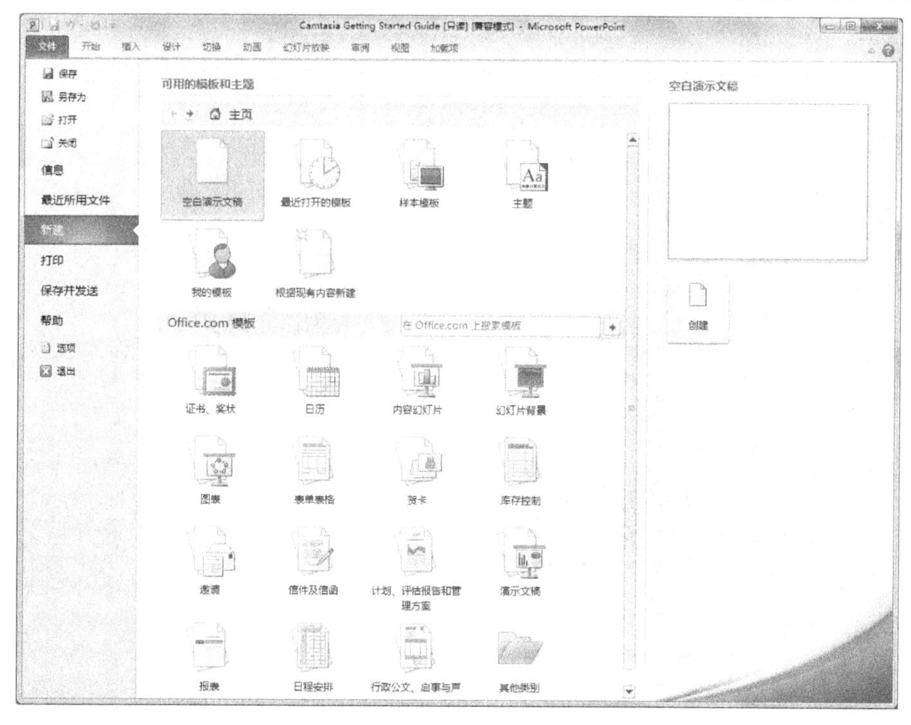


图 4-49　使用内容提示向导创建演示文稿

（2）【例如 1】：单击主题中的“样本模板”，然后单击选择“培训”，并在右分窗中单击“创建”，即建立一个新演示文稿。实际上，它是演示文稿的基本框架，用户可根据需要添加自己的文稿内容，生成完整的演示文稿，参见图 4-50 和图 4-51。

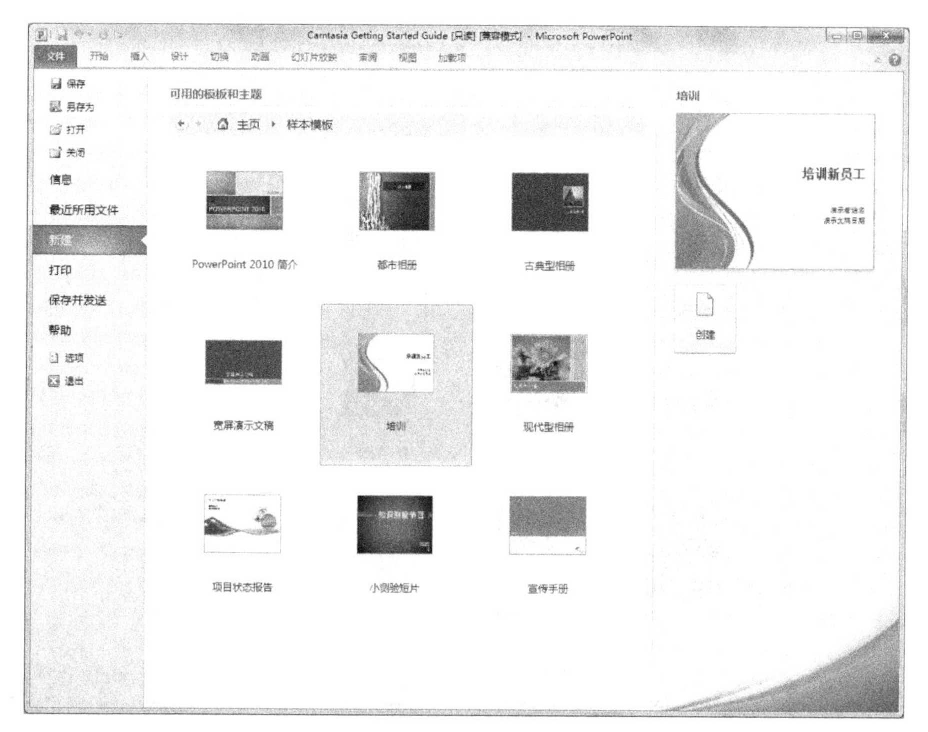


图 4-50　样本模板

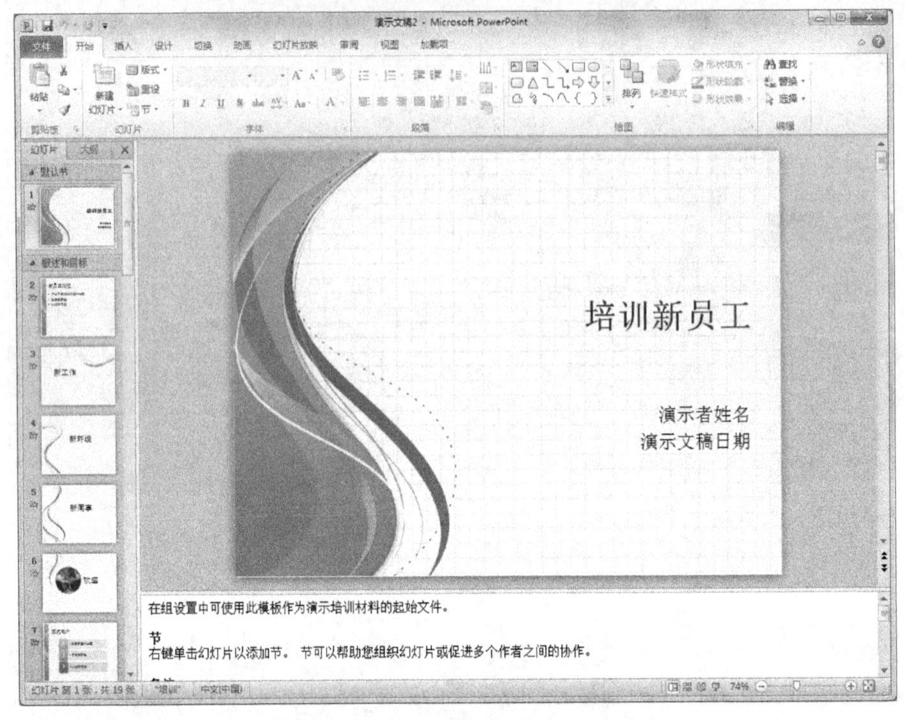


图 4-51 新演示文稿的基本框架-1

【例如 2】：单击模板中的“会议”，然后单击选择“员工培训演示文稿”，并在右分窗中单击“下载”，即建立一个新演示文稿。实际上，它是演示文稿的基本框架，用户可根据需要添加自己的文稿内容，生成完整的演示文稿，参见图 4-52 和图 4-53。

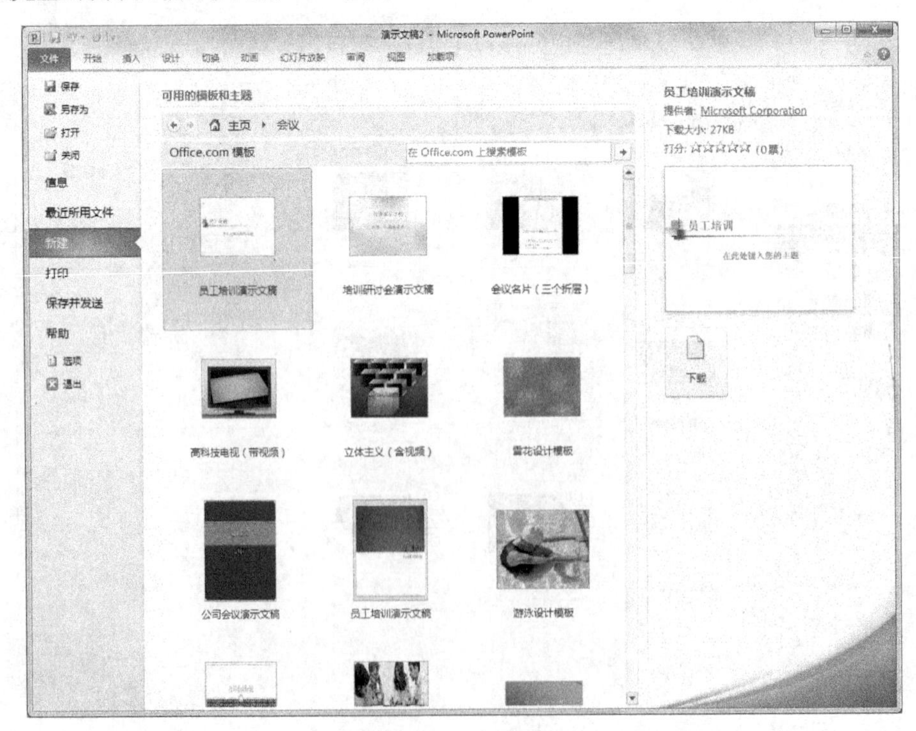


图 4-52 会议模板

图 4-53　新演示文稿的基本框架-2

## 2．三种视图模式

PowerPoint 提供的视图包括：普通视图、幻灯片浏览视图备注页和阅读视图（即幻灯片放映视图），参见图 4-54。其中：

- 普通视图是主要的编辑视图，可用于撰写或设计演示文稿，参见图 4-55。
- 幻灯片浏览视图是以缩略图的形式显示一个演示文稿中所有的幻灯片视图，如图 4-54 所示。结束创建或编辑演示文稿后，幻灯片浏览视图给出演示文稿的整个图片，使重新排列、添加或删除幻灯片以及预览切换和动画效果都变得很容易，参见图 4-56。
- 阅读视图占据整个计算机屏幕，用于放映演示文稿。

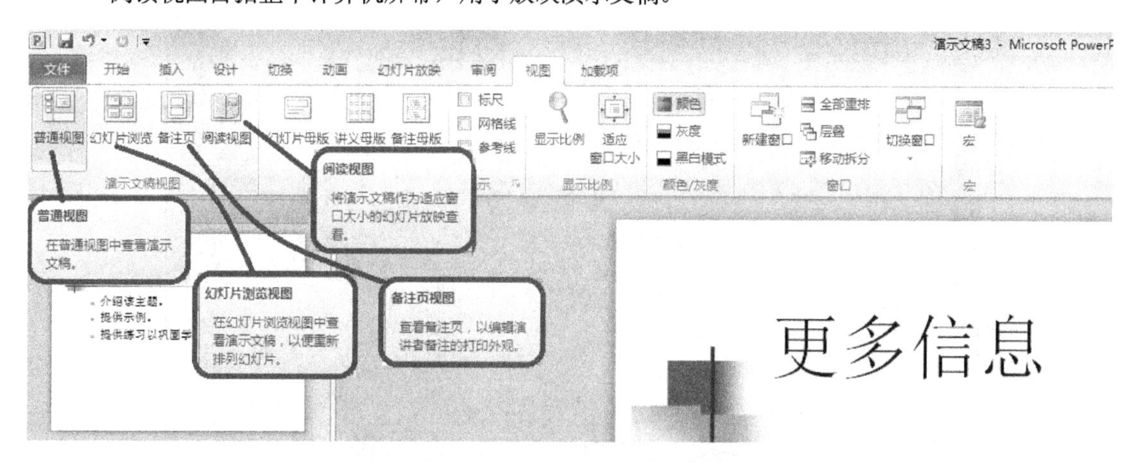


图 4-54　PowerPoint 提供的视图

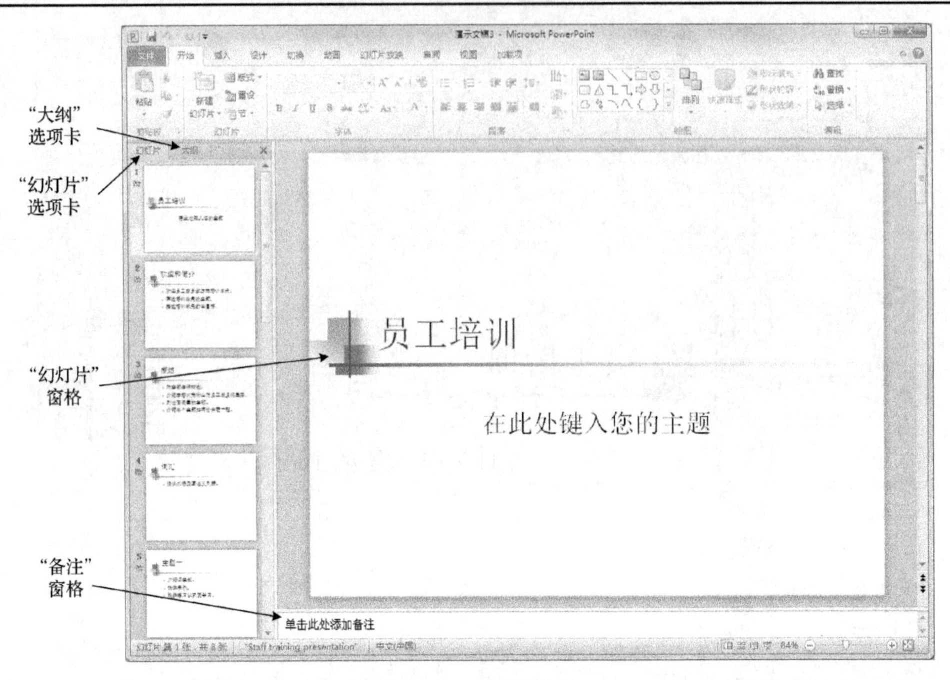


图 4-55 普通视图

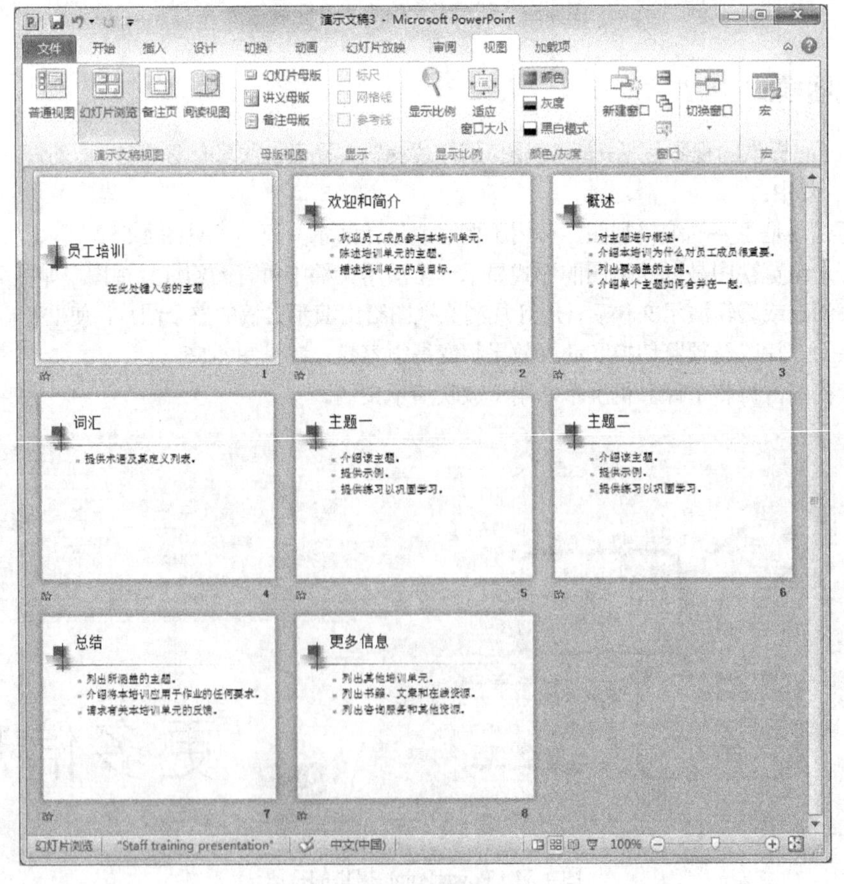


图 4-56 幻灯片浏览视图

### 3. 编排演示文稿

编排演示文稿主要是对幻灯片和幻灯片中的对象进行操作。所谓对象，就是用户需要操作的实体。在演示文稿中，对象可以是一张幻灯片或幻灯片中的文本、图形和多媒体等，甚至文本框中的每个字都可以看作一个对象。

编排演示文稿主要包括以下操作：

- 幻灯片的添加、复制、移动、删除。
- 输入、编辑标题和文本内容。
- 幻灯片中对象的基本操作。
- 在幻灯片中插入图片、超链接和艺术字。

对演示文稿的编辑是在 PowerPoint 的编辑区中进行的。通常情况下，新建演示文稿之后，在系统出现的窗口中就可以编辑演示文稿，此时，演示文稿处于普通视图模式。

### 4. 播放演示文稿

播放演示文稿是制作幻灯片的最终目标。播放演示文稿的方法有多种，可以将演示文稿打印出来，使用投影机播放，也可直接在计算机上播放，或通过计算机网络播放。对于使用计算机播放演示文稿而言，在演示文稿放映过程中可以使用多种技巧。

# 实验五　电子表格的制作

**目标**：1. 掌握使用 Excel 建立电子表格；
2. 掌握在电子表格中利用公式、函数等输入数据；
3. 掌握对电子表格中的数据进行排序、筛选及汇总；
4. 掌握电子表格的美化及打印。

**任务**：1. 创建成绩表；
2. 成绩表数据统计；
3. 美化及打印成绩表。

## 任务 1　创建成绩表

**背景说明**：通过创建一个成绩表，向读者介绍 Excel 的一些基本概念和基本操作，并说明使用 Excel 制作电子表格的步骤。

**具体操作**：任务 1 由 5 个子任务组成。

**子任务 1：新建工作簿。具体操作步骤如下。**

【步骤 1】启动 Excel。图 5-1 是 Excel 启动后的工作界面，工作簿窗口位于 Excel XP 窗口的中央区域。当启动 Excel 时，系统将自动打开一个名为“新建 Microsoft Excel 工作表”的工作簿，默认情况下，工作簿中包括 3 个工作表。正在处理的工作表称为活动工作表或当前工作表，活动工作表的名称以工作表名反相显示。

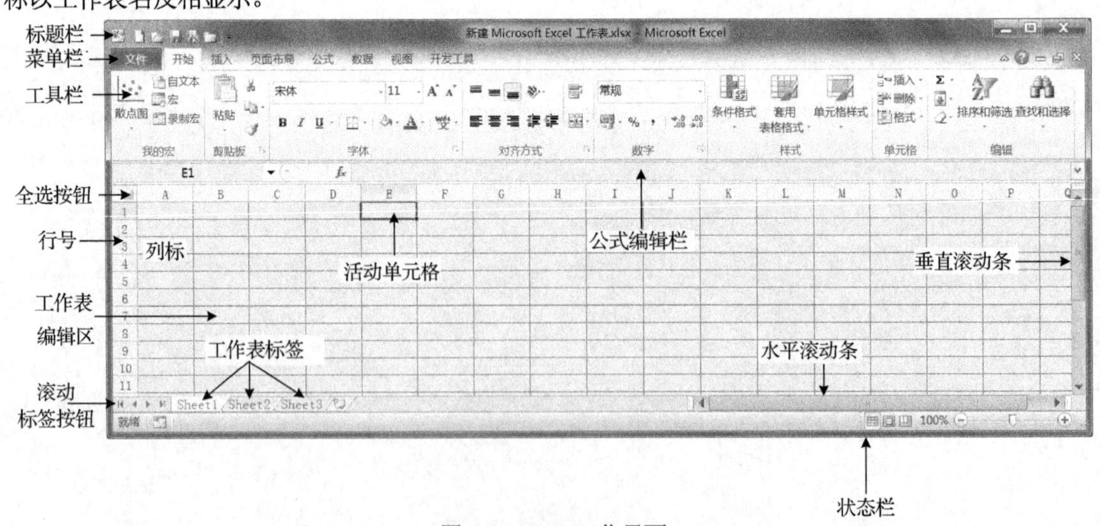


图 5-1　Excel 工作界面

【步骤 2】单击“保存”按钮，保存新建的空白工作簿，并将其命名为“学生成绩表”。

【步骤 3】可根据需要随时插入、删除、移动或复制工作表，还可以给工作表重命名，具体操作步骤见本实验“知识点”部分。

**子任务 2：设置单元格格式。具体操作步骤如下。**

简单的格式化：在“开始”功能区的“单元格”分组中，直接单击“格式”按钮，在弹出的下拉菜单中选择“设置单元格格式”，如图 5-2 所示，用户可通过 Excel 提供的屏幕提示获得相应的提示。（或者选中单元格后，单击鼠标右键，在弹出的快捷菜单中选择“设置单元格格式”。）

【步骤 1】选定要设置格式的单元格或单元格区域。

【步骤 2】按图 5-2 所示的步骤进行操作。其中，“设置单元格格式”对话框包含“数字”、“对齐”、“字体”、“边框”、“填充”和“保护”6 个选项卡，用户可以根据需要选择相应选项卡下的选项对单元格的格式进行设置。

一般情况下，总是将成绩表制成表格形式（即为其添加表格线）。在选定单元格区域后，如 A2:G7，可采用以下两种方式添加边框：

① 在“开始”功能区的“字体”分组中，单击“边框”下拉三角按钮。根据实际需要在边框列表中选中合适的边框类型即可。（例如，可以通过右边的黑色箭头打开“边框”子工具栏，并单击“所有框线”工具按钮。）

② 打开图 5-2 所示的“设置单元格格式”对话框，选中“边框”选项卡，单击“外部框”和“内部”按钮，单击“确定”按钮。

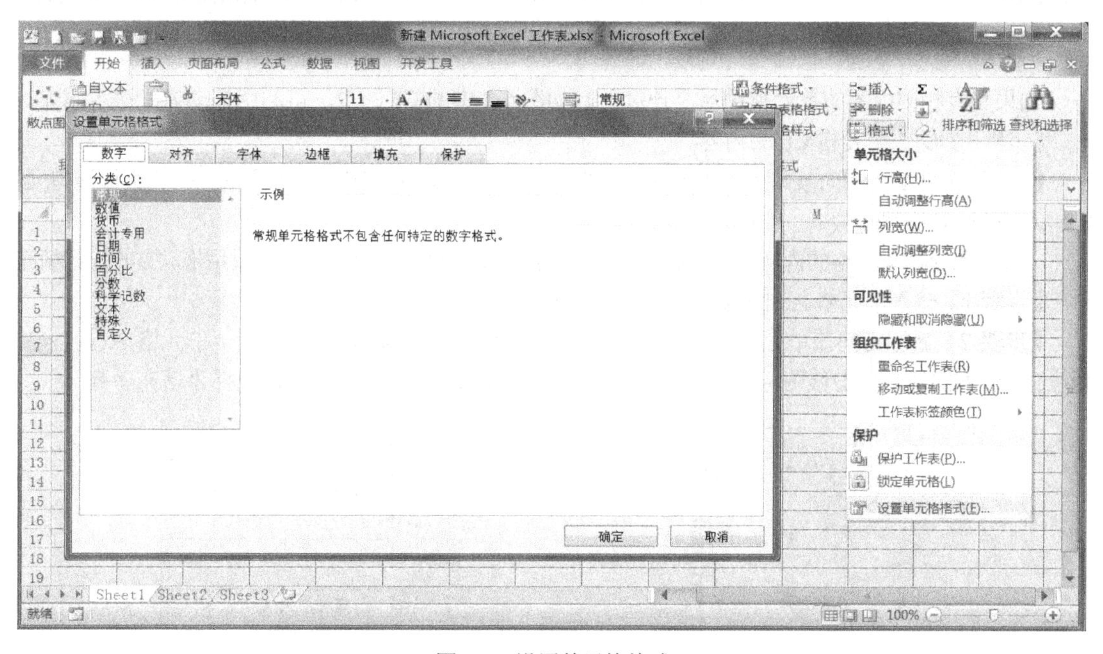


图 5-2　设置单元格格式

**子任务 3：编辑单元格信息。具体操作步骤如下。**

前面我们建立了一个名为“学生成绩表”的工作表，现在开始输入成绩表的内容，完整的成绩表如图 5-3 所示。

【步骤 1】单击单元格 A1，输入第一行的内容。

【步骤 2】选定单元格 A1～G1，在“开始”功能区的“对齐方式”分组中，单击“合并后居中”下拉三角按钮，在打开的下拉菜单中，选择“合并后居中”。然后按图 5-3 所示依次输入除总分外所有不需要计算的内容。

| | A | B | C | D | E | F | G | H |
|---|---|---|---|---|---|---|---|---|
| 1 | 高三一班期末考试成绩表 | | | | | | | |
| 2 | 学号 | 姓名 | 性别 | 语文 | 数学 | 英语 | 总分 | |
| 3 | 101 | 程峰 | 男 | 84 | 95 | 83 | 262 | |
| 4 | 102 | 吴华 | 男 | 92 | 82 | 78 | 252 | |
| 5 | 103 | 赵伟 | 男 | 53 | 87 | 74 | 214 | |
| 6 | 104 | 王芳 | 女 | 85 | 81 | 86 | 252 | |
| 7 | 105 | 李丽 | 女 | 75 | 87 | 94 | 256 | |

图5-3　学生成绩表

**子任务4：复制和粘贴单元格信息。具体操作步骤如下。**

对于有大量重复内容的工作表，如图5-3中的第C列，为了减少输入工作量，可采用复制和粘贴的方式输入。

【步骤1】先输入其中一个单元格的内容，如C3。

【步骤2】选定该单元格，在“开始”功能区的“剪贴板”分组中，单击“复制”按钮（或通过按“Ctrl”+“C”键进行复制），然后单击需要粘贴该内容的单元格位置。

【步骤3】在选定需要粘贴的单元格后，单击“粘贴”按钮（或按“Ctrl”+“V”键进行复制），在右下角会出现图标，单击该图标右边的黑色箭头，弹出如图5-4所示的菜单，根据需要选择粘贴方式。

**子任务5：使用“自动填充”功能。具体操作步骤如下。**

如果具有相同内容的单元格区域是连续的，如图5-3中的C6～C7，可利用拖动方式进行填充。

【步骤1】输入单元格C6的内容。

【步骤2】将鼠标指向该单元格的右下角，此时鼠标指针会变成实心的十字形，拖曳鼠标至单元格C7，松开鼠标左键即可。

当多个连续的单元格的内容是递增的形式时，如图5-3中的第A列，也可以采用拖动方式进行填充：

【步骤1】输入单元格A3的内容。

【步骤2】鼠标指向该单元格右下角，当指针变成实心十字形时，拖动鼠标至单元格A7，在右下角会出现图标，单击该图标右边的黑色箭头，弹出如图5-5所示的菜单，选择“填充序列”。

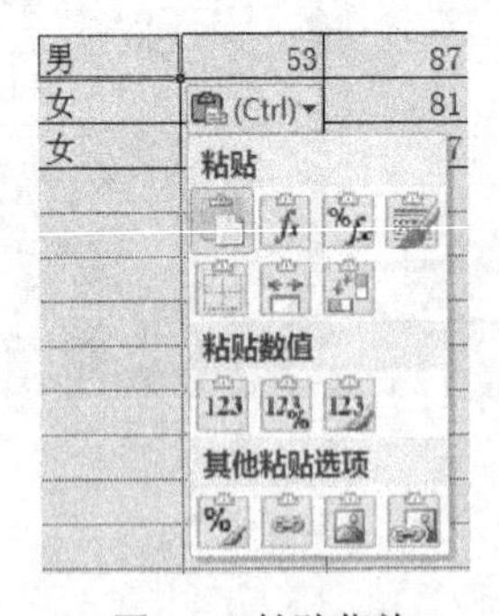


图5-4　粘贴菜单

| 学号 | 姓名 | 性别 | 语文 |
|---|---|---|---|
| 101 | 程峰 | 男 | 84 |
| 102 | 吴华 | 男 | 92 |
| 103 | 赵伟 | 男 | 53 |
| 104 | 王芳 | 女 | 85 |
| 105 | 李丽 | 女 | 75 |

复制单元格(C)
填充序列(S)
仅填充格式(F)
不带格式填充(O)

图5-5　填充柄下拉菜单

# 任务2　成绩表数据统计

**背景说明：**Excel XP为用户提供了极强的数据查询、排序、筛选以及分类汇总功能，使用这些功能可以很方便地管理、分析数据。

**具体操作：**任务2由3个子任务组成。

**子任务1：自动求和。具体操作步骤如下。**

【步骤1】首先选定单元格G3，在“开始”功能区的“编辑”分组中，单击自动求和按钮Σ。

【步骤2】Excel默认对单元格D3～F3求和（在图中用虚线框包围），如图5-6所示，此处默认情况正确，按“Enter”键确认，在单元格G3中将显示求和的结果“262”。

【步骤3】如果Excel的默认情况不是我们想要的，可用鼠标单击要求和的第一个单元格，然后按住“Ctrl”键，依次单击选择其余的单元格，最后按“Enter”键确认。

【步骤4】将表格中所有人的总分成绩按以上方法依次进行统计。

| | A | B | C | D | E | F | G | H | I |
|---|---|---|---|---|---|---|---|---|---|
| 1 | 高三一班期末考试成绩表 | | | | | | | | |
| 2 | 学号 | 姓名 | 性别 | 语文 | 数学 | 英语 | 总分 | | |
| 3 | 101 | 程峰 | 男 | 84 | 95 | 83 | =SUM(D3:F3) | | |
| 4 | 102 | 吴华 | 男 | 92 | 82 | 78 | SUM(number1, [number2], ...) | | |
| 5 | 103 | 赵伟 | 男 | 53 | 87 | 74 | 214 | | |
| 6 | 104 | 王芳 | 女 | 85 | 81 | 86 | 252 | | |
| 7 | 105 | 李丽 | 女 | 75 | 87 | 94 | 256 | | |

图5-6　Excel的自动求和

**子任务2：数据的排序。具体操作步骤如下。**

【步骤1】选定需要排序的单元格区域。例如，选定图5-6中的单元格A3～G7。

【步骤2】在“数据”功能区的“排序和筛选”分组中，单击“排序”命令，弹出“排序”对话框，如图5-7所示。

【步骤3】指定排序的主要关键字，单击主要关键字旁的下拉箭头，在此处选择“总分”，并选中“降序”单选钮，表示按“总分”递减排序。

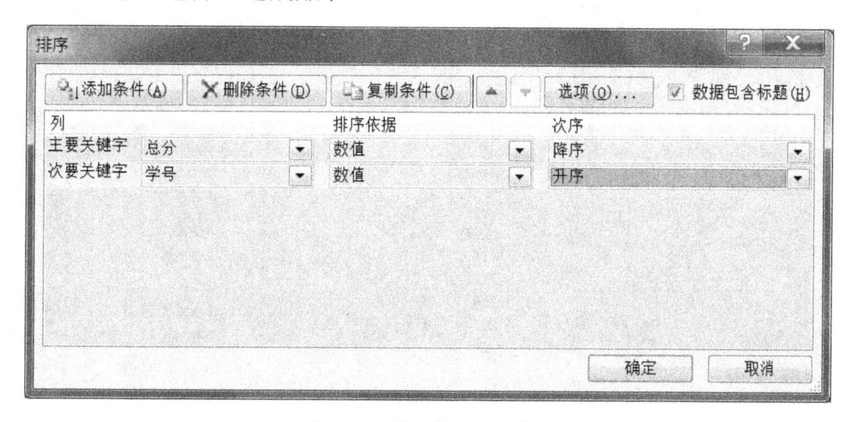


图5-7　“排序”对话框

【步骤4】单击“添加条件”按钮，在“次要关键字”下拉列表中选择“学号”，并选中“升序”单选钮，表示当“总分”相同时，按“学号”升序排列。

【步骤5】单击“确定”按钮，结果如图5-8所示。

如果想快速根据一列的数据对数据排序，可以利用排序工具按钮对数据进行排序，内容详述请见“知识点”。

**子任务3：数据的筛选。具体操作步骤如下。**

管理数据时经常需要对数据进行筛选，即从众多的数据中挑选出符合某种条件的数据。

| | A | B | C | D | E | F | G |
|---|---|---|---|---|---|---|---|
| 1 | 高三一班期末考试成绩表 | | | | | | |
| 2 | 学号 | 姓名 | 性别 | 语文 | 数学 | 英语 | 总分 |
| 3 | 101 | 程峰 | 男 | 84 | 95 | 83 | 262 |
| 4 | 105 | 李丽 | 女 | 75 | 87 | 94 | 256 |
| 5 | 102 | 吴华 | 男 | 92 | 82 | 78 | 252 |
| 6 | 104 | 王芳 | 女 | 85 | 81 | 86 | 252 |
| 7 | 103 | 赵伟 | 男 | 53 | 87 | 74 | 214 |

图 5-8　排序结果

【步骤 1】选定要进行筛选的单元格区域。例如，选定单元格 A2～G7。

【步骤 2】在“数据”功能区的“排序和筛选”分组中，单击“筛选”命令，此时，选定区域的第 1 行字段名的右侧都将出现一个向下的箭头，如图 5-9 所示。

| | A | B | C | D | E | F | G |
|---|---|---|---|---|---|---|---|
| 1 | 高三一班期末考试成绩表 | | | | | | |
| 2 | 学号 | 姓名 | 性别 | 语文 | 数学 | 英语 | 总分 |
| 3 | 101 | 程峰 | 男 | 84 | 95 | 83 | 262 |
| 4 | 102 | 吴华 | 男 | 92 | 82 | 78 | 252 |
| 5 | 103 | 赵伟 | 男 | 53 | 87 | 74 | 214 |
| 6 | 104 | 王芳 | 女 | 85 | 81 | 86 | 252 |
| 7 | 105 | 李丽 | 女 | 75 | 87 | 94 | 256 |

图 5-9　自动筛选“成绩表”

【步骤 3】单击要查找的字段名（例如选择“总分”）右侧的向下箭头，打开用于设定筛选条件的下拉列表框，如图 5-10 所示，其中包含该列所有数据项以及进行筛选的一些条件选项，如在其中选择“数字筛选”，包括等于、不等于、大于、小于、介于、10 个最大的值、自定义筛选等。

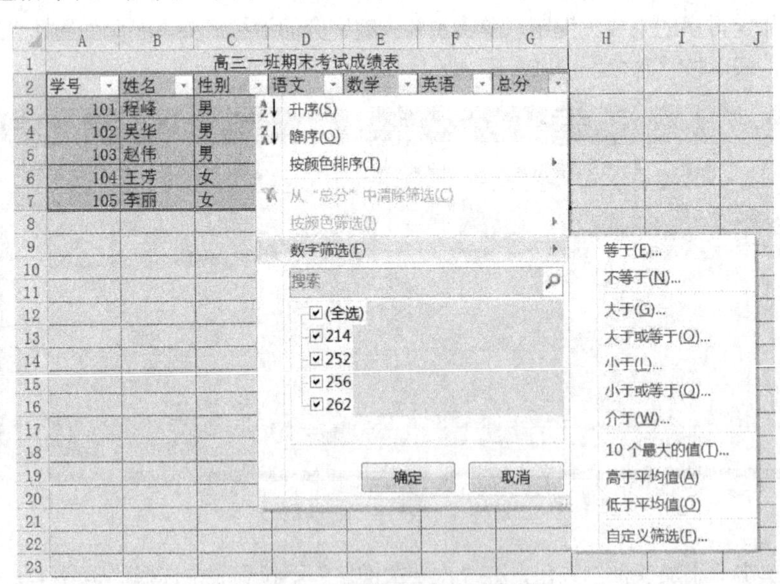


图 5-10　筛选条件的下拉列表框

注意：

- 在筛选条件下拉列表框中，“数字筛选”选项只对数值型字段有效，如果查找的字段是文本（例如选择“姓名”，则单击右侧的向下箭头，打开的是“文本筛选”）。
- 要重新显示所有记录，可在筛选字段下拉列表中选择清除筛选。例如，“从‘总分’中清除筛选”。

【步骤 4】如在下拉列表框中选定“总分”的前 2 名，可在数字筛选中选择“10 个最大的值…”，在弹出的对话框中选择“最大”、“2”、“项”，选择结果如图 5-11 所示。

|  | A | B | C | D | E | F | G | H |
|---|---|---|---|---|---|---|---|---|
| 1 | 高三一班期末考试成绩表 |  |  |  |  |  |  |  |
| 2 | 学号 | 姓名 | 性别 | 语文 | 数学 | 英语 | 总分 |  |
| 3 | 101 | 程峰 | 男 | 84 | 95 | 83 | 262 |  |
| 7 | 105 | 李丽 | 女 | 75 | 87 | 94 | 256 |  |
| 8 |  |  |  |  |  |  |  |  |

图 5-11　自动筛选后的结果

筛选后所显示的记录的行号呈蓝色，并且设置了筛选条件的字段名右侧的向下箭头的图案也发生了变化。

# 任务 3　图表的创建与编辑

**背景说明**：图表是数据的图形化，它把行、列中的信息转变成直观的图形，使数据易懂。当工作表中的数据源发生变化时，图表中对应的数据也自动更新。

**具体操作**：任务 3 由 2 个子任务组成。

**子任务 1：创建图表。具体操作步骤如下。**

【步骤 1】选定用于创建图表的数据，这里选定单元格区域 B2:B7，G2:G7。

【步骤 2】在“插入”功能区的“图表”分组中，选择需要的图表类型，如图 5-12 所示。

文件　开始　插入　页面布局　公式　数据　视图　开发工具

数据透视表　表格　图片　剪贴画　形状　SmartArt　屏幕截图　柱形图　折线图　饼图　条形图　面积图　散点图　其他图表

表格　插图　图表

G2　*fx*　总分

|  | A | B | C | D | E | F | G | H | I |
|---|---|---|---|---|---|---|---|---|---|
| 1 | 高三一班期末考试成绩表 |  |  |  |  |  |  |  |  |
| 2 | 学号 | 姓名 | 性别 | 语文 | 数学 | 英语 | 总分 |  |  |
| 3 | 101 | 程峰 | 男 | 84 | 95 | 83 | 262 |  |  |
| 4 | 102 | 吴华 | 男 | 92 | 82 | 78 | 252 |  |  |
| 5 | 103 | 赵伟 | 男 | 53 | 87 | 74 | 214 |  |  |
| 6 | 104 | 王芳 | 女 | 85 | 81 | 86 | 252 |  |  |
| 7 | 105 | 李丽 | 女 | 75 | 87 | 94 | 256 |  |  |

图 5-12　选定数据

【步骤 3】在“图表”分组中单击“柱形图”，根据需要选择其中某一种（如二维柱形图），即可在当前工作表中插入一个二维柱形图的图表，如图 5-13 所示。

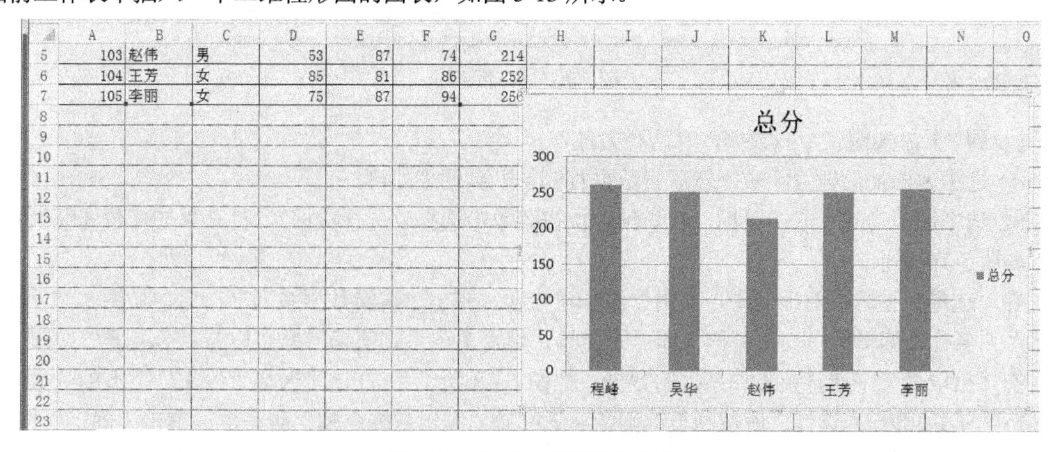


图 5-13　生成二维柱形图图表

**子任务2：编辑图表。具体操作步骤如下。**

如果要编辑图表，必须先单击图表对象将其激活。当图表被激活时，该图表周围出现若干尺寸控制点，此时用户可以对图表进行移动（用鼠标拖动图表）、复制（右击鼠标，单击复制）、删除（选中整个图表后按“Delete”键）和缩放（拖动控制点）等操作。

【步骤1】更改图表类型：首先选中图表，然后在“图表”分组中单击其他图表，单击“所有图表类型”（或单击“图表”分组旁边的按钮，打开如图5-14所示的“更改图表类型”对话框，选择其他类型），重新选择图表类型和子图表类型即可。

【步骤2】移动图表至其他工作表：首先选中图表，右击鼠标后选择“移动图表”选项，在打开的“移动图表”对话框中（如图5-15所示），选择放置图表的位置即可。

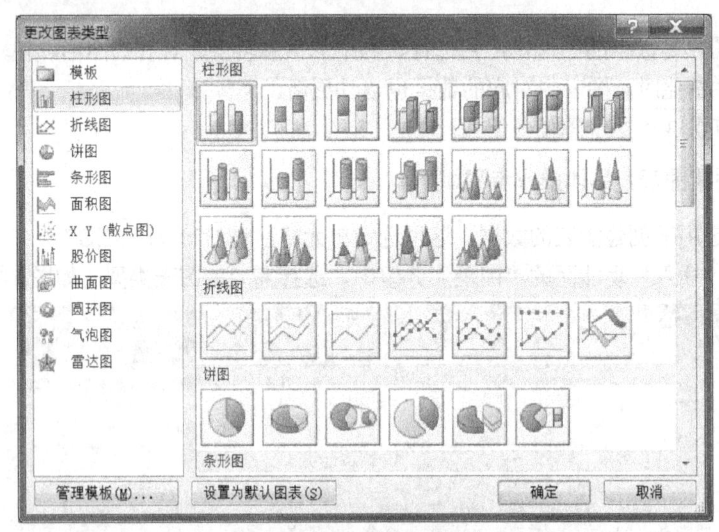


图5-14 更改图表类型

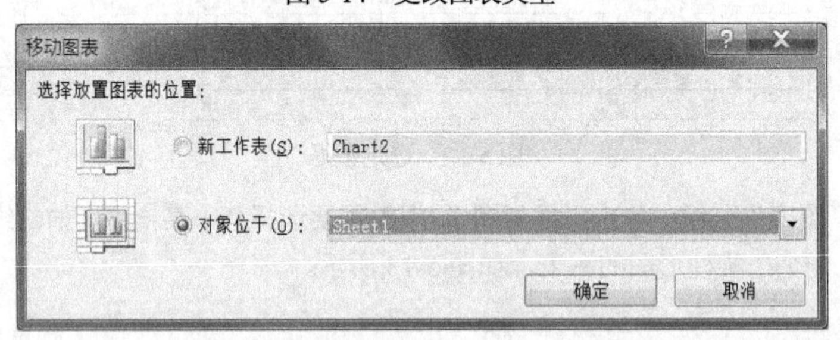


图5-15 移动图表

【步骤3】添加图表中的数据，有两种方法：

① 选中要添加的数据区域，然后将数据复制粘贴到图表即可。

② 选中图表，然后右击鼠标，在弹出的快捷菜单中选择“选择数据”，打开“选择数据源”对话框，如图5-16所示。

在“选择数据源”对话框中，单击“添加”按钮，弹出“编辑数据系列”窗口，如图5-17所示。在“系列名称”编辑框中输入名称（如“语文”），然后单击系列值编辑框右边的“拾取器”按钮。

在“拾取器”中选择要添加系列的数据，如图5-18所示。（在这里选择“语文”下方的分数，即单元格区域D3:D7。）选择之后按回车键确认。返回到“编辑数据系列”对话框，单击“确定”按钮，生成新图表，如图5-19所示。

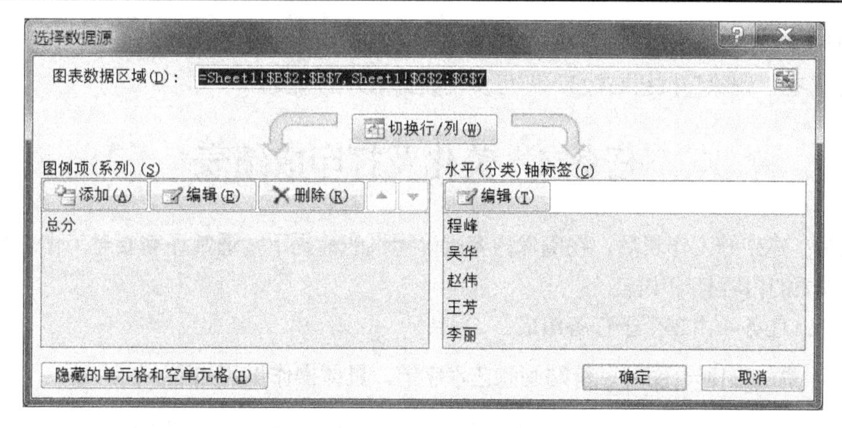


图 5-16　选择数据源

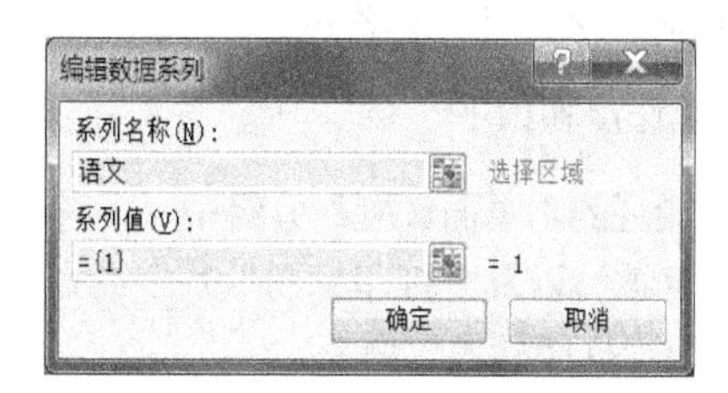


图 5-17　编辑数据系列

| | A | B | C | D | E | F | G | H | I |
|---|---|---|---|---|---|---|---|---|---|
| 1 | 高三一班期末考试成绩表 | | | | | | | | |
| 2 | 学号 | 姓名 | 性别 | 语文 | 数学 | 英语 | 总分 | | |
| 3 | 101 | 程峰 | 男 | 84 | 95 | 83 | 262 | | |
| 4 | 102 | 吴华 | 男 | 92 | | | | | |
| 5 | 103 | 赵伟 | 男 | 53 | | | | | |
| 6 | 104 | 王芳 | 女 | 85 | | | | | |
| 7 | 105 | 李丽 | 女 | 75 | | | | | |
| 8 | | | | | | | | | |

编辑数据系列

=Sheet1!$D$3:$D$7

图 5-18　选择数据系列

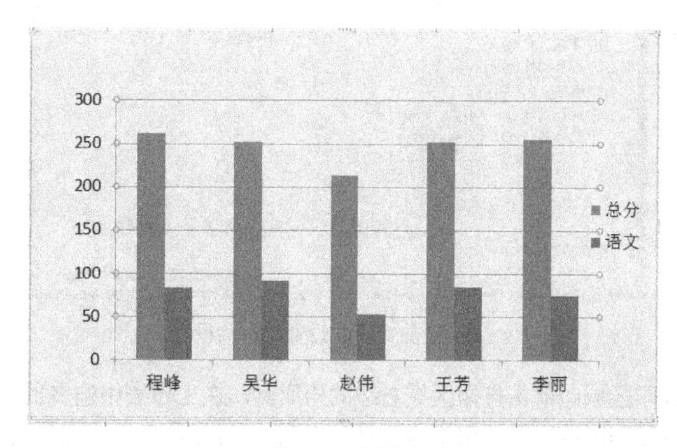


图 5-19　新图表

【步骤 4】删除 Excel 表中的数据：如果将工作表中的数据删除，则图表中的数据会自动删除。如果要在图表中删除数据，则在“选择数据源”对话框中选中某一图例项（系列），再单击“删除”按钮，即可在图表中删除该系列数据，但不影响工作表中的数据。

【步骤 5】调整图表中数据系列的次序：选中图表，然后右击鼠标，在弹出的快捷菜单中选择“选择数据”，打开“选择数据源”对话框。在图例项（系列）中选中想要调整的系列，再单击“上移”或“下移”按钮（在“删除”按钮右边），即可实现数据系列的改变。

# 任务4　美化及打印成绩表

**背景说明**：建立好工作表后，在确保内容准确无误的前提下，通常还需要对工作表进行一定的美化，并把成绩表的内容打印出来。

**具体操作**：任务4由3个子任务组成。

**子任务1：添加图形、图片、剪贴画和艺术字等。具体操作步骤如下。**

在“插入”功能区的“插图”分组中，选择“图片”命令，寻找需要的图片。由于该操作与在Word文档中执行类似操作基本相同，故此处不再赘述。

**子任务2：页面设置。具体操作步骤如下。**

【步骤1】在“页面布局”功能区的“页面设置”分组中，含有“页边距”、“纸张方向”、“纸张大小”、“打印区域”、“分隔符”、“背景”以及“打印标题”7个命令。由于前几项容易理解且与Word文档中相应的功能类似，故只介绍“打印标题”命令。

【步骤2】选择“打印标题”，将弹出“页面设置”对话框。该对话框中含有“页面”、“页边距”、“页眉/页脚”以及“工作表”4个选项卡。由于前三项与Word文档中相应的功能类似，故此处只介绍“工作表”选项卡，如图5-20所示。

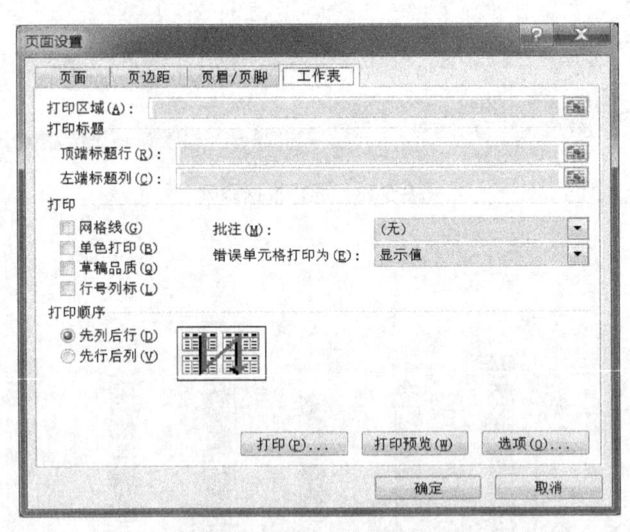


图5-20　“页面设置”对话框

【步骤3】设置打印区域：单击打印区域右边的拾取器，在工作表中拖曳鼠标选定要打印的区域。

【步骤4】同样可以利用拾取器，用来设置打印标题。“打印标题”选项包括：

- “顶端标题行”框：设置某行区域为顶端标题行。当某个行区域设置为标题行后，在打印时，各页顶端都会打印标题行的内容。
- “左端标题列”框：设置某列区域为左端标题列。当某个列区域设置为标题列后，在打印时，各页左端都会打印标题列的内容。在“顶端标题行”和“左端标题列”框中输入作为行标题的行号，或作为列标题的列号。

【步骤 5】设置打印效果：在打印时，使用“打印”选项，用户可以打印出一些特殊的效果。“打印”选项包括：

- “网格线”复选框：选中此框，打印时打印网格线。
- “单色打印”复选框：选中此框，以黑白方式打印工作表。
- “草稿品质”复选框：选中此框，可缩短打印时间。打印时将不打印网格线，同时图形以简化方式输出。
- “行号列标”复选框：选中此框，打印时打印行号和列标。
- “批注”框：在此框中可确定打印时是否包含批注。

【步骤 6】打印完毕，如果用户不再使用该区域，应将其取消。取消的方法与设置方法类似：在“页面布局”功能区的“页面设置”分组中，选择“打印区域”的“取消打印区域”命令即可。

**子任务 3：打印成绩表。具体操作步骤如下。**

【步骤 1】单击图 5-20 中的“打印预览”命令，在窗口中将显示一个打印输出的缩小版，如图 5-21 所示。打印预览视图中的效果与打印机上实际输出的效果完全一样，如果用户对所见效果不满意，直接使用打印预览视图中相应的按钮就可对有关设置进行修改，直到满意为止。

【步骤 2】选择图 5-21 中的“打印”命令，即可实现对成绩表的打印。

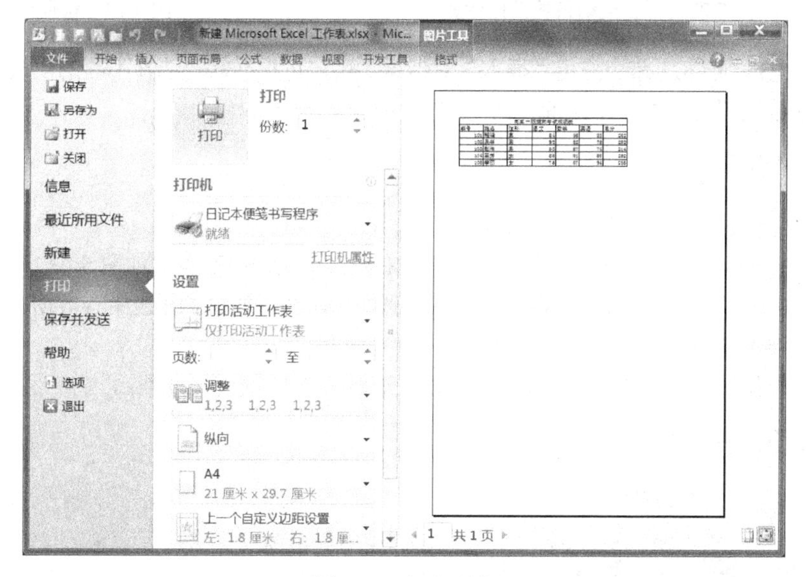


图 5-21　打印预览

# 知识点　电子表格制作工具软件 Excel

主要内容包括：①工作簿与工作表；②单元格式的设置与信息录入；③图表及函数的应用；④数据的汇总统计。

## 1. 工作簿与工作表

Excel 中用于保存表格内容的文件称为工作簿，其扩展名为.xlsx。在 Excel 中，工作表是组成工作簿的基本单位。工作表是 Excel 中用于存储和处理数据的主要文档，也称电子表格。工作表总是存储在工作簿中。从外观上看，工作表是由排列在一起的行和列，即单元格构成的，列是垂直的，由字母区别；行是水平的，由数字区别。在工作表界面上分别移动水平滚动条和垂直滚动条，可以看到行的编号是由上到下从1到1048576，列是从左到右，字母编号从A到XFD。因此，一个工作表可以达到1048576行、16384列。行和列相交形成单元格。Excel用列标和行号组合起来表示某个单元格，例如A1代表第1行A列单元格。标签滚动条和工作标签如图5-22所示。

### 1.1 插入工作表

【步骤1】选定当前工作表。

【步骤2】将鼠标指针指向该工作表标签，右击，弹出快捷菜单，如图5-23所示。

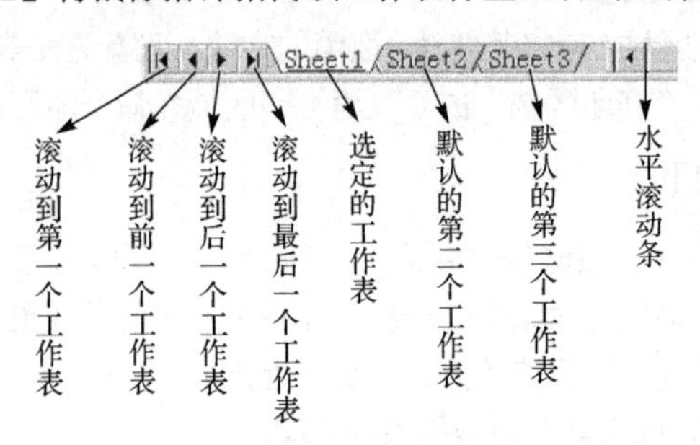


图5-22 标签滚动条和工作标签

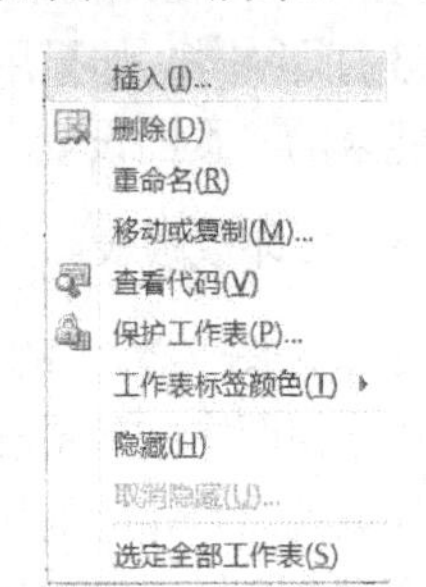


图5-23 快捷菜单

【步骤3】单击“插入”命令弹出“插入”对话框，用户可根据需要选择不同的模板插入不同格式的新工作表，新的工作表将插入在当前工作表的前面。

### 1.2 删除工作表

【步骤1】选定要删除的工作表为当前工作表。

【步骤2】将鼠标指针指向该工作表标签，单击右键，弹出快捷菜单，如图5-23所示。

【步骤3】从图5-23所示的快捷菜单中选择“删除”命令。如果工作表中有数据，系统将弹出警告提示框，提示被删除的工作表将永久删除。

【步骤4】单击“删除”按钮，即可将选定的工作表从当前工作簿中删除。

### 1.3 移动或复制工作表

移动或复制工作表有两种方法：

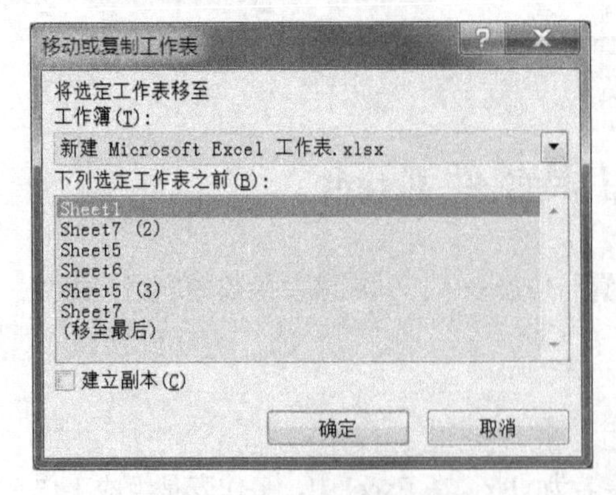


图5-24 移动或复制工作表

① 使用鼠标拖动操作。

【步骤1】选定要复制的工作表标签。

【步骤2】按下鼠标左键，同时按住“Ctrl”键。

【步骤3】沿着标签栏拖动鼠标，当移到目标位置时，先松开鼠标左键，再放开“Ctrl”键，此时将在指定位置出现一个选定工作表的副本。

移动工作表的方法与复制工作表类似，所不同的是按下鼠标左键时不用按“Ctrl”键。

② 选定要移动或复制的工作表标签，右击鼠标，在弹出的快捷菜单中选择“移动或复制”命令，如图5-24所示，根据需要选择相应的选项，将选定的工作表移到某工作表之前。（“建立副本”复选框选中则执行复制，不选则仅仅移动工作表。）然后单击“确定”按钮。

### 1.4　重命名工作表

【步骤 1】选定要重新命名的工作表标签。

【步骤 2】双击该标签，或右击标签，在图 5-23 所示的快捷菜单中选择“重命名”命令。这时该标签呈高亮显示。

【步骤 3】在标签上输入新的名称。例如，在“学生成绩表”工作簿中的“Sheet1”工作表标签上输入“成绩表”。

【步骤 4】单击除该标签以外的工作表的任一处或按“Enter”键。

## 2．设置单元格

在工作表中，正在处理的单元格称为活动单元格或当前单元格，由粗边框线包围，并且其对应的行号和列标以不同的颜色显示。要使某单元格成为活动单元格，只需用鼠标单击它。

### 2.1　选定当前单元格或单元格区域

要进行数据的输入、编辑、计算等操作，必须先选定单元格或单元格区域，使其成为活动单元格（或活动区域）。活动单元格的地址将在编辑栏中显示出来。

（1）选定单元格：将鼠标定位在要选定的单元格上，单击左键即可。

（2）若要选定连续的单元格区域，可采用以下两种方法：

① 首先选定单元格区域最左上角的单元格，然后将鼠标定位在该单元格上，按下鼠标左键向右下角方向拖动。图 5-25 为 A2:C4 单元格区域的选定。

② 也可采用“Shift”+“←↑→↓”键；或者先用鼠标单击区域的左上角单元格，按住“Shift”键，再单击区域的右下角单元格。

（3）选定不连续的单元格区域，可采用以下两种方法：

① 用鼠标选定第一个单元格区域，按住“Ctrl”键不放，再用鼠标选定其他不连续的单元格区域，如图 5-26 所示。

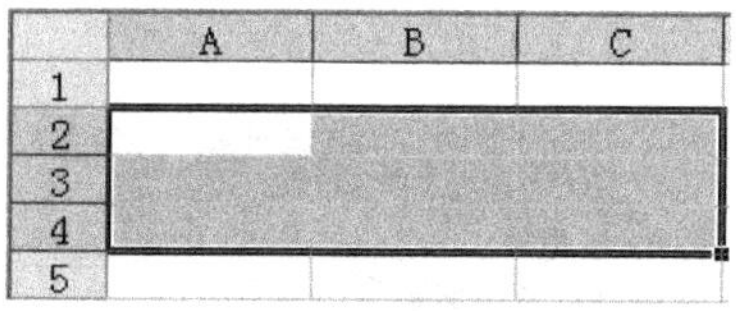

图 5-25　选定连续的单元格区域

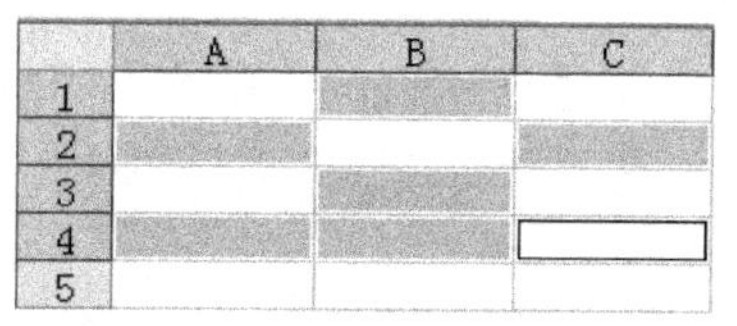

图 5-26　选定不连续的单元格区域

② 按“Ctrl”+“G”键，弹出如图 5-27 所示的“定位”对话框，在“引用位置”中键入单元格区域，然后单击“确定”按钮即可。

（4）选定整行整列或整个工作表。

单击行号或列标可进行整行或整列的选定，如图 5-28 所示。按“Ctrl”+“A”或按“Ctrl”+“Shift”+“Space”（“Space”键即空格键）可选定整个工作表，如图 5-29 所示。

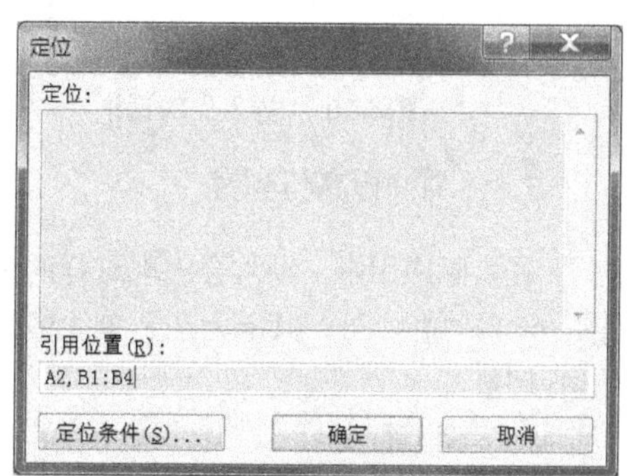

图 5-27　“定位”对话框

### 2.2　插入行、列、单元格或区域

（1）插入行和列。

【步骤 1】选定需要插入的行或列，单击行号选择一整行，或单击列号选择一整列。

【步骤2】右击鼠标，在弹出的快捷菜单中选择“插入”命令。若选择的是行号，Excel在当前位置插入一空行，原有行自动下移。同理，若选择的是列号，可在工作表中当前列前插入一列，原有的列自动右移。（此外，还可在“开始”功能区的“单元格”分组中单击“插入”命令，根据需要选择要插入的区域。）

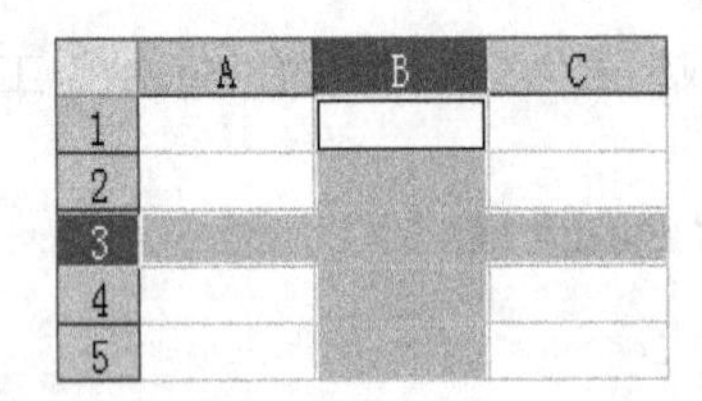

图5-28 整行整列的选定

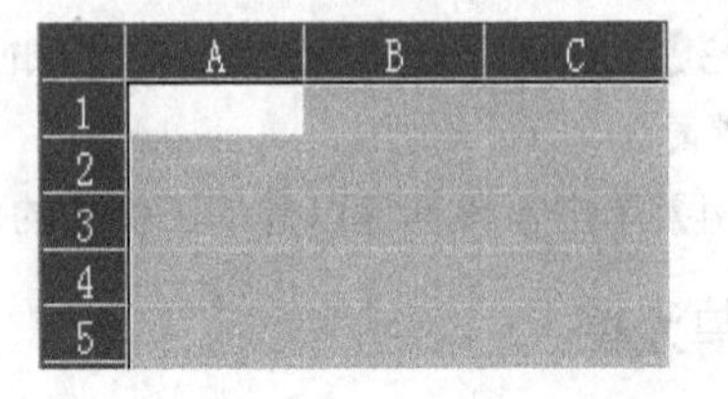

图5-29 整个工作表的选定

（2）插入单元格或区域。

【步骤1】在需插入的位置选定单元格或区域。

【步骤2】单击“插入”的“单元格”命令，出现如图5-30所示的“插入”对话框。

【步骤3】选择需要的选项，单击“确定”按钮。

### 2.3 删除行、列、单元格或区域

（1）删除行或列。

【步骤1】单击想删除的行号（列标），选择一整行（列）。

【步骤2】在“开始”功能区的“单元格”分组中，单击“删除”命令。被选择的行（列）将从工作表中消失，以下各行（列）自动上（左）移。（鼠标右击，在弹出的快捷菜单中选择“删除”命令亦可。）

（2）删除单元格或区域。

【步骤1】选择想删除的单元格或区域。

【步骤2】在“开始”功能区的“单元格”分组中，单击“删除”命令，弹出如图5-31所示的“删除”对话框。

【步骤3】选择需要的选项，单击“确定”按钮。

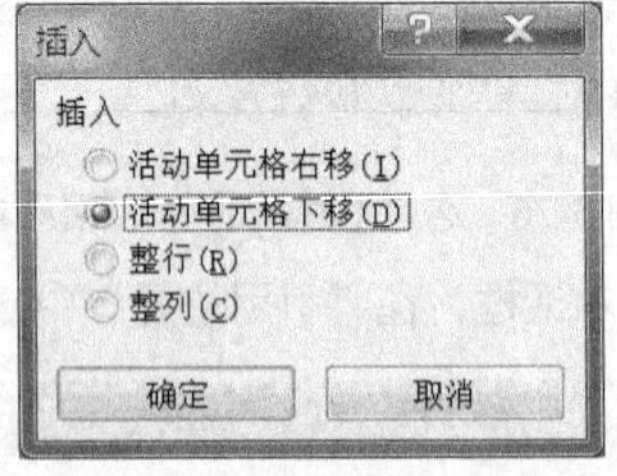

图5-30 “插入”对话框

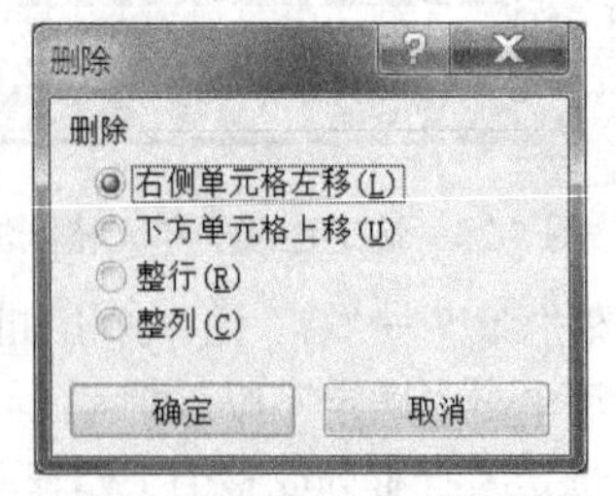

图5-31 “删除”对话框

### 2.4 调整行高与列宽

在实际应用中，经常会出现这样的情况：有的单元格中的文字只显示了一半；有的单元格中显示的是一串“#”号，其原因在于单元格的高度或宽度不够，因此需要对工作表中单元格的高度和宽度进行调整。

（1）调整行高。

Excel默认工作表中任意一行的所有单元格的高度总是相等的，所以要调整某一个单元格的高度，实际上是调整了这个单元格所在行的行高。

当对高度要求不太精确时，可通过鼠标拖动来实现：

【步骤 1】将鼠标指向某行行号下框线，这时鼠标指针变为双向箭头。

【步骤 2】拖动鼠标上下移动，直至达到合适的高度为止，如图 5-32 所示。

当对高度要求很精确时，可利用“开始”功能区的“单元格”分组中的“格式”命令，选择“行高”：

【步骤 1】在工作表中选定需要调整行高的行或该行中的任意一个单元格。

【步骤 2】单击“格式”命令，选择“行高”命令，则出现“行高”对话框，如图 5-33 所示。

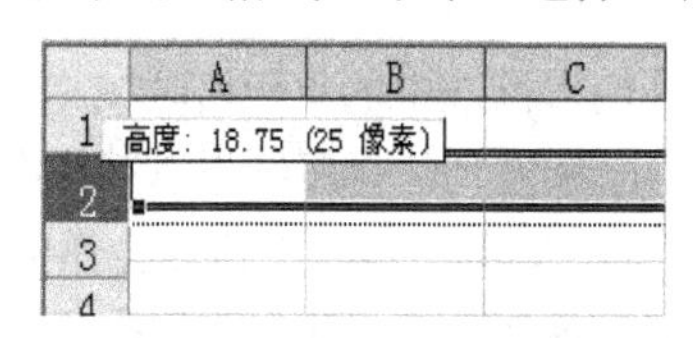


图 5-32　利用拖动方法调整行高

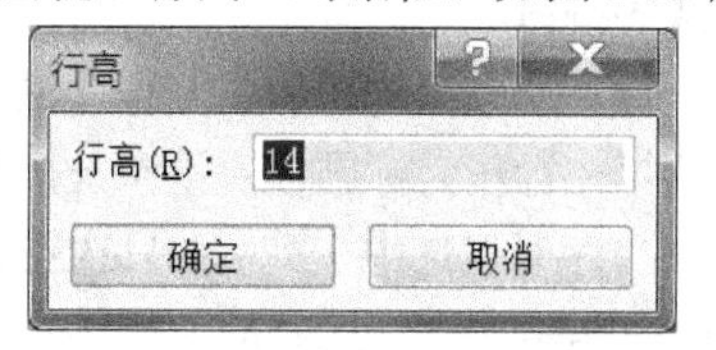


图 5-33　“行高”对话框

【步骤 3】在“行高”框中输入需要高度的数值。

【步骤 4】单击“确定”按钮。

（2）调整列宽。

当对列宽要求不太精确时，可使用鼠标拖动框线来调整列宽：

【步骤 1】将鼠标指向某列列标右框线，这时鼠标指针变为双向箭头。

【步骤 2】拖动鼠标左右移动，直至达到合适的宽度为止。

当对列宽要求很精确时，可利用“开始”功能区的“单元格”分组中的“格式”命令，单击“列宽”，步骤类似于行高的调整，这里不再赘述。

## 3．在单元格中输入信息

### 3.1　输入信息

在活动单元格中输入的数据有 3 种类型，如字符型（文本）、数值型和日期时间型。

（1）输入字符型数据。

首先选定单元格，然后输入数据。数据可以是汉字、英文字母、数字、空格等。如果要将数字作为字符处理，须在数字前加“‘”。字符型数据在单元格中以左对齐方式显示。

（2）输入数值型数据。

数值型数据由数字 0～9、正号、负号、小数点、分数号“/”、百分号、指数符号“E”或“e”、货币符号“￥”或“$”、千位分隔号“,”等组成。数值型数据在单元格中以右对齐方式显示。

如果要输入负数，必须在数字前加负号“–”，或给数字加上圆括号。例如，输入“–50”和“(50)”都可在单元格中得到–50。

如果要输入分数（如 2/3），应先输入“0”和一个空格，然后输入“2/3”。如果直接输入，Excel 会把该数据当作日期格式处理，存储为“2 月 3 日”。

指数输入形式：如 4.5E4。

（3）输入日期和时间。

如果要输入 2003 年 7 月 15 日，可采用以下的格式：“03/7/15”或“03-7-15”。输入机器当天日期用“Ctrl”+“;”键。

如果要输入下午时间 2:15:08，可输入“2:15:08 pm”或“14:15:08”。相应地，“am”表示上午。输入机器当前时间用“Ctrl”+“Shift”+“;”键。

### 3.2　排序工具按钮

在“开始”功能区的“排序和筛选”分组中，提供了两个排序按钮：

- 升序按钮 A↓Z：按字母表顺序、数据由小到大、日期由前到后排序。
- 降序按钮 Z↓A：按反向字母表顺序、数据由大到小、日期由后到前排序。

如果所排序的数据是中文，则排序依据中文字的内码（拼音或笔画）来确定。

可以利用排序按钮对一列数据进行快速排序：首先选定需要排序的单元格区域，然后单击常用工具栏上的降序按钮。

注意：此处必须全选所有参与排序的单元格，否则，其他未被选中的单元格区域将不会变化。被选中区域的第一行作为标题行，不参与排序；第一列作为排序依据列，排序结果以其为准。

如果在排序时仅选中一列（如只选图 5-3 中的“语文”列），则单击排序按钮后会弹出“排序提醒”对话框，如图 5-34 所示。此时应选择“扩展选定区域”，如果选择“以当前选定区域排序”，则只有“语文”列的数据被调整，而其他列不变，这显然不是希望的排序结果。

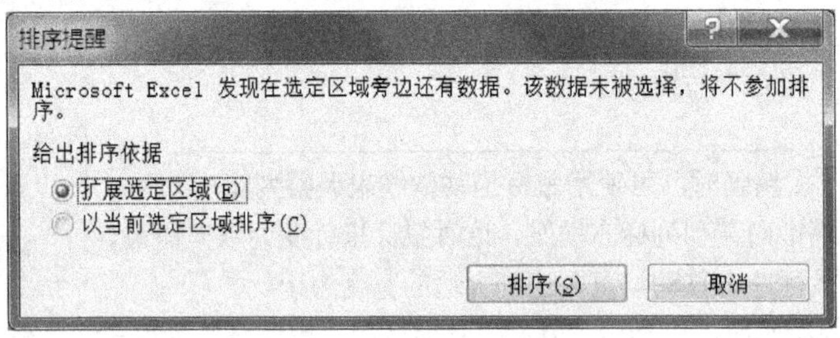


图 5-34　“排序提醒”对话框

## 4．Excel 图表类型

图表就是将单元格中的数据以各种统计图表的形式显示，使数据更加直观、易懂。当工作表中的数据源发生变化时，图表中对应的数据也自动更新。Excel 提供了 14 种图表类型，并且每种类型有多种不同的变化，表 5.1 列出了基本的图表类型及其典型用途。

表 5.1　Excel 图表的类型及其典型用途

| 图表类型 | 典型用途 |
|---|---|
| 柱形图 | 在垂直方向上比较不同类别的数据 |
| 条形图 | 在水平方向上比较不同类别的数据 |
| 折线图 | 按类别显示一段时间内数据的变化趋势 |
| 饼图 | 显示数据系列中的每一项占该系列数值总和的比例关系 |
| 面积图 | 强调一段时间内数值的相对重要性 |
| 圆环图 | 以一个或多个数据类别来对比部分与整体的关系 |
| 股价图 | 综合了柱形图和折线图，专门用来跟踪股票价格 |
| 圆柱图 | 用一个独特的圆柱形来表述条形图或柱形图数据 |

创建图表的方法如下。

1）方法一：快捷方式创建图表

具体步骤如下。

【步骤 1】在表格中选定需创建图表的数据区域。

【步骤 2】直接按“F11”键，即可快速创建图表，如图 5-35 所示。

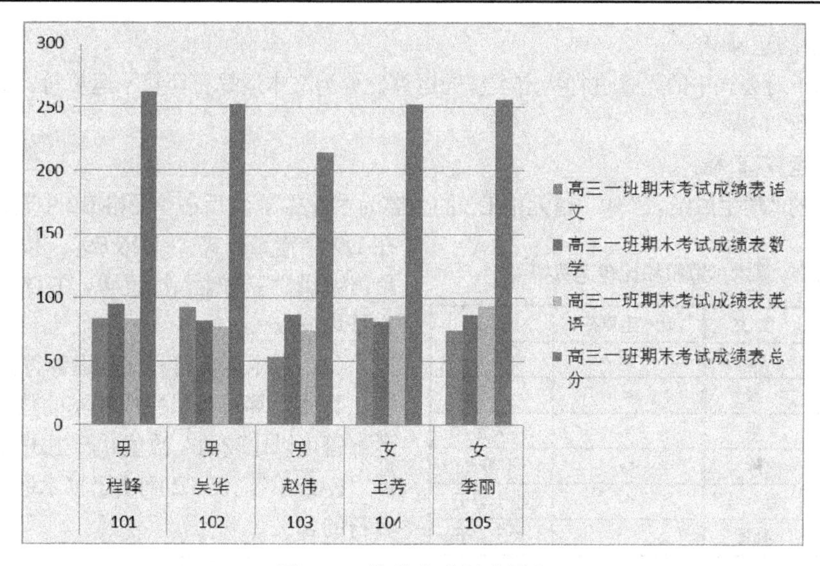


图 5-35　快捷方式创建图表

2）方法二：利用图表向导创建图表

具体步骤如下。

【步骤 1】在表格中选定需创建图表的数据区域。

【步骤 2】在“插入”功能区的“图表”分组中，选择需要的图表类型，如“柱形图”下的“二维柱形图”。

【步骤 3】可在“设计”功能区中切换图表的行/列，还可以选择不同的图表布局和图表样式。

【步骤 4】可在“布局”功能区中为图表添加图表标题、坐标轴标题、选择图例位置、设置数据标签等。

## 5．Excel 中函数的应用

### 5.1　单元格引用

1）相对引用

是指用单元格所在的列标和行号作为其引用。例如，D3 引用了第 D 列与第 3 行交叉处的单元格。

2）绝对引用

就是在列标和行号前分别加上符号“$”。例如，$D$3 表示单元格 D3 的绝对引用，而$D$3:$H$3 表示单元格区域 D3:H3 的绝对引用。

复制公式时，若公式中使用相对引用，则单元格引用会自动随着移动的位置相对变化；若公式中使用绝对引用，则单元格引用不会发生变化。

3）混合引用

是指“行”采用相对引用，而“列”采用绝对引用；或“行”采用绝对引用，而“列”采用相对引用。例如，D$3、$D3 均为混合引用。

### 5.2　公式的输入

公式以一个等号“=”作为开头，在一个公式中可以包含各种运算符、常量、变量、函数以及单元格引用。

1）公式中的运算符

运算符用于对公式中的元素进行特定类型的运算，分为文本运算符、算术运算符、比较运算符和引用运算符4类。

（1）文本运算符“&”。

如在建立的“学生成绩表”中，单元格D2的内容为“语文”，然后在单元格B9中输入“平均分”，在D9中输入公式“=D2&B9”，按“Enter”键或单击编辑栏中的输入按钮✓，在D9中显示为“语文平均分”。

（2）算术运算符和比较运算符。

算术运算符可以完成基本的数学运算；比较运算符可以比较两个数值并产生逻辑值“TRUE”或“FALSE”。表5.2列出了算术运算符和比较运算符的含义。

**表5.2 算术运算符和比较运算符**

| 算术运算符 | 含 义 | 比较运算符 | 含 义 |
|---|---|---|---|
| + | 加 | = | 等于 |
| - | 减 | < | 小于 |
| * | 乘 | > | 大于 |
| / | 除 | <> | 不等于 |
| % | 百分号 | <= | 小于等于 |
| ^ | 乘幂 | >= | 大于等于 |

（3）引用运算符。

表5.3列出了引用运算符的含义及示例。

**表5.3 引用运算符**

| 引用运算符 | 含 义 | 示 例 |
|---|---|---|
| ：（冒号） | 区域运算符，对两个引用之间，包括两个引用在内的所有单元格进行引用 | D3:D7 |
| ，（逗号） | 联合运算符，将多个引用合并为一个引用 | SUM(D3:D7, F3:F7) |
| ␣（空格） | 交叉区域运算符，产生对同时隶属于两个引用的单元格区域的引用 | SUM(E4:E7 D3:F6)（在本例中，单元格E4:E6同时隶属于两个区域） |

2）公式的输入

【步骤1】单击要输入公式的单元格，如G3。

【步骤2】在单元格（或者编辑栏）中输入等号和公式，如“=D3+E3+F3”。

【步骤3】按“Enter”键或单击编辑栏中的输入按钮。

3）公式的修改

【步骤1】选定要修改的单元格。

【步骤2】在编辑栏中修改公式。

【步骤3】按“Enter”键或单击编辑栏中的输入按钮。

4）公式的复制

【步骤1】选定要复制公式的单元格，如G3。

【步骤2】单击常用工具栏的“复制”按钮，或按“Ctrl”+“C”键。此时单元格G3四周出现虚边框（说明：按“Esc”键可清除该虚边框）。

【步骤3】选择目标单元格，如G4。

【步骤4】单击常用工具栏的“粘贴”按钮，或按“Ctrl”+“V”键即可。

## 5.3 函数的定义

Excel提供的常用函数见表5.4。每个函数由一个函数名和相应的参数组成，参数位于函数名的右侧并用括号括起来。如果函数以公式形式出现，则必须在函数名前键入等号“=”。

表 5.4　Excel 提供的常用函数

| 函　数 | 功　能 | 示　例 |
| --- | --- | --- |
| SUM | 返回某一单元格区域中所有数字之和 | =SUM(D3:F3) |
| AVERAGE | 计算所有参数的算术平均值 | =AVERAGE(D3:F3) |
| IF | 执行真假值判断，根据逻辑计算的真假值，返回不同结果 | =IF(D3>=60,"Pass","Fail") |
| HYPERLINK | 创建一个快捷方式，用以打开存储在硬盘、网络服务器或 Internet 中的文件 | =HYPERLINK("http://www.swjtu.edu.cn", "西南交大") |
| COUNT | 计算包含数字的单元格以及参数列表中的数字的个数 | =COUNT(B3:F3) |
| MAX | 返回一组数值中的最大值，忽略逻辑值及文本 | =MAX(D3:D7) |
| SIN | 返回给定角度的正弦值 | =SIN(3.14) |

### 5.4　函数的使用

Excel 提供了两种输入函数的方法。

1）直接插入法

【步骤 1】单击要输入函数的单元格。

【步骤 2】依次输入等号、函数名、左括号、具体参数、右括号，例如“=SUM(D3:F3)”。

【步骤 3】按“Enter”键或单击其他单元格。

2）使用“插入函数”命令

【步骤 1】单击要输入函数的单元格。

【步骤 2】单击“公式”功能区的“插入函数”命令 *fx*，弹出“插入函数”对话框，如图 5-36 所示。

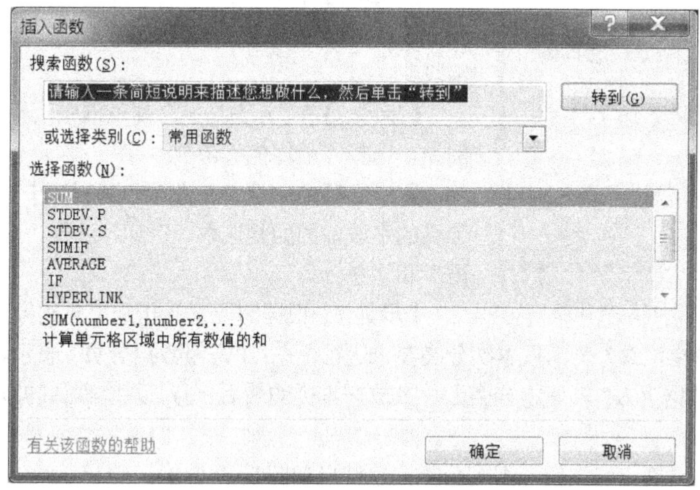


图 5-36　“插入函数”对话框

【步骤 3】选择需要的函数，单击“确定”按钮，弹出“函数参数”对话框（如图 5-37 所示）。在 Number 文本框中输入要参与计算的单元格的引用或数值。

【步骤 4】单击“确定”按钮，计算结果将显示在选择的单元格中。

## 6．数据的汇总统计

使用“数据”功能区的“分类汇总”命令，不需要创建公式，Excel 将自动创建公式，并对某个字段提供“求和”或“均值”之类的汇总函数，实现计算并将计算结果分级显示出来。

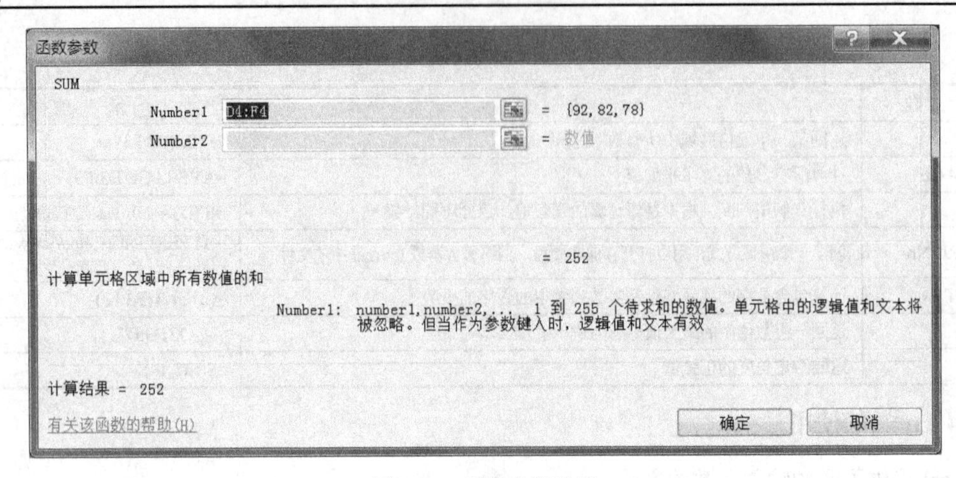


图 5-37 函数参数设置

### 6.1 创建分类汇总

【步骤 1】对需要分类汇总的字段进行排序，将其中关键字相同的一些记录集中在一起，如按性别排序。

分类汇总
分类字段(A)：性别
汇总方式(U)：平均值
选定汇总项(D)：姓名、性别、☑语文、☑数学、☑英语、☑总分
☑替换当前分类汇总(C)
□每组数据分页(P)
☑汇总结果显示在数据下方(S)
全部删除(R) 确定 取消

图 5-38 “分类汇总”对话框

【步骤 2】选定要进行数据汇总的单元格区域。

【步骤 3】选择“数据”的“分类汇总”命令，打开如图 5-38 所示的“分类汇总”对话框。

【步骤 4】单击“分类字段”的向下箭头，在弹出的下拉列表中选择所需字段作为分类汇总的依据。例如，选择“性别”字段。

【步骤 5】在“汇总方式”列表框中，选择所需的统计函数。例如，选择“平均值”函数。

【步骤 6】在“选定汇总项”列表框中，选中需要对其汇总计算的字段前面的复选框。例如，选择“语文”、“数学”、“英语”和“总分”。

【步骤 7】根据需要选择指定汇总结果显示位置的复选框。其中，“替换当前分类汇总”表示按本次分类要求进行汇总；“每组数据分页”表示将每一类分页显示；“汇总结果显示在数据下方”表示将分类汇总数放在本类的最后一行，系统默认的方式是将分类汇总数放在本类的第一行。

【步骤 8】单击“确定”按钮，得到分类汇总结果如图 5-39 所示。

| | A | B | C | D | E | F | G |
|---|---|---|---|---|---|---|---|
| 1 | 高三一班期末考试成绩表 | | | | | | |
| 2 | 学号 | 姓名 | 性别 | 语文 | 数学 | 英语 | 总分 |
| 3 | 101 | 程峰 | 男 | 84 | 95 | 83 | 262 |
| 4 | 102 | 吴华 | 男 | 92 | 82 | 78 | 252 |
| 5 | 103 | 赵伟 | 男 | 53 | 87 | 74 | 214 |
| 6 | | | 男 平均值 | 76.33333 | 88 | 78.33333 | 242.6667 |
| 7 | 104 | 王芳 | 女 | 85 | 81 | 86 | 252 |
| 8 | 105 | 李丽 | 女 | 75 | 87 | 94 | 256 |
| 9 | | | 女 平均值 | 80 | 84 | 90 | 254 |
| 10 | | | 总计平均值 | 77.8 | 86.4 | 83 | 247.2 |

图 5-39 分类汇总结果

## 6.2　显示或隐藏清单的细节数据

在显示分类汇总结果的同时，自动显示一些分级显示按钮。表 5.5 给出了按钮的功能。

表 5.5　分级显示按钮功能

| 图　示 | 名　称 | 功　能 |
|---|---|---|
| + | 显示细节按钮 | 显示分级显示信息 |
| − | 隐藏细节按钮 | 隐藏分级显示信息 |
| 1 | 级别按钮 | 显示总的汇总结果，即总计数据 |
| 2 | 级别按钮 | 显示部分数据及其汇总结果 |
| 3 | 级别按钮 | 显示全部数据 |

利用这些分级显示按钮可以控制数据的显示。例如，在图 5-39 中单击第 6 行左侧的隐藏细节按钮 −，结果如图 5-40 所示。

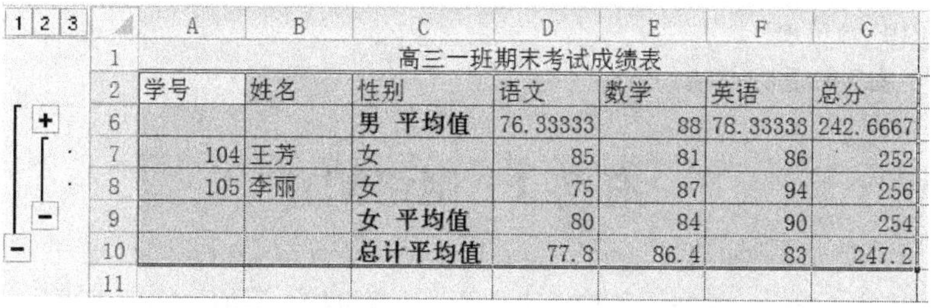

| | A | B | C | D | E | F | G |
|---|---|---|---|---|---|---|---|
| 1 | 高三一班期末考试成绩表 | | | | | | |
| 2 | 学号 | 姓名 | 性别 | 语文 | 数学 | 英语 | 总分 |
| 6 | | | 男 平均值 | 76.33333 | 88 | 78.33333 | 242.6667 |
| 7 | 104 | 王芳 | 女 | 85 | 81 | 86 | 252 |
| 8 | 105 | 李丽 | 女 | 75 | 87 | 94 | 256 |
| 9 | | | 女 平均值 | 80 | 84 | 90 | 254 |
| 10 | | | 总计平均值 | 77.8 | 86.4 | 83 | 247.2 |
| 11 | | | | | | | |

图 5-40　单击第 6 行左侧的按钮“−”所得到的结果

在图 5-40 中单击级别按钮 2，或单击第 9 行左侧的按钮 −，结果如图 5-41 所示。

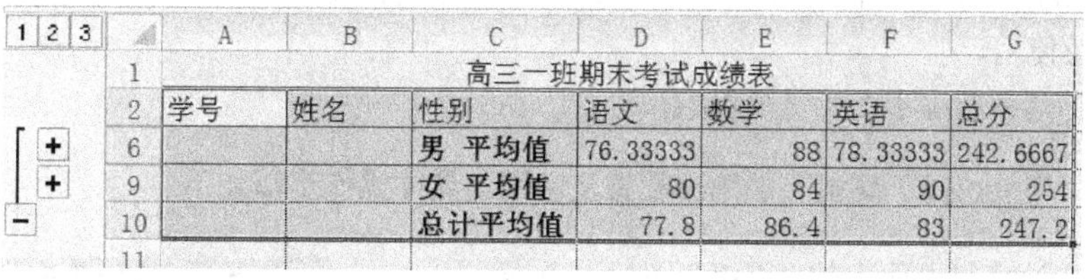

| | A | B | C | D | E | F | G |
|---|---|---|---|---|---|---|---|
| 1 | 高三一班期末考试成绩表 | | | | | | |
| 2 | 学号 | 姓名 | 性别 | 语文 | 数学 | 英语 | 总分 |
| 6 | | | 男 平均值 | 76.33333 | 88 | 78.33333 | 242.6667 |
| 9 | | | 女 平均值 | 80 | 84 | 90 | 254 |
| 10 | | | 总计平均值 | 77.8 | 86.4 | 83 | 247.2 |
| 11 | | | | | | | |

图 5-41　单击级别按钮“2”所得到的结果

## 6.3　清除分类汇总

取消分类汇总的显示结果，恢复到工作表的初始状态：

【步骤 1】选择分类汇总数据区。

【步骤 2】单击“数据”功能区中的“分类汇总”命令。

【步骤 3】在“分类汇总”对话框中单击“全部删除”按钮，即可清除分类汇总。

# 实验六　Internet 的应用

目标：1. 掌握基本的网络配置；
2. 掌握 IE 代理服务器的设置及使用；
3. 掌握 BBS 的使用；
4. 掌握防火墙的使用。

任务：1. 网络配置；
2. 代理服务器的配置；
3. BBS 的使用；
4. 安装及配置防火墙。

## 任务 1　网络配置

**背景说明**：随着 Internet 的产生及其迅猛发展，计算机接入网络、实现资源共享已经成为计算机应用的主流。要将计算机接入 Internet，除了要实现网络的物理介质连接外，还要进行相应的网络配置。网络物理介质的连接通常由网络集成商完成；对于用户来说，掌握计算机的网络配置，是使用网络资源的基础。网络配置的方法有多种，与具体接入的网络环境有关。本任务基于 Windows 7 操作系统学习网络的配置及使用。

**具体操作**：任务 1 由 2 个子任务组成。

**子任务 1：Windows 7 环境下的网络配置及使用。具体操作步骤如下。**

【步骤 1】在计算机桌面上的“网络”图标上单击鼠标右键，选择“属性”菜单项，单击鼠标左键，打开“网络和共享中心”窗口，如图 6-1 所示。

【步骤 2】在“网络和共享中心”窗口中单击“本地连接”，打开“本地连接状态”窗口，如图 6-2 所示。

【步骤 3】在图 6-3 所示的“本地连接状态”窗口中单击“属性”按钮，打开 “本地连接属性”窗口，如图 6-4 所示。在“此连接使用下列项目”列表框中选中“Internet 协议版本 4（TCP/IPv4）”项，鼠标左键单击“属性”命令按钮，打开“Internet 协议版本 4（TCP/IPv4）属性”窗口。

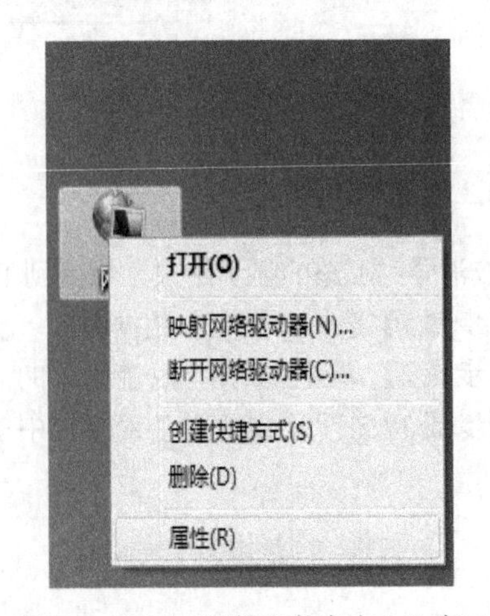

图 6-1　打开“网络和共享中心”窗口

【步骤 4】在“Internet 协议版本 4（TCP/IPv4）属性”窗口中选中“自动获得 IP 地址”与“自动获得 DNS 服务器地址”选项后，鼠标单击“确定”命令按钮，如图 6-5 所示，并逐步单击其他“确定”按钮退出。

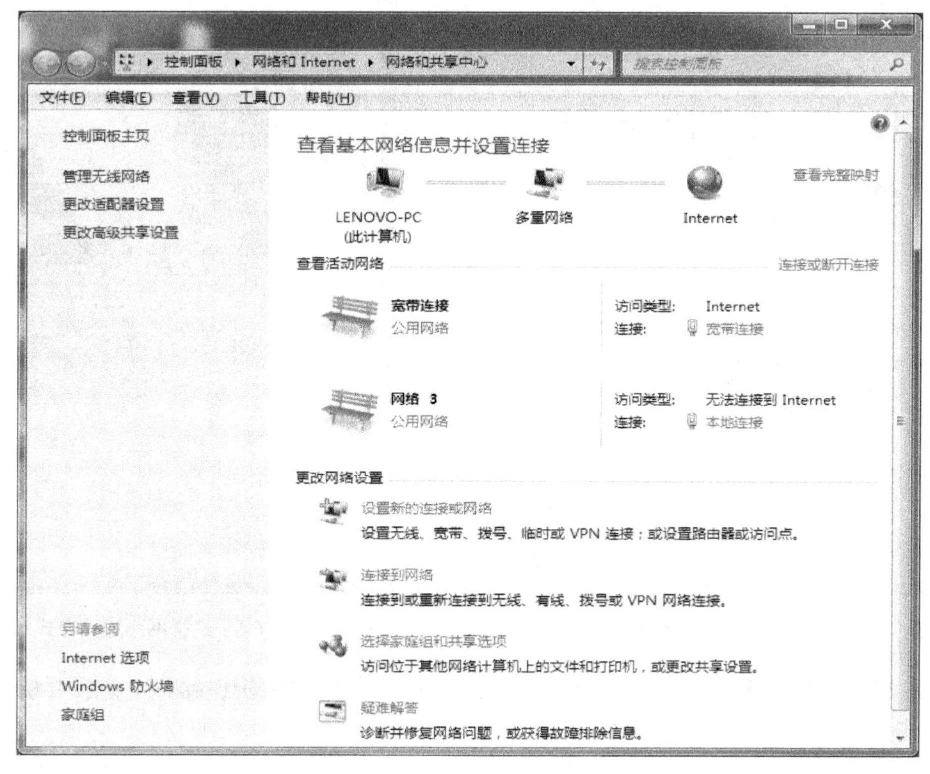


图 6-2 打开“本地连接状态”窗口

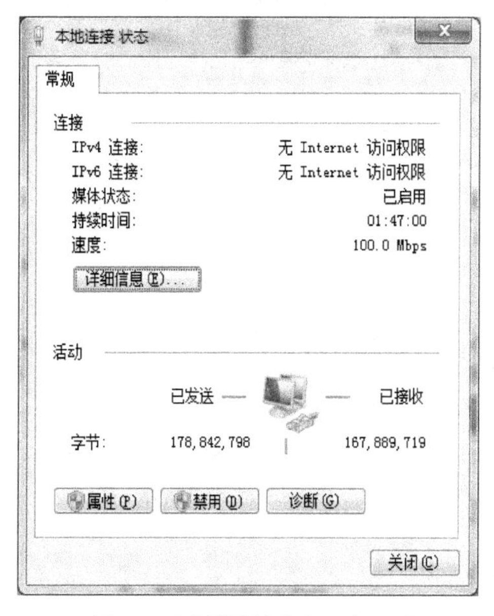


图 6-3 “本地连接状态”窗口

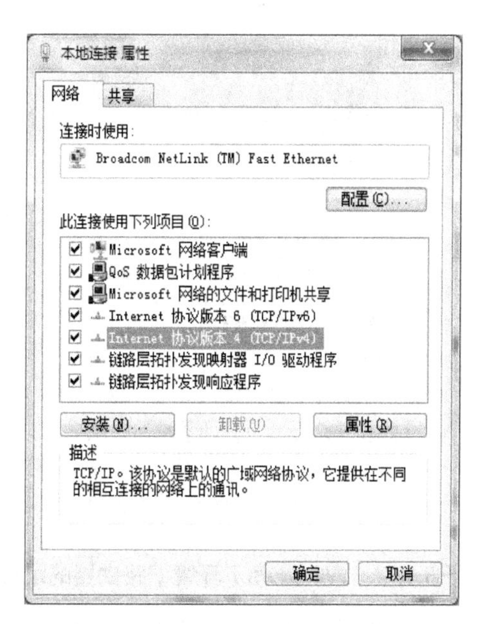


图 6-4 “本地连接属性”窗口

【步骤 5】用鼠标单击桌面右下角工具栏中的网络连接图标，选择网络连接方式，如图 6-6 所示，选择宽带连接选项，单击“连接”按钮后，弹出如图 6-7 所示的“连接宽带连接”窗口。把从网络服务提供商处申请到的用户名和密码分别填入“用户名”和“密码”文本框中，单击“连接”命令按钮，建立与网络的连接，用户即可通过各种网络应用来使用网络资源了。

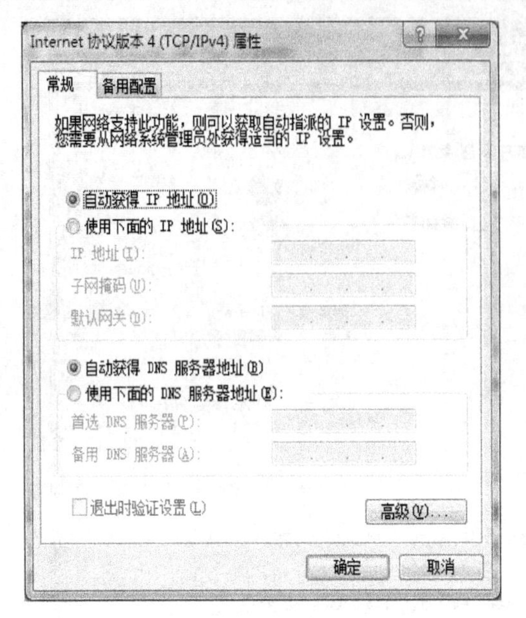


图 6-5 “Internet 协议版本 4（TCP/IPv4）属性”窗口

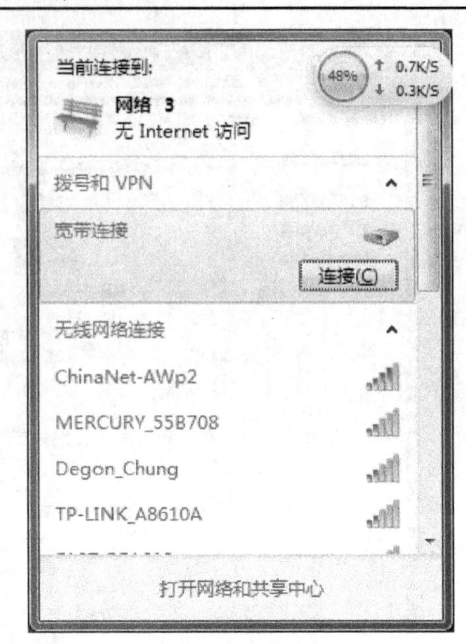


图 6-6 选择网络连接方式

【步骤 6】断开网络连接时，用鼠标单击桌面右下角工具栏中的网络连接图标，选择要断开的网络连接，单击“断开”按钮，如图 6-8 所示。

图 6-7 “连接宽带连接”窗口

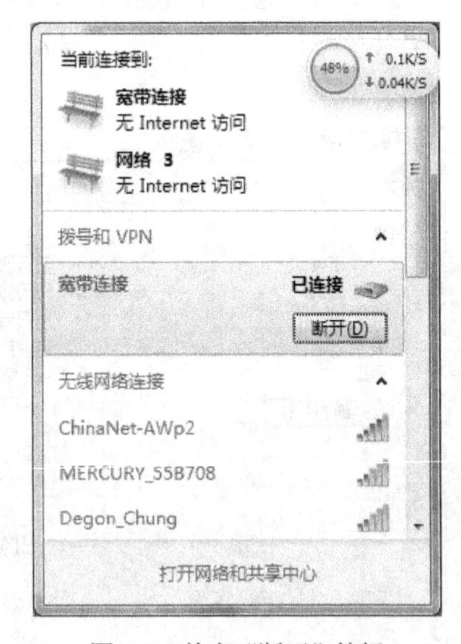


图 6-8 单击“断开”按钮

**子任务 2：Windows 7 环境下路由器的配置及使用。**

连接模型为计算机——路由器——MODEM 的局域网模式连接设置。

【步骤 1】打开网络和共享中心，如图 6-9 所示。

【步骤 2】上电启动路由器，打开在浏览器输入路由器的 IP 地址（一般是 192.168.1.1，可以在运行 CMD 里输入 ipconfig 查看到网关的 IP 地址），输入路由器的登录账号和密码（一般为 admin），如图 6-10 所示。

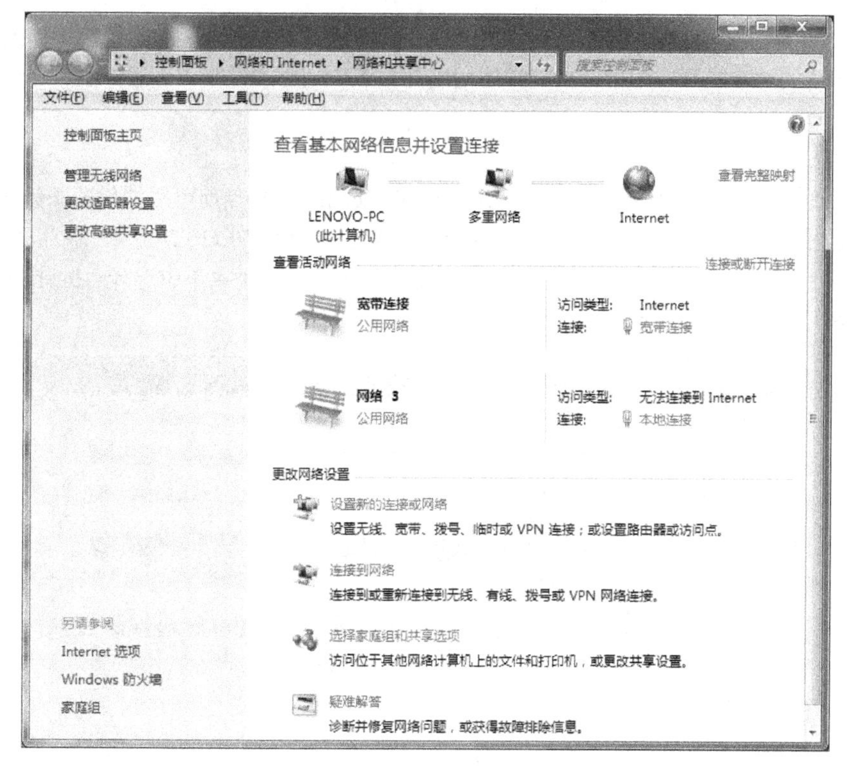


图 6-9　“网络和共享中心”窗口

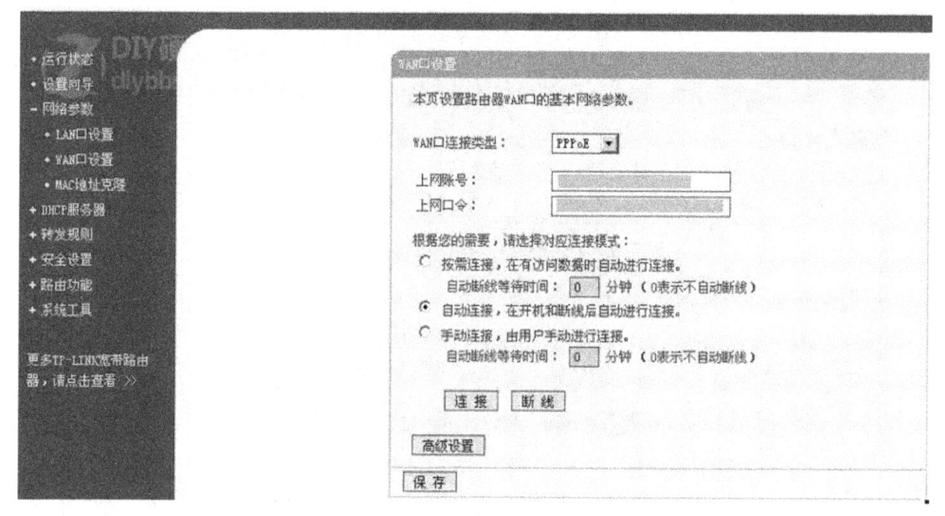


图 6-10　路由器设置窗口

在网络参数——WAN 口设置里面，输入上网账号和口令密码（网络安装时由服务提供商提供），底下选择自动连接，这样只要每次路由器和 MODEM 一上电就会自动控制登录网络，无须再次手动干预。

## 任务 2　代理服务器的配置

**背景说明：**Web 应用是网络最广泛的应用之一，它以图形界面的方式发布信息资源。用户可通过 IE 浏览器方便地在网络上实现各种资源的查询。但由于网络服务提供商所提供的网络服务性质不同，有时，IE 浏览器需要设置代理服务器才能访问网络上的某些站点资源（例如，校园网内的主机被限制为只能访问国内的站点资源，如果希望能够访问国外站点，则必须设置代理服务器，通过代理服务器来访问国外站点）。

**具体操作：**

【步骤 1】利用某一搜索引擎，例如 http://www.baidu.com，搜索当前可用的代理服务器的地址（搜索过程略），如图 6-11 所示。我们的代理服务器的 IP 地址为：61.150.115.245，端口为 8080。

【步骤 2】打开 Internet Explorer 窗口，单击“工具”菜单，在子菜单中选择“Internet 选项...”菜单项，如图 6-12 所示，打开“Internet 选项”对话框。

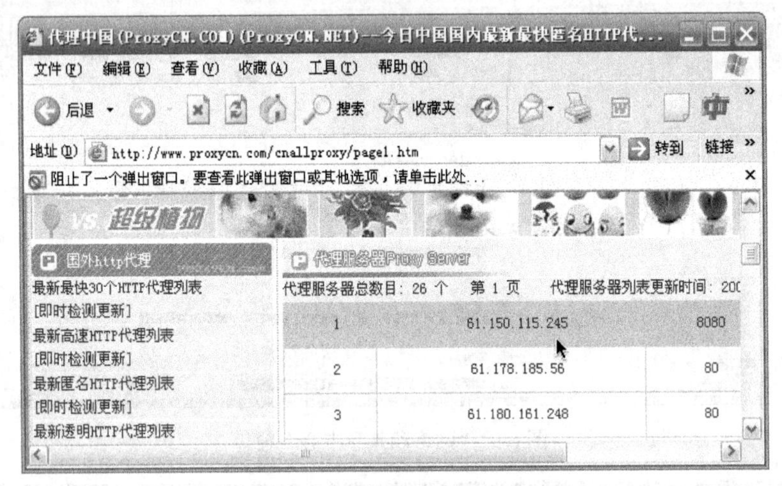


图 6-11　利用某一搜索引擎

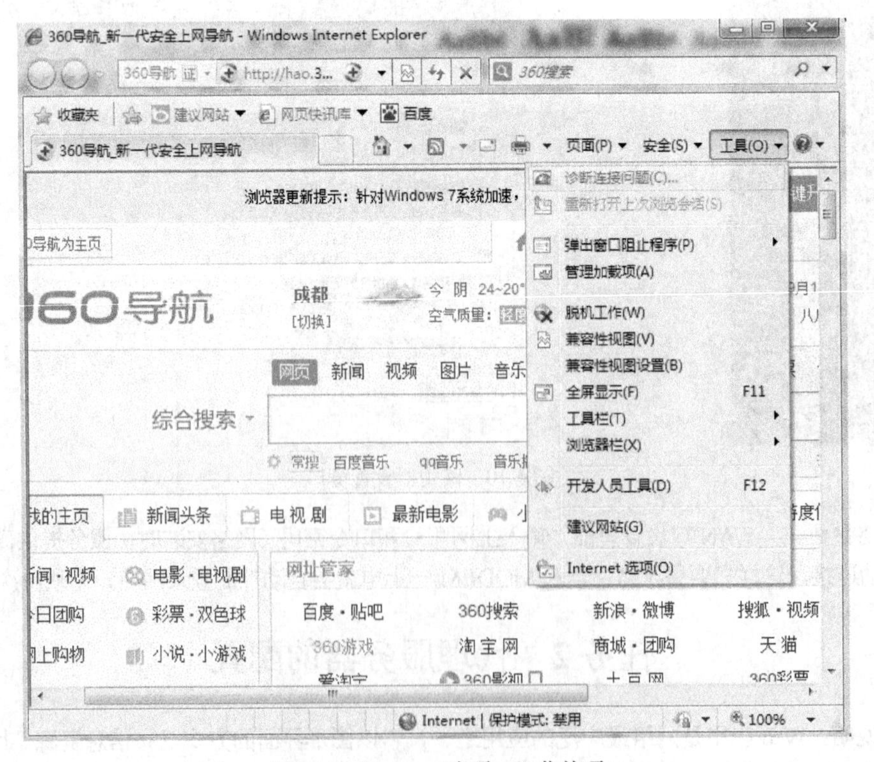


图 6-12　“Internet 选项...”菜单项

【步骤 3】在“Internet 选项”对话框中，选中“连接”选项卡，单击“设置”命令按钮，如图 6-13 所示，打开连接设置对话框。

【步骤 4】选中网络连接（本例中为“宽带连接（默认）”），单击“设置”按钮，在设置对话框中，选中“对此连接使用代理服务器”选项，并在“地址”和“端口”文本框中输入步骤 1 中搜索到的代理服务器的 IP 地址 61.150.115.245 和端口号 8080，如图 6-14 所示；单击“确定”命令按钮，关闭“Internet 选项”对话框。至此，代理服务器的设置即告完成。

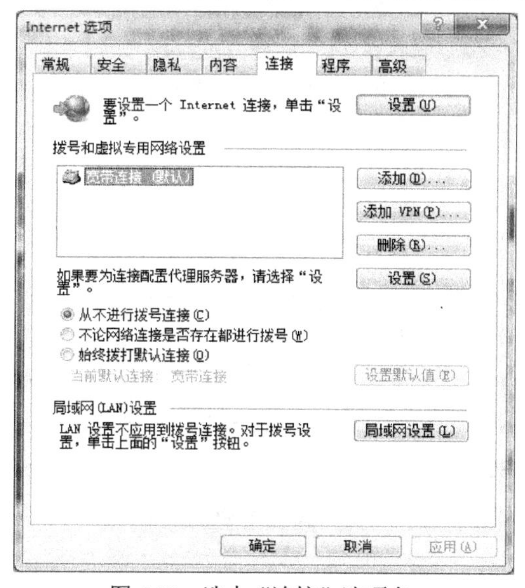


图 6-13　选中“连接”选项卡

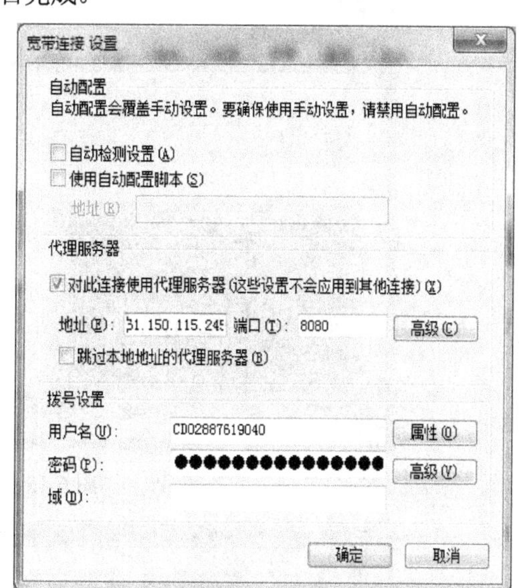


图 6-14　设置对话框中的选项

【步骤 5】在 IE 浏览器的地址栏中输入某一个国外站点的地址，例如 http://www.microsoft.com，来验证代理服务器的工作情况。

# 任务 3　BBS 的使用

**背景说明**：BBS（Bulletin Board System）即电子公告栏（板）系统，它是互联网最早的应用之一。通过 BBS，用户可以就某个问题发表自己的见解；多个用户可就某个专题进行讨论。BBS 早期是基于 Telnet 的命令行方式的应用，随着网络技术的发展，BBS 发展为基于 Web 的应用，使得应用更简单，操作更快捷。

**具体操作**：任务 3 由 3 个子任务组成。

**子任务 1：BBS 账号注册：要在 BBS 中发表文章，必须有授权的用户名和密码；在第一次使用 BBS 之前，首先应进行注册，申请授权的用户名和密码。具体操作步骤如下。**

【步骤 1】双击桌面上的 Internet Explorer 图标，打开 IE 浏览器。在 IE 浏览器的地址栏中输入某个 BBS 站点的地址（这里以西南交大 BBS 地址为例，在地址栏中输入地址：http://bbs.swjtu.edu.cn），回车后，打开 BBS 主页面，如图 6-15 所示。

【步骤 2】在图 6-15 所示的页面窗口中单击“注册”命令，打开注册页面窗口，如图 6-16 所示；根据页面要求完成相关信息的填写，单击“提交”命令按钮提交申请（这里我们申请了一个名为 zyjys 的账号）。用户提交的申请一般会在 24 小时内得到处理，如果各信息满足要求的话，申请通过，用户即可使用申请到的账号和密码登录、使用 BBS。

图 6-15　打开 BBS 主页面

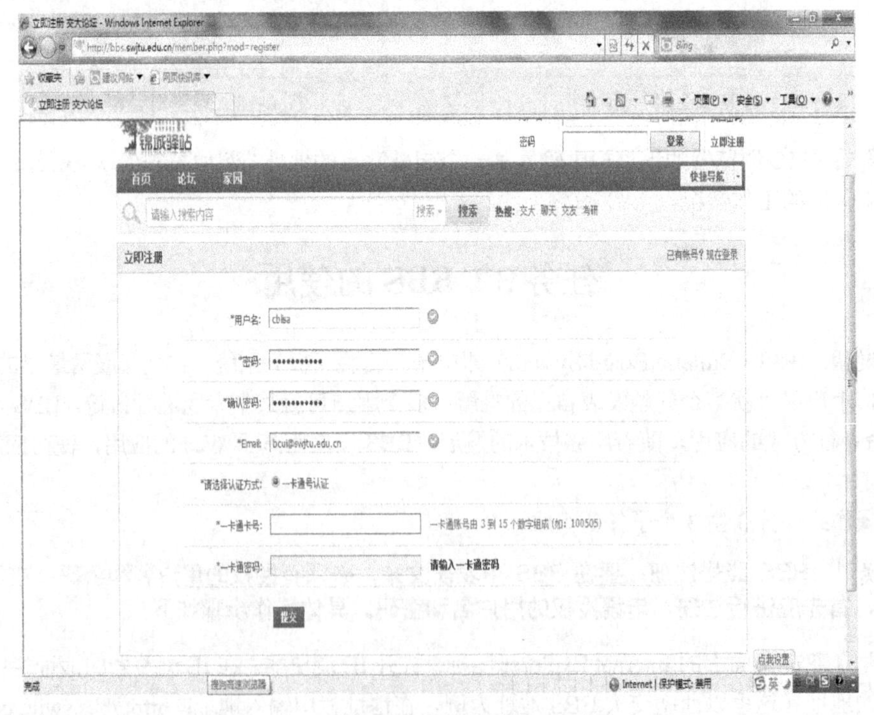


图 6-16　注册页面窗口

**子任务 2：查看 BBS 中不同分类的文章。具体操作步骤如下。**

【步骤 1】在 BBS 主页面窗口中输入申请到的账号名及密码，单击“登录”命令，进入 BBS 页面后，单击论坛标签进入论坛，如图 6-17 和图 6-18 所示。

图 6-17 进入 BBS 页面

图 6-18 进入“文化社会”讨论区

【步骤 2】在 BBS 论坛中选择某个讨论主题，例如“新生指南”；单击“新生指南”超链接，进入“新生指南”讨论区，如图 6-19 所示。

【步骤 3】新生指南列出了该区所有的讨论文章，如图 6-20 所示；单击“上一页”、“下一页”超链接命令，在新生指南区中选中要阅读的某一篇文章，单击该文章的标题超链接，即可打开该文章，进行阅读。

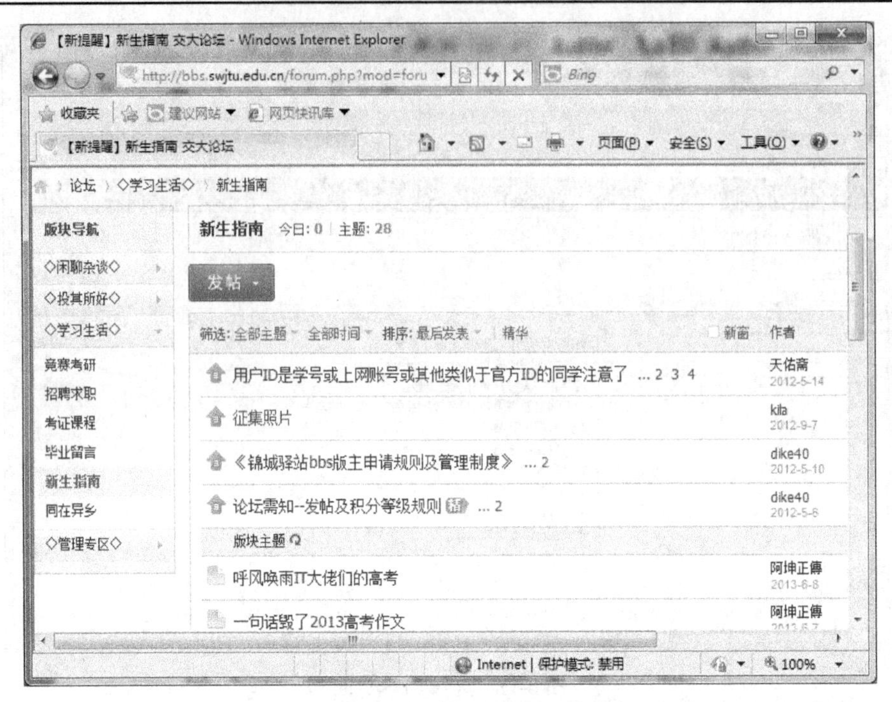


图 6-19 进入“新生指南”讨论区

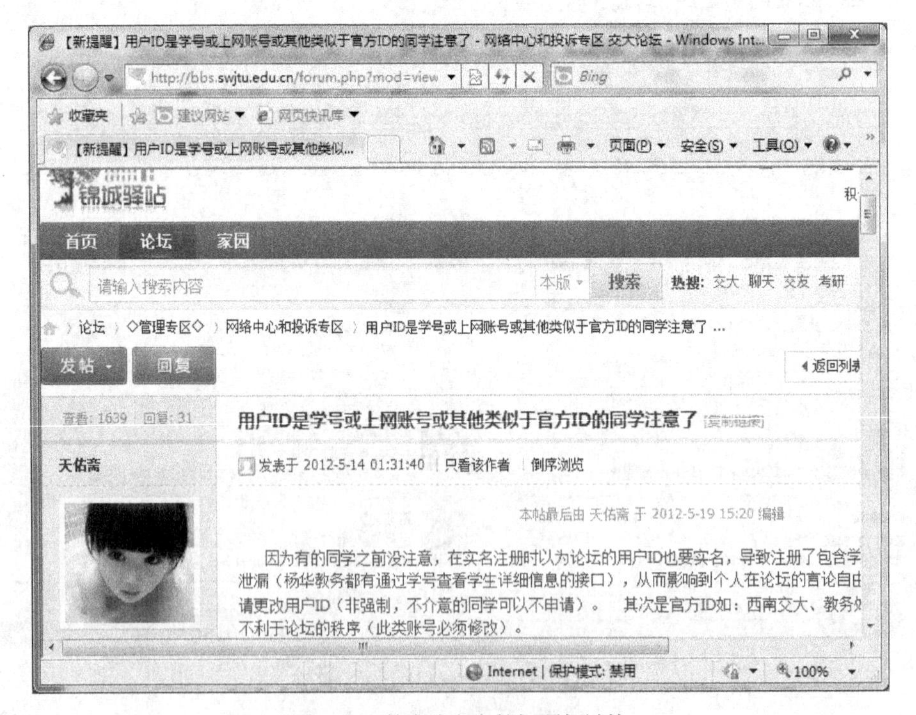


图 6-20 单击该文章的标题超链接

**子任务 3：在 BBS 中发表文章。具体操作步骤如下。**

【步骤 1】在要发表文章的讨论区中单击“发帖”命令，打开发表文章窗口。在窗口中填入文章标题及内容，单击“发表帖子”命令按钮即可，如图 6-21 所示。

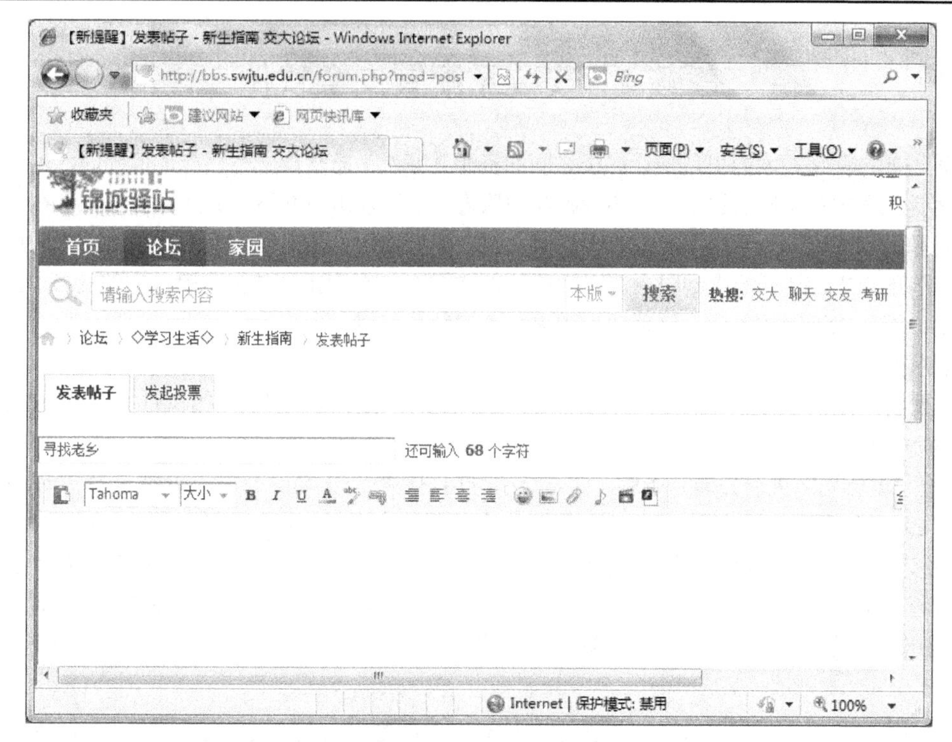


图 6-21　发表文章

【步骤 2】在阅读某篇文章的时候，也可直接对该文章进行回复：在打开的该文章内容窗口中单击“回复”命令，打开回复文章窗口，输入回复内容，单击“回复主题”命令即可，如图 6-22 所示。

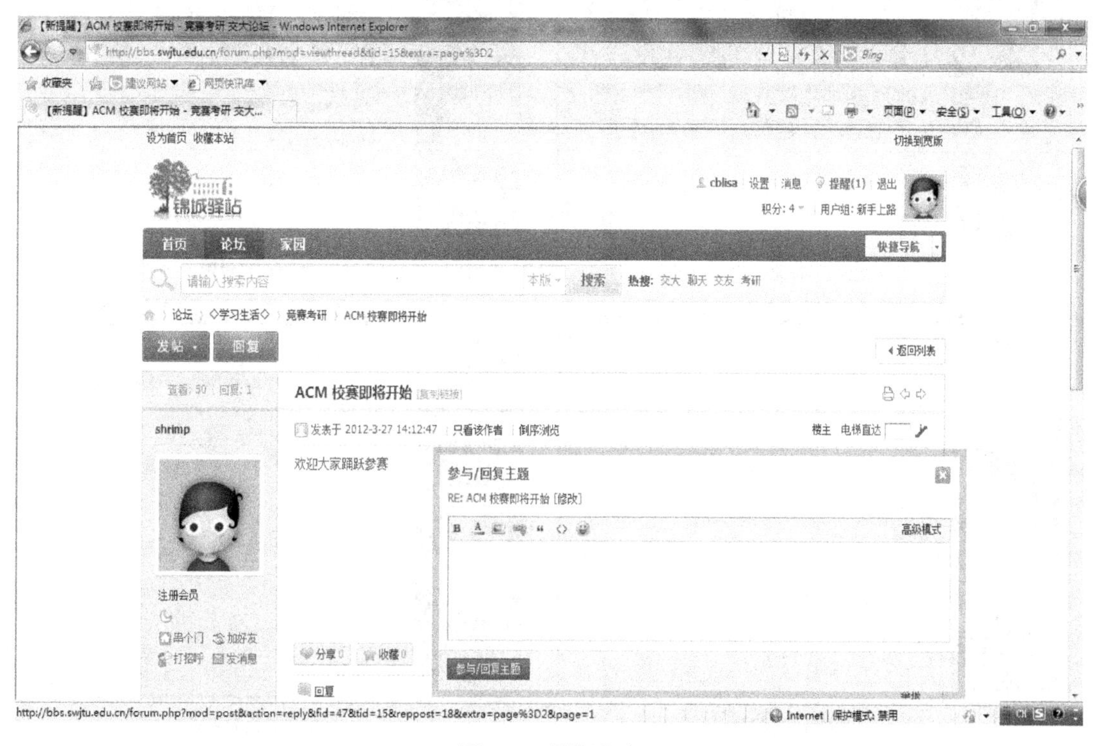


图 6-22　回复文章

# 任务 4　安装及配置安全软件

**背景说明：**网络技术的出现使计算机之间的资源共享及信息交换成为可能，但同时，网络也为病毒及黑客提供了生存及发展的平台，各种各样的病毒及黑客攻击为网络上的计算机带来了很多的、有的甚至是致命的损害。为了尽可能地减少这些危害，人们采用了杀毒软件来杀除网络传播的病毒，而要防止黑客的攻击，还需要用到防火墙。常用软件如 360 安全卫士（参见实验一中的任务 2）和天网防火墙等。这里以天网防火墙为例来学习防火墙的安装及使用。

**具体操作：**

【步骤 1】解压下载的天网防火墙软件“skynet27.rar”，鼠标双击解压后的执行文件 skynet270.exe，打开天网防火墙安装向导，并在安装向导的引导下完成天网防火墙的安装。

【步骤 2】天网防火墙安装完成后，向导会引导用户进行防火墙的设置，如图 6-23 所示。其中，图 6-23（a）安全级别设置：低、中、高三级的安全级别依次升高，如果选择自定义，则需要用户设置防火墙的安全规则；图 6-23（b）局域网信息设置：在该向导页面中选中“开机的时候自动启动防火墙”复选框，保证系统开机即进行安全保护；图 6-23（c）常用应用程序设置：在该页面设置防火墙允许哪些网络程序访问网络，选取默认设置，单击“下一步”命令按钮；图 6-23（d）完成防火墙的初始设置。

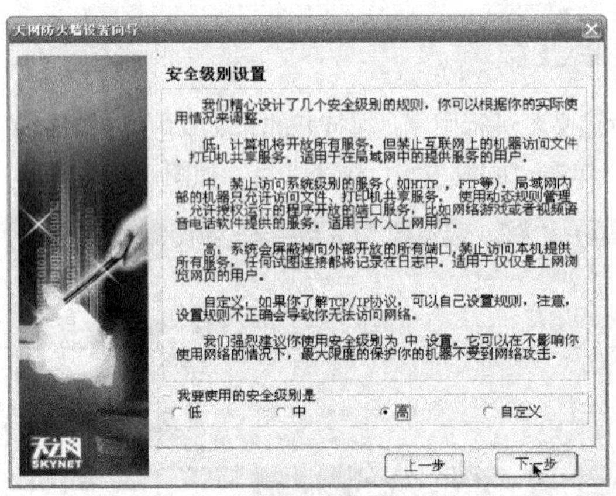


(a)安全级别设置

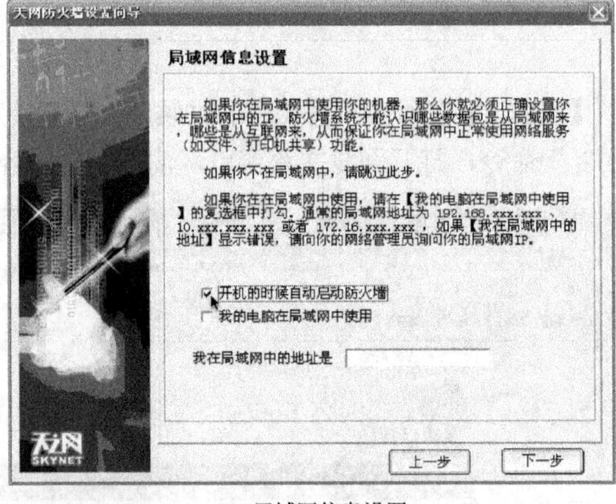


(b) 局域网信息设置

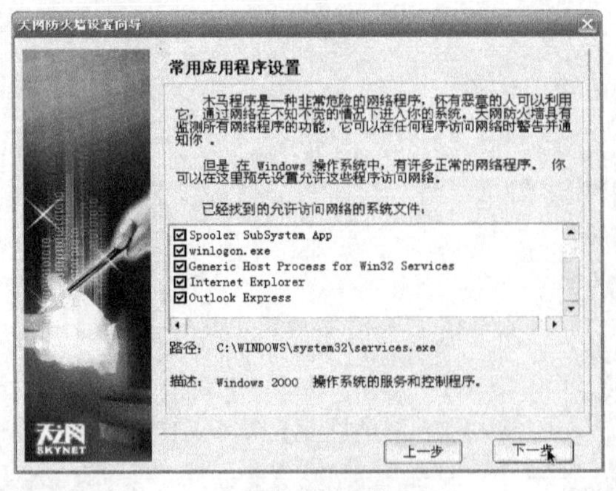


(c) 常用应用程序设置

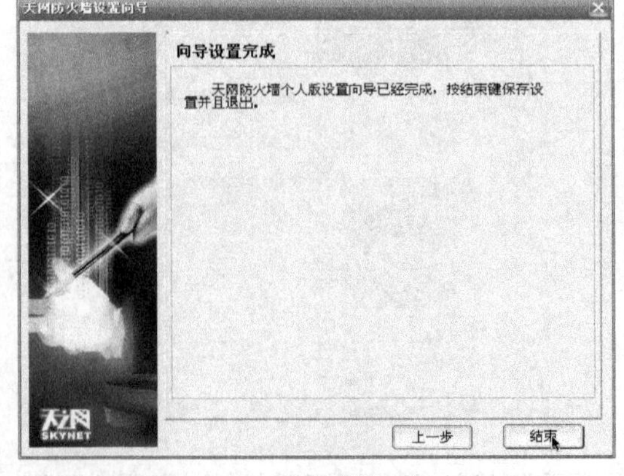


(d) 向导设置完成

图 6-23　向导会引导用户进行防火墙的设置

【步骤 3】重启计算机后，防火墙启动，对计算机进行实时保护。

【步骤 4】如果有攻击行为产生，防火墙会拦截非法的数据包，同时给出提示（其图标上出现一个叹号），双击该图标，打开防火墙页面窗口，将鼠标移到“日志”图标上，单击鼠标左键，打开日志记录下的攻击记录，如图 6-24 所示。

【步骤 5】如果某个网络应用程序在防火墙中没有安全规则记录，在使用该应用程序时，防火墙会弹出警告信息窗口（以使用 QQ 为例）。在该窗口中，选中“该程序以后都按照这次的操作运行”，并单击“允许”命令按钮，如图 6-25 所示，则 QQ 的使用被记入天网防火墙的安全规则，以后不会再出现此提示。

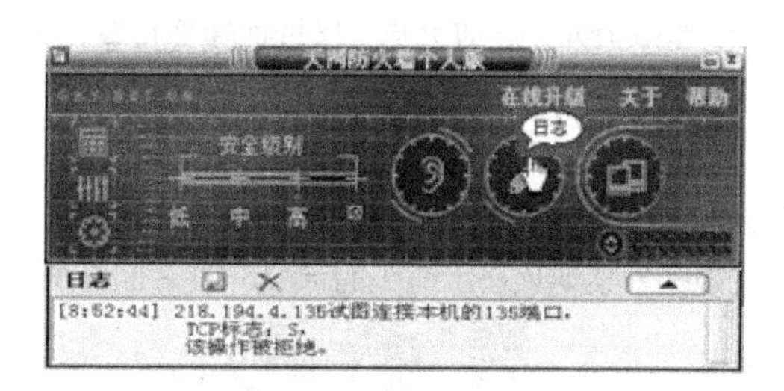


图 6-24　打开日志记录下的攻击记录

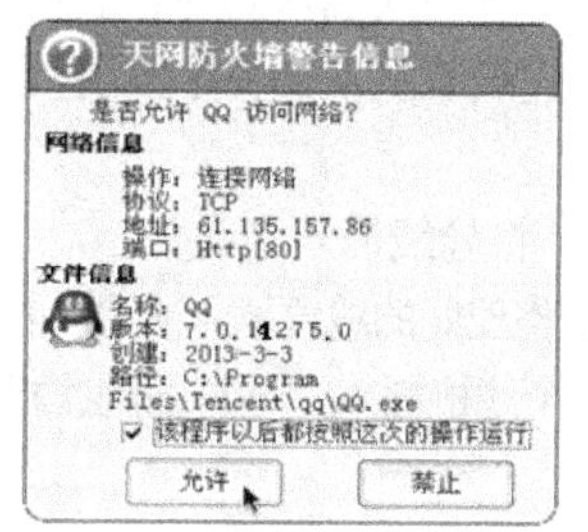


图 6-25　警告信息窗口

# 知识点　Internet 应用

主要内容包括：①组建对等网络；②代理技术简介；③防火墙简介。

## 1．组建对等网络

对等网络（Peer-to-Peer Networks）是指网络中没有专用的服务器（Server）、每一台计算机的地位平等、每一台计算机既可充当服务器又可充当客户机（Client）的网络工作模式。这里以基于 Windows 环境为例给出简要介绍。

1）硬件的连接与安装

建立对等网络物理连接所需的硬件除了计算机外还需要集线器或交换机、网卡、网线等。对等网络多采用集线器组成星形网络结构的硬件连接方案，如图 6-26 所示，在每一台计算机上安装一块网卡，使用双绞线连接集线器。

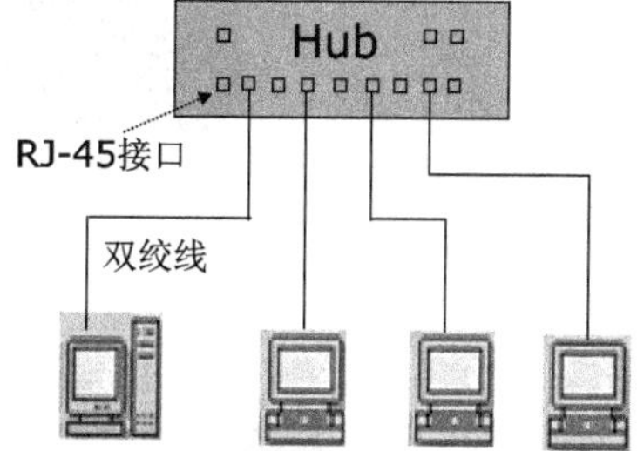


图 6-26　对等网络硬件连接示意图

（1）制作直通网线。

首先利用压线钳的剥线口把双绞线的外护套剥掉。将线头放入剥线专用的刀口，稍微用力握紧压线钳慢慢旋转，让刀口划开双绞线的外护套，然后把划开的这部分外护套去掉，如图 6-27 所示。

需要注意的是：压线钳挡位离剥线刀口长度一般为 2～3cm，这样可以避免剥线过长或过短。若剥线过长，绕开双绞线时比较麻烦，而且也浪费线缆；若剥线过短，则可能导致双绞线不能完全插到水晶头底部，造成水晶头插针不能与网线芯线完全接触，影响线路的通断和性能。

① 整理导线排列线序。

将四对线往四个方向解开，将 4 个线对的 8 条细导线逐一解开、理顺，然后按照规定的线序排列整齐。标准线序从左到右依次为：白橙色、橙色、白绿色、蓝色、白蓝色、绿色、白棕色、棕色，如图 6-28 所示。

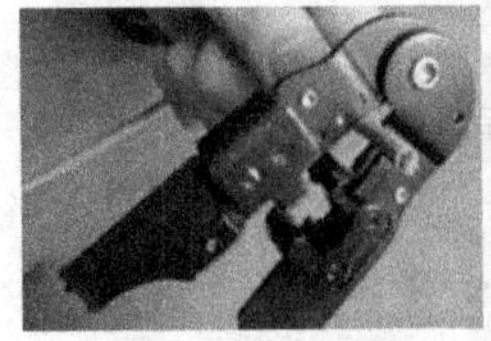
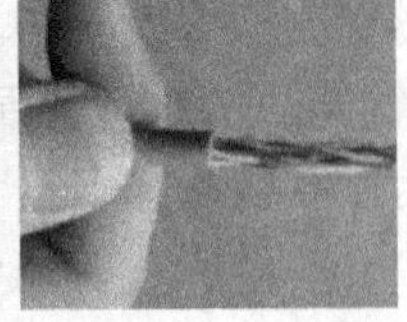

图 6-27 剥线

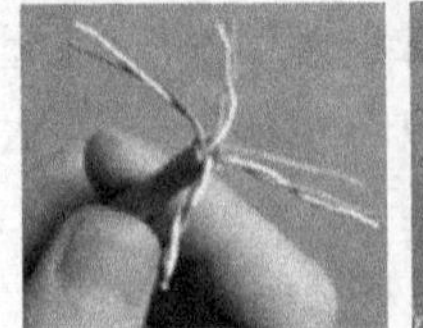
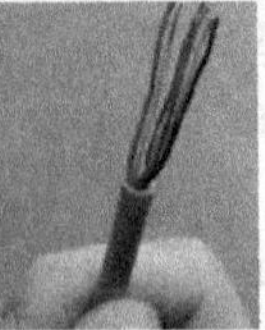

图 6-28 整理导线排列线序

② 裁剪导线。

利用压线钳的剪线刀口把线缆顶部裁剪整齐，保留的去掉外护套的部分约为 1.5cm，这个长度正好能将各细芯线插入到各自的线槽。如果该段留得过长，会增加串扰，而且会导致水晶头不能压住护套从而使线缆从水晶头中脱出，造成线路的接触不良甚至中断。裁剪之后，尽量把线缆按紧，如图 6-29 所示。

③ 将导线插入水晶头。

把整理好的线缆插入水晶头内。插入线缆的时候需要注意缓缓地用力把 8 条线缆同时沿 RJ-45 水晶头内的 8 个线槽插入，一直插到线槽的顶端，每一根线缆都紧紧地顶在水晶头的末端，如图 6-30 所示。

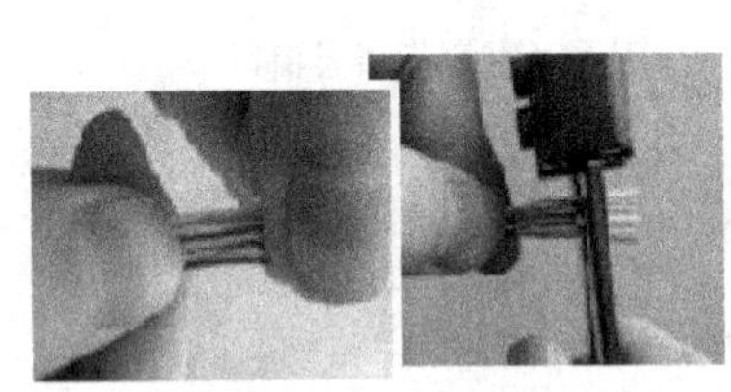

图 6-29 裁剪导线

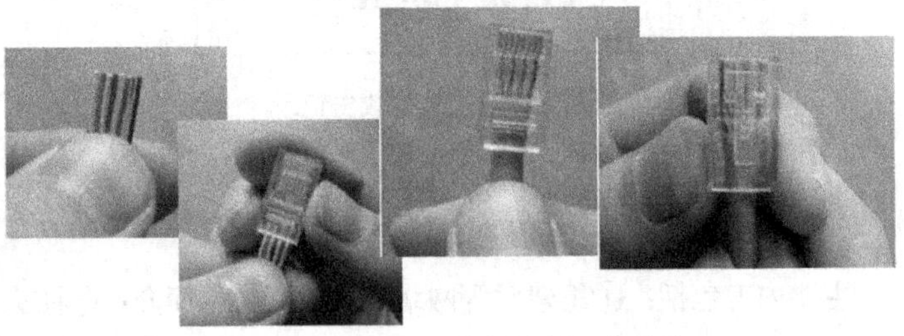

图 6-30 将导线插入水晶头

④ 压接水晶头。

把水晶头按正确方向插入压线钳的 8P 槽内。用力握紧线钳，压下，保持 3 秒钟左右，使得水晶头凸出在外面的针脚全部压入水晶头，刺穿双绞线芯线的塑料绝缘层并与铜导线充分接触，受力之后通常会听到轻微的“啪”一声。压接过程如图 6-31 所示。

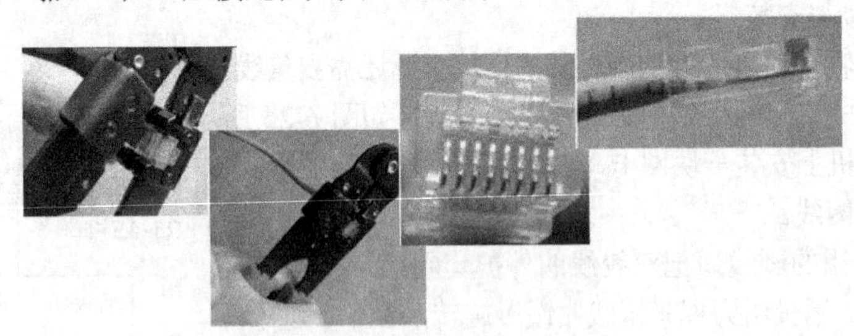

图 6-31 压接水晶头

图 6-32 测试直通网线

⑤ 测试直通网线。

将直通线两端的 RJ-45 水晶头插入测试仪的两个 RJ-45 接口之后，打开测试仪的电源按钮，在测试仪上两组各 8 个指示灯依次为绿色闪过，并且一一对应，此时就可以正常使用了。若在测试时出现任何一个灯为红灯或黄灯或不亮，便是有错接、短路、断路或接触不良等情况发生了，如图 6-32 所示。

（2）安装网卡。

① 拆除 PCI 插槽挡板。

拆除主机箱侧面的挡板，可看到内部主板上的 PCI 插槽，如图 6-33 所示。

② 插入网卡。

将网卡的 PCI 接口与 PCI 插槽对准，双手垂直推入，如图 6-34 所示，直到完全插紧，然后拧上螺丝。

图 6-33 未插接器件的 PCI 插槽

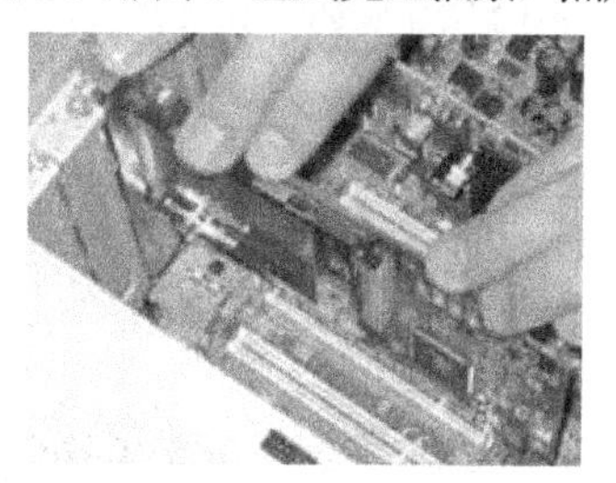

图 6-34 在 PCI 插槽上插入网卡

③ 安装网卡驱动程序。

将网卡插入计算机主板的插槽上后，由于现在的网卡大部分具有即插即用（PnP）的功能，而 Windows 系统又具有即插即用功能，所以在安装网卡驱动程序时基本上不需要用户进行手动安装，系统会自动搜索新硬件并安装其驱动程序。如果系统提示找不到网卡的驱动程序，就需要进行手动安装。

安装完成后，在任务栏的右侧看到了一个网络连接提示的图标，如图 6-35 所示，因为目前没有连接网络电缆，所以在该图标上有个红色的叉标记。

（3）连接网线。

用上述制作的网线一端接在计算机的网卡上，另外一端接在交换机的端口上，将计算机的网卡和交换机连接起来。连接好后看到计算机桌面的任务栏右侧出现了一个表示网络已连接上的图标，如图 6-36 所示。

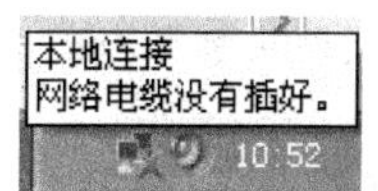


图 6-35 网络连接提示图标

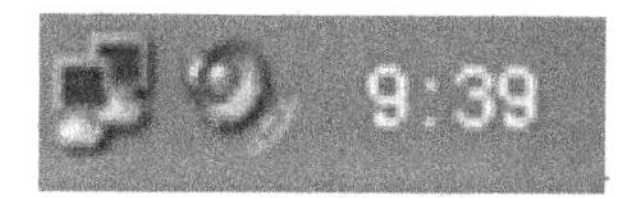


图 6-36 任务栏中表示网络已连接的图标

2）软件的安装与配置

（1）安装网卡驱动程序。

【步骤 1】选择“开始→计算机”命令，在打开的窗口中单击右键，在弹出的快捷菜单中选择“属性”，弹出“系统”窗口，如图 6-37 所示。

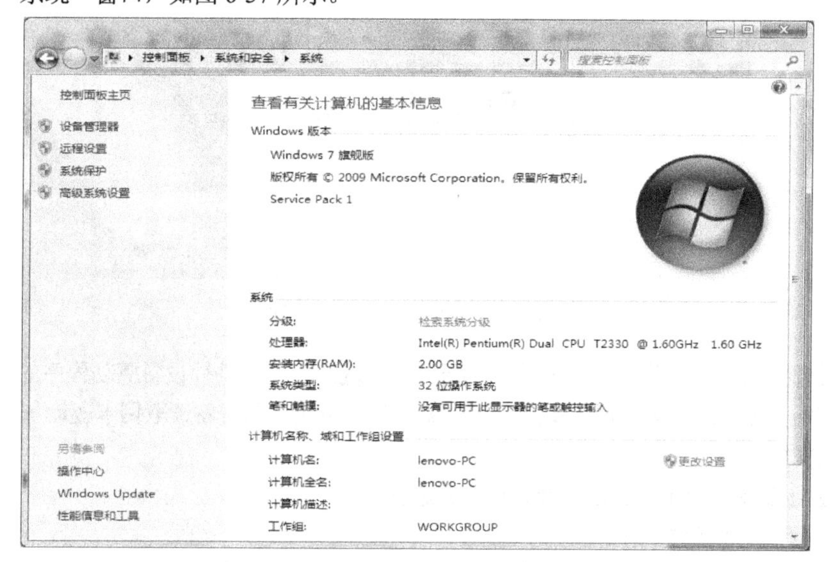


图 6-37 “系统”窗口

【步骤2】在“系统”窗口中选择“设备管理器”，如图6-38所示。

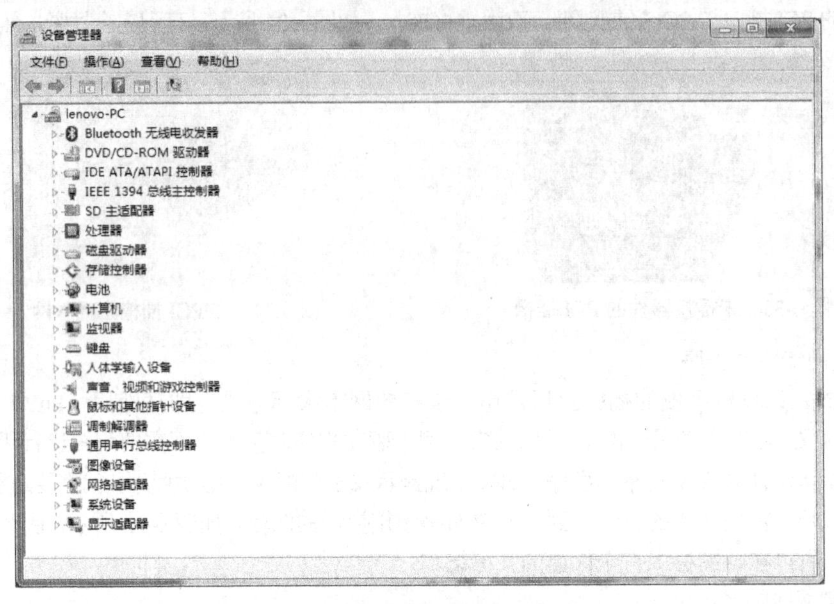


图6-38 “设备管理器”窗口

【步骤3】在“设备管理器”窗口中，选择“网络适配器”，其中出现未知设备图标，选中该图标后单击鼠标右键，在弹出的快捷菜单中选择“更新驱动程序”，弹出“硬件安装向导”程序，如图6-39所示。

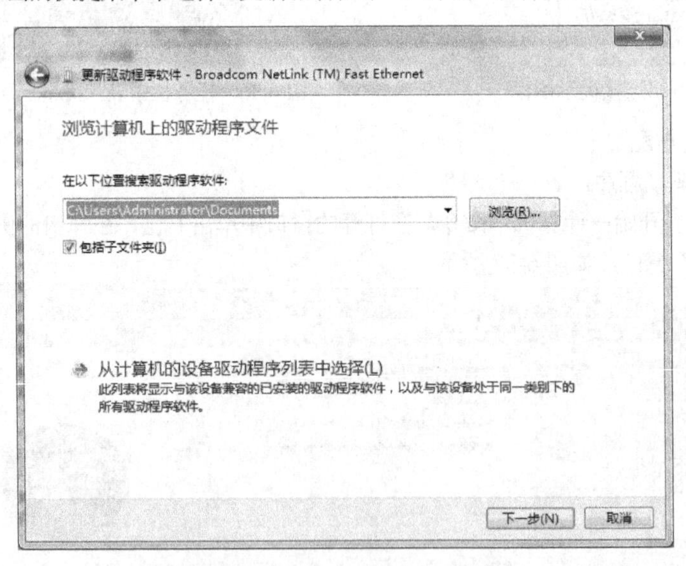


图6-39 “硬件安装向导”程序

【步骤4】根据向导程序提示进行安装。根据网卡制造商和型号进行设备驱动程序的安装。将存有网卡驱动程序的光盘等放入驱动器，单击“从磁盘安装”按钮，系统将读取网卡驱动程序，并把它们安装到特定的文件夹下。

【步骤5】按照系统提示重新启动计算机，完成安装。

（2）检查网卡是否正常工作。

单击“设备管理器”按钮，从“设备管理器”对话框中单击设备目录树中“网卡”对应的节点“+”

号，将其展开，找到已安装的网卡，如图 6-40 所示。 如果刚才安装的网卡出现在“网卡”的目录下且有一绿色的网卡图标，表明网卡驱动程序已成功安装，可以继续进行后面的网卡配置。如果网卡图标上有一带黄色圆圈的“！”符号，则说明系统找到了网卡，但网卡不能正常工作；如果网卡前面有一红色“×”符号，则说明系统无法识别出网卡。

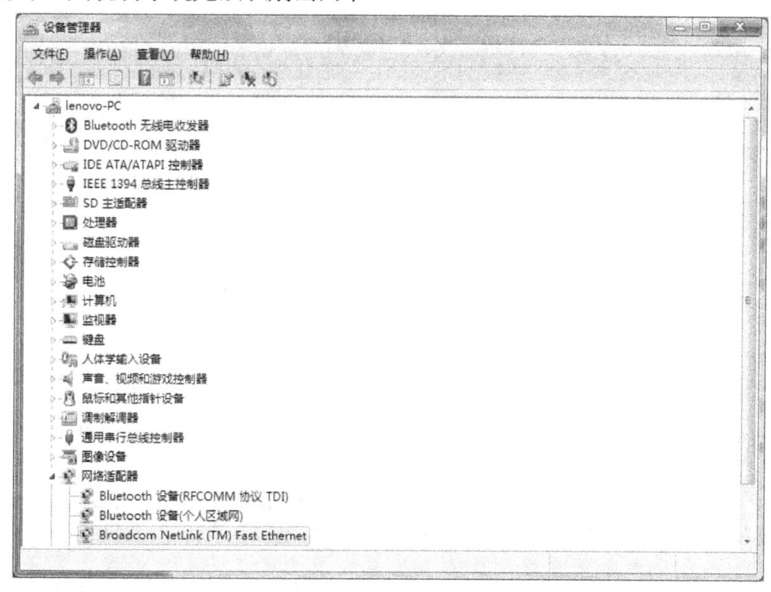


图 6-40　“设备管理器”窗口中显示已经安装好的网卡

（3）安装协议。

① 检查 TCP/IP 协议是否安装。

单击任务栏右下角的“网络连接”图标，选择“打开网络和共享中心”选项，打开“网络和共享中心”窗口，如图 6-41 所示。然后，单击“本地连接”，在弹出的窗口中选择“属性”，如图 6-42 所示。

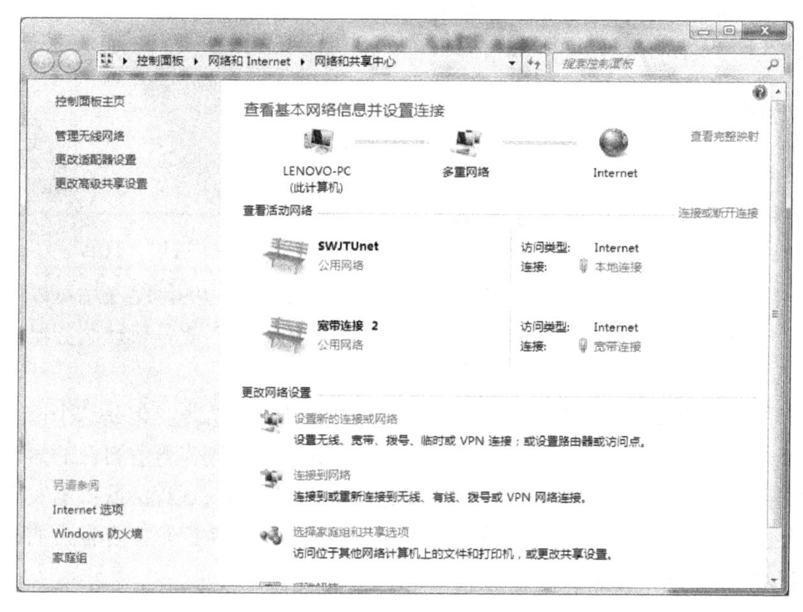


图 6-41　网络和共享中心

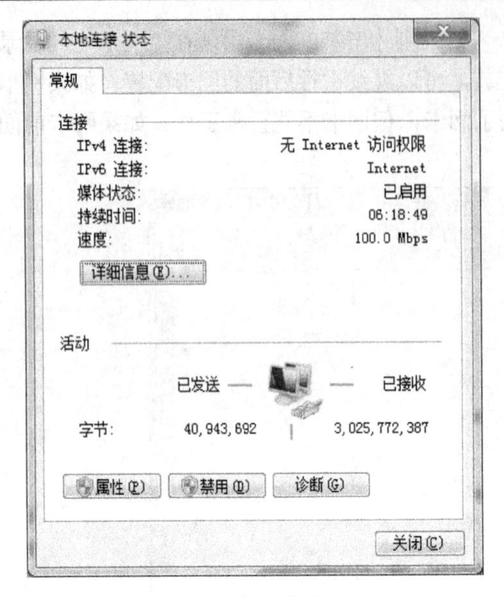


图6-42　网络和共享中心

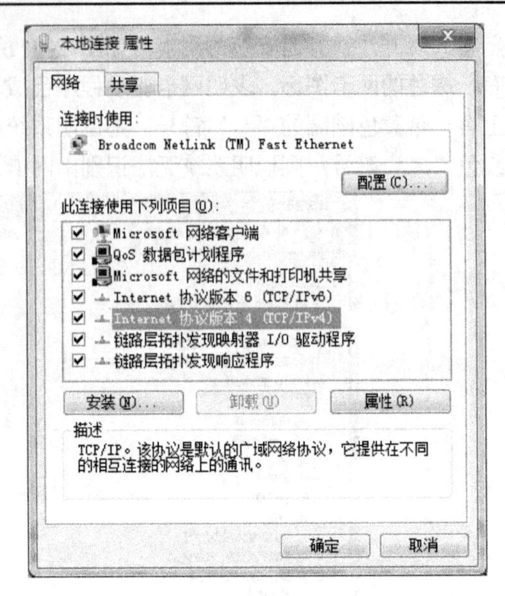


图6-43　在“本地连接”的快捷菜单中选择“属性”

② 配置TCP/IP协议。

TCP/IP协议安装之后一般要进行配置，具体方法如下。

在“本地连接属性”对话框中，选中“Internet协议版本4（TCP/IPv4）”选项，单击“属性”按钮，弹出“Internet 协议（TCP/IP）属性”对话框，如图6-44所示。在该对话框中设置相应的IP地址、子网掩码。如果IP地址采用自动分配，可以选择“自动获得IP地址”选项。以上配置完成后，单击“确定”按钮即可，无须重新启动系统。完成上述操作后，即可正常拨号上网了。

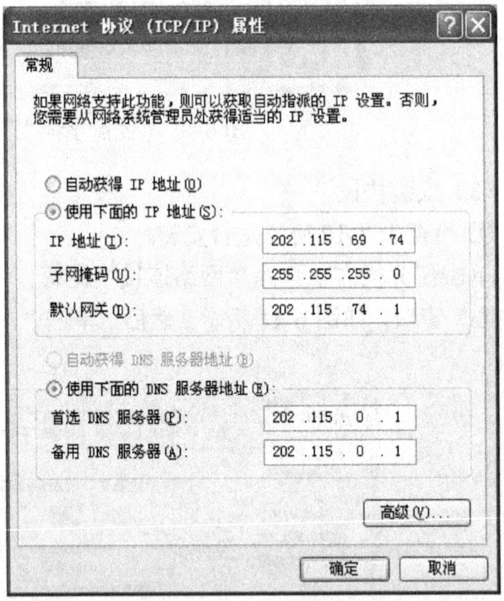

图6-44　“Internet 协议（TCP/IP）属性”对话框

## 2. 代理技术简介

代理技术主要采用代理服务器（Proxy Server）技术。代理服务器是用户计算机与Internet之间的中间代理机制，它采用客户机/服务器工作模式。其主要思想就是在两个网络之间设置一个“中间检查站”，两边的网络应用可以通过这个检查站相互通信，但是它们之间不能越过它直接通信。这个“中间检查站”就是代理服务器，它运行在两个网络之间，对网络之间的每一个请求进行检查。

代理服务器的工作原理如图6-45所示：请求由客户端向服务器发起，但是这个请求要首先被送到代理服务器；代理服务器分析请求，确定其是否合法，如果合法，则先查看自己的缓存中有无要请求的数据，有就直接传送给客户端，否则再以代理服务器作为客户端向远程的服务器发出请求；远程服务器的响应也要由代理服务器转交给客户端，同时代理服务器还将响应数据在自己的缓存中保留一份拷贝，以备客户端下次请求时使用。

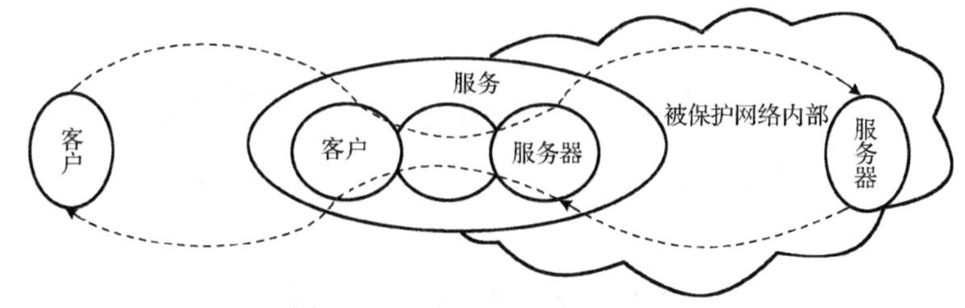


图6-45 代理服务器的工作原理

代理技术可以在不同的网络层次上进行。主要的实现层次在应用层和传输层，相应的代理分别称为应用级代理和电路级代理。

1）应用级代理

应用级代理也称为应用级网关，它主要工作在应用层。它检查进出的数据包，通过自身（网关）复制传递数据，防止在内部网主机与Internet主机间直接建立联系。

应用级代理对不同的应用具有很强的针对性和专用性。常用的代理服务软件有HTTP、SMTP、FTP、Telnet等，如图6-46所示。它的优点是能够有效地实现网络内外计算机系统的隔离，提升内部网的安全性，还可用于实施对数据流监控、过滤、记录和报告等功能。它的主要缺点是增加了开销、降低了网络性能。

2）电路级代理

电路级代理也称为电路级网关，它主要工作在传输层。它需要建立两个连接，其中一个连接是网关到内部主机，另一个是网关到外部主机，如图6-47所示。一旦两个连接被建立，网关只简单地进行数据中转，即它只在内部连接和外部连接之间来回复制字节，并将源IP地址转换为自己的地址，使得外界认为是网关和目的地址在进行连接。

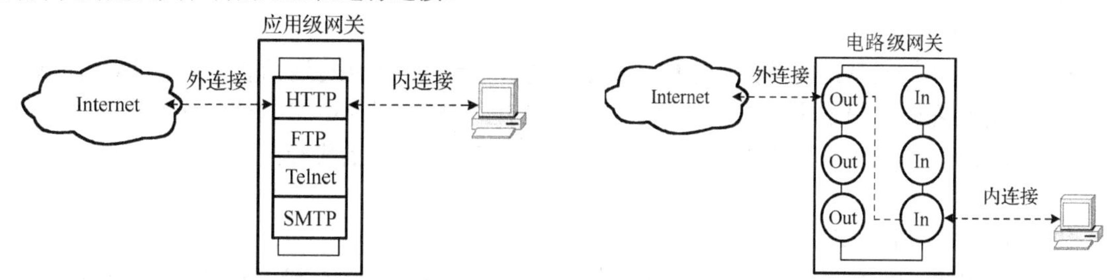


图6-46 应用级代理工作原理示意图　　图6-47 电路级代理工作原理示意图

电路级代理的优点是提供网络地址转换NAT（Network Address Translator），在使用内部网络地址机制时为是否加入一些安全机制提供了很大的灵活性。它的主要缺点是易受IP欺骗类的攻击；由于在会话建立连接后不再对所传输的内容做进一步的分析，因此存在一定的安全隐患。

## 3. 防火墙简介

防火墙是指由计算机硬件和软件组成的一个系统，并且通过这个系统在内部网与Internet之间建立一个安全网关，其主要功能就是控制对受保护网络的非法访问，一方面尽可能对外屏蔽网络内部的信息、结果和运行状态，另一方面对内屏蔽外部站点，防止不可预测的、潜在的破坏性侵入。防火墙概念模型如图6-48所示。

按照防火墙对内外来往数据的处理方法，大致可以将防火墙分为两大体系：包过滤防火墙和代理防火墙。前者以Checkpoint防火墙和Cisco公司的PIX防火墙为代表，后者以NAI公司的Gauntlet防火墙为代表。两大体系性能的比较如表6.1所示。

图 6-48 防火墙概念模型示意图

**表 6.1 防火墙两大体系性能的比较**

| | 包过滤防火墙 | 代理防火墙 |
|---|---|---|
| 优点 | 工作在IP和TCP层，所以处理包的速度快，效率高；<br>提供透明的服务，用户不用改变客户端程序 | 不允许数据包直接通过防火墙，避免了数据驱动式攻击的发生，安全性好；<br>能生成各项记录；能灵活、完全地控制进出的流量和内容；<br>能过滤数据内容 |
| 缺点 | 定义复杂，容易出现因配置不当带来的问题；<br>允许数据包直接通过，容易造成数据驱动式攻击的潜在危险；<br>不能彻底防止地址欺骗；<br>包中只有来自哪台机器的信息，不包含来自哪个用户的信息，不支持用户认证；<br>不提供日志功能 | 对于每项服务代理可能要求不同的服务器；<br>速度较慢；<br>对用户不透明，用户需要改变客户端程序；<br>不能改进底层协议的安全性 |

防火墙的体系结构即防火墙系统实现所采用的架构及其实现所采用的方法，它决定着防火墙的功能、性能以及使用范围。防火墙可以被设置成许多不同的结构，并提供不同级别的安全，其维护运行的费用也各不相同。

（1）屏蔽路由器防火墙。

防火墙最基本、也是最简单的技术就是数据包过滤。具有数据包过滤功能的路由器称为屏蔽路由器，屏蔽路由器防火墙结构如图 6-49 所示。它除具有路由功能之外，还安装了分组/包过滤软件，可以决定对到来的数据包是否要进行转发。这种防火墙能够以较小的代价在一定程度上保证系统的安全。

（2）双宿主主机防火墙。

双宿主主机是一台有两块 NIC 的计算机，每一块 NIC 各有一个 IP 地址。双宿主主机防火墙结构如图 6-50 所示。显然，内外网络之间的 IP 数据流被双宿主主机完全切断。

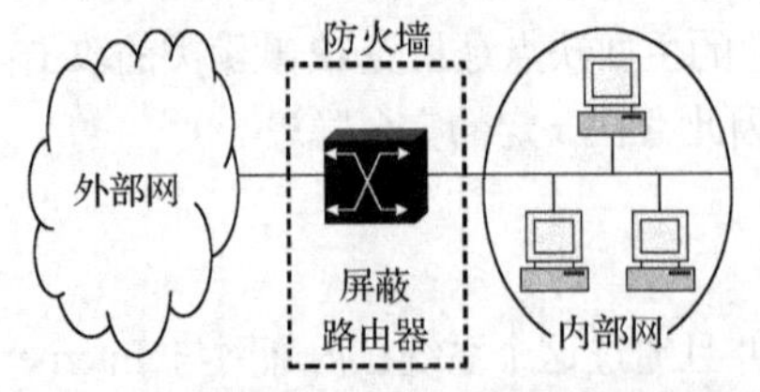


图 6-49 路由过滤式防火墙结构示意图

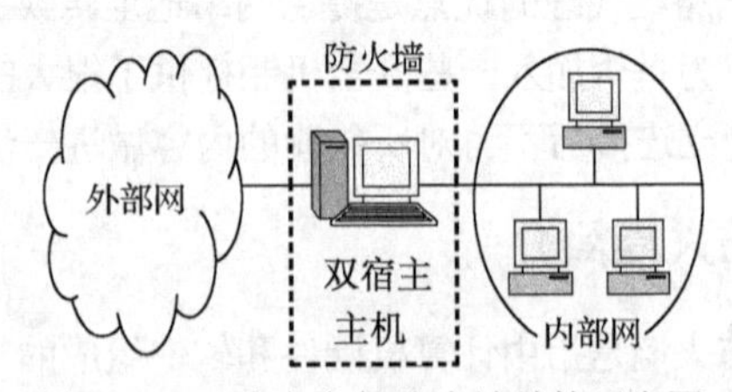


图 6-50 双宿主主机防火墙结构示意图

双宿主主机防火墙的特点是：双宿主主机是外网用户进入内网的唯一通道，因此双宿主主机的安全至关重要。如果入侵者得到了双宿主主机的访问权，内网就会被入侵，所以为了保证内网的安全，双宿主主机应具有强大的身份识别系统，才可以阻挡来自外部不可信网络的非法登录。双宿主主机是外部用户访问内部网络系统的中间转接点，所以它必须支持很多用户的访问，因此，双宿主主机的性能非常重要。

（3）屏蔽主机防火墙。

屏蔽主机防火墙由一个带数据分组过滤功能的路由器和一台堡垒主机构成，实现了网络层和应用层安全，提供的安全等级较高。屏蔽主机防火墙结构如图 6-51 所示。

堡垒主机是专门暴露在外部网络上的一台计算机，是外网上唯一能够连接到内网上的主机系统，面对着大量恶意攻击的风险；同时，堡垒主机与内部网络又是隔离的，它不知道内部网络上其他主机的任何系统细节，如内部主机的身份认证服务和正在运行的程序的细节，即便遭到攻击也不至于殃及内部网络。因此，必须强化对它的保护，使风险降至最小。堡垒主机通常提供公共服务，如邮件服务、WWW 服务、FTP 服务、DNS 服务等。过滤路由器的意义在于强迫所有达到路由器的数据包发送到堡垒主机上。

而如果堡垒主机被入侵或者路由器被损坏，则整个网络对入侵者就是开放的。因此，堡垒主机需要拥有高等级的安全。

一般来说，屏蔽主机结构能提供比双宿主主机结构更好的安全性和可用性。

（4）屏蔽子网防火墙。

屏蔽子网防火墙就是在屏蔽主机结构中再增加一台路由器的安全机制。增加的这台路由器能够在内部网和外部网之间构筑一个安全子网，从而使得内部网与外部网之间有两层隔断。要想入侵这种体系结构构筑的内部网络，必须通过两个路由器，即使入侵者已经入侵堡垒主机，还必须通过内部路由器。屏蔽子网防火墙结构如图 6-52 所示。

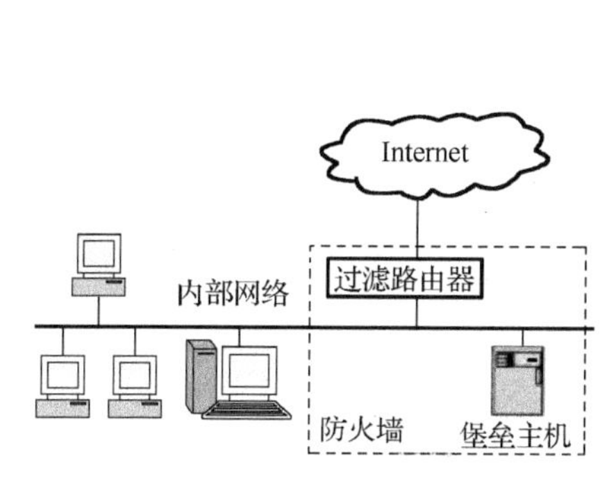


图 6-51　屏蔽主机防火墙结构示意图

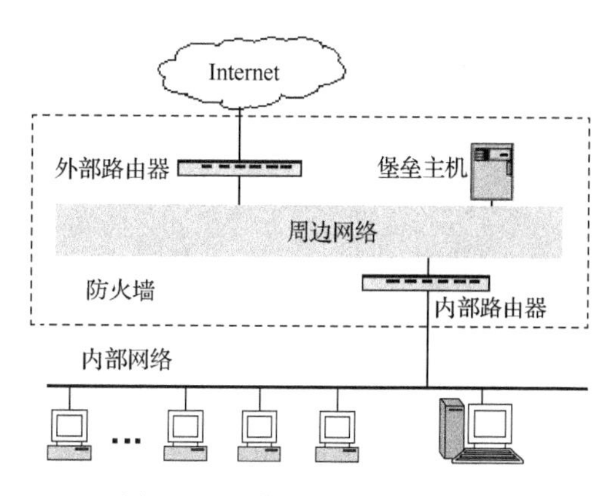


图 6-52　屏蔽子网防火墙结构示意图

① 周边网络。

周边网络是另一个安全层，是在外部网络与用户被保护的内部网络之间的附加网络。堡垒主机、信息服务器、调制解调器组以及其他公用服务器放在周边子网中。如果入侵者侵入到周边网络中的堡垒主机，也只能看到周边网络中的信息流，而看不到内部网的信息流，因此，即使堡垒主机受到损害也不会危及内部网的安全。

② 内部路由器。

内部路由器（有时被称为阻塞路由器）保护内部的网络使之免受来自 Internet 和周边网络的侵犯。内部路由器为用户的防火墙执行大部分的数据包过滤工作。它管理周边子网与内部网络之间的访问，内部系统只能访问到堡垒主机，通过堡垒主机向外部网发送数据包。

③ 外部路由器。

外部路由器有时也称为访问路由器，起着保护周边网和内部网免受来自 Internet 攻击的作用。它管理外部网到周边子网的访问。外部系统只能访问到堡垒主机，通过堡垒主机向内部网传送数据包。

（5）个人防火墙。

个人防火墙是安装在PC系统里的一段“代码墙”，它把个人计算机和Internet分隔开。它检查到达防火墙两端的所有数据包，无论是进入还是发出，从而决定该拦截这个包还是将其放行。也就是说，它在不妨碍你正常上网浏览的同时，阻止Internet上的其他用户对你的计算机进行非法访问。一个好的个人防火墙必须具有低的系统资源消耗、高的处理效率，具有简单易懂的设置界面，具有灵活而有效的规则设定。

常用的个人防火墙有：360安全卫士、瑞星个人防火墙、卡巴斯基个人版、金山毒霸、江民防火墙、诺顿防火墙、天网防火墙等。

# 实验七　网 页 制 作

**目标：** 1. 熟练掌握 Dreamweaver 的基本操作；
2. 掌握使用 Dreamweaver 创建和管理本地站点；
3. 掌握在网页中插入文本、图像、超级链接和图像热点的基本操作；
4. 掌握使用 CSS 样式美化网页；
5. 掌握使用表格对网页进行布局。

**任务：** 1. 制作简单的文本网页；
2. 使用表格规范网页布局；
3. 使用 CSS 美化网页，规范网页总体格式。

## 任务 1　制作简单的文本网页

**背景说明：**在信息技术飞速发展的今天，上网已经成为人们获取信息的一个非常重要的途径。随着 Internet 技术的不断发展，网页也从以前单纯的文本形式发展到了包含文本、图像、声音、动画以及视频的多媒体形式。制作页面的方法很多：熟练的计算机专业人员可直接使用文本编辑器通过编写 HTML 语言来制作网页；非专业人员可使用专门的网页制作工具进行页面制作。目前市面上已有的制作网页的工具很多，常见的有 Dreamweaver、Websphere Homepage Builder 等。这里，我们采用 Dreamweaver 这种最常用的工具学习制作简单的文本网页。

**具体操作：**任务 1 由 5 个子任务组成。

**子任务 1：创建和管理本地站点。**

在使用 Dreamweaver 制作网页前，为了便于管理网页文档，减少代码中的路径或者链接错误，需要先创建一个本地站点。在制作站点的过程中，可以将站点的网页文档保存在站点的目录下，以便于浏览和管理。新手在学做网站时，往往不善于管理站点的文件夹，要么把所有文件都放在一个文件夹内，要么文件东一个、西一个，缺乏管理。建议在站点根目录下创建几个文件夹用于存放分类的文件，例如，使用 img 文件夹存放图片文件，使用 config 文件夹存放网站的配置文件，等等。如果网站的内容比较多，还可以针对网站的不同栏目创建不同的文件夹。

【步骤 1】选择菜单“站点”中的“新建站点”，打开新建站点的向导对话框，首先是如图 7-1 所示的“未命名站点 1 的站点定义为”对话框，在“您打算为您的站点起什么名字？”文本框中输入新建站点的名称“MyWebsite”，输入名称时，对话框的名称也变为“MyWebsite 的站点定义为”。

【步骤 2】单击“下一步”按钮，进入向导的下一个对话框，如图 7-2 所示，询问用户是否打算使用服务器技术。如果创建的是静态网站，则选择“否”；如果创建的是动态网站，则选择“是”。

【步骤 3】单击“下一步”按钮，进入向导的下一个对话框，如图 7-3 所示，设置在开发过程中如何使用文件以及文件的存储位置，选中“编辑我的计算机上的本地副本，完成后再上传到服务器（推荐）”，并选择网站文件存储在计算机中的位置。

【步骤 4】单击“下一步”按钮，进入向导的下一个对话框，如图 7-4 所示，设置如何连接到远程服务器，选择“无”，制作完站点后再上传。

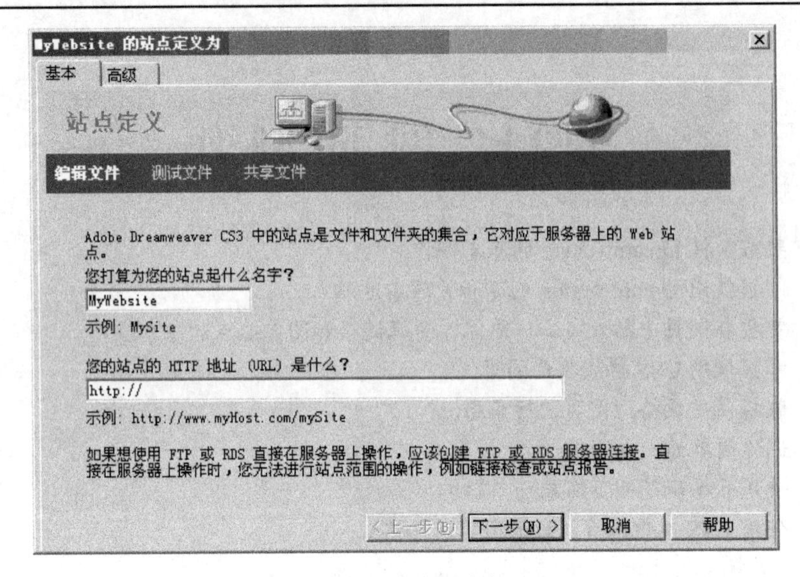


图 7-1　命名新站点

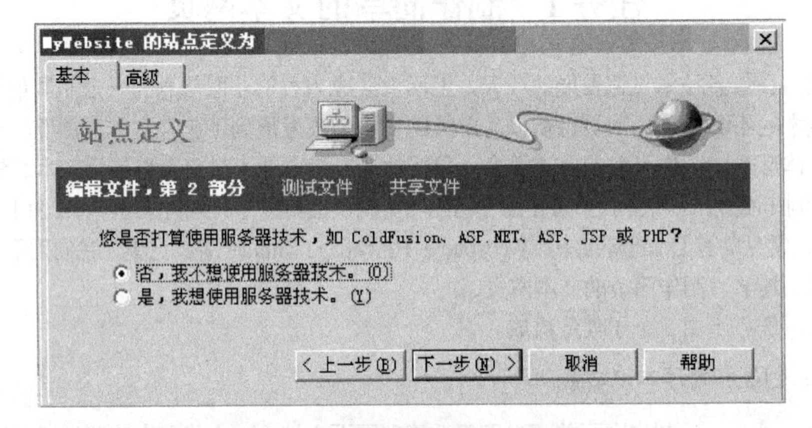


图 7-2　选择是否使用服务器技术

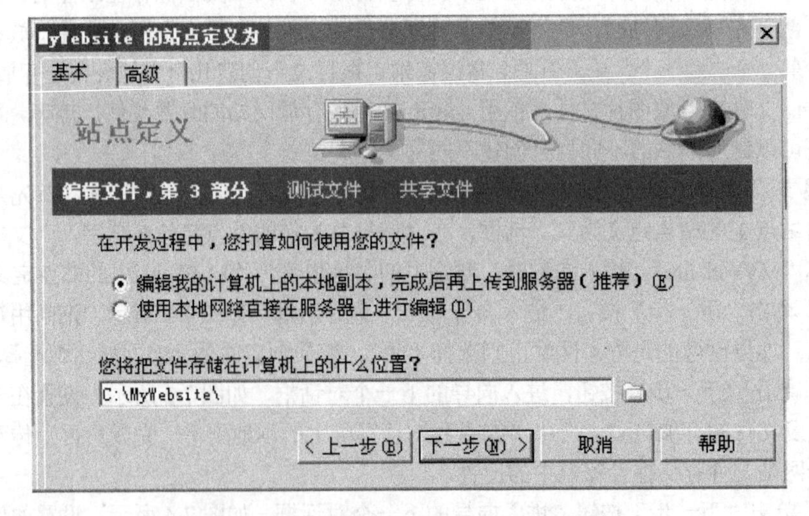


图 7-3　选择如何使用文件以及文件的存储位置

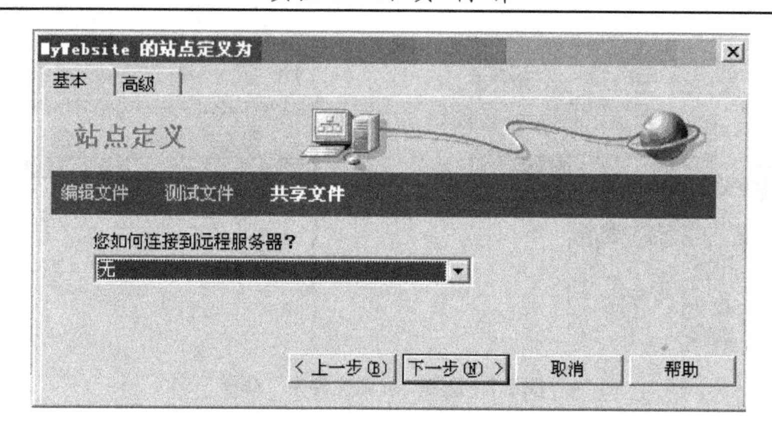


图 7-4　选择如何连接到远程服务器

【步骤 5】单击“下一步”按钮，进入向导的最后一个对话框，如图 7-5 所示，提示用户站点已经创建完毕，并显示了创建的站点的一些基本信息，单击“完成”按钮结束站点的创建。

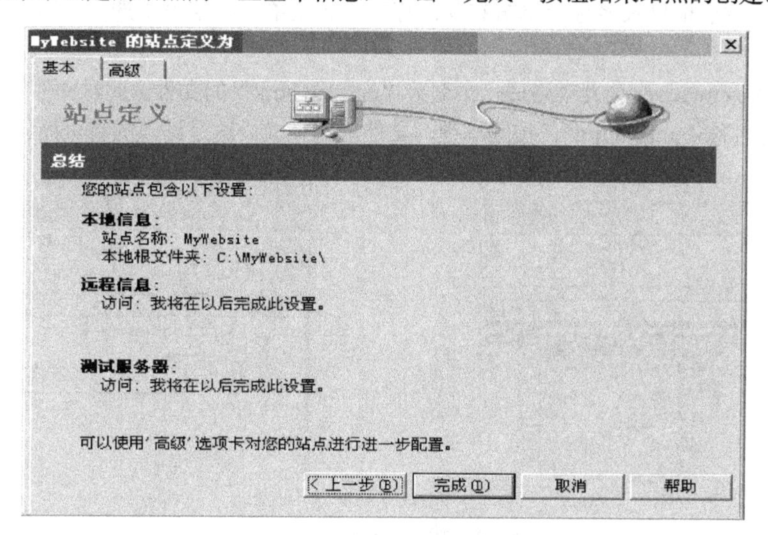


图 7-5　新站点创建完毕

【步骤 6】选择菜单“站点”中的“管理站点”，打开如图 7-6 所示的“管理站点”对话框，其中列出了 Dreamweaver 中的所有站点，在左边的列表框中选中要管理的站点，然后单击右边的“编辑”、“复制”、“删除”等按钮进入相应的操作，在这个对话框中也同样可以进入新建站点的向导。

图 7-6　“管理站点”对话框

**子任务 2：创建网页。**

新建网页文件可以通过两种操作方式来实现，一种是使用菜单“文件”中的“新建”命令来实现，另一种是通过“文件”面板来实现。另外，在“文件”面板中还可以新建文件夹，以便更好地分类管理站点中的各类文件。

【步骤 1】选择菜单“窗口”中的“文件”命令，打开“文件”面板。在站点根目录名称上单击右键打开如图 7-7 所示的快捷菜单，在菜单中选择“新建文件夹”命令。

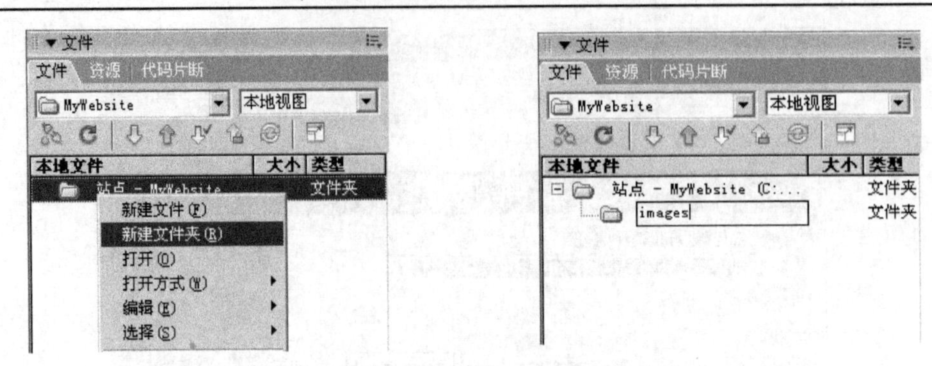


图 7-7 选择“新建文件夹”命令

【步骤 2】Dreamweaver 会自动生成一个名为“untitled”的文件夹，此时文件夹名称处于可编辑的状态，输入文件夹名称“images”，按回车键，文件夹即创建完成。后面我们将用这个文件夹存放网站中的图片文件。

【步骤 3】在站点根目录名称上单击右键，打开快捷菜单，在菜单中选择“新建文件”命令，如图 7-8 所示。

【步骤 4】Dreamweaver 会自动生成一个名为“untitled.html”的文件，此时文件的名称处于可编辑状态，输入文件名称“index.html”，按回车键，文件创建完成。这是站点的首页面。

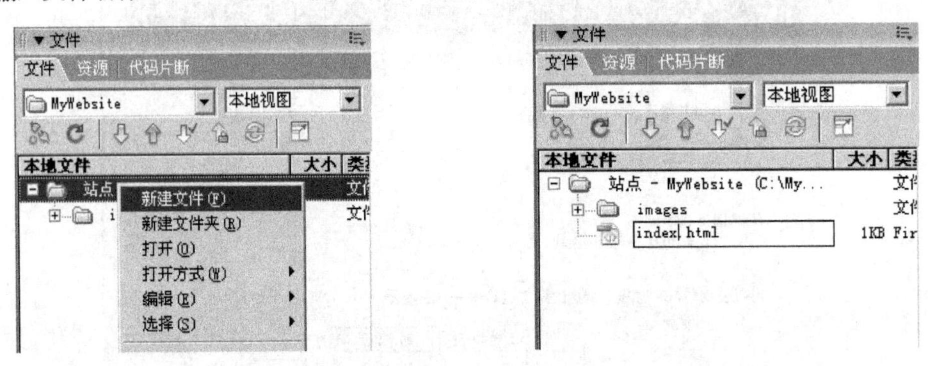


图 7-8 选择“新建文件”命令

【步骤 5】在“文件”面板中双击 index.html 文件，Dreamweaver 会在左边的编辑区内打开该网页文件，单击“代码”、“拆分”和“设计”按钮，可以将编辑窗口分别切换到代码视图、拆分视图和设计视图。如图 7-9 所示为空白的 index.html 处于拆分视图下的状态，在该视图下可以看到网页文件的代码视图和设计视图。

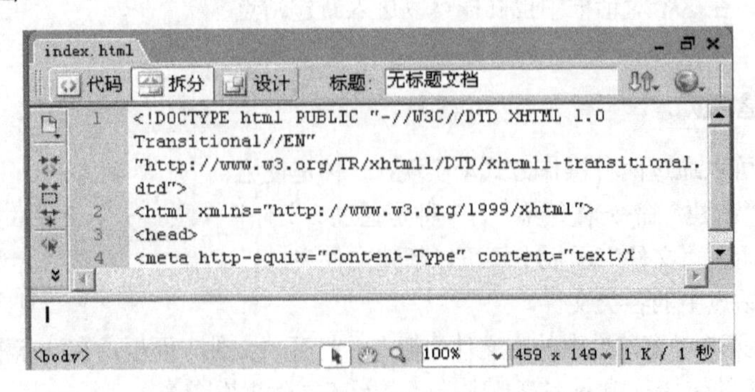


图 7-9 按拆分视图显示的空白网页文件

**子任务 3：在网页中插入文本并进行格式的设置。**

文本是网页的重要组成元素之一，是传递信息的主要来源。因此，在网页中插入文本是学习网页制作的基本操作。插入文本后，要对文本进行格式设置，起到美化和强调文本的目的。

【步骤 1】如图 7-10 所示为 index.html 的拆分视图，单击下面的设计视图，光标就会移动到设计视图中，通过键盘可以直接输入文字。在输入文字的过程中，上面的代码视图会发生相应的变化。

【步骤 2】如图 7-11 所示为文本的“属性”面板，用于设置文本的属性，包括文本的格式、字体、样式、大小、颜色、形态、段落格式等。使用“属性”面板对图 7-10 中的文本进行设置。将每项标题字体设置为“华文新魏”，字体大小为 20 像素，粗体。将每项内容字体设置为“华文中宋”，字体大小为 20 像素，颜色为“#3300FF”。

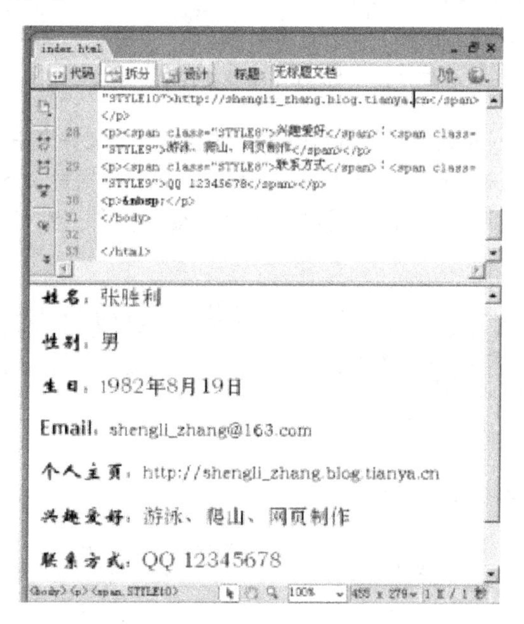


图 7-10　在网页文件中输入文本

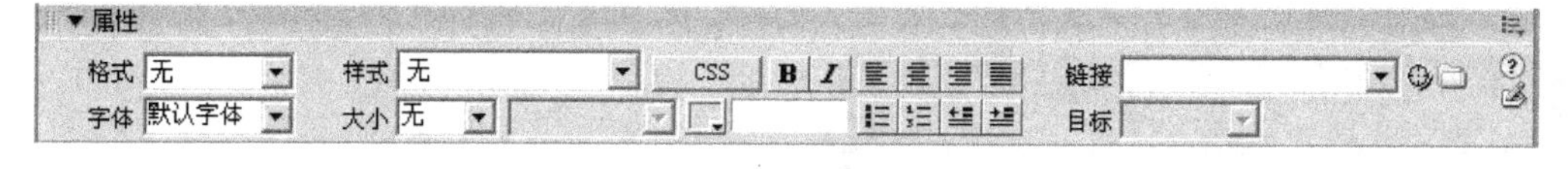


图 7-11　文本的“属性”面板

**子任务 4：在网页中插入图像并进行格式的设置。**

图像也是网页中的重要组成元素，在网页中插入适当数量的与网页主题相符合的图片，能够起到传递信息和美化页面的作用。图像的色彩和风格要与文本的色彩风格相融合，从而确定网页的风格。

【步骤 1】单击“插入”栏中“常用”标签上的“图像”按钮，如图 7-12 所示，此时会弹出如图 7-13 所示的“选择图像源文件”对话框，选择要插入的图像文件，可进行预览。

图 7-12　单击插入图像的按钮

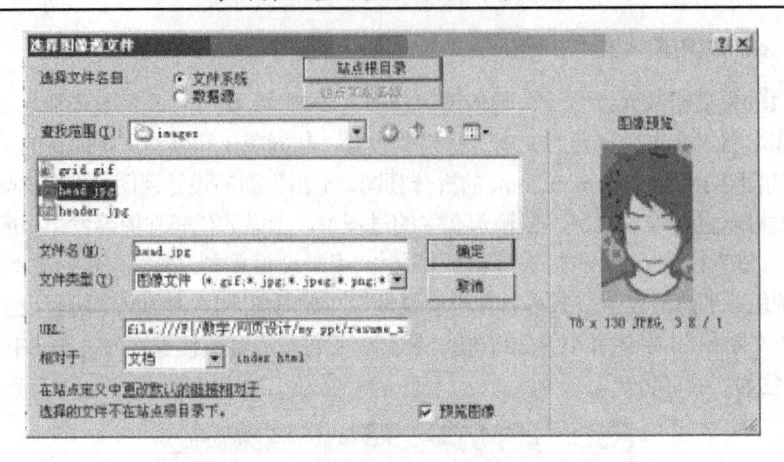

图 7-13 “选择图像源文件”对话框

【步骤 2】此时 Dreamweaver 会询问是否将图像文件复制到根文件夹中，如图 7-14 所示，单击“是”按钮，并在如图 7-15 所示的对话框中选择将图像文件保存到网站根目录下的 images 文件夹中。插入图像后的网页文件如图 7-16 所示。在网站根目录下的 images 文件夹中可以浏览相应的图像文件，如图 7-17 所示。

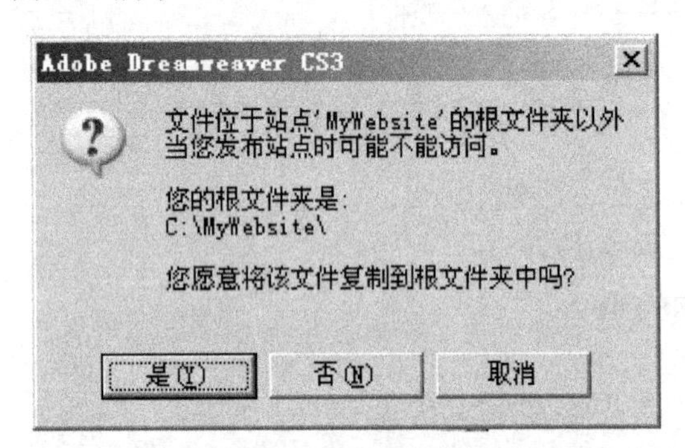


图 7-14 是否将图像复制到根文件夹中

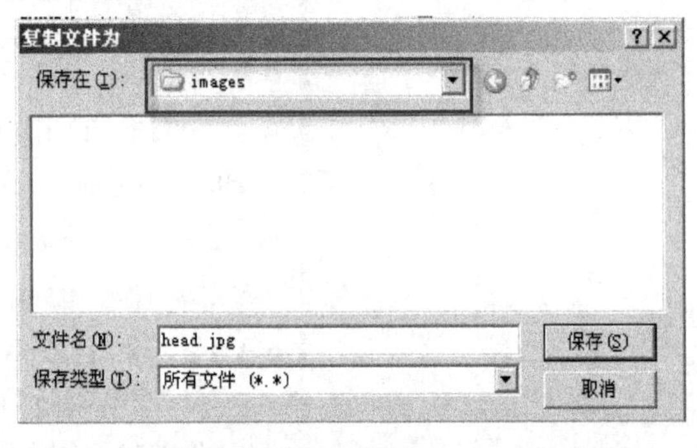


图 7-15 将图像复制到 images 文件夹中

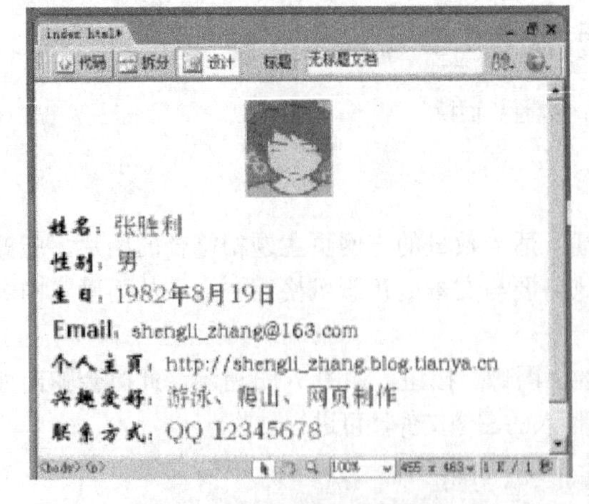


图 7-16 插入图像后的网页

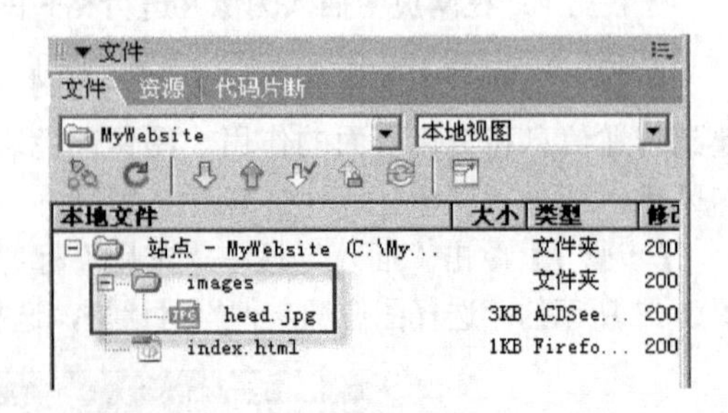


图 7-17 在根目录下浏览插入的图像文件

【步骤 3】使用如图 7-18 所示的图像“属性”面板，可以对图像进行编辑，包括图像的大小、文件地址、超链接、热点地图、边框、段落格式以及基本的图像操作等。

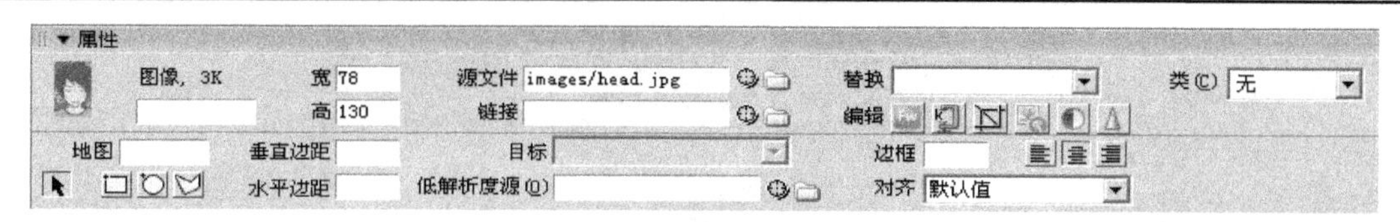


图 7-18　图像的“属性”面板

**子任务 5：在网页中创建超链接和图像热点。**

网站是由多个网页文件构成的，这些网页文件之所以能够构成一个逻辑清晰、框架完整的网站，并且能让用户跳转到所需的网页上去，都是通过超链接来实现的。超链接由源端点和目标端点两部分组成，源端点可以是文字、图像或者图像的热点部分。单击源端点，可以跳转到目标端点指向的位置，其可以是同一网页中的某个位置、一个新的网页、一个其他类型的文件或者是其他网站。

【步骤 1】选择网页中的“shengli_zhang@163.com”，如图 7-19 所示，并在其文本“属性”面板中的链接框中输入“mailto:shengli_zhang@163.com”，如图 7-20 所示，实现了文本的电子邮件超链接。用户单击该链接，将使计算机上的邮件程序打开一个新的空白邮件窗口，窗口中的“收件人”一栏自动显示电子邮件链接中的邮件地址。

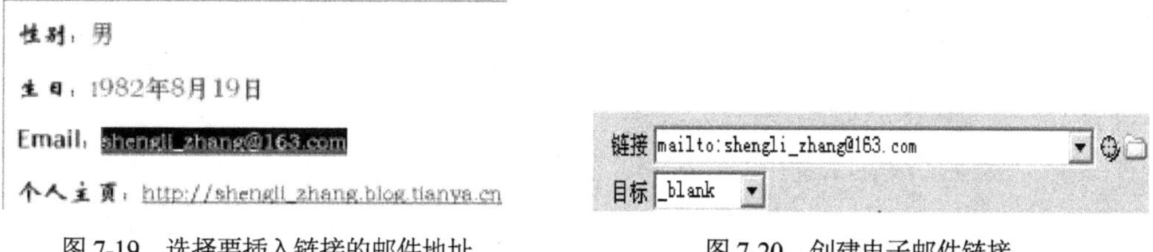


图 7-19　选择要插入链接的邮件地址　　图 7-20　创建电子邮件链接

【步骤 2】选择网页中的“http://shengli_zhang.blog.tianya.cn”，如图 7-21 所示，并在其文本“属性”面板中的链接框中输入“http://shengli_zhang.blog.tianya.cn”，在目标框中选择“_blank”，如图 7-22 所示，实现了文本指向其他网站的超链接。用户单击该链接，将在浏览器中打开一个新窗口，网页地址为“http://shengli_zhang.blog.tianya.cn”。

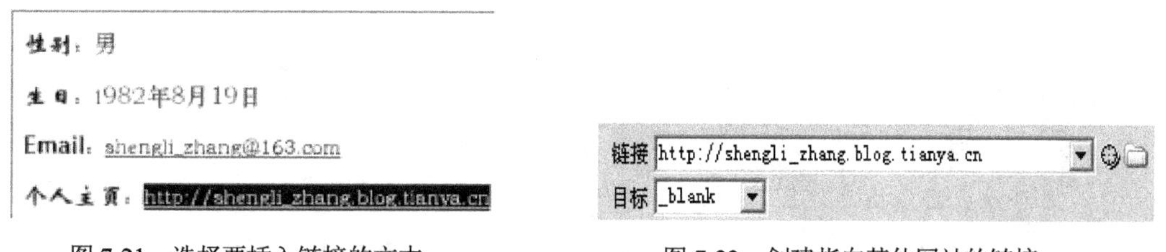


图 7-21　选择要插入链接的文本　　图 7-22　创建指向其他网站的链接

【步骤 3】在根目录下新建一个新的网页文件，取名为 favorite.html，如图 7-23 所示。选择 index.html 文件中的“游泳”，单击“属性”面板中链接框后的按钮，可以在如图 7-24 所示的对话框中选择当前网站下的网页文件，选择“favorite.html”，单击“确定”按钮。当用户单击 index.html 网页中的“游泳”后，即跳转到 favorite.html 页面。

【步骤 4】使用热点工具可以选择图像的一部分作为链接的源端点。热点工具在图像的“属性”面板中，如图 7-25 所示，可以根据需要选择矩形、圆形、多边形的热点形状。单击矩形热点，并在图像上选择矩形热点区域，然后在连接框中输入连接的目标端点地址，即可完成图像热点链接的创建，如图 7-26 所示。

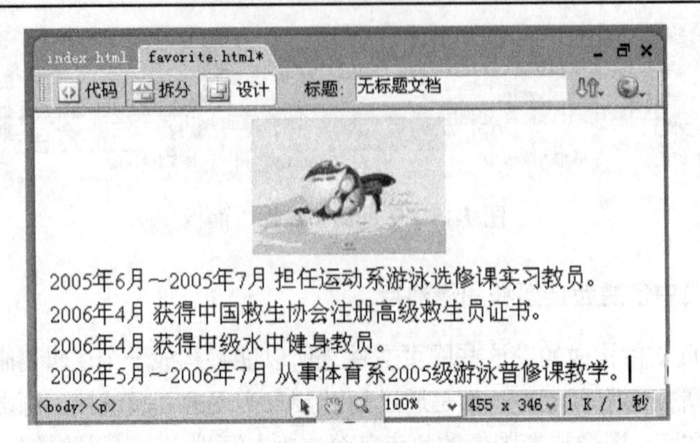


图 7-23　新建 favorite.html 文件

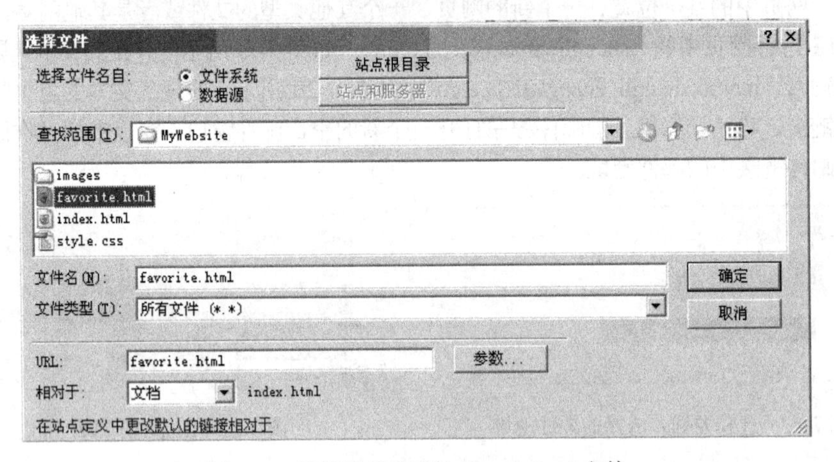


图 7-24　选择根目录下的 favorite.html 文件

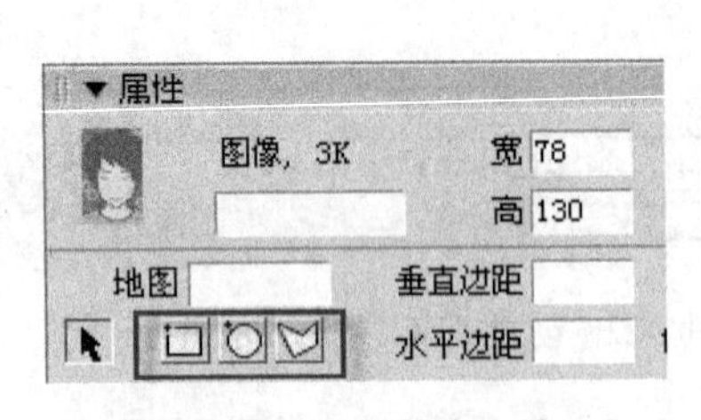


图 7-25　选择热点工具

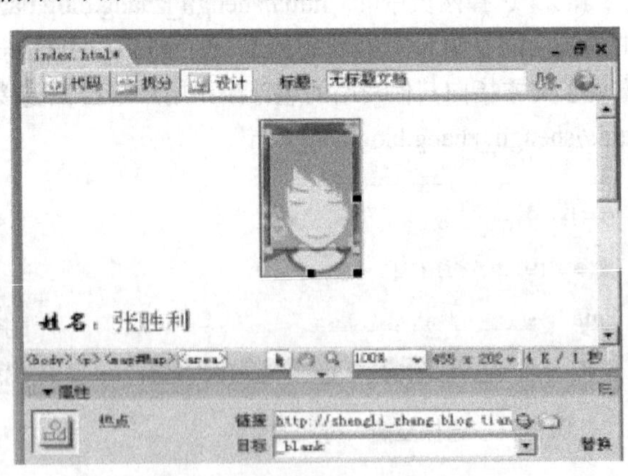


图 7-26　创建图像的热点链接

# 任务 2　使用表格规范网页布局

**背景说明：**仅仅使用文本和图像来制作网页往往定位不够精确。在网页制作中，常常使用表格来进行网页的布局。通过表格可以把页面分割成很多小块并进行相应的组合，可以对页面元素进行精确的定位，可以设置表格的属性来美化页面。表格是网页制作中非常重要的工具，只有熟练掌握表格，并根据不同需要设置表格的属性，才能制作出专业规范的网页。

**具体操作**：任务 2 由 2 个子任务组成。

**子任务 1：在网页中插入表格，熟悉表格的基本操作。**

【步骤 1】单击“插入”栏中“常用”标签上的“表格”按钮，如图 7-27 所示，此时会弹出如图 7-28 所示的“表格”属性框，设置插入的表格行数为 8，列数为 2，宽度为 800 像素，边框粗细为 1 像素，单元格的边距和间距为 1 像素，并输入表格的标题。设置之后单击“确定”按钮，页面显示如图 7-29 所示。

图 7-27　单击插入表格的按钮

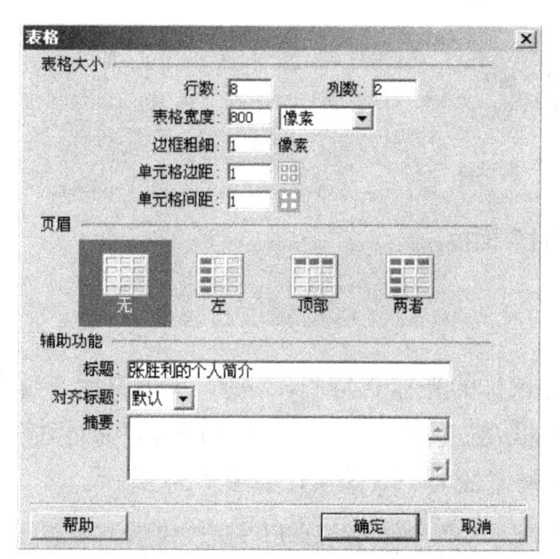


图 7-28　插入表格的属性设置

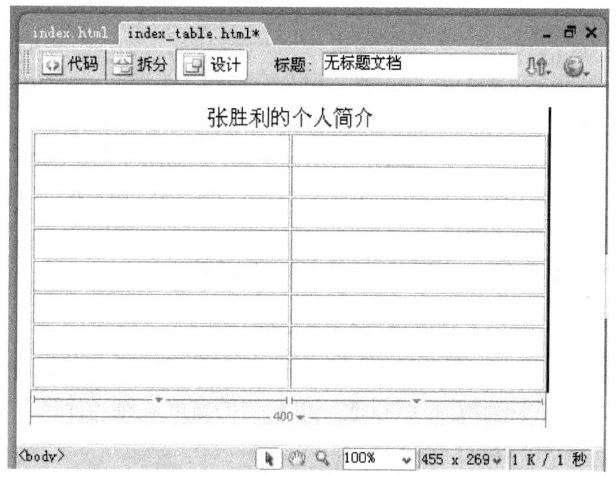


图 7-29　插入表格后的页面显示

【步骤 2】插入表格之后，把鼠标移到表格中的任何位置，右键单击，在弹出的快捷菜单中选择“表格”，此时会弹出如图 7-30 所示的二级菜单，在该菜单中包括对表格常用的大部分操作，包括选择表格、合并或拆分单元格、插入行或列、删除行或列、增加或减少行与列的宽度等。

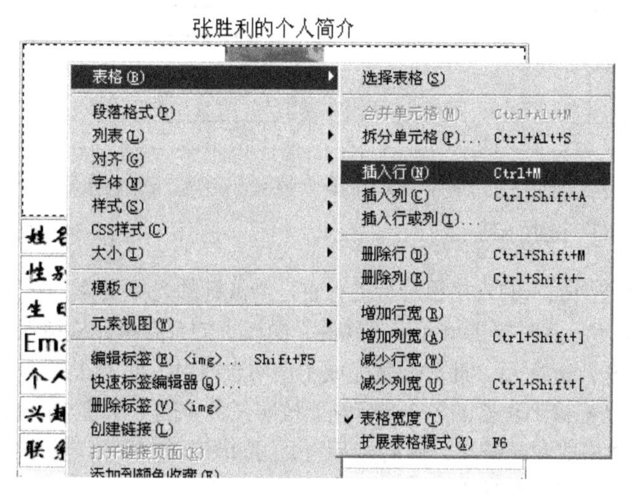


图 7-30　常用的表格操作

【步骤 3】当选择整个表格时，可使用如图 7-31 所示的“属性”面板对表格的属性进行设置，可以设置表格的行数、列数、宽度、行距、间距、边框宽度、对齐方式、背景颜色、边框颜色以及背景图像等。当选择行、列、部分或单个单元格的时候，可以使用如图 7-32 所示的“属性”面板对单元格的属性进行设置。此时的“属性”面板实际上是在文本的“属性”面板上进行扩展的，差别主要在扩展功能栏上，能够实现单元格的对齐方式、宽度、高度、背景图像、背景颜色以及边框等的设置。

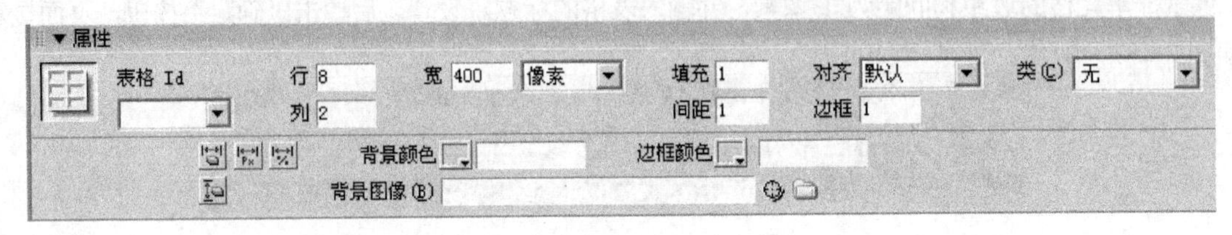


图 7-31　表格的“属性”面板

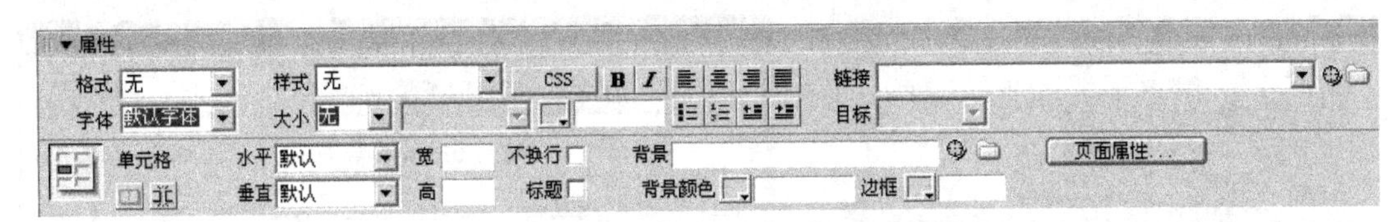


图 7-32　单元格的“属性”面板

**子任务 2：使用表格进行网页布局。**

【步骤 1】将鼠标移至插入的表格左边一列的列首，当鼠标的光标变为“↓”时，单击鼠标，当前列被选中，如图 7-33 所示，将鼠标移至选中单元格的左边框线上，当鼠标光标变为左右箭头时，按下鼠标左键拖动边框线以改变单元格的宽度。将当前选中的列宽变为 100 像素，如图 7-34 所示。

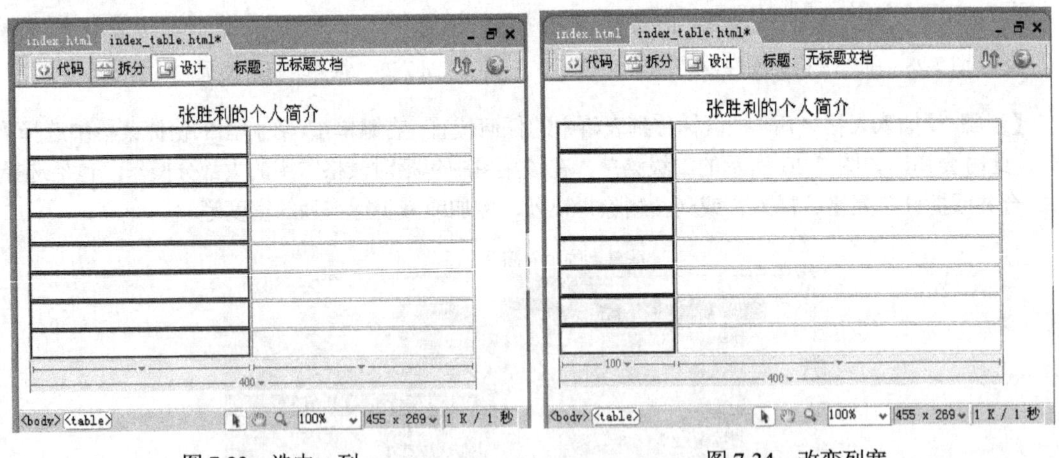


图 7-33　选中一列　　　　图 7-34　改变列宽

【步骤 2】将鼠标移至插入的表格第一行的行首，当鼠标的光标变为“→”时，单击鼠标，当前行被选中，如图 7-35 所示，此时单击单元格“属性”面板上的合并单元格按钮，将当前选中的行合并为一个单元格，如图 7-36 所示。此时，就完成了使用表格对页面的布局。

【步骤 3】将鼠标光标移到表格的各个单元格，按照任务 1 的方法将对应的文本和图像插入到表格中，并设置相应的文本格式和超链接，最后显示的页面如图 7-37 所示。整个页面使用表格控制布局，格式更容易控制，页面元素更容易定位。

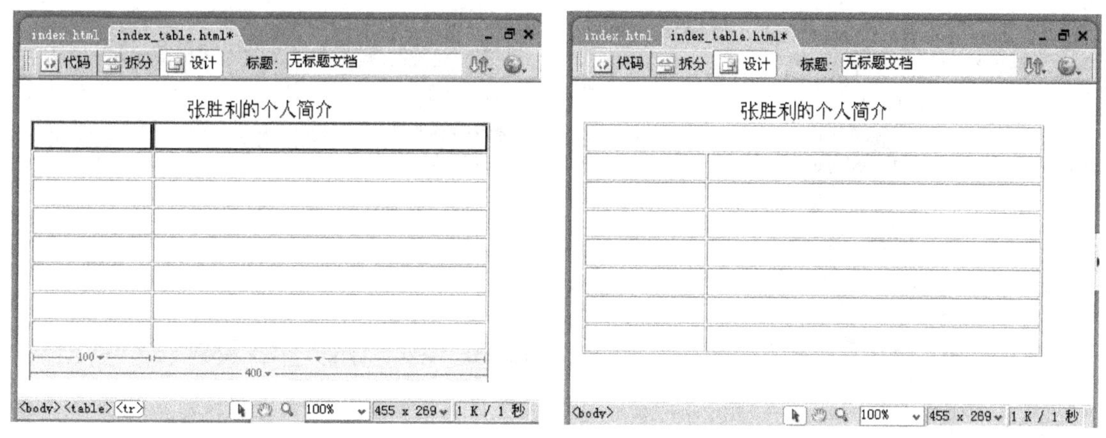


图 7-35　选中一行　　　　图 7-36　合并单元格

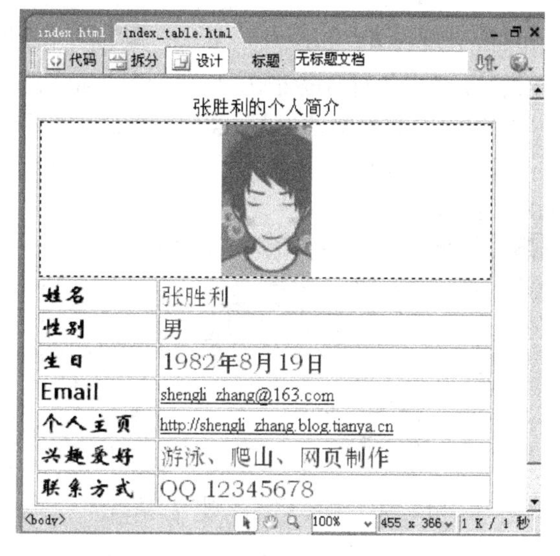


图 7-37　在表格中插入文本和图像

# 任务 3　使用 CSS 美化网页，规范网页总体格式

**背景说明：**在制作网页时，有很多文本或图像的属性设置是相同的，如果要为每个图像或者每段文本都重复设置属性则非常麻烦，使用 CSS 样式表可以很好地解决这个问题。网页设计者只需定义一次 CSS，就可以将其应用在多个对象上，如果需要修改风格，则只需要修改一次。CSS 层叠样式表是在网页制作过程中设计网页风格的重要技术，利用该技术可以轻松地对页面的整体布局、字体、图像、颜色、背景和链接风格实现精确的控制。

**具体操作：**任务 3 由 2 个子任务组成。

**子任务 1：创建并应用 CSS 样式表。**

【步骤 1】按照任务 1 和任务 2 的方式创建如图 7-38 所示的网页文件，文本没有任何格式设置，均采用默认设置。

【步骤 2】选择菜单中的“窗口”→“CSS 样式”命令，打开如图 7-39 所示的“CSS 样式”面板。

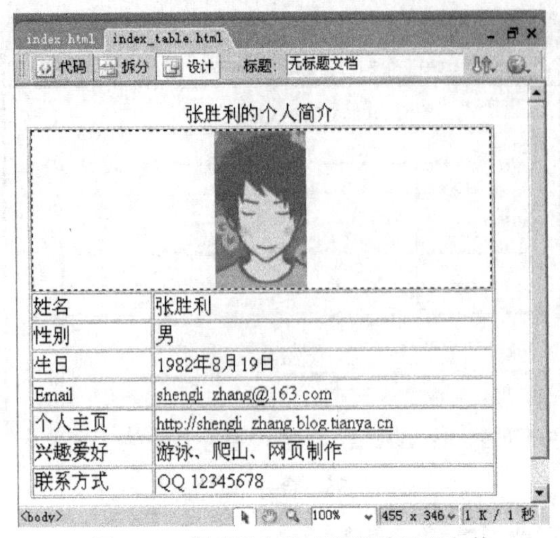


图 7-38 创建没有格式设置的网页文件

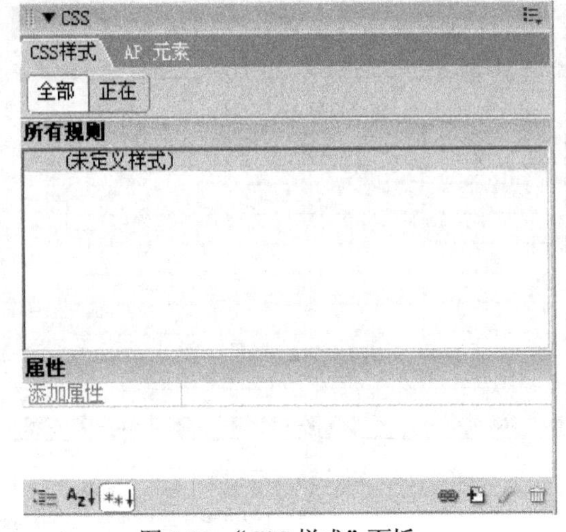


图 7-39 “CSS 样式”面板

【步骤 3】单击“CSS 样式”面板中的新建按钮，弹出如图 7-40 所示的“新建 CSS 规则”对话框，“选择器类型”选“类（可应用于任何标签）”，这种类型的样式可对所有的网页元素进行定义。定义样式之后需要手动对网页元素进行样式应用，“名称”框输入“.sub_title”，“定义在”框输入“(新建样式表文件)”。单击“确定”按钮。

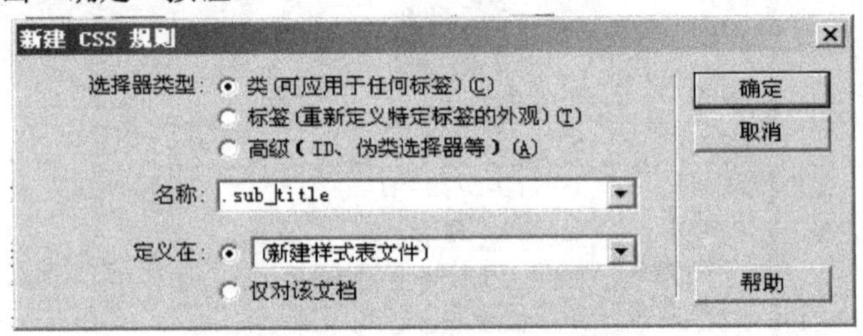


图 7-40 “新建 CSS 规则”对话框

【步骤 4】如图 7-41 所示，Dreamweaver 会提示用户保存样式表，输入样式表文件名为“style.css”，其余设置保持默认不变，单击“确定”按钮。

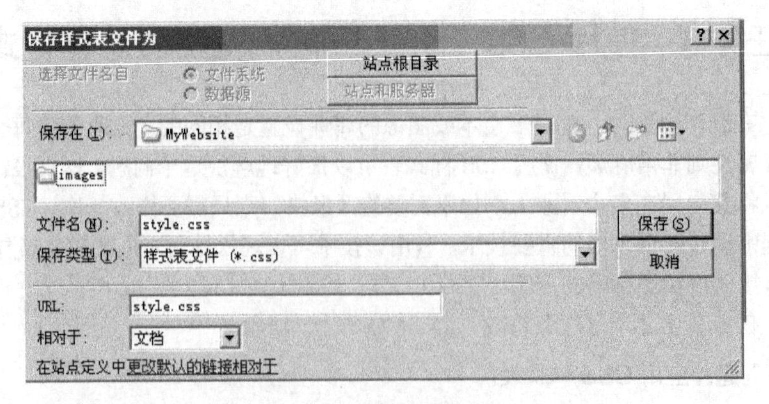


图 7-41 保存样式表文件

【步骤 5】此时弹出如图 7-42 所示的“.sub_title 的 CSS 规则定义”对话框，左边是 CSS 设置的分类，右边是当前分类下各选项的设置。选择分类为“类型”，并设置字体为“华文新魏”，字体大小为

20 像素，粗体。单击“确定”按钮之后，在“CSS 样式”面板中可看到新创建的.sub_title 类以及对应的属性，如图 7-43 所示，在“文件”面板中可看到新创建的 style.css 文件，如图 7-44 所示。

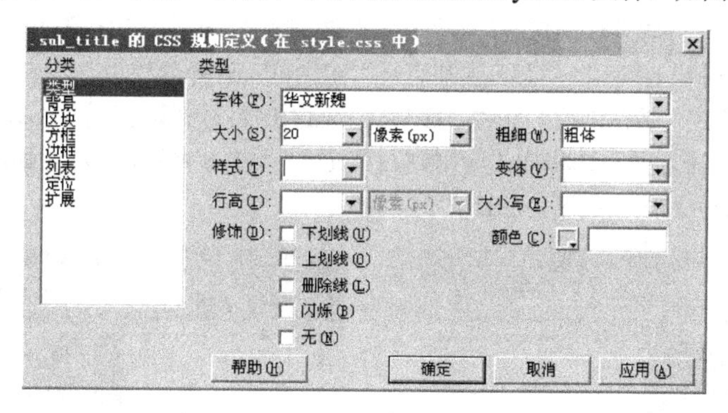


图 7-42　设置.sub_title 的 CSS 规则

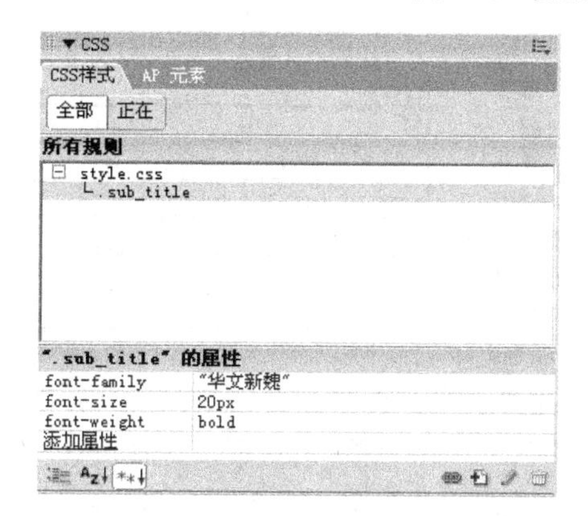


图 7-43　“CSS 样式”面板中的变化

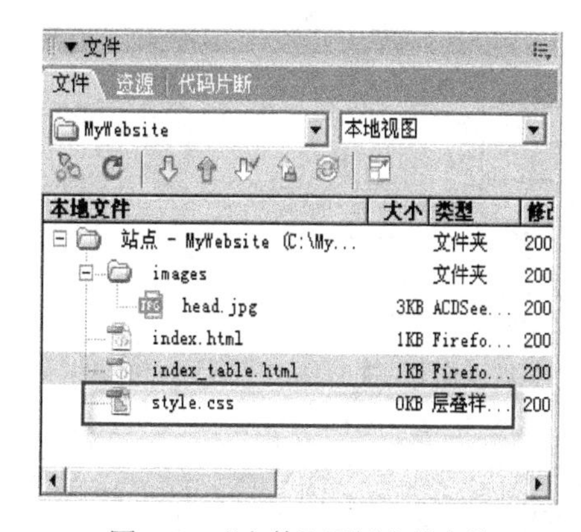


图 7-44　“文件”面板中的变化

【步骤 6】继续单击“CSS 样式”面板中的新建按钮，弹出如图 7-45 所示的“新建 CSS 规则”对话框，“选择器类型”选“类（可应用于任何标签)”，“名称”框输入“.sub_content”，“定义在”框输入“style.css”。单击“确定”按钮，弹出.sub_content“CSS 规则定义”的对话框。选择分类为“类型”，并设置字体为“华文中宋”，字体大小为 16 像素。单击“确定”按钮之后，在“CSS 样式”面板中可看到新创建的.sub_ content 类以及对应的属性，如图 7-46 所示。

【步骤 7】如图 7-47 所示，选择表格的第一列，并在单元格“属性”面板中的“样式”里选择“sub_title”，此时第一列所有文本的格式都变为“sub_title”定义的 CSS 样式，华文新魏、20 像素、粗体。同理，如图 7-48 所示，将表格第二列的格式设置为“sub_content”。

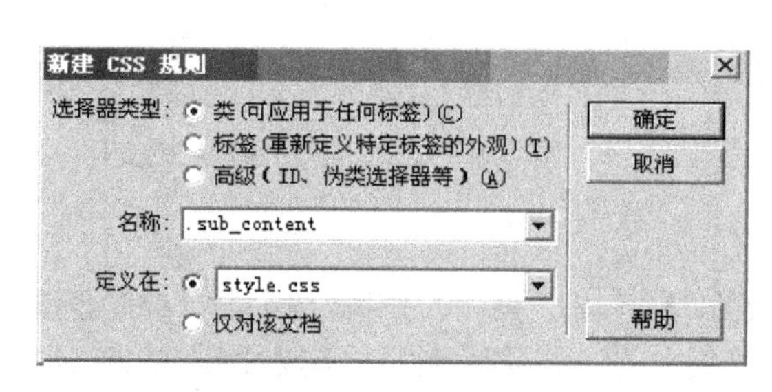


图 7-45　新建 CSS 规则到已存在的 CSS 文件中

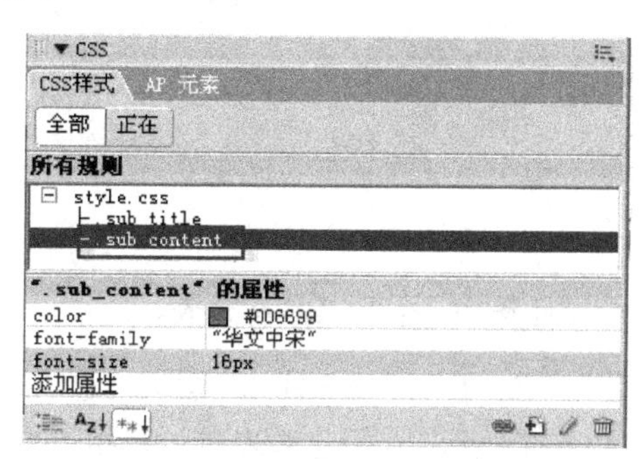


图 7-46　“CSS 样式”面板中的变化

【步骤 8】继续单击“CSS 样式”面板中的新建按钮，弹出如图 7-49 所示的“新建 CSS 规则”对话框，“选择器类型”选“标签（重新定义特定标签的外观）”，这类样式只能对 HTML 标签进行样式定义。定义样式后，自动进行样式应用，“名称”框输入“bodyt”，“定义在”框输入“style.css”。单击“确定”按钮，弹出 body 的“CSS 规则定义”对话框。选择分类为“区块”，设置“文本对齐”为“居中”。单击“确定”按钮之后，在“CSS 样式”面板中可看到新创建的 body 类以及对应的属性，如图 7-50 所示。此时，不需要手动将样式应用到网页元素中，刷新网页后，可看到网页自动应用了 body 的新 CSS 规则，整个页面居中显示，如图 7-51 所示。

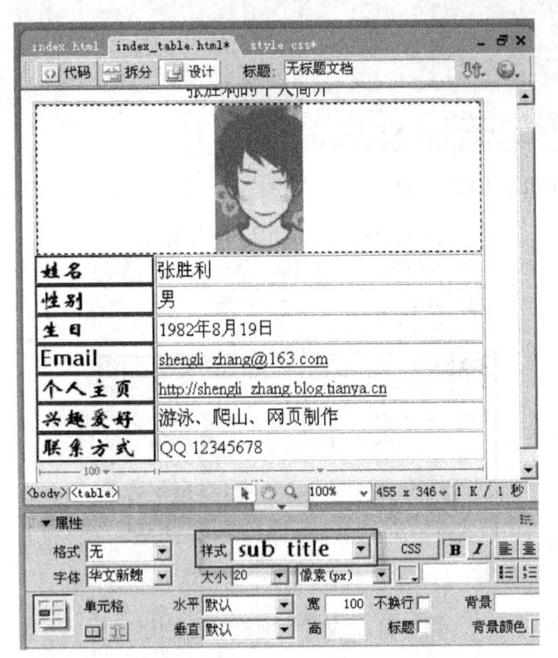


图 7-47　设置第一列格式为“sub_title”

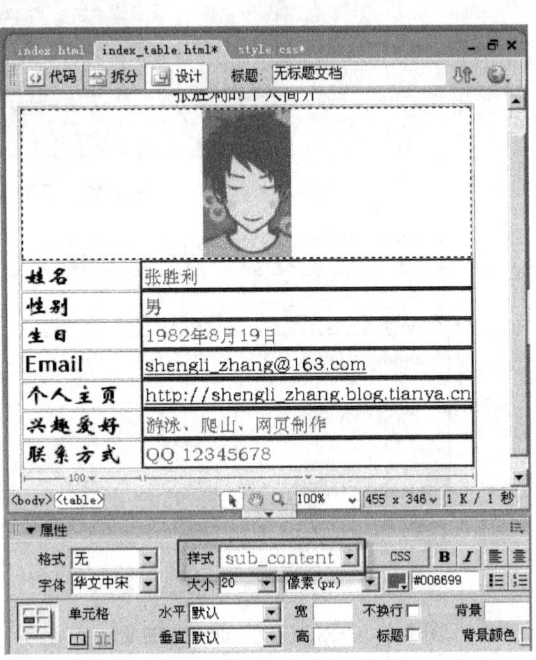


图 7-48　设置第二列格式为“sub_content”

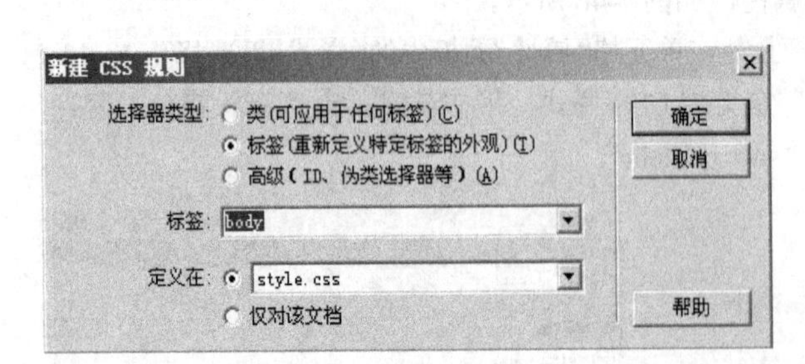


图 7-49　新建“标签”类型的 CSS 规则

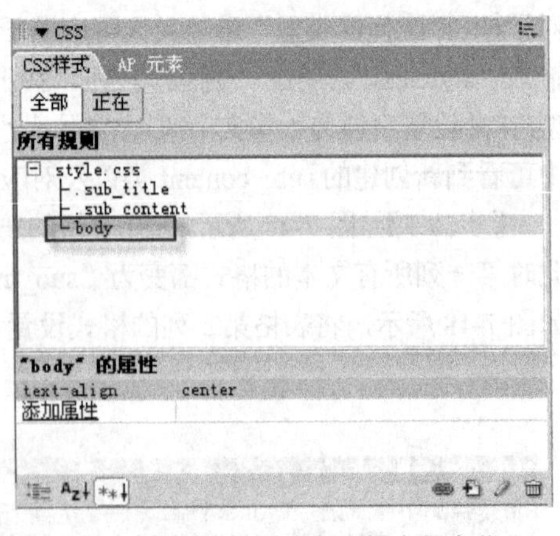


图 7-50　“CSS 样式”面板中的变化

**子任务 2：管理 CSS 样式表。**

【步骤 1】在“CSS 样式”面板上选定需要修改的 CSS 样式，然后单击修改按钮，此时会弹出如图 7-52 所示的与新建 CSS 样式时相同的“CSS 规则定义”对话框，使用与新建时相同的方法进行类型的设置即可。

【步骤 2】也可以在“CSS 样式”面板中直接进行 CSS 样式的修改，选定需要修改的样式后，单击对应 CSS 样式的属性窗格中需要修改的属性值并进行修改。如图 7-53 所示，单击“.sub_content”样式，然后单击属性“font-family”的属性值“华文中宋”，其右侧出现一个下拉列表框，再选择其他的字体样式即可。

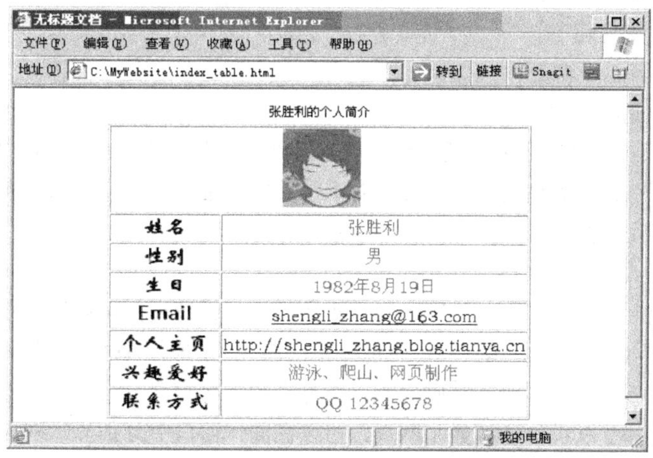


图 7-51　应用新的 CSS 规则之后的页面

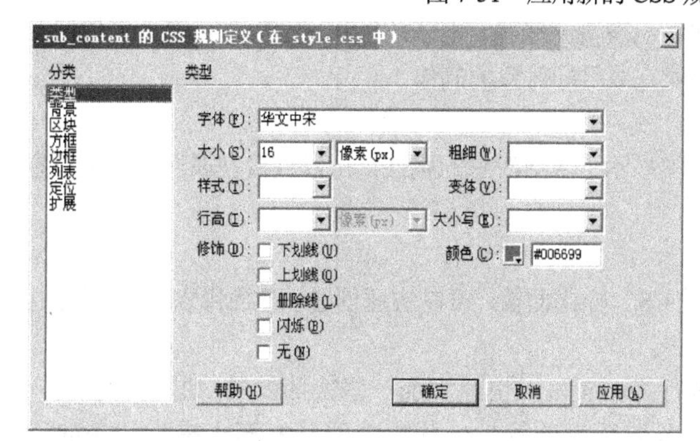


图 7-52　使用“CSS 规则定义”对话框修改 CSS 属性值

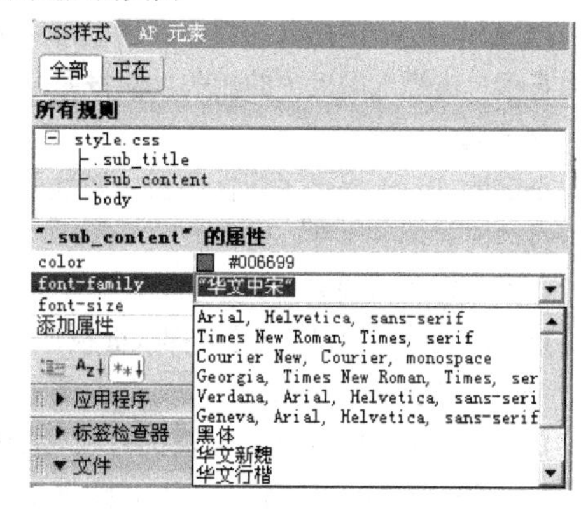


图 7-53　使用“CSS 样式”面板修改 CSS 属性值

【步骤 3】在“CSS 样式”面板上选定需要修改的 CSS 样式，然后单击删除按钮 或者直接按“Delete”键，即可删除当前样式。如果删除的 CSS 样式类别是“类”，网页中已经应用了该样式的网页元素的样式仍然定义为该样式，编译的时候浏览器找不到该 CSS 样式，就会自动采用默认的设置。所以在删除当前样式之后，要养成良好的习惯，以手动方式把网页中应用了该 CSS 样式的地方清除。如果删除的 CSS 样式类别是“标签”，则不存在该问题。

# 知识点　Dreamweaver 简介

主要内容包括：①Dreamweaver 概述；②Dreamweaver CS 的工作界面；③调整 Dreamweaver 工作界面。

## 1．Dreamweaver 概述

Dreamweaver 是编辑网页的软件，借助它能够以直观的方式制作网页。Dreamweaver 提供了强大的网站管理功能，许多专业的网站设计人员都将 Dreamweaver 作为创建网站的首选工具。

Dreamweaver、Flash（网页动画制作软件）和Fireworks（网页图像处理软件）构成了网页制作方面的三大利器，被称为网页三剑客。它们同为美国Adobe 公司的产品。

Dreamweaver 提供了开放的编辑环境，能够与相关软件和编程语言协同工作，所以使用Dreamweaver 可以完成各种复杂的网页编辑工作。

1）Dreamweave 的功能

Dreamweaver 具有以下功能：

（1）网站管理功能。

Dreamweave不仅能够编辑网页，还能够实现本地站点与服务器站点之间的文件同步。利用库、模板和标签等功能，可以进行大型网站的开发。对于需要多人维护的大型网站，拥有文件操作权限方面的限制，具有一定的安全保护功能。

（2）多种视图模式。

Dreamweave 提供了代码、设计和拆分 3 种视图模式。设计视图可以满足用户的设计需求，即使不懂 HTML 语言，不会书写网页源代码，也能创建出漂亮的网页；代码视图可以直接以 HTML 等语言形式编写网页，能够对源代码进行精确控制；拆分视图是将窗口分为上下两部分，上半部分以代码形式显示网页，下半部分以设计形式显示网页，可以在同一窗口中分别显示网页的代码和设计视图。

（3）对象插入功能。

Dreamweaver 的插入面板中提供了常用字符、表格、框架、电子信箱和 Flash 文字等功能按钮，可以直接单击插入面板中的相关功能按钮，快速完成目标对象的制作。

（4）属性设置方式。

Dreamweaver 提供了属性面板，属性面板中显示了当前对象的属性，可以直接在属性面板中设置和修改当前对象的属性。

（5）CSS 样式设置方式。

Dreamweaver 提供了 CSS 样式面板，通过 CSS 样式面板，可以快速创建、查找和修改目标样式。

（6）内置大量的行为。

Dreamweaver中内置了大量的行为，通过行为面板可以快速添加一些特殊效果，如网页的跳转、图像载入等。Adobe 公司的网站上提供了更多的行为下载，一些相关的开发商也提供相关的行为下载。

（7）提供资源管理功能。

在建立 Dreamweaver 站点后，Dreamweaver 可以统一管理站点中的资源。可以通过资源面板来管理和使用这些资源。

2）利用 Dreamweaver 设计网页的流程

第 1 阶段：决定网页主题和菜单。

制作网页时最先需要确定所要制作网页的主题。也就是先要考虑网站的主题和用何种菜单构成网站。网页的主题最好是选择比其他人更加熟悉的内容，以及目前被广泛关注的内容，或者由制作网页的目的所决定。制作网页前要事先考虑好所制作的网页是以共享爱好或信息为目的，还是宣传自身能力的个人网页，或者是可以得到利润的商业化网站。由此决定网页的制作方向和大体构成。现实中有很多个人网页发展成了可以创造利润的网页。

第 2 阶段：收集网页中所需的图片和信息。

决定网页的主题后，可以收集制作网页时所需的图片和信息：文本信息用记事本或写字板进行保存并需要整理，而制作网页时所需要的图片和相关照片则需要直接拍摄或在因特网中收集。因为图片也有版权问题，因此要收集没有版权问题的图像和照片。

第 3 阶段：网页布局的构想。

如果需要的原材料都准备齐全了，就可以构想一下如何构造网页。在进入实际工作之前，最好事先在纸面上勾画出网页的布局和各种构成要素。把构成网页的欢迎页、主页、内页等外观制作为 Storyboard（故事画板），并且还要仔细记录颜色、形状和功能等内容。网页由多个页面构成，因此需要事先计划使得各种页面能够有机而协调地链接。

第 4 阶段：在图像软件中进行网页设计。

如果准备好了制作网页时所需要的原材料，并且也决定了网页的布局，则可以使用 Photoshop、Fireworks 等图像软件进行布局设计。使用图像处理软件不但可以制作菜单按钮、标题图像、背景照片等各种必要的网页设计要素，而且还可以修正图片。把完成的网页设计切分并保存为标题、菜单、图片等，则表示结束了网页设计工作。

第 5 阶段：使用网页编辑器制作 HTML 文档。

如果在图像处理软件中设计了网页，下一步则是要使用 Dreamweaver 编辑制作 HTML 文档。首先使用表格和框架制作网页文档的布局，而后把文件中的文本内容复制到网页中，并修改文本的字体颜色和形状；接着把图像处理软件中制作的图片插入到适当的位置；最后设定链接、行为等必要的功能。使用这种方法制作并链接开始页面、菜单关联页面等构成网站的所有网页文档。

第 6 阶段：最后进行检查后上传到服务器上。

如果完成了构成网站的所有页面，并且链接了这些页面，则可以使用预览功能仔细检查是否有不能显示的图片、链接是否正常、设定的功能是否正常运行等，使用 Dreamweaver 运行站点报告检查整个网站是否存在问题，使用 Dreamweaver 验证程序检查代码中是否有标签错误或语法错误。检查结束后把完成的网页上传到服务器上。

## 2. Dreamweaver CS 的工作界面

启动 Dreamweaver CS 后，即可进入它的工作界面，如图 7-54 所示，它由标题栏、菜单栏、“插入”栏、项目选择标签、文档工具栏、编辑窗口、状态栏、面板组和属性面板组成。

（1）标题栏。

标题栏中依次显示程序名称、当前文档的标题、文档的存储路径和文档名称。

（2）菜单栏。

菜单栏提供了实现各种功能的命令。通过菜单命令可完成 Dreamweaver 的大部分工作。

（3）“插入”栏。

通过“插入”栏可以向网页中插入图像、文字、多媒体和表格等各种常用的网页元素。

（4）项目选择标签。

当打开多个网页文件时，将为每一个文件显示一个标签，单击其中一个标签，可以切换到该网页文件。

（5）文档工具栏。

文档工具栏主要用于切换编辑窗口的视图模式、设置网页标题、进行标签验证以及在浏览器中浏览网页等。

（6）编辑窗口。

提供查看和编辑网页元素的视窗。Dreamweaver 编辑窗口有 3 种视图模式，即代码、设计和拆分。

代码视图是以代码形式显示和编辑当前网页；设计视图提供所见即所得的编辑方式，设计视图会以最接近于浏览器中的视觉效果来显示网页内容；拆分视图将编辑窗口分为上下两部分，一部分显示代码视图，另一部分显示设计视图。

（7）状态栏。

状态栏中包括文档选择器、标签选择器、窗口尺寸栏、下载时间栏。通过单击状态栏中显示的标签，可以快速选择目标内容。

（8）面板组。

面板是提供某类功能命令的组合。通过面板可以快速完成目标对象的相关操作。在 Dreamweaver 中可以通过窗口菜单下的对应命令打开或关闭相关面板。

（9）属性面板。

可以显示对象的各种属性，如大小、位置和颜色等，并可以通过属性面板直接设置当前对象的属性。

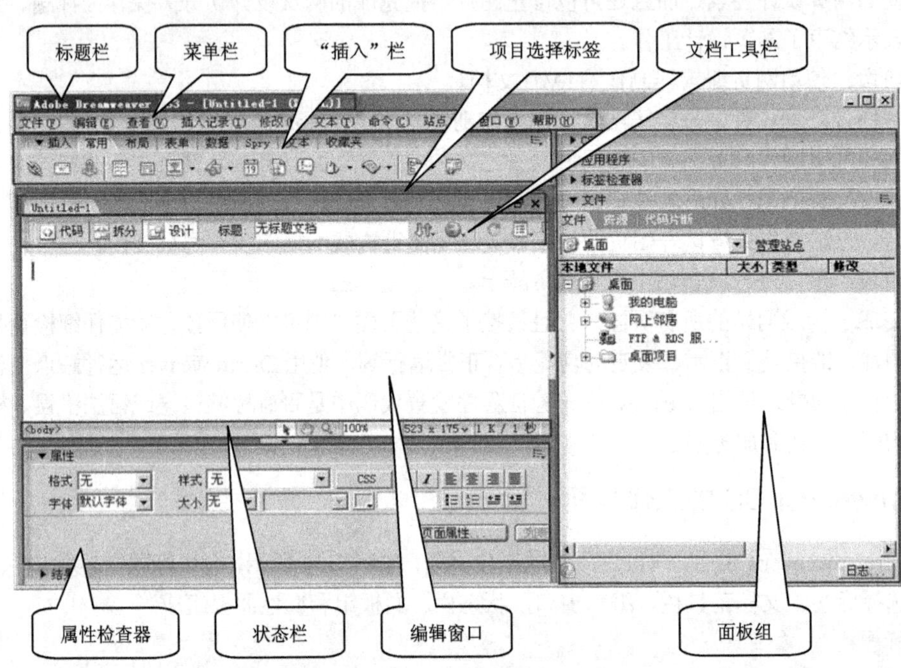


图 7-54　Dreamweaver CS3 工作界面

### 3. 调整 Dreamweaver 工作界面

制作网页的过程中，可根据工作需要调整 Dreamweaver 的工作界面，如改变工作视图，隐藏和展开面板，或是在编辑过程显示标尺和辅助线等。

（1）改变工作视图。

Dreamweaver 提供了 3 种视图：设计、代码和拆分。要改变编辑视图时，只需单击对应按钮，即可转换到目标视图模式下。图 7-55 所示为单击“代码”按钮后切换到的代码视图。本书中大部分工作是在设计视图中完成的，因此在后面的学习中，可以单击“设计”按钮，切换到设计视图。在代码视图中，左侧的是编码工具栏。编码工具栏提供常用的编码操作，可以快速查找到代码片段。

（2）显示、隐藏和改变面板的大小。

Dreamweaver 中有许多面板，例如插入面板、属性面板和其他各类面板。显示与隐藏它们的方法如下：

① 通过窗口菜单命令，可以打开或关闭面板。如图 7-56 所示，单击窗口菜单中的命令，命令左侧出现勾选标记时会打开面板，反之会关闭面板。

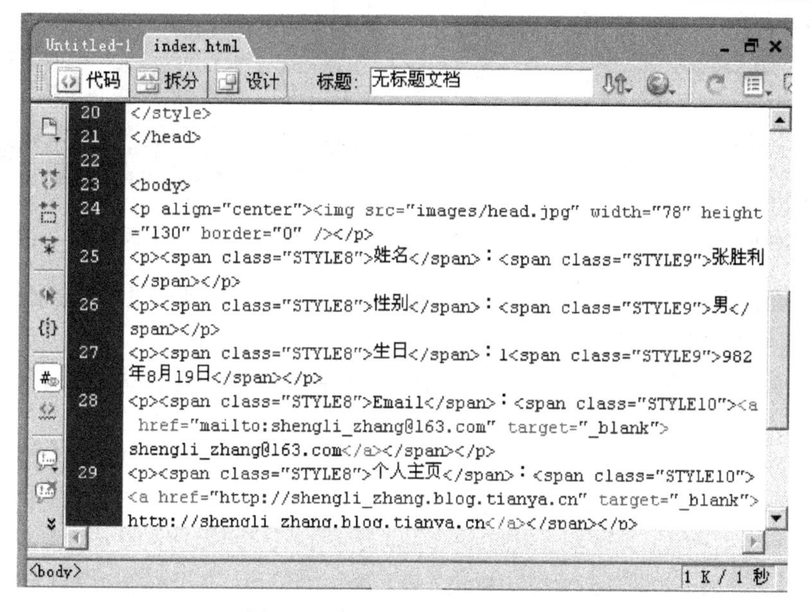


图 7-55　代码视图下的编辑窗口

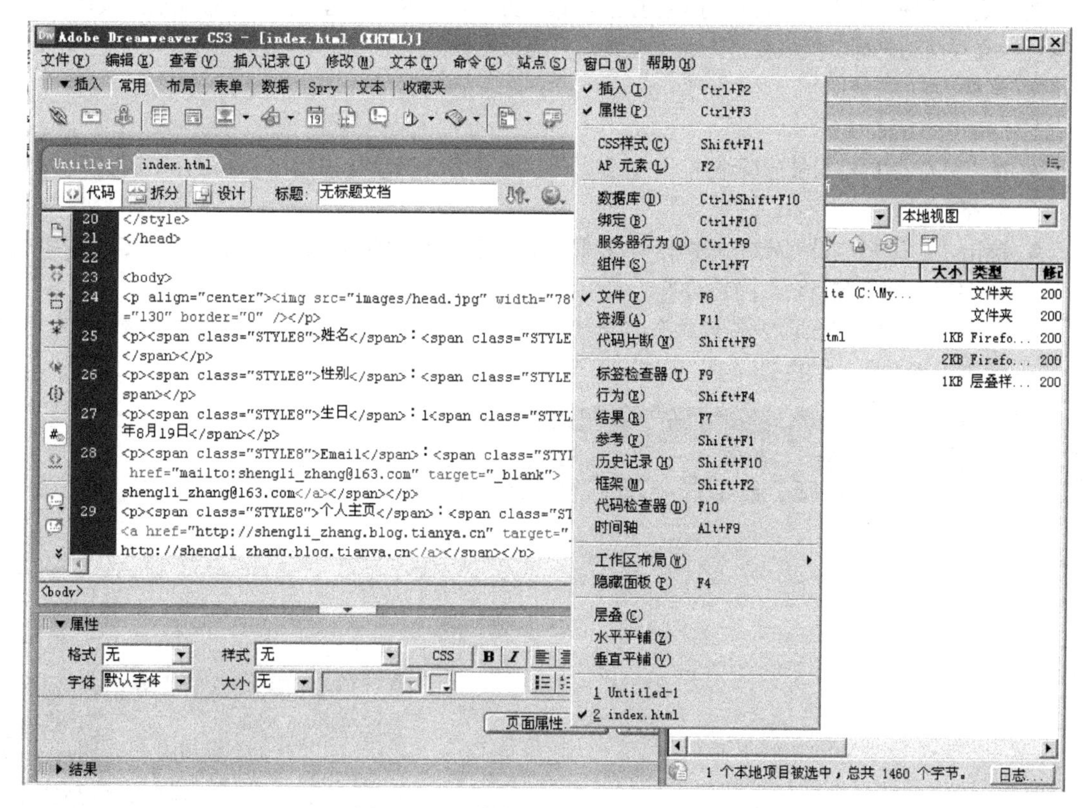


图 7-56　通过菜单控制打开或关闭面板

② 单击面板的标题或标签，可以展开和折叠面板，如图 7-57 所示。

③ 如图 7-58 所示，单击面板标题栏右侧的按钮，打开面板菜单。在菜单中选择“关闭面板组”，可以关闭当前面板组。

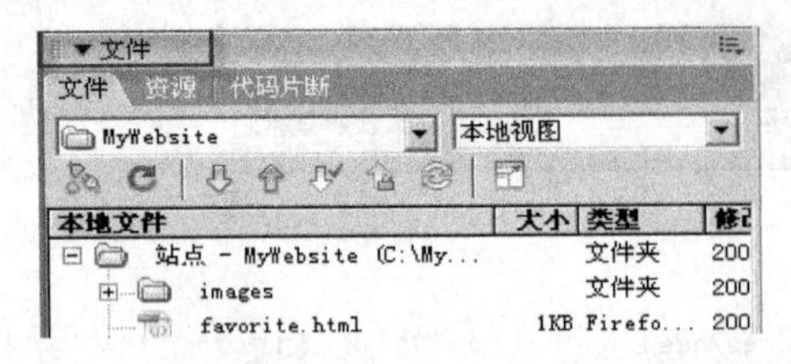


图 7-57　单击面板标题或标签，展开或折叠面板

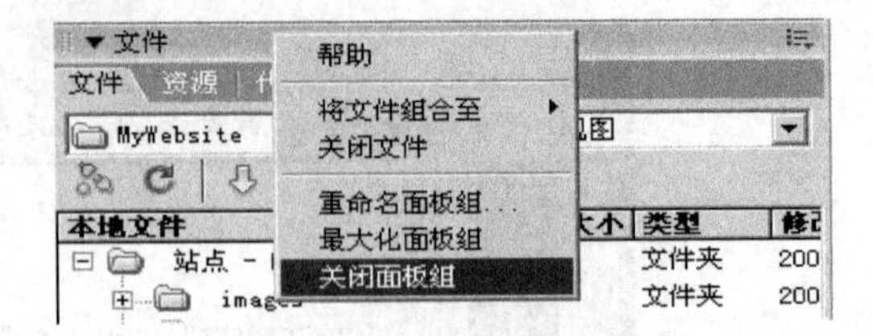


图 7-58　通过面板标签关闭面板

④ 要隐藏面板组，可以单击隐藏面板组按钮或，再次单击该按钮，便会显示面板组。如果要隐藏或显示当前所有面板，可以按“F4”键。

⑤ 改变组合面板大小的方法为：将鼠标指针移至面板或面板组的边框位置，鼠标指针变为双向箭头时，按住鼠标左键并拖动鼠标。

（3）标尺和网格。

在制作网页时，经常需要准确定位网页中元素的位置。这时，可以使用标尺和网格功能帮助定位。

① 标尺。

显示标尺的方法为：如图 7-59 所示，单击“查看/标尺/显示”，在显示命令左侧出现选中标记，文档窗口中就会显示出标尺。

为了定位方便，可以改变标尺的坐标原点，具体方法是：将鼠标指针指向坐标原点，按住鼠标左键向目标位置拖动鼠标。要恢复坐标原点位置，只需双击原点坐标位置即可。

② 网格。

显示网格的方法如下：

- 单击“查看/网格设置/显示网格”，使显示网格命令左侧出现选中标记，即可在文档窗口中显示网格。
- 单击“查看/网格设置/靠齐到网格”，使靠齐到网格命令左侧出现选中标记，可使文档窗口中的内容接近网格时自动与网格对齐。
- 单击“查看/网格设置/网格设置”，打开如图 7-60 所示的网格设置对话框，在该对话框中可设置网格的间隔、颜色等。

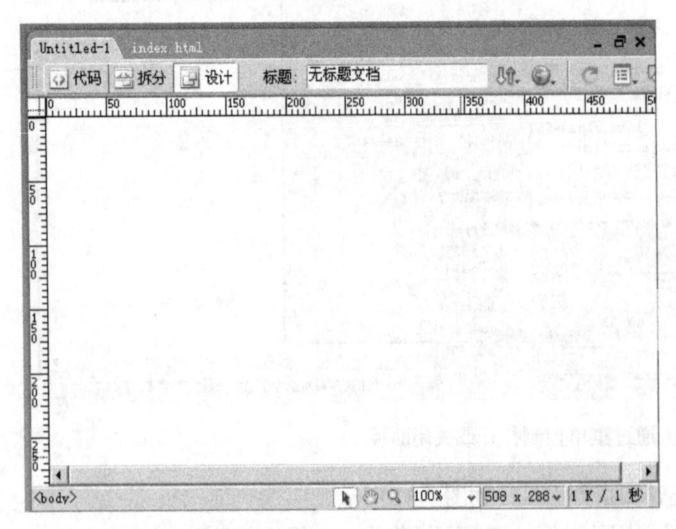


图 7-59　显示了标尺的设计窗口

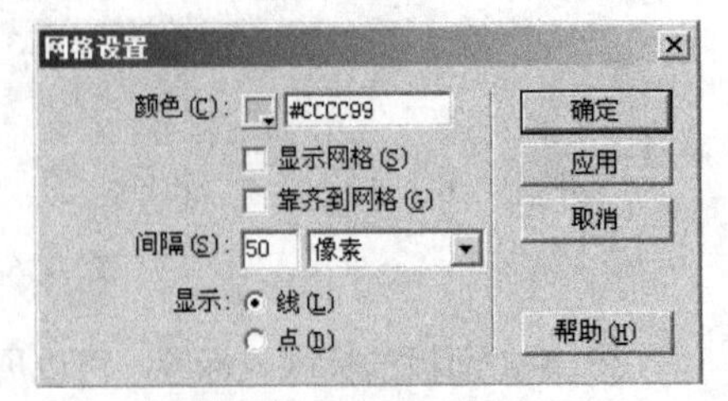


图 7-60　“网格设置”对话框

# 实验八　虚拟光驱与 Visio 作图

**目标：** 1. 掌握虚拟光盘的制作和使用；
2. 掌握 Visio 作图的方法。

**任务：** 1. 创建.ISO 文件和使用虚拟光驱；
2. 利用 Visio 作图。

## 任务 1　创建.ISO 文件和使用虚拟光驱

**背景说明：** 所谓镜像文件其实和 ZIP 压缩包类似，它将特定的一系列文件按照一定的格式制作成单一的文件，以方便用户下载和使用，例如一个测试版的操作系统、游戏等。其非常重要的特点是可以被特定的软件识别并可直接刻录到光盘上。也可以认为，镜像文件是光盘的“提取物”。而虚拟光驱是一种模拟（CD/DVD-ROM）工作的工具软件，可以生成和电脑上所安装的光驱功能一模一样的光盘镜像，一般光驱能做的事虚拟光驱一样可以做到。它的工作原理是先虚拟出一部或多部虚拟光驱后，将光盘上的应用软件镜像存放在硬盘上，并生成一个虚拟光驱的镜像文件，然后就可以将此镜像文件放入虚拟光驱中来使用，以后要启动此应用程序时，不必将光盘放在光驱中，也就无需等待光驱的缓慢启动了（也就是说，可以既不需要光盘，也不需要光驱），只需要单击插入图标，虚拟光盘立即装入虚拟光驱中运行，快速又方便。 常见的虚拟光驱有 VDM、Daemon tools 等。

**具体操作：** 任务 1 包含 3 个子任务。

**子任务 1：创建和编辑 ISO 文件。具体操作方法如下。**

【步骤 1】创建 ISO 文件：单击主界面的“新建”按钮，如图 8-1 所示。此时即可从资源管理器中拖动文件到 WinISO 主程序窗口中，然后只要单击“保存”按钮，在打开的“保存”对话框中选择保存路径并命名后，WinISO 马上就建立了一个 ISO 文件。

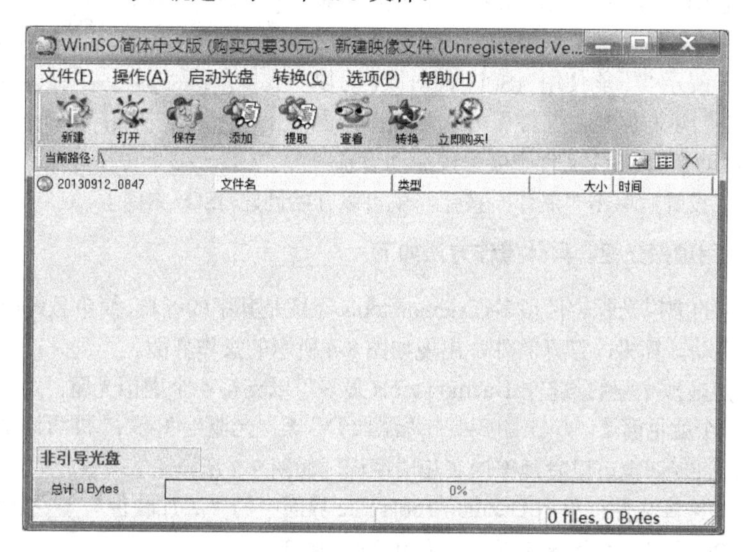


图 8-1　WinSIO 应用程序窗口

【步骤2】编辑镜像文件：在编辑之前需要首先打开一个镜像文件，单击工具栏的“打开”按钮，在“打开”对话框中选择一个镜像文件，然后单击打开。WinISO除可以直接打开ISO、BIN、NRG、IMG、CIF等光盘镜像文件以外，还可以打开FCD、VCD等虚拟光驱镜像文件。

在打开镜像文件之后，向镜像文件中添加文件的方法是：从资源管理器中拖动文件或文件夹至WinISO主程序窗口中，或单击“添加”按钮。最后单击工具栏的“保存”按钮保存镜像。在弹出的“另存为”对话框中，输入镜像文件的文件名，单击“保存”按钮即可。

从当前镜像文件中删除文件的方法是：首先选取要删除的文件或者文件夹，然后单击鼠标右键，执行“删除”命令，完成后单击工具栏的“保存”按钮。

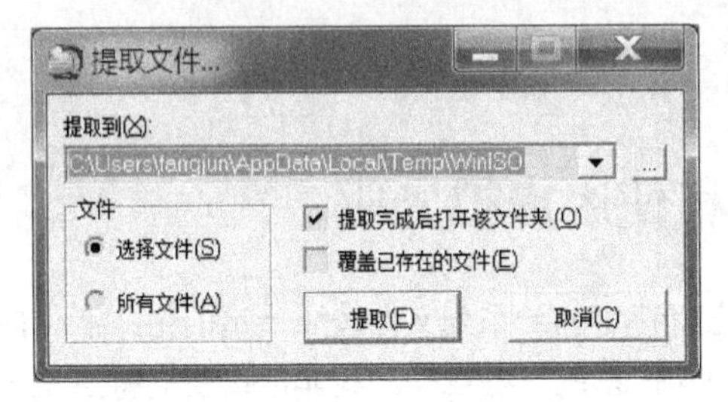


图8-2 提取文件

从ISO/BIN文件中提取文件：用户有时可能只需要镜像文件中的某一个文件，那么就可以采用提取的方法。先选中需要的文件，然后单击鼠标右键（或者是单击工具栏上的“提取”按钮），在弹出的快捷菜单中选择“提取”。这时打开一个“提取文件”对话框，如8-2所示，单击“…”按钮选择保存路径，并在下方的“文件”栏中选择提取的类型为当前被“选择文件”，还是提取全部镜像文件，完成后单击“确定”按钮，即可在选定的路径文件夹中看到被提取的文件。

**子任务2：从光盘创建ISO文件。具体操作方法如下。**

【步骤1】在光驱中插入一张已存在信息的光盘。

【步骤2】启动WinSIO，界面如图8-1所示。单击主菜单栏中的“操作”，选择“从CD-ROM制作ISO”选项，或直接按下快捷键“F6”，此时会打开“从CD-ROM制作ISO文件”对话框，如图8-3所示，在对话框中选择CD-ROM的所在盘符，并选择所要创建的ISO文件存放的目录。在文件中提供了两个选项，分别是ASPI和文件方式。（说明：ASPI方式是使用Windows系统内部的ASPI接口驱动程序去读光驱，这种方式的效率和速度比较高，并且它在ISO文件里可以记录下启动光盘的启动信息，推荐选择此方式。如果发现ASPI驱动程序报告提示“不能使用ASPI”的时候，可以选择“文件”方式创建，但是“文件”方式存在的问题就是如果光盘是启动光盘，ISO文件中会丢失启动信息。）

图8-3 “从CDROM制作ISO文件”对话框

【步骤3】完成设置后单击“制作”按钮，就可以开始创建ISO文件了。

**子任务3：使用虚拟光驱。具体操作方法如下。**

读取镜像文件的虚拟光驱软件很多，Daemon tools无疑是其中的经典，简单且好用。安装好Daemon tools之后，重新启动计算机，打开软件，出现如图8-4所示的操作界面。

【步骤1】设定虚拟光驱的数量：Daemon tools最多可以支持4个虚拟光驱，可以根据用户的需求设置，一般设置一个就足够了。单击图8-4中“添加DT虚拟光驱”图标即可添加一个新的虚拟光驱设备，打开资源管理器也可以发现新增了相应图标，如图8-5所示。

【步骤2】添加镜像文件：单击Daemon Tools Lite界面中的“添加映像”按钮，在弹出的对话框中选择相应的ISO文件，如图8-6所示，选中后单击打开。

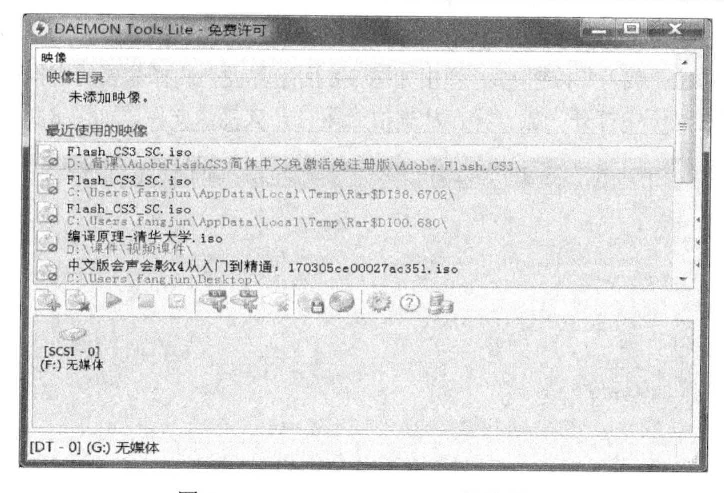


图 8-4　DAEMON Tools Lite 操作界面

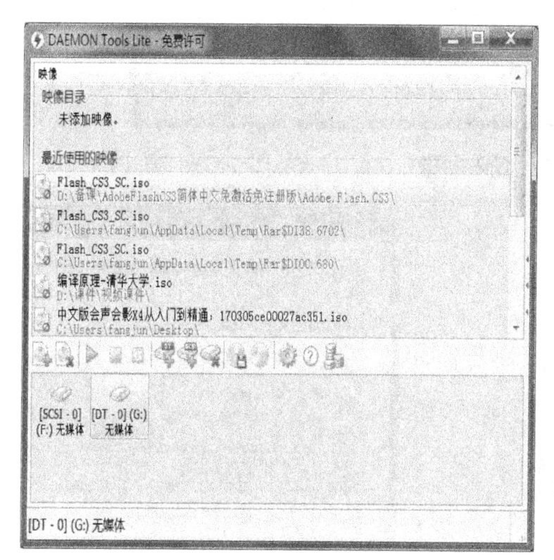


(a)

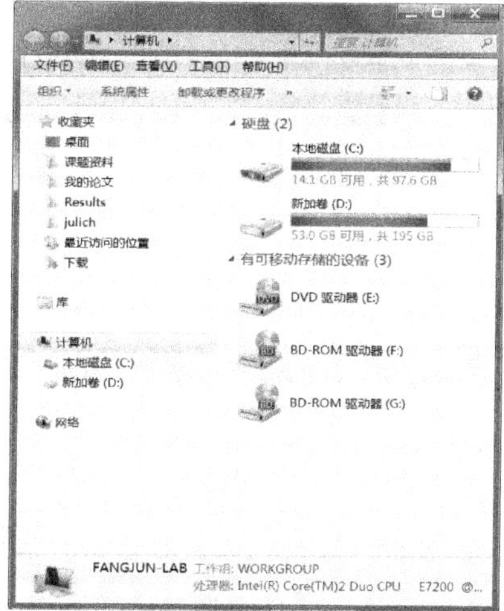


(b)

图 8-5　新增虚拟光驱后 Daemon tools 和资源管理器界面

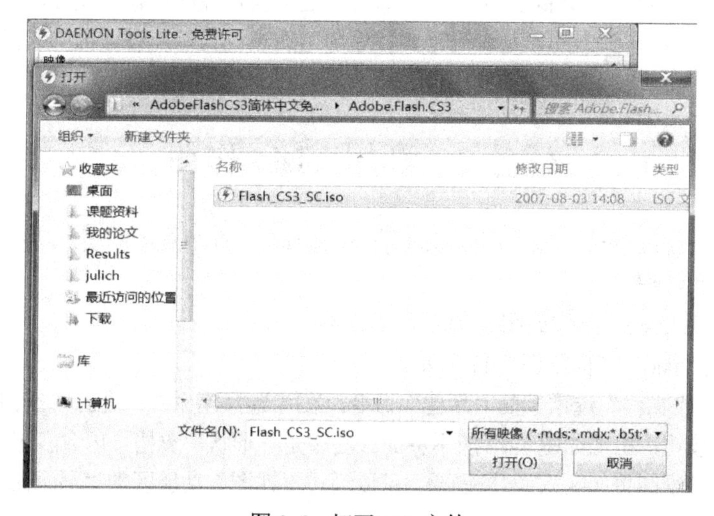


图 8-6　打开 ISO 文件

【步骤 3】新的 Daemon Tools Lite 界面如图 8-7 所示。可以看到映像目录处添加了选中的 ISO 文件，鼠标选中该文件后单击“载入”按钮，弹出如图 8-8 所示界面，选择需要的虚拟设备，单击“确定”按钮，就可以如同在光驱中打开光盘一样，从虚拟光驱打开该镜像文件，如图 8-9 所示。

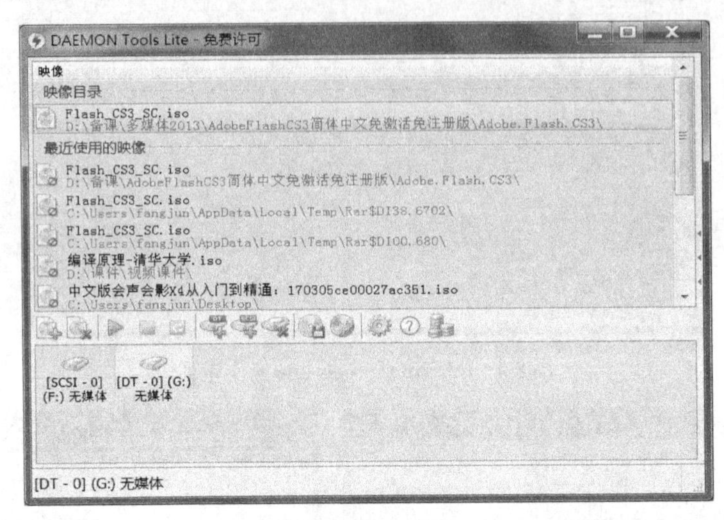


图 8-7　载入映像

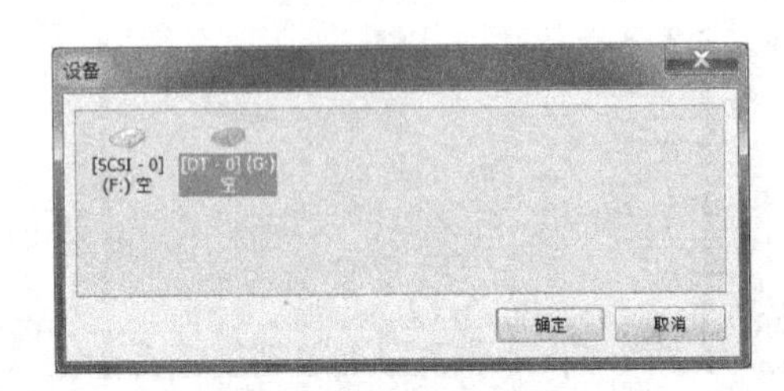


图 8-8　选择虚拟设备

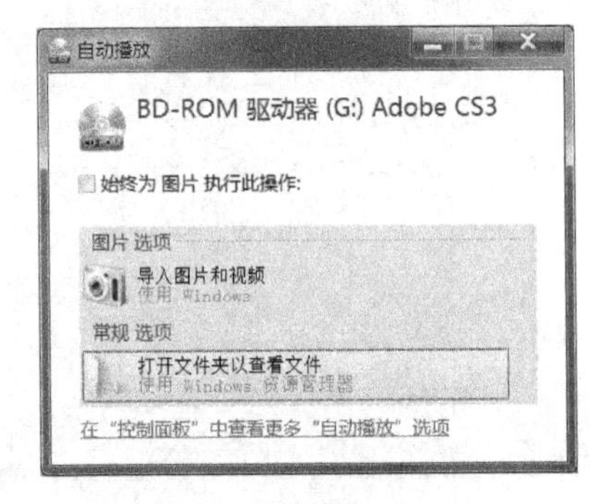


图 8-9　打开镜像文件

【步骤 4】移除虚拟光驱：移除的操作也十分简单，选中要移除的虚拟光驱后，单击图 8-4 中的“移除虚拟光驱”按钮，在弹出的“是否确定要移除选定的光驱吗？”对话框中选择“是”，即可移除该虚拟光驱。

# 任务 2　利用 Visio 作图

**背景说明**：Microsoft Office Visio 可以帮助用户创建具有专业外观的图表，以便理解、记录和分析信息、数据、系统和过程。

**具体操作**：利用 Visio，制作如图 8-10 所示的图形。

【步骤 1】启动 Visio，界面如图 8-11 所示。

【步骤 2】使用“文件”选项卡的“新建”命令，在“选择模板”中选择“空白绘图”，单击窗口右下方的“创建”按钮，出现如图 8-12 所示界面。左边是“形状”窗格，内含各形状工具，上方是命令功能区，右侧则是绘图页（区）。如果需要，可以通过“视图”功能区的“显示比例”调整绘图页的显示大小。

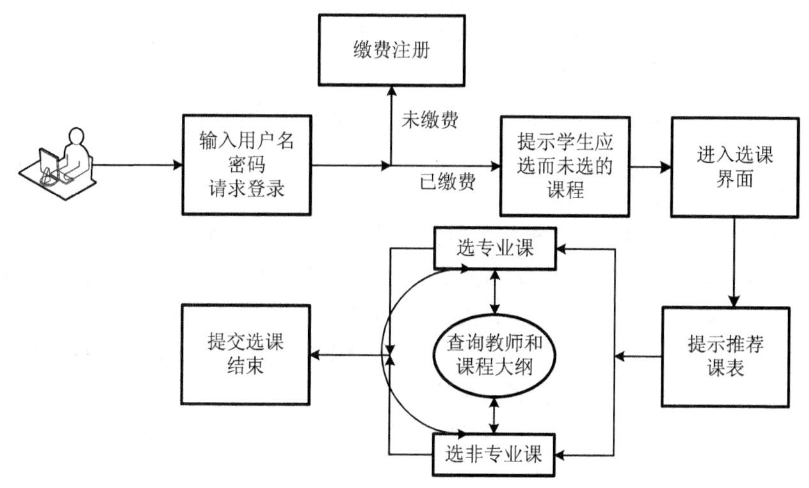


图 8-10　用 Visio 制作图形

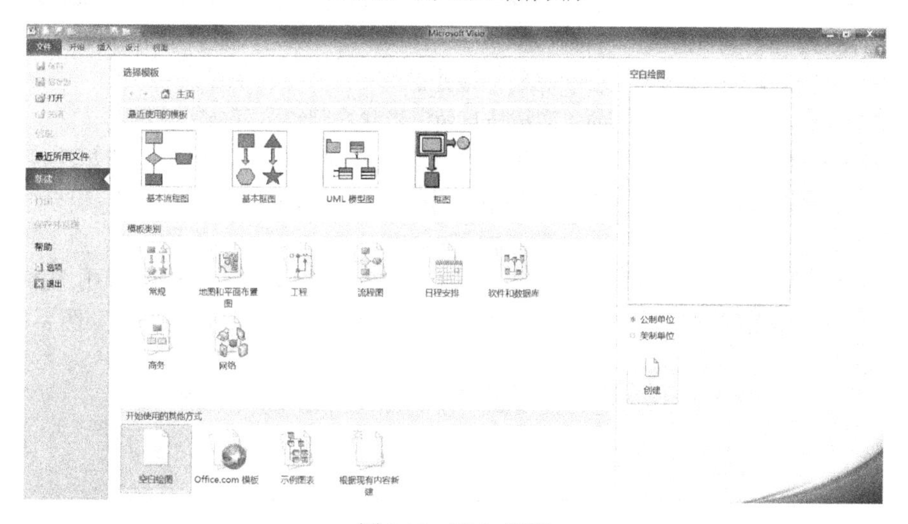


图 8-11　Visio 界面

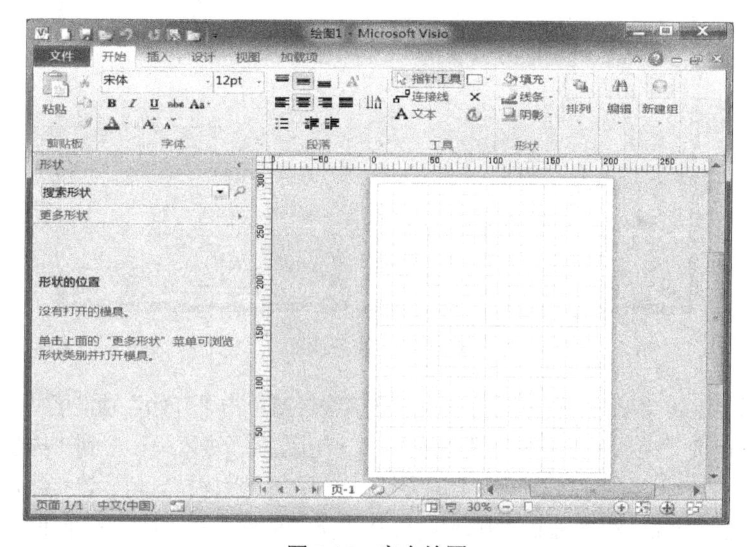


图 8-12　空白绘图

【步骤3】单击“形状”窗格中的“更多形状”，选择“流程图”→“工作流对象”，这时“形状”窗格中就会出现工作流对象中的一系列形状。

【步骤4】将“形状”窗格中的“用户”形状拖到绘图页合适的位置上。

【步骤5】单击“形状”窗格的“更多形状”，选择“常规”→“方块”，“形状”窗格会出现“方块”工具对应的一系列形状。

【步骤6】将“方块”工具中的“框”形状拖到绘图页合适的位置上。

【步骤7】双击绘图页上的“框”，输入文字“输入用户名密码请求登录”（必要时加入回车）。

【步骤8】用与步骤6和步骤7同样的方法制作其他的7个框，并分别输入相应文字。

【步骤9】将“方块”工具中的“圆形”形状拖到绘图页合适的位置上，调整其大小，并使其成为椭圆。双击绘图页上的“圆形”形状，输入文字。

【步骤10】单击“形状”窗格的“更多形状”，选择“其他的Visio方案”→“连接符”，这时“形状”窗格中就会出现一系列连接符形状。

【步骤11】将“连接符”工具中的“有向线1”形状拖到绘图页合适位置。分别拖动端点，无箭头一端粘附到“用户”形状，有箭头一端粘附到“输入用户名……”框上。这样做的好处是，当拖动“框”或“用户”时，连接线会自动调整，并仍粘附于连接点。

【步骤12】将“连接符”工具中的“双树枝直角”形状拖到绘图页合适位置。

【步骤13】选择绘图页上的“双树枝直角”，拖动左端点到“输入用户名……”框连接点（框的边缘中点）上，再分别拖动右侧两个分支端点粘附到另外两个方框的连接点上。拖动树枝中间（树叉）端点到合适位置。

【步骤14】设置箭头。右键单击绘图页中的“双树枝直角”形状，在快捷菜单中选择“格式”→“线条”，在出现的“线条”对话框的箭头“终点”中选择04（即一种箭头样式），如图8-13所示，单击“确定”按钮。

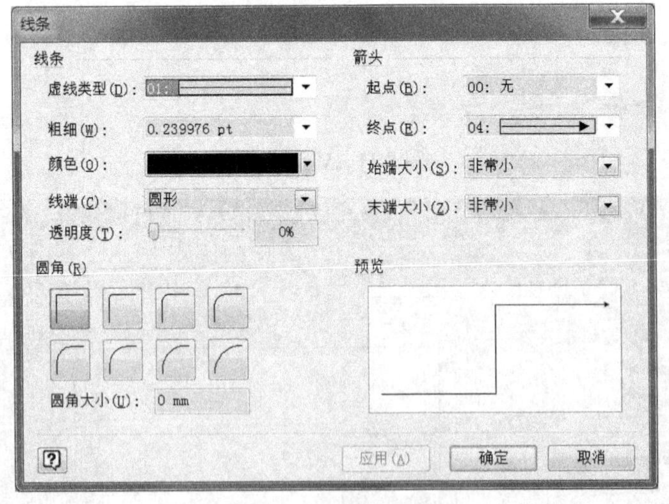


图8-13 线条设置

【步骤15】用类似于步骤11的方法制作两条连接线（或单击“开始”功能区的“工具”分组中的“连接线”），分别连接“提示学生……”到“进入……”，连接“进入……”到“提示推荐……”。

【步骤16】用类似于步骤12～步骤14的方法制作两个“双树枝直角”连接线，分别连接“提示推荐……”到“选专业课”和“选非专业课”，连接“选专业课”和“选非专业课”到“提交……”。其中，连接“选专业课”和“选非专业课”到“提交……”采用“起点”设置箭头。

【步骤 17】在“连接符”工具中选择“动态连接线”，拖动绘图页至合适位置，连接“选专业课”和“查询……”。利用快捷菜单“格式”→“线条”设置两端箭头，并设置“始端大小”和“末端大小”为“小”。

【步骤 18】采用同样的方法或者复制步骤 17 中的连接线，为“查询”和“选非专业课”设置连接线。

【步骤 19】在“连接符”工具中选择“直线”→“弧线连接线”，拖到绘图页的合适位置，连接“选专业课”和“选非专业课”，并使用类似的方法设置双向箭头。

【步骤 20】插入文本框。使用“插入”功能区的“文本框”命令，在绘图页合适的位置上拖出一个框，输入文字“未缴费”，同样建立一个“已缴费”的文本框。

【步骤 21】使各形状无填充色。按“Ctrl”+“A”组合键，全部选中所有的形状，使用“开始”功能区的“形状”分组中的“填充”，设置为“无填充”色。

【步骤 22】如果需要，可以调整文字大小、形状大小到合适位置，也可以将该图复制到 Word 等文档中，最后保存该图。

# 知识点　镜像文件格式的转换和 Visio 2010 的使用

## 1．镜像文件格式的转换

1）BIN 文件转换为 ISO 文件

如果在打开 CD 镜像文件时，该文件中包含音、视频文件信息，WinISO 将跳出提示框报警。提示信息表明 WinISO 只能提取、浏览、运行，而不能编辑该文件。如果这是一个.BIN 文件，且希望提取其中的 audio 文件信息制作 WAV 文件，或者解开 Video CD 的 DAT 文件，可以将 BIN 文件转换为 ISO 文件：执行“转换/BIN 转换为 ISO...”命令，在打开的“BIN 转换为 ISO...”对话框中，单击“...”即浏览按钮，在对话框中选择来源文件，根据需要选择所要转换的轨道，数据轨道将被转换为 ISO 文件，音乐轨道将被转换为 WAV 文件，视频轨道将被转换为 DAT 文件，并在输出文件中选择文件转化后存放的文件夹，同时设置好文件名，最后单击“转换”按钮，即可完成转换。

2）ISO 文件转换为 BIN 文件

执行“转换/ISO 转换为 BIN...”命令，在打开的对话框中，单击“...”浏览按钮，在对话框中选择来源文件，并选择文件转化后存放的文件夹和保存文件名，单击“转换”按钮即可完成转换。

3）其他格式转换

单击主菜单栏的“转换（C）”，选择“批量转换映像格式...”命令，弹出“批量映像文件转化器”对话框。然后单击“…”浏览按钮，在对话框中选择来源文件，选择文件转化后存放的文件夹，并命名文件，然后单击对话框中的“转换”按钮，即可完成转换工作。单击“取消”取消该操作。

4）批量转换文件格式

单击主菜单栏的“转换（C）”，选择“批量转换映像格式...”命令，弹出“批量映像文件转化器”对话框。然后单击“…”浏览按钮，在对话框中选择来源文件，并选择文件转化后存放的文件夹，并命名文件，然后单击对话框中的“转换”按钮，即可完成转换工作。单击“取消”取消该操作。

## 2．Visio 2010 的使用

Visio 图表具有许多种类，但可以使用 3 个基本步骤创建几乎全部种类的图表：选择并打开一个模板；拖动并连接形状；向形状添加文本。

1）选择并打开一个模板

① 启动 Visio 2010。

② 在“模板类别”下，单击“流程图”。

③ 在“流程图”窗口中，双击“基本流程图”，如图 8-14 所示。

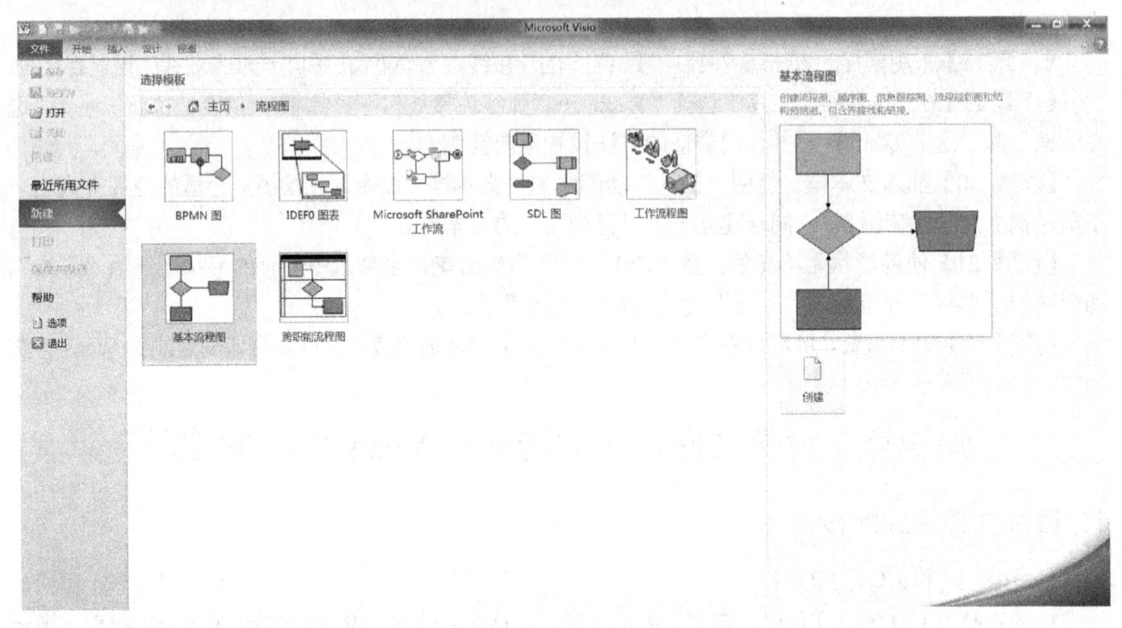


图 8-14　创建基本流程图

2）拖动并连接形状

模板将相关形状包括在名为模具的集合中。例如，随“基本流程图”模板打开的任何一种模具即“基本流程图形状”，如图 8-15 所示。（“形状”窗格在 Visio 界面的左下角，也可以单独拖出。）若要创建图表，则将形状从模具拖至空白页上并将它们相互连接起来。用于连接形状的方法有多种，这里介绍使用自动连接功能。

① 将“开始/结束”形状从“基本流程图形状”模具拖至绘图页上，然后松开鼠标按钮。

② 将指针放在形状上，以便显示蓝色箭头，如图 8-16 所示。

③ 将指针移到蓝色箭头上，蓝色箭头指向第二个形状的放置位置，此时将会显示一个浮动工具栏，该工具栏包含模具顶部的一些形状，如图 8-17 所示。

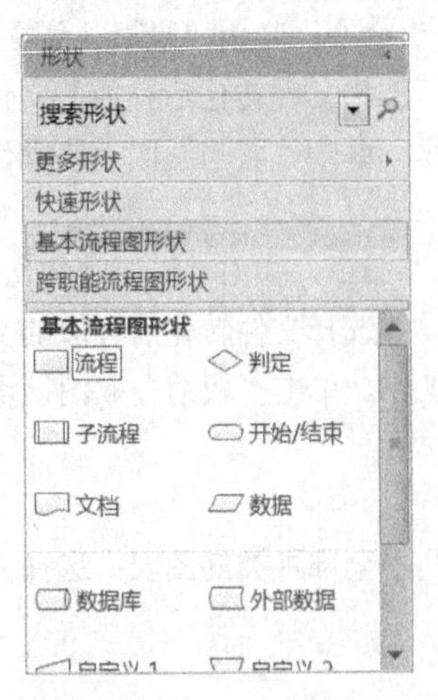


图 8-15　“形状”窗格

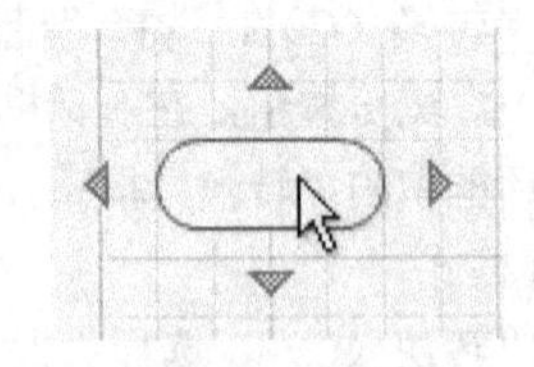

图 8-16　导向箭头

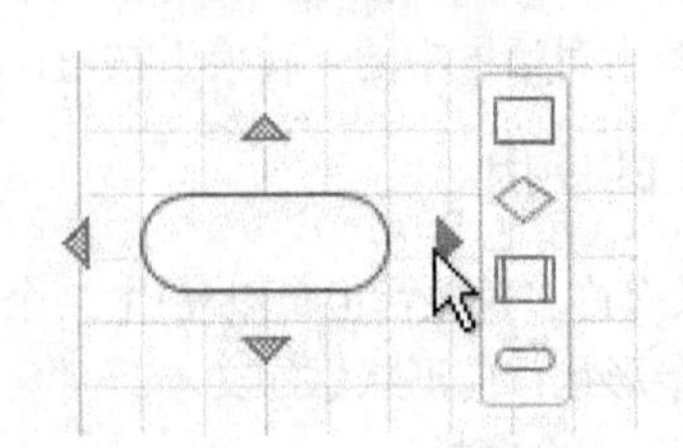

图 8-17　导向箭头与形状

④ 单击正方形的“流程”形状。“流程”形状即会添加到图表中，并自动连接到“开始/结束”形状。（如果要添加的形状未出现在浮动工具栏上，则可以将所需形状从“形状”窗口拖放到蓝色箭头上。新形状即会连接到第一个形状，就像在浮动工具栏上单击了它一样。）

3）向形状添加文本

① 双击相应的形状并开始键入文本，如图 8-18 所示。

② 键入完毕后，单击绘图页的空白区域或按“Esc”键。

如果已创建了图表，但需要添加或删除形状时，Visio 会进行连接和重新定位，如图 8-19 所示，通过将形状放置在连接线上，将它插入图表中。

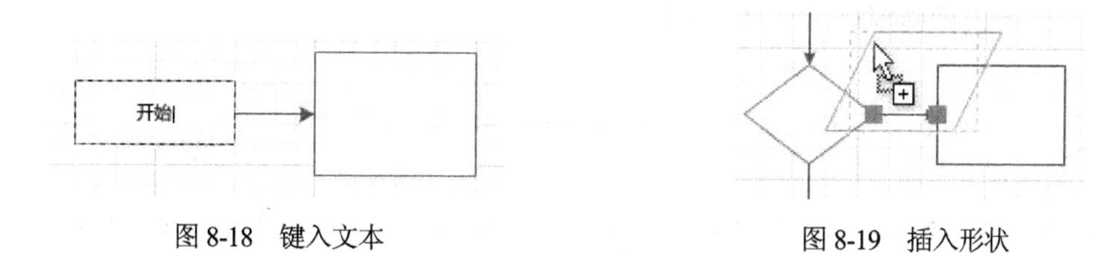


图 8-18　键入文本　　图 8-19　插入形状

周围的形状会自动移动，以便为新形状留出空间，新的连接线也会添加到序列中，如图 8-20 所示。

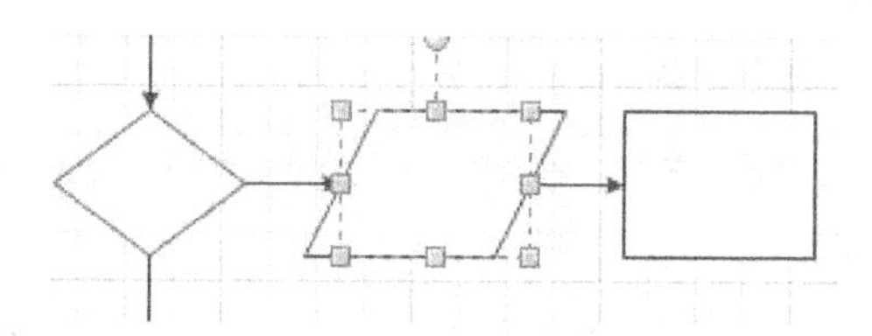

图 8-20　自动添加新连接线

选定某个形状，则可对该形状进行删除。

# 实验九 Photoshop软件的应用

**目标**：1. 掌握Photoshop软件处理图像的技术、常用的图像处理功能及图像处理的基本术语；
2. 掌握Photoshop常用的编辑图像技巧。

**任务**：1. 熟悉Photoshop CS3的工作界面；
2. 利用Photoshop优化处理照片。

## 任务1 熟悉Photoshop CS3

**背景说明**：Photoshop被誉为目前最强大的图像处理软件之一，具有十分强大的图像处理功能。它支持多种图像格式以及多种色彩模式，可以对图像进行色调和色彩的调整。任务1将重点介绍Photoshop CS3的工作环境和界面及其对应功能。

### Photoshop CS3的工作环境与界面

单击Windows的“开始”按钮，选择“程序”→“Adobe Photoshop CS3”，就可以打开Photoshop CS3了，其工作环境和界面如图9-1所示。

图9-1 Photoshop CS3的工作界面

（1）菜单栏。

Photoshop CS3主窗口中的菜单栏为整个环境下的所有窗口提供菜单控制。这些菜单可以方便地管理整个主窗口的布局，配置Photoshop CS3环境，进行图像属性设置，执行图像处理命令，获得在线帮助等。常用的快捷菜单命令有：

- Ctrl+N：建立新文件
- Ctrl+O：打开文件
- Ctrl+S：保存
- Ctrl+C：复制
- Ctrl+V：粘贴
- Ctrl+A：全选

- Ctrl+Z：撤销上一步
- Ctrl+D：取消选择区
- Ctrl+Alt+Z：撤销上几步
- CTRL + H：隐藏选区和路径

（2）工具箱

工具箱可以说是 Photoshop CS3 的强力武器，随着 Photoshop 版本的不断提高，工具箱的工具有了很大的调整。工具越来越多，操作越来越简捷，功能却不断提高。参见图 9-2。

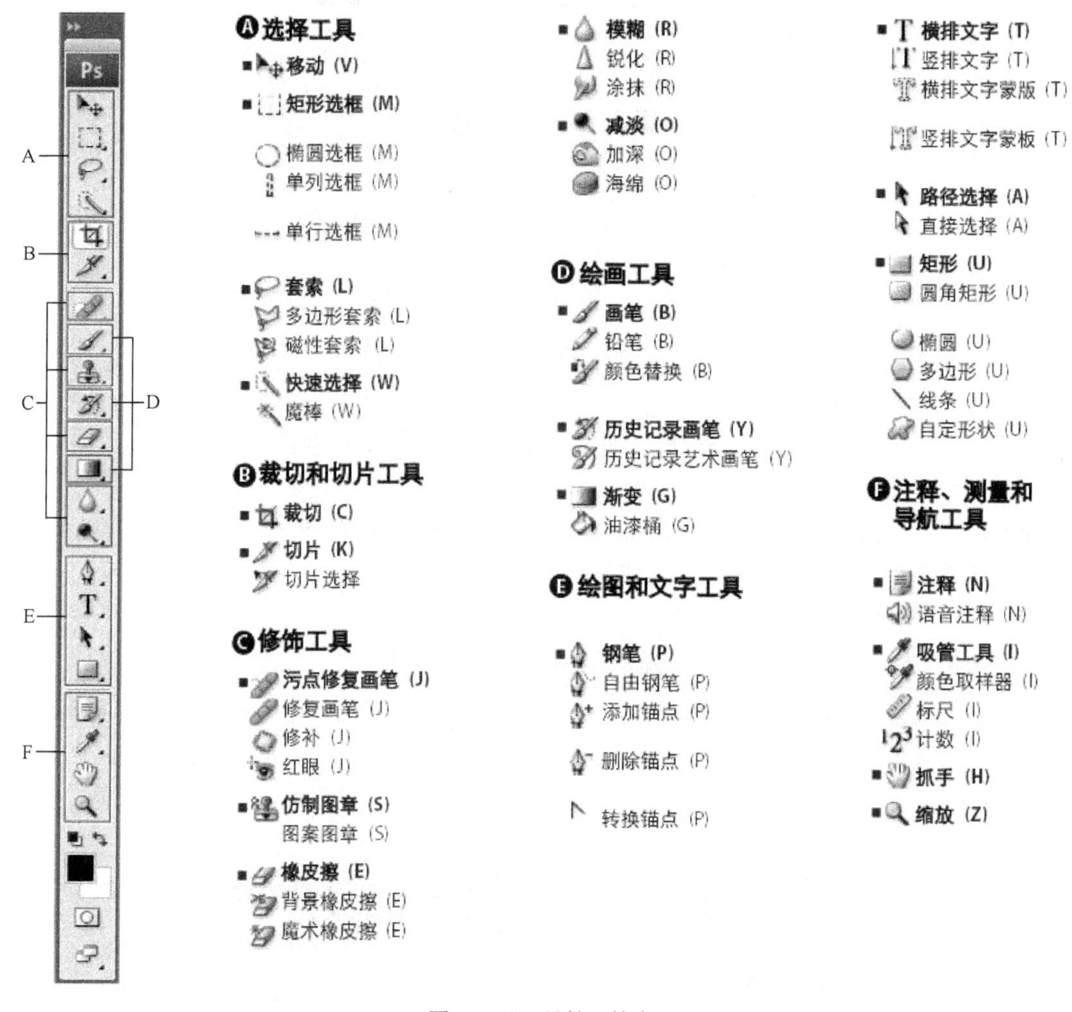


图 9-2 “工具箱”简介

（3）控制面板。

控制面板在 Photoshop 的图像处理中起着决定性的作用，尤其是其中的图层控制面板、通道控制面板和路径控制面板，几乎在 Photoshop 所有图像的处理中都离不开它。

Photoshop CS3 一共提供了 14 种控制面板，根据功能和性质将各种控制面板分类组合排列成默认的 5 种控制面板组。各种控制面板可以在使用中通过拖动来随意组合，也可以根据屏幕显示的需要，隐藏或显示某个控制面板。参见图 9-3。

（4）状态栏。

状态栏非常重要，在状态栏里可以显示当前打开图像的文件信息、当前操作工具的信息、各种操作提示信息等。

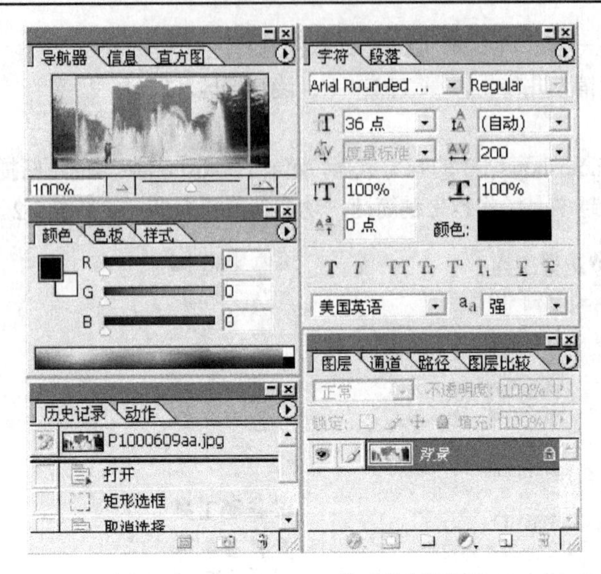

图 9-3　Photoshop CS3 的“控制面板”

# 任务 2　利用 Photoshop 优化处理照片

**背景说明**：本实验任务主要介绍用 Photoshop 处理数码照片的方法和技巧，以便于日常生活中对自己拍摄的照片进行美化和后期的加工制作。

**具体操作**：任务 2 包含 2 个子任务。

**子任务 1：掌握 Photoshop 常用的编辑图像技巧：图像区域选取、图层操作等。**

【步骤 1】执行菜单栏中的“文件”→“打开”命令，打开“地球”和“手”的图片，如图 9-4 所示。在工具箱中选择“椭圆选框工具”，按住鼠标左键拖动，在地球上出现椭圆形选区，执行“选择”→“变换选区”，按住“Shift”键，利用鼠标左键调整选区的大小，直到和地球大小几乎相同，按回车键，选定地球。

图 9-4　素材图片

【步骤 2】执行菜单栏中的“编辑”→“拷贝”命令，利用“编辑”→“粘贴”命令将地球粘贴到手掌图像中。然后右键单击“地球”，选择“自由变换”（同时按住“Shift”键防止图像变形）调整地球的大小，使地球覆盖树木，如图 9-5 所示，按回车键。单击工具箱中的橡皮擦工具，擦去地球覆盖手的部分。

图 9-5　制作地球覆盖树木的效果

【步骤 3】对“地球”制作外发光效果。如图 9-6 所示，单击右下角“地球”所在图层，单击地球，单击“图层”→“图层样式”→“外发光”，在弹出的图层样式对话框中，设置“外发光”的颜色范围（参见图 9-7），观察图像效果，单击“好”按钮，效果如图 9-8 所示。

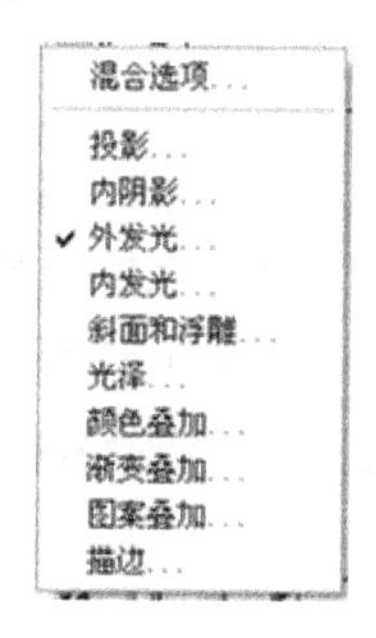


图 9-6　设置发光效果

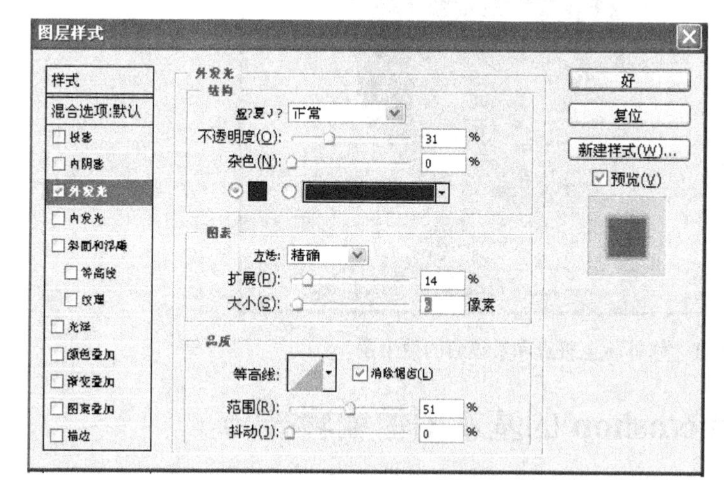

图 9-7　设置“外发光”的颜色范围　　图 9-8　制作完成的效果

【步骤 4】图像的保存。执行菜单栏中的“文件”→“另存为”命令，文件名为“托起地球”，格式为 JPEG，单击“好”按钮，调整大小使之控制在 50KB 左右，单击“好”按钮。

**子任务2 使用Photoshop处理个人照片。**

【步骤1】打开“图像素材”→“老人.jpeg”，如图9-9所示。

【步骤2】调整色彩平衡。执行“图像”→“调整”→“色彩平衡”命令，弹出“色彩平衡”对话框，如图9-10所示，调整3个色彩画块的位置，单击“好”按钮，使图像的色彩区趋于平衡。

图9-9 素材图片

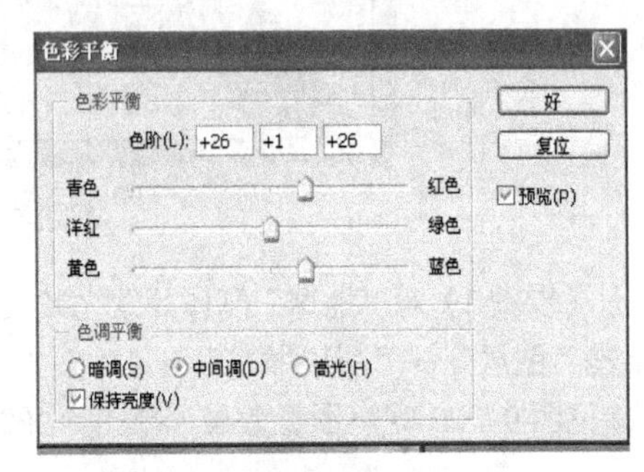


图9-10 调整色彩平衡

【步骤3】修补脸上的斑点和皱纹。放大右半边脸的图像，选择修复画笔工具，将画笔直径设置为10像素，在第一个斑点旁边取样，按住“Alt”键的同时单击鼠标左键，然后，将鼠标光标移到斑点上，按住左键涂抹，其他皱纹斑点也采用同样方法进行处理。修复完的图像如图9-11所示。

图9-11 修补脸上斑点和皱纹后的效果图

## 知识点 Photoshop的基本图像编辑技巧

### 1. 选取图像

“选取”是Photoshop的重要功能，用户可以使用选择工具确定图像中的编辑范围，选取的图像编辑范围称为“选区”。Photoshop提供的选择工具常用于图像的合成，比如选取背景、选取人物等。

（1）规则区域选择。

如果选择的“选区”外形是规则的，则可以使用下列选择工具：矩形选框工具、椭圆选框工具、单行选框工具、单列选框工具，参见图 9-12。

选择矩形或椭圆选框工具，然后：

- 按住“Shift”键，按下鼠标左键并拖动，可以将选框限制为方形或圆形；
- 按住“Alt”键，按下鼠标左键并拖动，可以从中心绘制选框；
- 按住“Shift”键和“Alt”键，按下鼠标左键并拖动，限制形状为方形或圆形并从中心绘制选框。
- 按住“Ctrl”键，将选择工具切换到移动工具。
- 任何选区+“←”“↑”“→”“↓”键都可以将选框移动一个像素。

（2）不规则区域选择。

不规则选区可以通过“套索”工具来选择。针对图像的不规则选区所用的套索工具有：套索工具、多边形套索工具、磁性套索工具（参见图 9-13）。其中，套索工具主要用于生成自由形状的选区，类似自由绘图。多边形套索则可以生成多边形的选区，使用磁性套索工具时，边框会自动对齐图像中定义区域的边缘。套索工具不能进行精确选区的选择，多边形套索的选择效果要更好些，不过其生成的选区边缘线比较生硬。

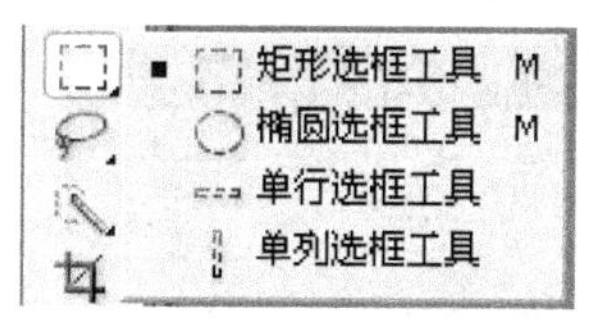

图 9-12　规则区域选择工具

图 9-13　不规则区域选择工具

图 9-14　魔术棒工具

（3）相近颜色的选取。

在 Photoshop 中选取颜色相近的区域有两种方法：一是使用魔术棒（简称魔棒）工具，二是使用“色彩范围”命令。下面分别对这两种方法做详细说明。

方法一，使用魔术棒工具（参见图 9-14）实现基于某种或某一范围的颜色选取。

【步骤 1】首先启动 Photoshop，打开要处理的照片（参见图 9-15），然后选择魔术棒工具，并在照片文档中要建立选区的颜色处单击鼠标左键，照片中在颜色范围内的区域即被选中（参见图 9-16，被虚线包围的即为选中的部分）。

图 9-15　原始图像

图 9-16　魔术棒工具选取区域

【步骤 2】使用魔术棒工具时，Photoshop 选项栏中“容差”用于设置魔术棒工具对颜色区分的灵敏度，参见图 9-17。容差的值越大，在相同文档中被选中的区域也会越大。图 9-18 所示是容差分别为 32 和 65 的选区对比效果。

容差: 32　☑消除锯齿　☑连续　☐对所有图层取样

图 9-17　魔术棒工具选项栏

图 9-18　容差分别为 32 和 65 时的选区

方法二，使用“色彩范围”选取。“色彩范围”也可以实现基于某种或某一范围的颜色的选取。

【步骤 1】首先启动 Photoshop，打开原始图像（参见图 9-19）。执行菜单栏中的“选择”→“色彩范围”命令，然后在如图 9-20 所示的“色彩范围”对话框中进行设置。

图 9-19　原始图像

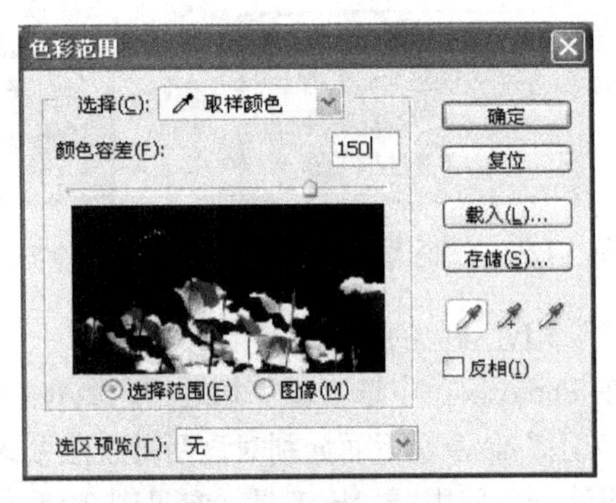


图 9-20　“色彩范围”对话框

【步骤 2】将指针放在图像上，单击鼠标，对要包含的颜色进行取样，然后在对话框中调整“颜色容差”的值。容差的值越大，与取样近似的颜色被选中的部分就越多。

【步骤 3】单击“确定”按钮后，获得选取的颜色区域。如图 9-21 所示为选取“取样颜色”、容差为 150 时的图像选取结果。

图 9-21　选取结果

（3）图像的抽出。

不论选取对象的边缘如何细致复杂，都可以使用“抽出”功能将其轻松地从背景中分离出来。抽出功能为隔离前景对象以及抹除它在图层上的背景提供了一种高级方法。

【步骤 1】打开原始图（参见图 9-22），执行菜单栏中的“滤镜”→“抽出”命令，打开“抽出”对话框，如图 9-23 所示。

【步骤 2】利用“抽出”对话框左边工具栏上的第一个“边缘高光器工具”，按住鼠标左键并拖动鼠标，完成对所要保留区域的边缘进行标注。如果要更精确地定义边缘，可选择使用“智能高光显示”功能。

【步骤 3】选择对话框左边工具栏上的第二个“填充工具”，并鼠标单击需要保留的区域，则保留区域内部会填充上预设的颜色（蓝色），只有加了填充色的区域才是将来要保留下来的图像区域，如图 9-24 所示。

【步骤 4】单击“确定”按钮，Photoshop 便会将对象的背景抹为透明。这时可使用“工具箱”中的移动工具，将选取出的人物拖曳到新图像中，形成合成效果，如图 9-25 所示。

图 9-22　原始图像

图 9-23　“抽出”对话框

图 9-24　设定抽出范围

图 9-25　抽出图像及最终合成效果

## 2. 色彩原理

（1）颜色的基本概念。

**亮度（B）**：亮度就是图像的明暗度。

**色相（H）**：简单地说，色相就是色彩颜色的分类。通常在使用中，色相是由颜色名称标识的，如光是由红、橙、黄、绿、青、蓝、紫7种颜色构成的，每一种颜色代表一种色相。在Photoshop中，色相值的范围是0～360度。

**饱和度（S）**：饱和度，是指颜色的强度和纯度。

（2）颜色模式。

颜色模式决定用来显示和打印Photoshop文档的色彩模型，有RGB、CMYK、Lab、索引、灰度、位图、双色调等。

**RGB模式**：RGB模式是Photoshop中最常用的颜色模式，RGB模式由红、绿、蓝3种原色组合而成。

**CMYK模式**：CMYK模式是一种印刷模式。RGB产生色彩的方法为加色法，而CMYK产生色彩的方法为减色法。C代表青色，M代表洋红，Y代表黄色，K代表黑色，表示一种32位图像，所以文件较大，多用于出版行业。

**位图模式**：只有黑白两色，每个像素只含一位数据，文件尺寸最小。

**灰度模式**：有256种色调的黑白图像，如同黑白照片，彩色转化成灰度后不可逆。

**索引颜色模式**：索引色在印刷中使用很少，但在制作网页时却十分实用，但只能表现256种颜色，所以文件很小。

（3）图像颜色模式转换。

在Photoshop中可以自由地转换图像的各种颜色模式，但在选择使用颜色模式时，通常要考虑图像的输出和输入方式。输出方式是指图像以什么方式输出，在打印输出时，通常使用CMYK模式存储图像。输入方式是指扫描输入图像时以什么模式进行存储，通常使用RGB模式，因为该模式颜色范围较大，便于操作。

编辑时一般使用RGB模式，编辑完成后如有需要再转化成其他的模式。

只有灰度模式的图像才能转换成位图模式。

（4）选择绘图颜色。

如图9-26所示，前景色和背景色就像两个装颜料的盘子。

**前景色**：用于显示和选取当前绘图工具所用的颜色。

**背景色**：用于显示和选取的底色，如橡皮擦。

默认前景和背景色：使用■。

切换前景和背景色：使用↰。

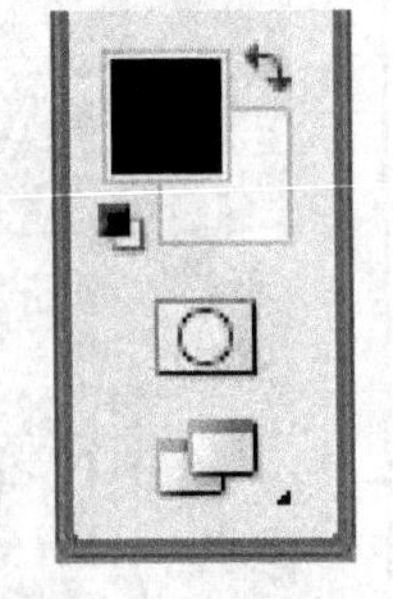

图9-26 设置背景

如图9-27所示，通过单击前景色或背景色可打开“拾色器”对话框。选取颜色时，可以直接在颜色区域内单击，也可以在数字框中输入数字。

## 3. 图层及其操作

在Photoshop中图像可以由多个图层组成，并且各图层保存了相对独立的图像，以便于图像各部分的修改操作。

一个图层就像一张可以调节透明度等参数的玻璃纸，多个图层叠加在一起，就像把多张玻璃纸叠放在一起，可以透过图层的透明区域看到下面的图层。

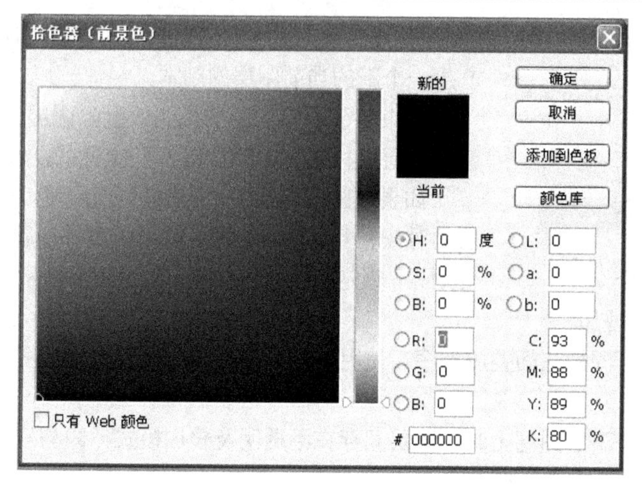


图 9-27　“拾色器”对话框

图层的类型包括：背景图层、普通图层、文字图层、填充图层和调整图层等。可以为图层添加图层样式、图层蒙板、剪贴路径来隐藏局部或添加效果，参见图 9-28。

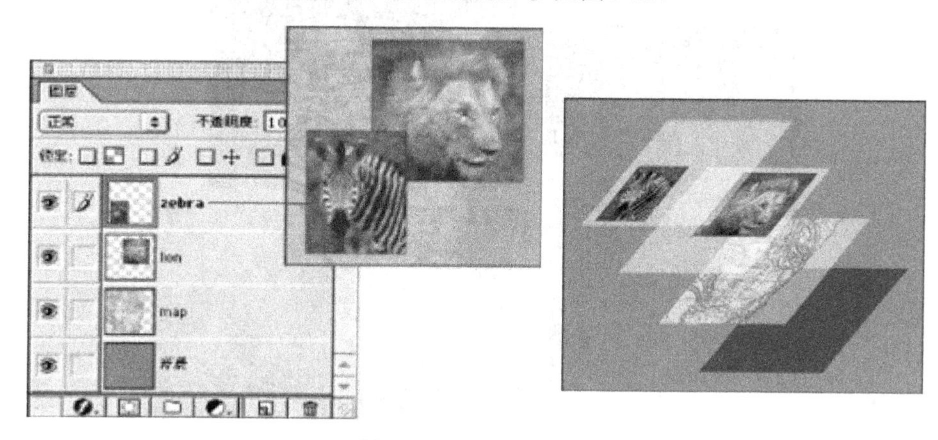


图 9-28　“图层”示意图

1）图层的添加、复制和删除

图层面板位于 Photoshop 应用程序窗口的右下方。单击图层面板的“新建”按钮可以新建图层。或者单击图层面板右上角的小三角按钮，参见图 9-29。在弹出的快捷菜单中选择“新建图层”命令，随之弹出如图 9-30 所示的对话框，用户可以在该对话框中对图层的颜色进行设置。

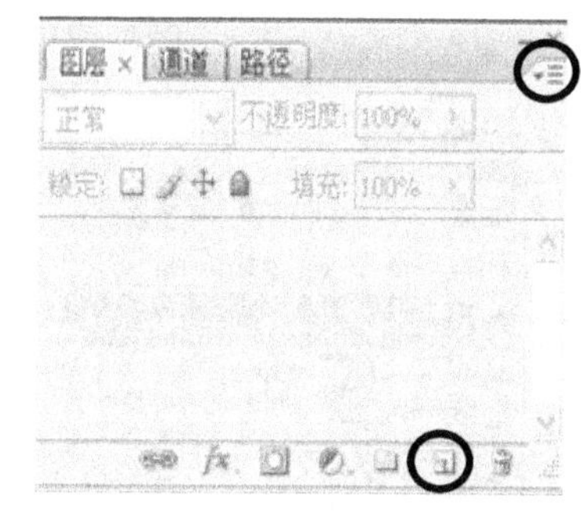


图 9-29　“图层”面板

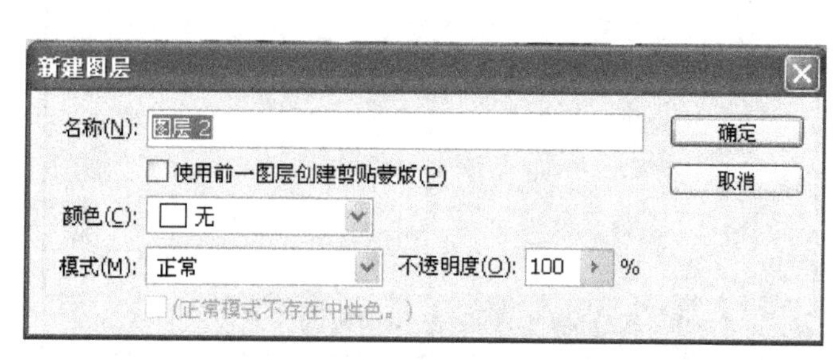


图 9-30　“新建图层”对话框

如果将要复制的层拖到“创建新图层”按钮（见图9-31下方用红色圆圈圈住的按钮）上，便可以产生一个新的当前图层的副本。

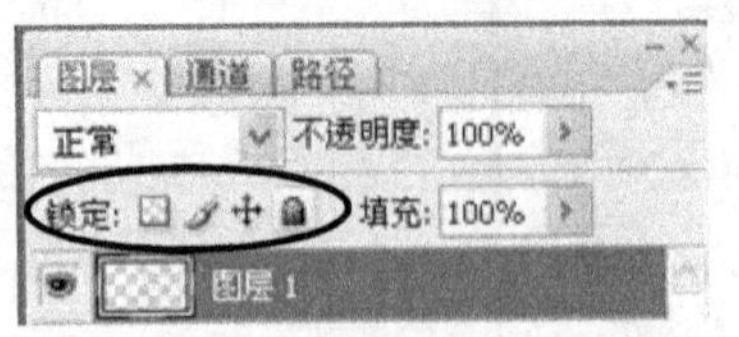

图9-31　图层的锁定方式

如果将欲删除的图层拖到“删除图层”按钮（见图9-31“创建新图层”按钮右方的按钮）上便可以删除当前的图像。

如果在图层面板中，“锁定”图层可以防止用户在编辑其他图层的时候相互影响，这时可以采用多种标题的锁定方式，从左至右分别为：锁定透明区域像素、锁定图像像素、锁定位置、全部锁定。

2）图层的叠放与叠加

不同的图层有着不同的空间叠放次序。使用鼠标直接在图层面板中拖曳图层就可以调整层与层之间的叠放次序。

当上层图层叠放在下层图层上时，图层间存在不透明及叠加模式，即相互色彩之间的影响。下面通过示例来说明不透明度和叠加模式。

（1）不透明度。

【步骤1】启动Photoshop软件，打开提供的三个素材图片，如图9-32所示。

图9-32　素材图片

【步骤2】执行菜单栏中的“文件”→“新建”命令，建立一个960×540像素大小的画布，将背景设为白色，参见图9-33和图9-34。

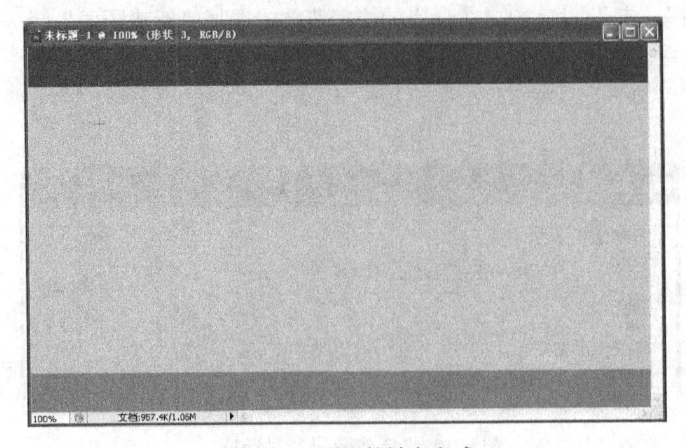

图9-33　图层的锁定方式

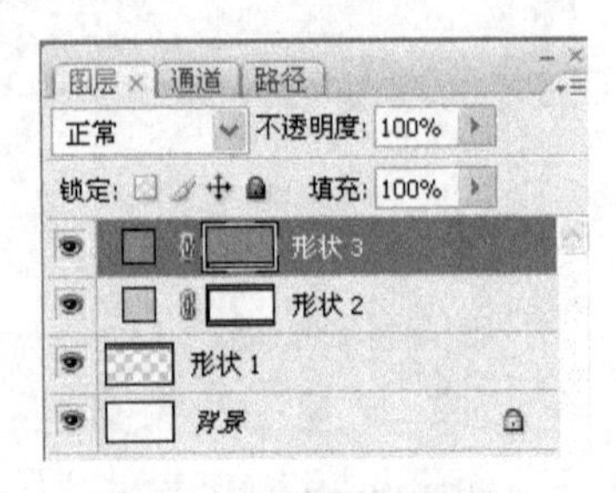

图9-34　对应的图层信息

【步骤 3】新建 3 个图层，从素材图片中选取不同的区域，然后使用选择工具将选取的图像拖曳到各自的图层中，分别放在画布的不同位置，如图 9-35 所示。或者，通过选择要添加的素材，并按“Ctrl”+“C”组合键来复制它，然后在新画布上按“Ctrl”+“V”组合键完成粘贴，并通过按“Ctrl”+“T”组合键来调整其大小，以及拖动到某个位置。同时，在分别将这三个素材放置于该画布的不同位置之后，单击窗口右侧控制面板的“图层”，可见图 9-36 所示的对应的图层信息。

图 9-35　处理后的效果

图 9-36　对应的图层信息

【步骤 4】以与上述同样的方法新建一个图层，并将另一幅素材图片拖曳到画布右侧，然后在图层面板中将其不透明度修改为 60%，如图 9-37 和图 9-38 所示。

图 9-37　新的素材图片

图 9-38　改变不透明度后的效果

（2）叠加模式。

叠加模式与不透明度的含义类似，只不过叠加模式是指颜色效果的叠加。Photoshop 提供了多种颜色的叠加模式，这一功能经常与图层的不透明度属性结合起来用于图像的合成。

【步骤 1】启动 Photoshop 软件，打开提供的原始图像，如图 9-39 所示。

图 10-39　原始图像

【步骤 2】新建图层，并为背景上色。给背景填充浅蓝色的具体方法是：首先将前景色设置为浅蓝色，并选择“画笔”工具，设置相应的笔刷大小，以及将不透明度调为“100%”，然后直接在画布中涂抹背景的位置，如图 9-40 所示。涂抹时，如果颜料不小心涂抹到其他位置，可使用橡皮擦工具进行擦除。橡皮擦的大小同样也是可以调节的。

【步骤3】将图层的混合模式设置为“颜色”，并将不透明度调至90%，如图9-41所示。

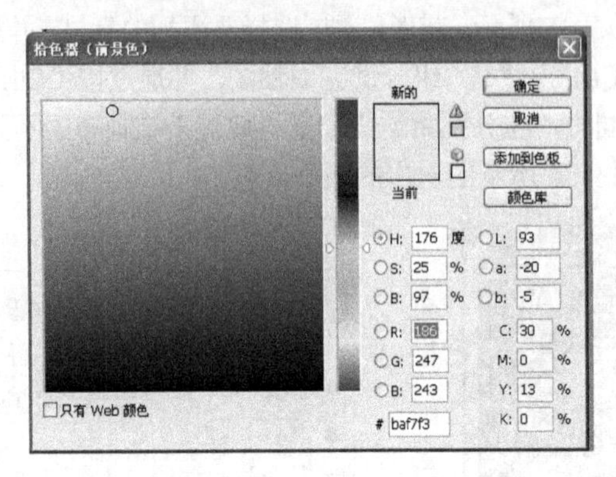

图9-40 使用“画笔”涂抹背景后产生的效果

【步骤4】新建一个图层，并以同样方法使用橘红色涂抹人物的头发部分，然后将图层的混合模式改变为“颜色”，可制作出太阳余晖照到头发的效果，如图9-42所示。另外，为了方便操作，可以使用“放大镜”放大图像，处理之后再还原即可。

图9-41 调整混合模式后的效果

图9-42 太阳余晖照到头发的效果

【步骤5】新建图层，并使用蓝色涂抹上衣，将改变层的混合模式调整为“颜色”，调整不透明度为80%，最终结果如图9-43所示。

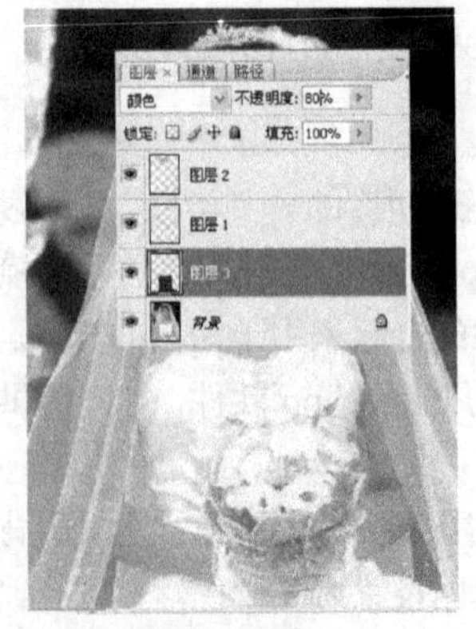

图9-43 上衣涂抹蓝色及不透明度取80%的最终效果

3）图层蒙板

简单说来，蒙板就是放在图层上的一块可以调节的挡板，它可以有选择地显示图层的部分图像，即将不必显示的部分蒙起来。可以用所有的绘图和编辑工具对蒙板进行编辑。利用蒙板可以完成各种特殊效果，而不会实际影响该图层上的像素。

下面介绍的例子将说明如何使用蒙板制作特效，以完成照片图像的合成。

【步骤 1】启动 Photoshop 软件，打开提供的原始图像，如图 9-44 所示。

图 9-44 原始图像

【步骤 2】双击背景层，系统弹出“新建图层”对话框，如图 9-45 所示，将模式选择为“正常”，然后单击“确定”按钮，可将背景转换成普通图层。

【步骤 3】单击图层面板下方的“添加图层蒙板”按钮（红色圆圈圈住的按钮），可为图层添加蒙板，如图 9-46 所示。

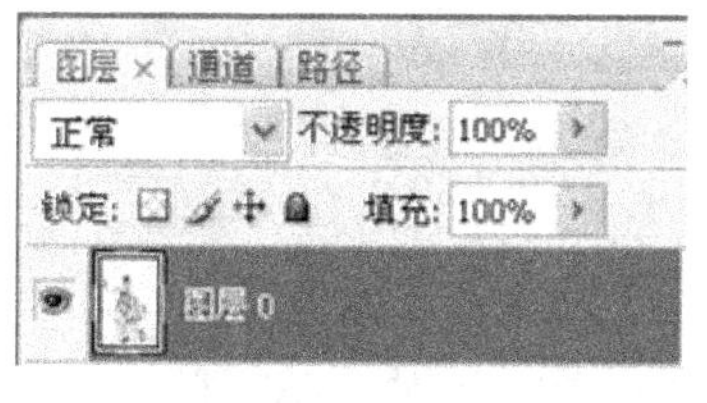


图 9-45 将“背景”转换成普通图层

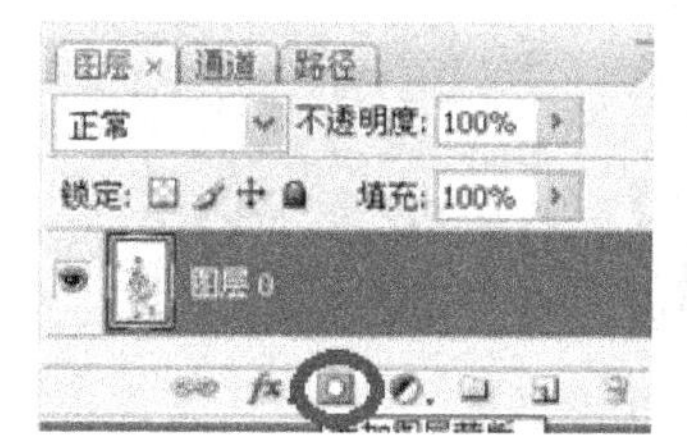


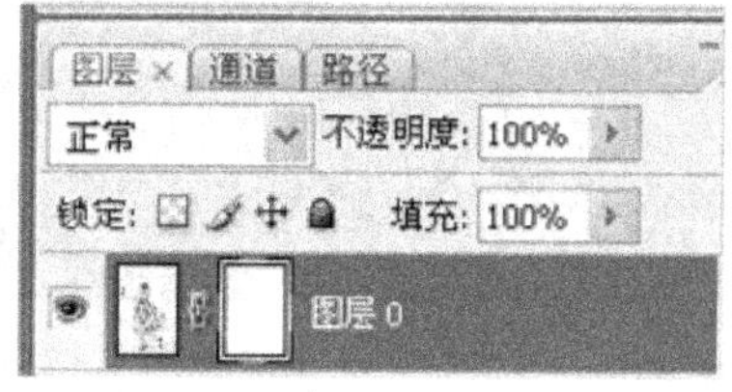


图 9-46 为背景层添加蒙板

【步骤 4】选择工具箱中的渐变工具，设定从白色到黑色的渐变，然后利用鼠标直接在画布中拖曳。这时观察图层面板，可以看到，蒙板的图标上出现了渐变，如图 9-47 所示。

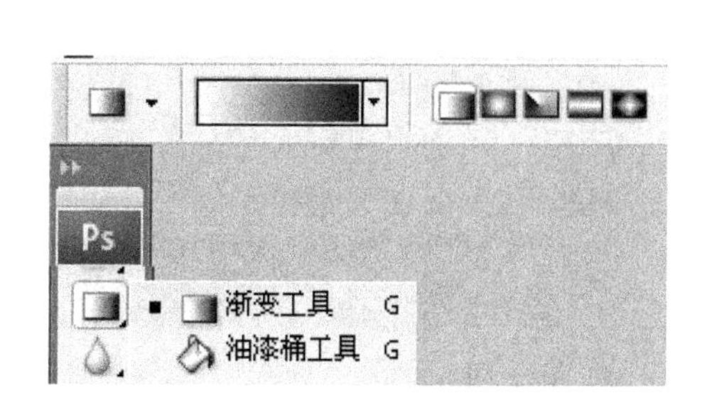

图 9-47 蒙板渐变效果

【步骤5】新建图层，同时按下“Ctrl”+“A”键，使用白色填充图层，并将该图层放到背景图层的下层，效果如图9-48所示。

【步骤6】打开另一幅图像，如图9-49所示。

【步骤7】按照与【步骤2】～【步骤5】相似的操作，在图像上重复刚才的操作，拖曳出方向与刚才正好相反的渐变，得到如图9-50所示的效果。

图9-48　处理后的图像效果

图9-49　原始图像

图9-50　处理后的图像效果

【步骤8】在图9-48中最终形成的图像中，在图层面板中选中“图层0”，然后按下“Ctrl”+“A”键将整个画布选中，然后在工具栏中选择“移动工具”，将其拖曳到如图9-50所示的图像中，最后便会形成如图9-51所示的合成效果。

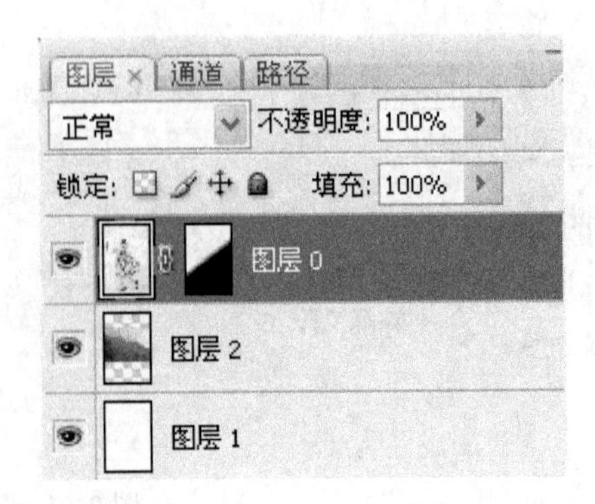


图9-51　最终合成的图像效果

# 实验十　Flash 软件的应用

**目标**：1. 掌握 Flash 中对于帧的基本操作；
2. 掌握 Flash 中逐帧动画的制作；
3. 掌握 Flash 中运动补间动画的制作；
4. 掌握 Flash 中形状补间动画的制作；
5. 掌握 Flash 中路径动画的制作。

**任务**：1. 创建逐帧动画；
2. 制作传统运动补间动画；
3. 制作形状补间动画；
4. 制作路径动画。

## 任务 1　创建逐帧动画

**背景说明**：逐帧动画是一种与传统动画创作技法相类似的动画形式，它通过细微差别的连续帧画面来完成动画作品。本实验的目的在于熟悉逐帧动画。

**子任务 1：制作贺卡动画。**

要求制作如图 10-1 所示的贺卡，实现字体连续出现的效果。

**具体操作**：

【步骤 1】新建一个 Flash 文档，从外部文件夹导入贺卡.jpg，选择“文件”→“导入”→“导入到舞台”命令。

【步骤 2】在第一帧中使用文本工具输入文字“祝你永远开心舒心一切顺心”，按需要设置相应的字体、字号和颜色等参数。

【步骤 3】选中第 1～12 帧，按“F6”键在第 1～12 帧都插入关键帧。

【步骤 4】在第 1 帧中利用文字工具进行修改，只保留第一个字，第 2 帧中保留前两个字，以此类推，顺序执行。

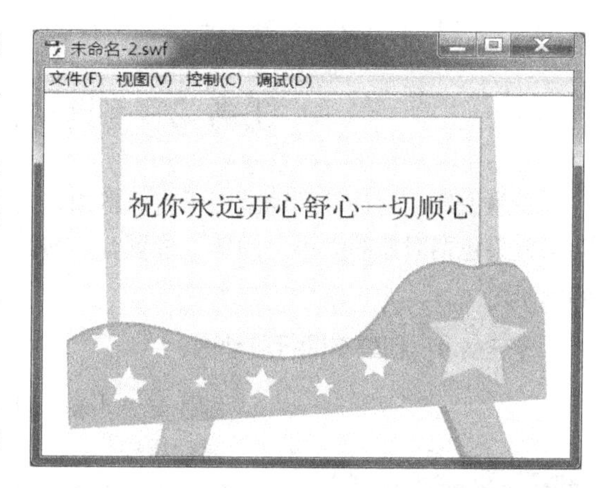


图 10-1　制作贺卡

【步骤 5】选择“控制”→“测试影片”→“在 Flash Professional 中”命令，或者按“Ctrl”+“Enter”键，测试动画效果。若无误，贺卡中的字会逐一出现。如果满意，选择“文件”→“保存”命令，将文件保存。

**子任务 2：制作跑步动画。**

制作一个人物在雪地中跑步的动画，如图 10-2 所示。

图 10-2 人物跑步动画

**具体操作：**

【步骤 1】新建一个 Flash 文档，选择“文件”→“导入”→“导入到舞台”命令，从外部文件夹导入跑步的雪地背景。

【步骤 2】新建图层，在图层 2 的第 1 帧上选择“文件”→“导入”→“导入到舞台”命令，导入第一个跑步动作“图片 1”。因为图片名称结尾以相邻数字命名，所以系统会自动弹出对话框，提示是否导入所有的序列文件。选择“是”后，“图片 2”、“图片 3”和“图片 4”会依次自动导入，关键帧被自动生成。

【步骤 3】在图层 1 的第 4 帧按“F6”键插入关键帧，背景就做好了。可选中工具箱中的选择工具，以此调整图层 2 每帧中各图片的位置，使之与背景更加契合。

【步骤 4】按“Ctrl”+“Enter”键，测试动画效果。

# 任务 2 创建传统运动补间动画

**背景说明：**运动补间动画用于完成群组、文本框或各种元件实例的渐变动画效果的创建。渐变动画效果包括对象的大小、倾斜、位置、旋转、颜色以及透明度、颜色和滤镜效果等属性的变化动画效果。

**子任务 1：创建车辆行驶动画。**

制作一个小轿车从右开到左的行驶动画。小车如图 10-3 所示。

图 10-3 小车图片

**具体操作：**

【步骤 1】新建一个 Flash 文档，选择“文件”→“导入”→“导入到舞台”命令，从外部文件夹导入车辆图片。将小车移到舞台的右边。

【步骤 2】选中小车图片，选择菜单中的“修改”→“转换为元件”命令（或按“F8”键），弹出如图 10-4 所示的“转换为元件”对话框，在“类型”中选择“图形”，单击“确定”按钮，将小车图片转换为图形元件。

【步骤 3】在第 30 帧按“F6”键插入关键帧，将小车移到舞台的左边。

【步骤 4】在工具箱中选中任意变形工具，将第 30 帧的小车缩小一些。

图 10-4 “转换为元件”对话框

【步骤 5】选择第 1～29 帧之间的任意一帧，单击鼠标右键，在弹出的快捷菜单中选择“创建传统补间”。

【步骤 6】中间帧被自动生成，按“Ctrl”+“Enter”键，测试动画效果。

**子任务 2：实现图片由浓到淡变化的效果。**

制作一个图片透明度逐渐增加的效果，图片如图 10-5 所示。

**具体操作：**

【步骤 1】新建一个 Flash 文档，导入景物图片到舞台。

【步骤 2】选中图像，并按照“子任务 1 ”的方法将图片转换为图形元件，选中第 40 帧，按“F6”键插入关键帧。

【步骤 3】选中图形元件，在如图 10-6 所示的“属性”面板中选择色彩效果样式为“Alpha”，参数设置为 15%。

【步骤 4】选择第 1～39 帧之间的任意一帧，单击鼠标右键，在弹出的快捷菜单中选择“创建传统补间”。

【步骤 5】中间帧被自动生成，按“Ctrl”+“Enter”键，测试动画效果。如图 10-5 所示，导入的图像颜色会由浓到淡显示。

图 10-5 景物图片

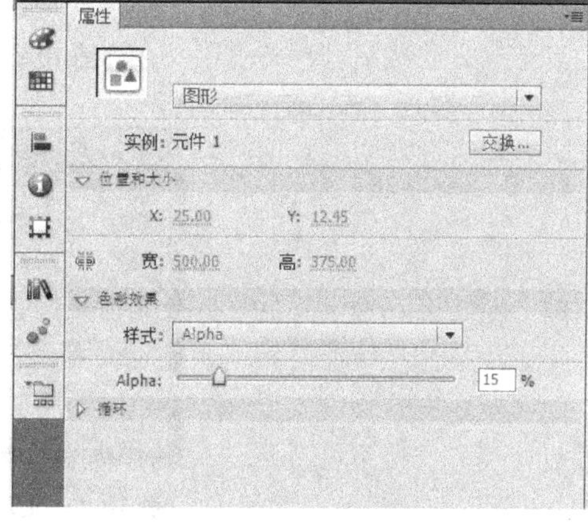


图 10-6 属性面板

# 任务 3 创建形状补间动画

**背景说明：**形状补间动画可以创建类似于形变的效果，使一个形状随着时间变化逐渐过渡成另一个形状，也可以是位置、大小、颜色和透明度的变化。另外，需要注意的是，补间形状的对象必须是非成组和非元件的矢量图形。

**创建圆形转变为五角星的形状补间动画。**

图 10-7　选择“椭圆工具”

制作一个圆形会逐渐变成五角星的动画效果。

**具体操作：**

【步骤 1】新建一个 Flash 文档，在工具箱中选择如图 10-7 所示的“椭圆工具”，在第 1 帧按住“Shift”键，绘制一个无边的实心圆，如图 10-8 所示。

【步骤 2】使用与选“椭圆工具”类似的方法选择“多角星形工具”，单击 “多角星形工具”的“属性”面板上的“选项”按钮，在如图 10-9 所示的“工具设置”对话框中进行设置，样式为“星形”，边数为“5”。

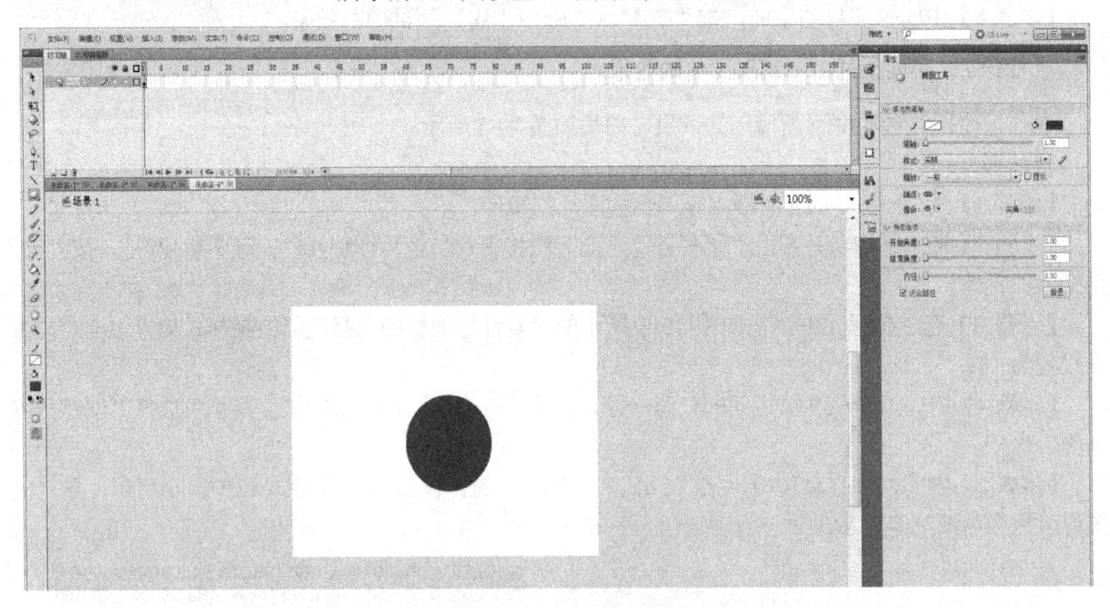

图 10-8　绘制实心圆

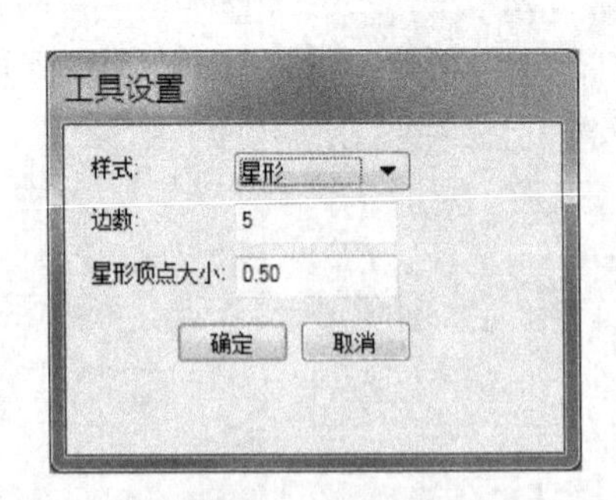


图 10-9　设置“多角星形工具”

【步骤 3】选择第 20 帧，按“F7”键插入一个空白关键帧，并在此帧中，使用“多角星形工具”绘制一个无边的实心五角星，如图 10-10 所示。

【步骤 4】选择第 1～19 帧之间的任意一帧，单击鼠标右键，在弹出的快捷菜单中选择“创建补间形状”，如图 10-11 所示，创建形状补间动画。

【步骤 5】按“Ctrl”+“Enter”键，测试动画效果。圆形会逐渐变成五角星的形状。

图 10-10　绘制五角星

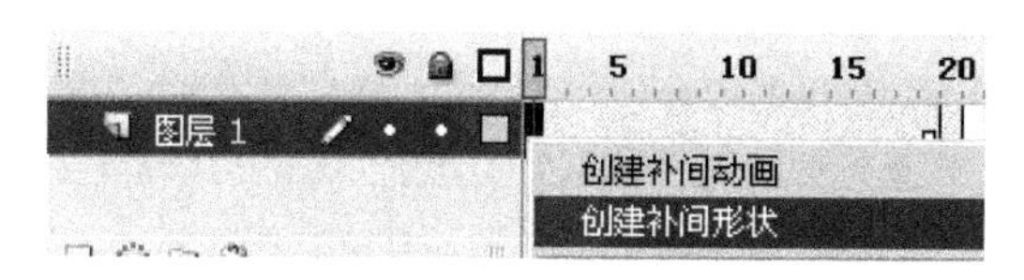


图 10-11　创建补间形状

# 任务 4　创建路径动画

**背景说明：** 一个最基本的“引导路径动画”由两个图层组成，上面一层是“引导层”，下面一层是“被引导层”，同普通图层一样。引导层的作用就是辅助其他图层的对象运动和定位，所以“引导层”中的内容可以是用钢笔、铅笔、线条、椭圆工具、矩形工具或画笔工具等绘制出的线段。而“被引导层”中的对象是跟着引导线走的，可以使用影片剪辑、图形元件、按钮、文字等，但不能应用形状。

**制作一个飞机沿圆周飞行的动画。**

**具体操作：**

【步骤 1】新建一个 Flash 影片文档，设置舞台背景色为蓝色，其他保持默认。

【步骤 2】选择“文本工具”，在“属性”面板中，设置字体为 Webdings，字体大小为 100，文本颜色为白色。

【步骤 3】在舞台上单击，然后按“J”键，这样舞台上就出现了一个飞机符号，将飞机拖放到舞台右上角，如图 10-12 所示。

【步骤 4】选择“图层 1”的第 30 帧，按“F6”键插入一个关键帧。

【步骤 5】把第 30 帧的飞机移动到舞台的右下角，如图 10-13 所示。然后选择第 1～29 帧中的任意一帧，右击弹出快捷菜单，选择“创建传统补间”。

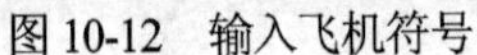

图 10-12　输入飞机符号　　图 10-13　第 30 帧上的飞机符号

【步骤 6】选择图层 1，右键单击，在弹出的快捷菜单中选择“添加传统运动引导层”，这样图层 1 上面就出现一个引导层，并且图层 1 会自动缩进，如图 10-14 所示。

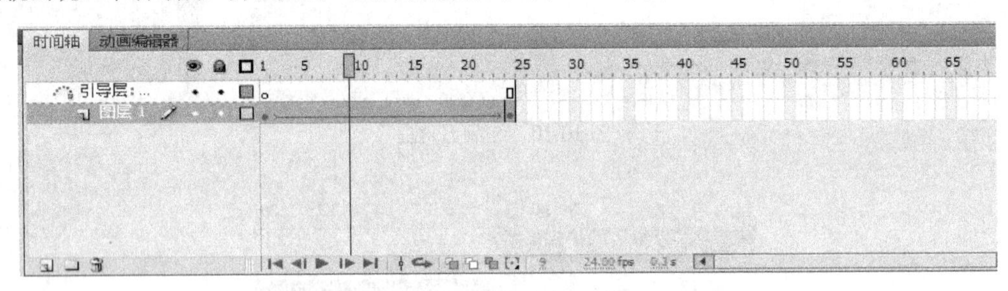


图 10-14　添加引导层

【步骤 7】选择“椭圆工具”，设置笔触颜色为黑色，填充色为无，在舞台上绘制一个大圆。

【步骤 8】选择“橡皮擦工具”，在选项中选择一个小一些的橡皮擦形状。将舞台上的圆擦出一个小缺口，如图 10-15 所示。（擦出缺口的原因是路径不能是封闭曲线。）

【步骤 9】切换到“选择工具”，确认工具箱最下方一行的“贴紧至对象”按钮处于被按下状态，选择第 1 帧的飞机，拖动它到圆缺口的左端点，如图 10-16 所示。注意，在拖动过程中，当飞机快接近端点时，会自动吸附到上面。

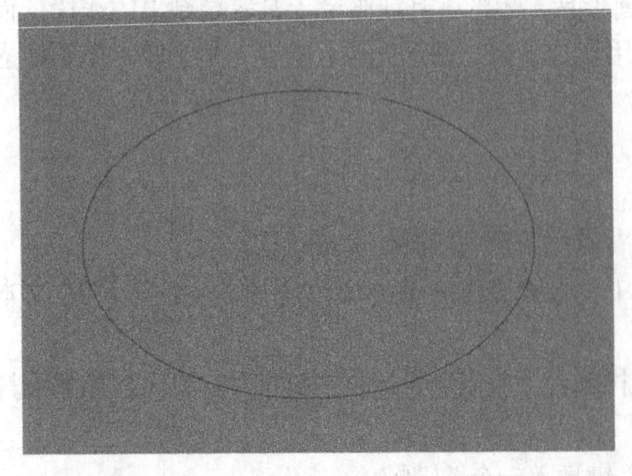

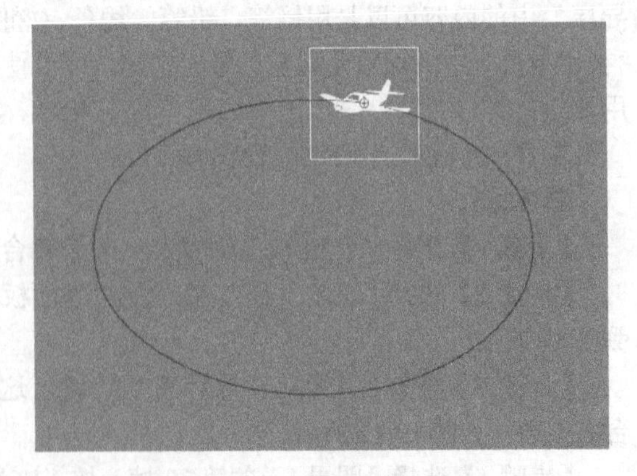

图 10-15　擦出一个小缺口的圆　　图 10-16　飞机吸附到左端点

【步骤 10】按照同样的方法，选择第 24 帧上的飞机，拖动它到圆缺口的右端点。

【步骤 11】按下“Ctrl”+“Enter”键，可以看到飞机沿着圆周飞行。但若对飞机的飞行姿势不满意，还可以进行改进。

【步骤 12】选择图层 1 第 1～24 帧中间任一帧的补间，在“属性”面板中，从“补间”选项的下拉列表中选择“调整到路径”复选框，则可以观察到飞机姿势优美地沿着圆周飞行。

# 知识点　计算机动画制作技术

作为一款简单直观的矢量动画设计软件，Flash 以其文件小、图像清晰和动态效果逼真的特点广泛应用于网络，深受广大动画制作者的喜爱，因而成为最流行的二维动画制作软件。这里，将基于 Flash CS5 平台介绍相关动画制作的基本技术。

## 1．动画的制作过程

动画的制作包括以下几个步骤：

① 新建文件。设置舞台尺寸、背景颜色和帧频率等属性。

② 创建动画成员。在工作区中绘制动画对象或导入图形对象，根据动画要求定义所需各类元件，然后按照动画的需要将元件拖到舞台上。

③ 设定动画效果。根据帧中对象的不同类型，建立相应的动画，使帧与帧之间更好地衔接。针对不同的动画类型有不同的制作技术。

④ 保存文件。动画源文件制作完成后，要对其存储，否则源文件丢失将很难对动画进行修改。

⑤ 输出文件。源文件完成并保存后，需要将其输出或发布，以便应用到网页中。

## 2．Flash CS5 工作环境

运行 Flash CS5 后，首先映入眼帘的是“开始页”，又称为欢迎屏幕。在“开始页”中选择“新建”下的“ActionScript 3.0”命令，可以启动 Flash CS5 的工作窗口并新建一个空白的 Flash 文档，Flash CS5 的操作界面主要包括应用程序栏、菜单栏、工具栏、舞台、时间轴和面板等。可以通过菜单栏中的“窗口”→“切换”命令或是工作区切换器切换至不同的界面风格。若选择传统界面，其 Flash 界面如图 10-17 所示。

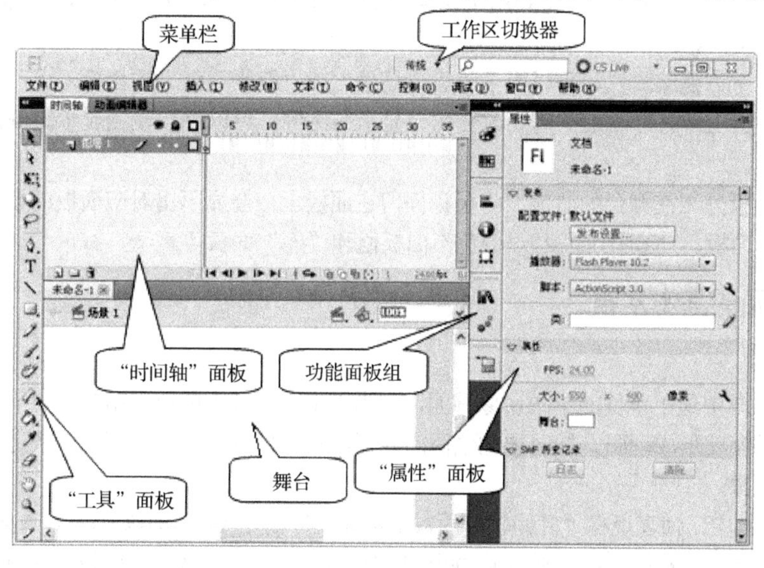


图 10-17　Flash CS5 的工作窗口

窗口最上方是菜单栏，在其下拉菜单中提供了几乎所有的 Flash CS5 命令项，通过执行它们可以满足用户的不同需求。

窗口左侧是功能强大的工具箱，它是 Flash 中最常用到的一个面板，利用其中的各种绘图工具可以绘制需要的图形或者对图形进行编辑处理。其中有一些工具与 Photoshop 中的工具类似，因此对这一部分工具不再详述。

菜单栏下方是“时间轴”和“动画编辑器”面板，时间轴是一个显示图层和帧的面板，用于组织和控制文档内容在一定时间内播放的图层数和帧数，同时可以控制影片的播放和停止，如图 10-18 所示，其中的洋葱皮工具主要用来辅助进行多级编辑。

时间轴左侧是图层，图层就像堆叠在一起的多张幻灯胶片一样，在舞台上一层层地向上叠加。如果上面一个图层上没有内容，那么就可以透过它看到下面的图层。

时间轴右方是动画编辑器，Flash CS5 使用动画编辑器来对每个关键帧的参数进行完全控制，这些参数包括旋转角度、大小、缩放、位置和滤镜等。在动画编辑器中，操作者可以借助于曲线，以图形的方式来控制缓动。

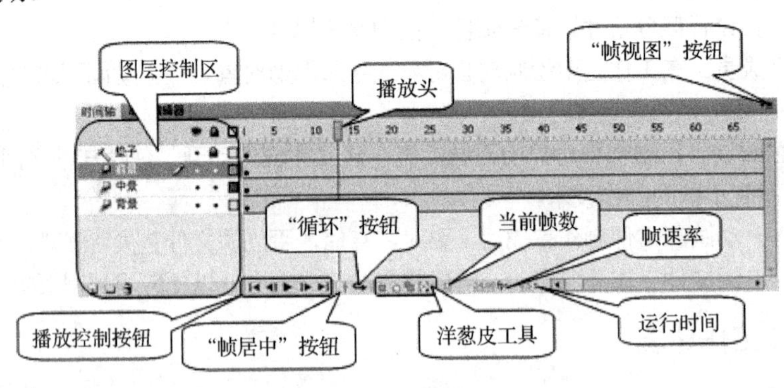


图 10-18 时间轴

时间轴下方是舞台和场景。舞台指的是放置动画内容的矩形区域（默认是白色背景），这些内容可以是矢量图形、文本框、按钮、导入的位图或视频等。

舞台上方是“文档选项卡”，主要用于切换当前要编辑的文档，其右侧是文档控制按钮，单击该按钮将关闭当前文件。

文档选项卡下方是编辑栏，可以用于“编辑场景”或“编辑元件”的切换，还可以进行舞台显示比例的设置，使得工作时可以根据需要改变舞台显示的比例。可以直接设置显示比例，也可以在下拉菜单中进行选择。

还有多个面板分布在舞台的右侧，将鼠标停留在面板上，会显示出对应面板的名称。面板中包括常用的“属性”面板、“变形”面板、“颜色”面板组和“库”面板等。

## 3. Flash 动画的基本术语

1）帧

帧是影像动画中最小单位的单幅影像画面，相当于电影胶片上的每一格镜头。一帧就是一幅静止的画面，连续的帧就形成动画。按照视觉残留的原理，每一帧都是静止的图像，快速连续地显示帧便形成了运动的假象。

在 Flash 文档中，帧表现在“时间轴”面板上，外在特征是一个个小方格，每 5 帧有个“帧序号”标识（呈灰色显示，其他的呈白色显示）。如图 10-19 所示，在“时间轴”面板的左侧列出了文档中的图层，图层就像堆叠在一起的多张幻灯片胶片，每个图层都有自己的时间轴，其位于图层名的右侧，包含了该图层动画的所有帧。在面板的时间轴顶部显示帧的编号，播放头指示出当前舞台中显示的帧。在舞台上测试动画时，播放头从左向右扫过时间轴，动画也将随之播放。

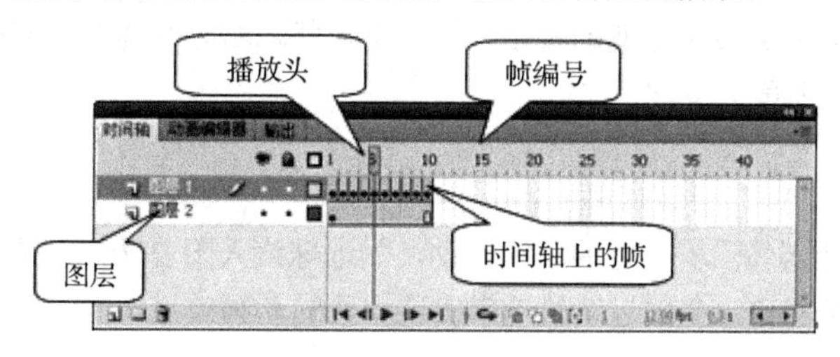


图 10-19 “时间轴”面板

根据性质的不同，可以把“帧”分为“关键帧”和“普通帧”。

（1）关键帧。

关键帧是定义了动画变化的帧，这些控制整个动画变化的关键帧画面被称为关键帧。关键帧可以有内容也可以没有内容，有内容的关键帧（即实关键帧）在时间轴上用实心圆点表示，而无内容的关键帧（即空白关键帧）则用空心圆表示。

（2）普通帧。

普通帧显示为一个个普通的单元格，空白的单元格是无内容的帧，有内容的帧显示出一定的颜色。不同的颜色代表不同类型的动画，如传统动作补间动画的帧显示为淡紫色，形状补间动画的帧显示为浅绿色，而关键帧后的普通帧显示为灰色。关键帧后面的普通帧将继承和延伸该关键帧的内容。

2）图层

图层就像一层透明的玻璃纸，当一层一层叠加上去之后，透过上一层的空白部分可以看见下一层的内容，而上一层中的内容将能够遮盖下一层的内容。通过更改图层的叠放顺序，可以改变在舞台上最终看见的内容。同时，对图层上对象的修改不会影响到其他图层中的对象。因此，在制作动画时，图层用于组织文档中的不同元素。Flash 中有普通层、引导层、遮罩层和被遮罩层 4 种图层类型，为了便于图层的管理，用户还可以使用图层文件夹。

3）播放头

播放头指示当前显示在舞台中的帧，将播放头沿着时间轴移动，可以轻易地定位当前帧，用红色矩形表示，红色矩形下面的红色细线所经过的帧表示该帧目前正处于“播放帧”。

## 4．Flash 动画的分类

### 4.1　逐帧动画

逐帧动画是 Flash 中最基本的动画制作模式，其原理是在“连续的关键帧”中分解动画动作，也就是在时间轴上逐帧地绘制内容，这些内容是一张张不动的画面，但画面之间又逐渐发生变化。当动画在播放时，这一帧一帧的画面连续播放就会获得动画效果。逐帧动画在绘制时具有很大的灵活性，几乎可以表现任何需要表现的内容，适合描述细微、不规则的动画效果。图形元素较多，文件体积较大。

### 4.2　补间动画

补间动画又叫中间帧动画渐变动画。只要建立起始和结束的画面，即只要做好起点关键帧和终点关键帧的图像，中间部分就会由 Flash 软件自动生成。

补间动画包括运动补间动画和形状补间动画两种。

其中，运动补间动画用于完成群组、文本框或各种元件实例的渐变动画效果的创建。这里的渐变动画效果是指对象的大小、倾斜、位置、旋转、颜色以及透明度、颜色和滤镜效果等属性的变化动画效果。

形状补间动画可以创建类似于形变的效果，使一个形状随着时间逐渐过渡成另一个形状，也可以是位置、大小、颜色和透明度的变化。

#### 4.3　路径动画

路径动画的实质是让实体沿着一定的路径运动，如地球绕太阳公转、小球作平抛运动等，它是运动渐变动画的一种，可按照自定义的运动轨迹来实现位移的动画效果。

### 5．Flash 动画的制作流程

1）新建空白 Flash 影片文档

选择“文件”→“新建”命令打开“新建文档”对话框，在“常规”选项卡的“类型”列表中选择需要创建的新文档类型，单击“确定”按钮即可创建一个新文档。

2）设置文档属性

在默认情况下，新建文档的舞台大小是 550×400 像素，舞台背景色为白色。实际上，用户可以根据需要，对新文档的属性进行设置。选择“修改”→“文档”命令，打开“文档设置”对话框，如图 10-20 所示。

3）制作动画

这是完成动画效果制作最主要的步骤。一般情况下，需要先创建动画角色（可以用绘图工具绘制或是从外部导入素材），然后在时间轴上组织和编辑动画效果。制作不同类型的动画，需要不同的制作技术。

（1）逐帧动画。

逐帧动画是一种与传统动画创作技法相类似的动画形式，它是通过细微差别的连续帧画面来完成动画作品。在 Flash 中，一段逐帧动画表现为时间轴上连续放置关键帧。

如图 10-21 所示，要制作一个人物在雪地中跑步的动画，则可以通过将每一个跑步动作的图片作为关键帧中的内容，依次放置在时间轴上。同理，可以通过逐帧动画来制作小鸟飞翔、花朵盛开、人物转身等效果细腻的动画。

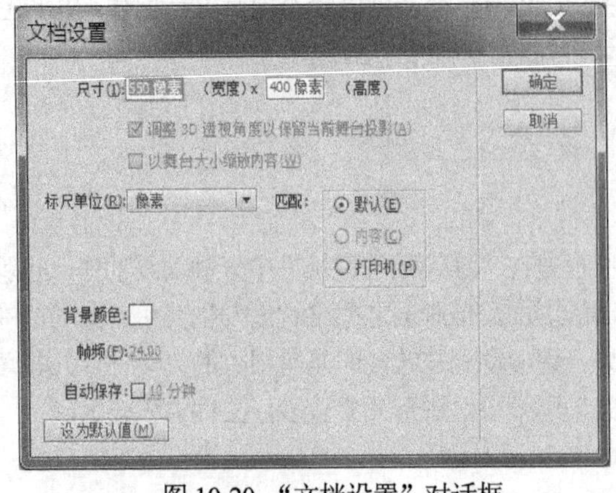


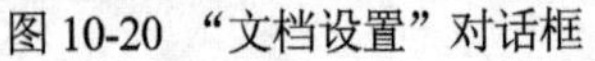
图 10-20 “文档设置”对话框

图 10-21　逐帧动画

（2）运动补间动画。

运动补间动画的基本制作方法是在 Flash 的“时间轴”面板的一个关键帧上放置一个对象，然后在另一个关键帧改变这个对象的大小、颜色、位置、透明度、旋转、倾斜、滤镜参数等，定义好补间动画后，Flash 自动补上中间的动画过程。构成运动补间动画的元素包括元件（影片剪辑元件、图形元件、按钮元件）、文字、位图、组合等，但不能是形状，只有把形状组合成“组”（按快捷键“Ctrl”+“G”组合）或者转换成元件后才可以做运动补间动画。

如要制作一个小汽车从右往左开的动画，则在第一帧将汽车图片放置在右边，再将另一帧转换为关键帧，在该帧上将小汽车图片移至左边，设置补间后，则可以创建运动补间动画，如图 10-22 所示。

(a)小车开始位置（第一帧）

(b)小车运动中（中间某一帧）

(c)小车最终位置（最后一帧）

图 10-22 小车从右往左开的运动

（3）形状补间动画。

形状补间动画的原理是在 Flash 的“时间轴”面板的一个关键帧上绘制一个形状，然后在另一个关键帧上更改该形状或绘制另一个形状等，Flash 将自动根据两个关键帧的值或形状来创建动画，它可以实现两个图形之间颜色、形状、大小、位置等的相互变化。

Flash 在补间形状的时候，补间的内容是依靠关键帧上的形状进行计算所得。补间形状与补间动画是有所区别的，形状补间是矢量图形间的补间动画，这种补间动画改变了图形本身的属性。而补间动画并不改变图形本身的属性，它改变的是图形的外部属性，如位置、颜色和大小等。

另外，需要注意的是，补间形状的对象必须是非成组和非元件的矢量图形。如果希望对元件或成组对象创建形状补间，必须使用“分离”命令将它们分离打散。

如图 10-23 所示，是圆形逐渐转换为五角星形的形状补间动画。

(a)圆（第一帧）

(b)变化过程（中间某一帧）

(c)五角星（最后一帧）

图 10-23 圆形逐渐转换为五角星形的形状补间动画

（4）路径动画。

前面利用运动补间动画制作的位置移动动画是沿着直线进行的，但在生活中，有很多运动路径是弧线或不规则的，如月亮绕着地球旋转、鱼儿在水中遨游等，在 Flash 中要制作出这样的效果就可以利用“路径动画”。路径动画中将一个或多个图层链接到一个引导图层，使一个或多个对象沿同一条路径运动的动画形式称为“路径动画”。这种动画可以使一个或多个对象完成曲线或不规则运动。

一个最基本的“引导路径动画”由两个图层组成，上面一层是“引导层”，下面一层是“被引导层”，同普通图层一样。引导层的作用就是辅助其他图层的对象运动和定位，所以“引导层”中的内容可以是用钢笔、铅笔、线条、椭圆工具、矩形工具或画笔工具等绘制出的线段。而“被引导层”中的对象是跟着引导线走的，可以使用影片剪辑、图形元件、按钮、文字等，但不能应用形状。由于引导线是一种运动轨迹，不难想象，“被引导层”中最常用的动画形式是动作补间动画，当播放动画时，一个或数个元件将沿着运动路径移动。

如要制作一个飞机沿圆周飞行的动画，则需要在“引导层”中绘制椭圆路径，再用橡皮擦工具擦除路径的端点，如图10-24所示。然后在被引导层中，在开始飞行和结束飞行的关键帧上，将飞机分别放置在路径的端点处。再创建传统补间动画，飞机就可以沿着圆周开始飞行了。

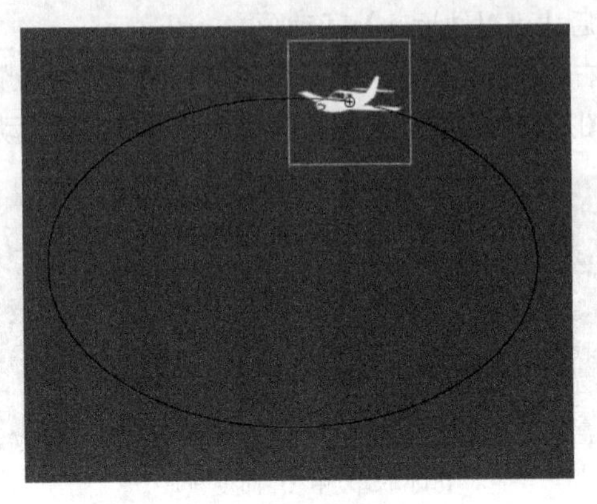

图10-24 路径动画

4）保存影片文档

用户创建新文档后，如果是第一次保存，在选择“文件”→“保存”命令时，Flash将打开“另存为”对话框。使用该对话框可以设置动画文件保存的位置和文件名。完成设置后，单击“保存”按钮文档即被保存。文档被保存为.fla格式，该格式是Flash的源程序格式。

5）打开和关闭文档

（1）打开文档。

启动Flash CS5后，选择“文件”→“打开”命令，打开“打开”对话框，在该对话框中选择需要打开的文件后，单击“打开”按钮，即可在Flash中打开该文件。

（2）关闭文档。

在Flash CS5中，文档在程序界面中以选项卡的形式打开，单击文档标签上的“关闭”按钮，可以关闭该文档。

6）预览和测试动画

要预览和测试动画，可以选择“控制”→“测试影片”→“测试”命令，或者直接按“Ctrl”+“Enter”键，此时即可在Flash播放器中预览动画效果。

7）导出影片

选择“文件”→“导出”→“导出影片”命令，打开“导出影片”对话框，在该对话框中选择文件的保存路径并设置导出文件的文件名，将导出文件的类型设置为“SWF影片（*.swf）”。完成设置后，单击“保存”按钮，即可将作品导出为Flash影片文件。另外，注意Flash文件有.fla和.swf两种格式。.fla格式是Flash的源程序格式，打开这种格式的文件能看到层、库、时间轴和舞台，可以对动画进行编辑；而.swf格式是Flash打包后的格式，只用于播放，不能对动画进行编辑和修改。网页中插入的Flash文件都是.swf格式。

# 实验十一　其他常用软件工具的使用

**目标**：1. 掌握文件的压缩与解压；
2. 掌握 PDF 文档的制作；
3. 掌握 CD 的刻录。

**任务**：1. 压缩软件 WinRAR；
2. 制作和阅读 PDF 文档；
3. 刻录数据 CD 和音乐 CD。

## 任务 1　压缩软件 WinRAR 的使用

**背景说明**：WinRAR 是一款功能强大的压缩包管理器，它是档案工具 RAR 在 Windows 环境下的图形界面。该软件可用于备份数据、创建压缩文件（ RAR 及 ZIP 格式）、创建自解压格式压缩文件、解压缩从 Internet 上下载的 RAR、ZIP 2.0 及其他文件（如 ARJ、CAB、LZH、ACE、TAR、GZ、UUE、BZ2、JAR、ISO 等类型的文件），并且可以删除已压缩文件中的某个文件、打开或运行压缩文件中的某个文件，是现在压缩率较大、压缩速度较快的格式之一。

**具体操作**：任务 1 包含 6 个子任务。

**子任务 1：下载安装文件。具体操作步骤如下。**

【步骤 1】下载软件。

从互联网上可以下载 WinRAR，也可以从一些工具光盘中获得（是一个可执行程序），还可以从 360 安全卫士的软件管家中搜索并安装。WinRAR 的安装十分简单，只要双击下载后的安装文件，就会出现图 11-1 所示的（中文）安装界面。

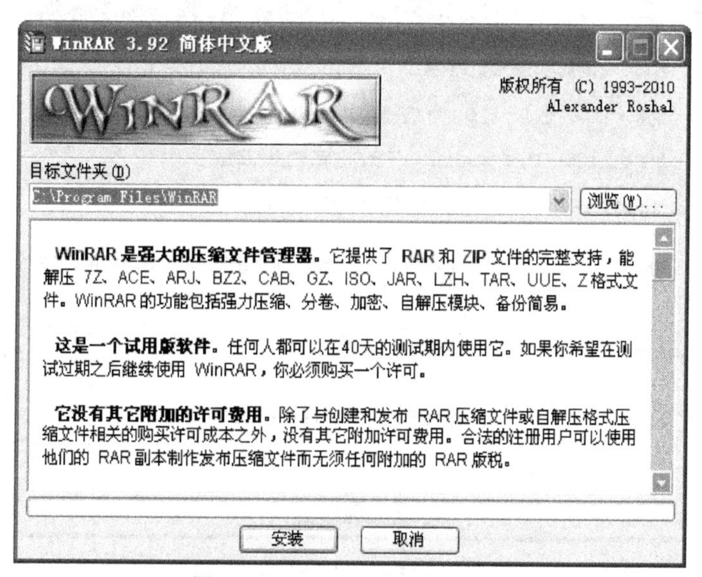


图 11-1　WinRAR 中文安装界面

【步骤2】安装软件。

在图11-1中通过单击“浏览”按钮选择好安装路径后，单击“安装”按钮就可以开始安装了。然后会出现如图11-2所示的WinRAR安装选项的界面。（设置这些选项时，只需在相应选项前的方框内单击即可；若需取消相应选项，再次单击选项前的方框即可）。

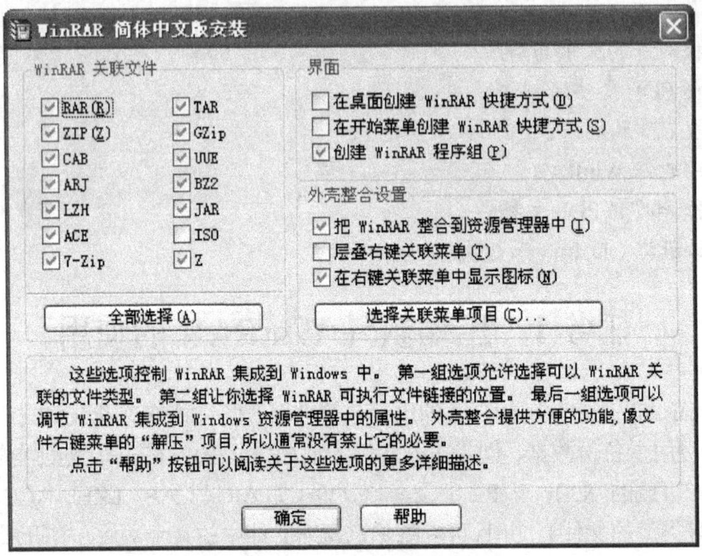

WinRAR 简体中文版安装

WinRAR 关联文件

RAR(R) TAR ZIP(Z) GZip CAB UUE ARJ BZ2 LZH JAR ACE ISO 7-Zip Z

界面

在桌面创建 WinRAR 快捷方式(D)
在开始菜单创建 WinRAR 快捷方式(S)
创建 WinRAR 程序组(P)

外壳整合设置

把 WinRAR 整合到资源管理器中(I)
层叠右键关联菜单(T)
在右键关联菜单中显示图标(N)

全部选择(A) 选择关联菜单项目(C)...

这些选项控制 WinRAR 集成到 Windows 中。第一组选项允许选择可以 WinRAR 关联的文件类型。第二组让你选择 WinRAR 可执行文件链接的位置。最后一组选项可以调节 WinRAR 集成到 Windows 资源管理器中的属性。外壳整合提供方便的功能，像文件右键菜单的“解压”项目，所以通常没有禁止它的必要。
点击“帮助”按钮可以阅读关于这些选项的更多详细描述。

确定 帮助

图11-2 WinRAR安装选项

第一个选项组为“WinRAR 关联文件”，用来选择由WinRAR处理的压缩文件类型，选项中的文件扩展名就是WinRAR支持的多种压缩格式。第二个选项组“界面”用来选择放置WinRAR可执行文件链接的地方，即选择WinRAR在Windows中的位置。最后一个选项组“外壳整合设置”，是在右键菜单等处创建快捷方式。一般情况下按照安装的默认设置就可以了。设置完成后单击“确定”按钮就会出现图11-3所示界面。单击“完成”按钮，整个WinRAR的安装就完成了。

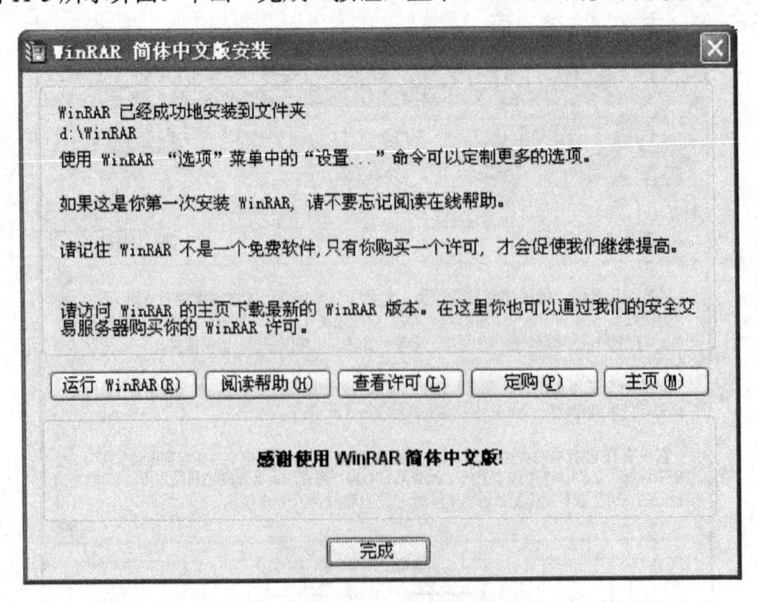


图11-3 完成对话框

**子任务 2：压缩文件。具体操作步骤如下。**

【步骤 1】在要压缩的文件上单击鼠标右键，打开快捷菜单，如图 11-4 所示。

压缩方法有 4 种：“添加到压缩文件”和“添加到‘第五章.rar’”只生成压缩文件，“压缩并 E-mail”和“压缩到‘第五章.rar’并 E-mail”会在压缩后作为 E-mail 的附件发送。

【步骤 2】如果选择“添加到压缩文件”这个菜单，就会出现图 11-5 中“压缩文件名字和参数”这个窗口。窗口中的主要设置都在“常规”选项卡中。

（1）压缩文件名。

单击图 11-5 中的“浏览”按钮，可以选择生成的压缩文件保存在磁盘上的具体位置和名称。

（2）配置。

这里的配置是指根据不同的压缩要求，选择不同的压缩模式，不同的模式会提供不同的配置方式。单击图 11-5 中的“配置”按钮，就会在配置的下方出现一个扩展的界面。这个界面分两个部分：上面两个菜单选项用作配置的管理，下面五个不同的菜单选项分别是不同的配置，参见图 11-6。

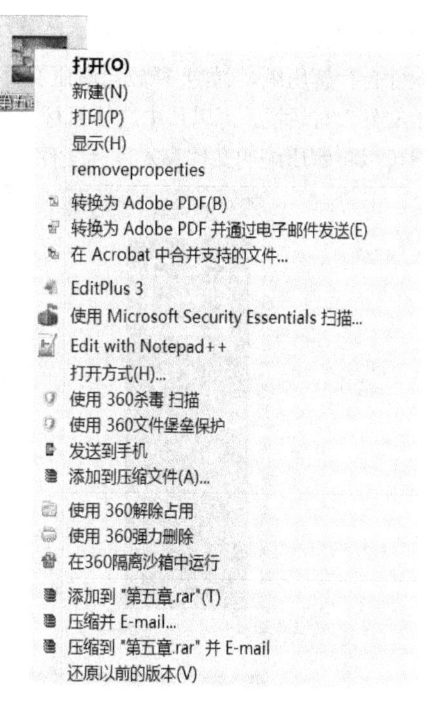


图 11-4　鼠标右键快捷菜单

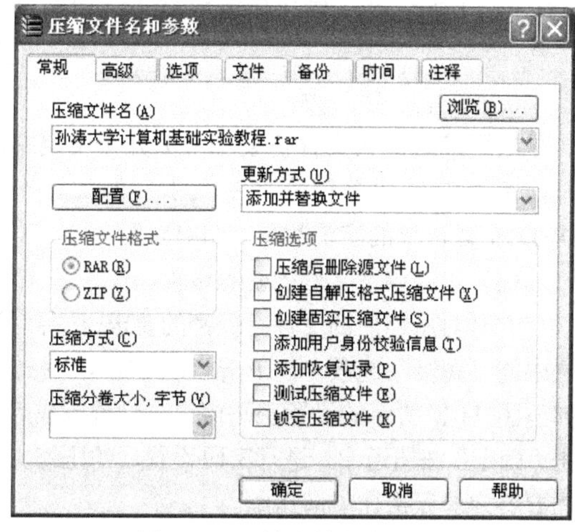


图 11-5　压缩文件名字和参数

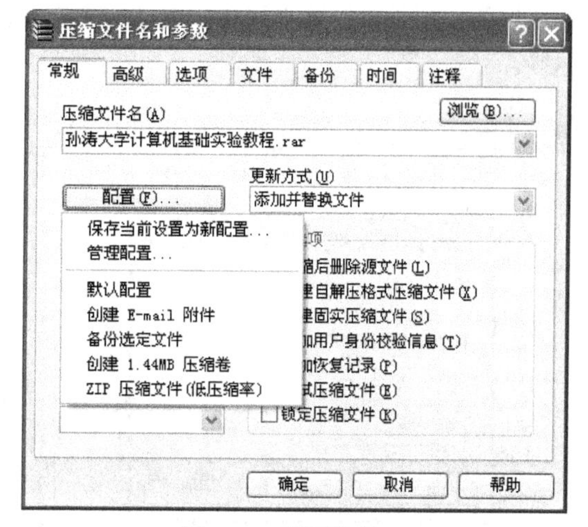


图 11-6　配置选项

（3）压缩文件类型。

选择生成的压缩文件是 RAR 格式（经 WinRAR 压缩形成的文件）或 ZIP 格式（经 Winzip 压缩形成的文件）。

（4）更新方式。

这是关于文件更新方面的内容，一般用于以前曾压缩过的文件，现在由于更新等原因需要再压缩时的操作选项。

（5）压缩选项。

压缩选项组中较常用的是“压缩存档后删除源文件”和“创建自解压格式压缩文件”。前者是在建立压缩文件后删除原来的文件；后者是创建一个EXE可执行文件，以后解压缩时可以脱离WinRAR软件自行解压缩。（如要释放自解压文件，双击自解压文件后，打开如图11-7所示的“WinRAR自解压文件”对话框，可以从中选择目标文件夹，也可以输入一个新的目标文件夹名，单击“安装”按钮，就可以将解压缩的文件存入目标文件夹中。）

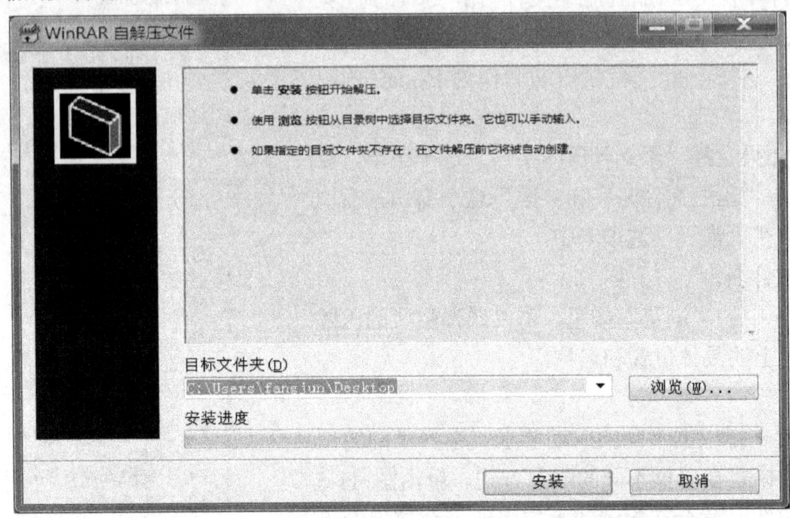


图11-7 “WinRAR自解压文件”对话框

（6）压缩方式。

这里的选项是对压缩比例和压缩速度的选择，由上到下选择的压缩比例越来越大，但速度越来越慢。

（7）分卷，字节数。

当压缩后的大文件需要切分为几个文档存放时，需要选择压缩包分卷的大小。例如，一般DVD+R盘选择的字节数是“4481M”。

（8）压缩档案文件的密码设置。

有时对压缩后的文件有保密的要求。选择对话框中的“高级”选项卡，单击“设置密码”按钮，弹出图11-8所示的设置密码窗口，设置完成后单击“确定”按钮退出。进行密码设置后的压缩文件需要特定的保密才能解压缩。

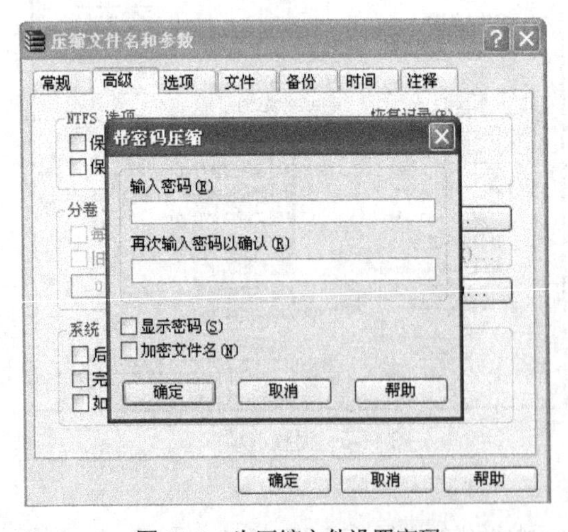


图11-8 为压缩文件设置密码

【步骤3】根据需要设置完成后，单击“确定”按钮，即可生成相应的压缩文件。（如无特殊需要，保持默认选项，单击“确定”按钮，即可在与原文件同一个文件夹下产生同名的RAR格式的压缩文件。）

说明：压缩文件夹与压缩文件类似，右键单击该文件夹，在快捷菜单中选择“添加到压缩文件”即可。

**子任务3：压缩多个文件。具体操作步骤如下。**

【步骤1】打开文件夹A，同时选中文件A1.docx和A2.docx。

【步骤2】右键单击选中处，在出现的类似图11-4所示的快捷菜单中选择“添加到A.rar”，这时立即产生该压缩文件，并与原文件存放在同一目录下。

**子任务 4：将文件添加到压缩文件中。具体操作步骤如下。**

【步骤 1】同时选中文件 B.doc 和 A.rar，右键单击选中处，在出现的快捷菜单中选择“添加到压缩文件”。

【步骤 2】出现“压缩文件名和参数”对话框，在压缩文件名处仍输入“A.rar”，单击“确定”按钮，WinRAR 就开始更新压缩文件，将 B.doc 添加到 A.rar 中。

**子任务 5：释放压缩文件。具体操作步骤如下。**

释放压缩文件又称为解压缩，一般可以使用快捷菜单或使用 WinRAR 窗口命令完成。

方法一：使用快捷菜单。

右键单击压缩文件，弹出如图 11-9 所示的快捷菜单，其中会有关于解压的选项出现。选择“解压到当前文件夹”就把文件解压到了当前的位置，当压缩文件中只有一个文件时，常采用这个方法；选择“解压到 文件夹\(E)”就把文件解压到一个新的文件夹中，文件夹的名称就是压缩文件名，当压缩文件中有多个文件时，常采用这个命令；还可以选择“解压文件”来进行解压，这时弹出如图 11-10 所示的对话框。其中，“目标路径”指解压缩后的文件存放在磁盘上的位置。“更新方式”和“覆盖方式”是在解压缩文件与目标路径中文件有同名时的一些处理选择。单击“确定”按钮，就开始了解压缩操作。

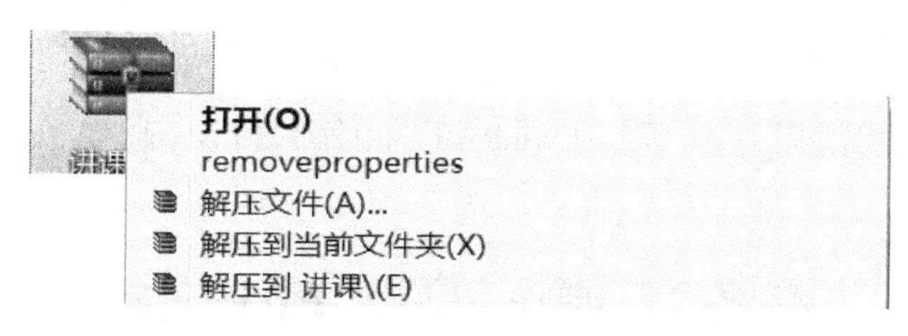


图 11-9　解压文件快捷菜单

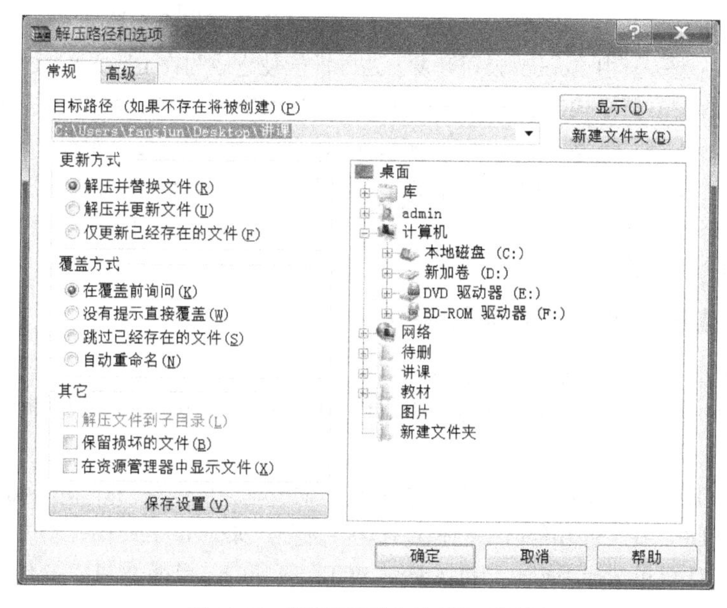


图 11-10　“解压路径和选项”对话框

方法二：使用 WinRAR 应用程序窗口。

双击压缩文件就会出现 WinRAR 的主界面，如图 11-11 所示。

图 11-11　解压缩文件

图 11-11 中的矩形框内就是压缩文件中包含的原文件（原文件的个数是 3 个）。上方是 WinRAR 软件界面中的一组快捷工具按钮，用户可以通过 WinRAR 工具栏完成 WinRAR 的大部分操作。在图 11-11 中，选中“..”所在行（即第一行），单击“解压到”按钮，接下来的操作步骤如同方法一。若要解压个别软件，则选中要解压的文件或文件夹，单击“解压到”按钮，其后续操作步骤如同方法一。除此之外，可以进行的操作还有很多，如单击“添加”按钮就可以向压缩包内增加需压缩的文件；选中某个文件，单击“删除”按钮，则可以删除已压缩文件中的某个文件。其他功能就不一一做详细讲解了。

**子任务 6：打开或运行压缩文件中的某个文件。具体操作步骤如下。**

双击压缩文件，出现如图 11-11 所示的 WinRAR 应用程序窗口，双击其中某个要打开或运行的文件即可。

# 任务 2　制作和阅读 PDF 文档

**背景说明：**PDF 的全称是 Portable Document Format，译为“便携文档格式”，是一种电子文件格式，与操作系统平台无关，由 Adobe 公司开发。这一性能使它成为在 Internet 上进行电子文档发行和数字化信息传播的理想文档格式，应用也越来越广泛。PDF 常用的阅读、编撰工具包括Adobe Acrobat、Adobe Reader X、Foxit Reader、Sumatra PDF、pdf Factory 等多种工具，这里着重介绍官方出品的Adobe Acrobat，它允许阅读 PDF 文档，填写 PDF 表格，查看 PDF 文件信息，快速编辑 PDF 文档，将 Word、Excel 转换成 PDF 格式。

**具体操作：**任务 2 包含 6 个子任务。

**子任务 1：创建 PDF 文档。具体操作步骤如下。**

创建 PDF 文档可以有 3 种方法，分别是：

① 虚拟打印机方法：对单一文件来说，虚拟打印机方法是效果最好、转换速度最快的 PDF 文件制作方法。

【步骤 1】当安装完 Acrobat 9 时，在打印机和传真面板里会出现虚拟打印机 Adobe PDF。若想把 Word 文档制作成 PDF，在文件功能区中选择“打印”选项，如图 11-12 所示。

【步骤 2】在打印机里选择虚拟打印机 Adobe PDF，打印的结果就是 PDF 文件，打印结束时会提示 PDF 文件的保存路径。

② 利用菜单创建：用 Adobe Acrobat Pro 的“创建 PDF 文件”菜单，可以实现批量转换成 PDF 文件。

【步骤 1】启动应用程序 Adobe Acrobat，选择“文件”菜单中的“创建 PDF”→“从文件”命令，如图 11-13 所示。

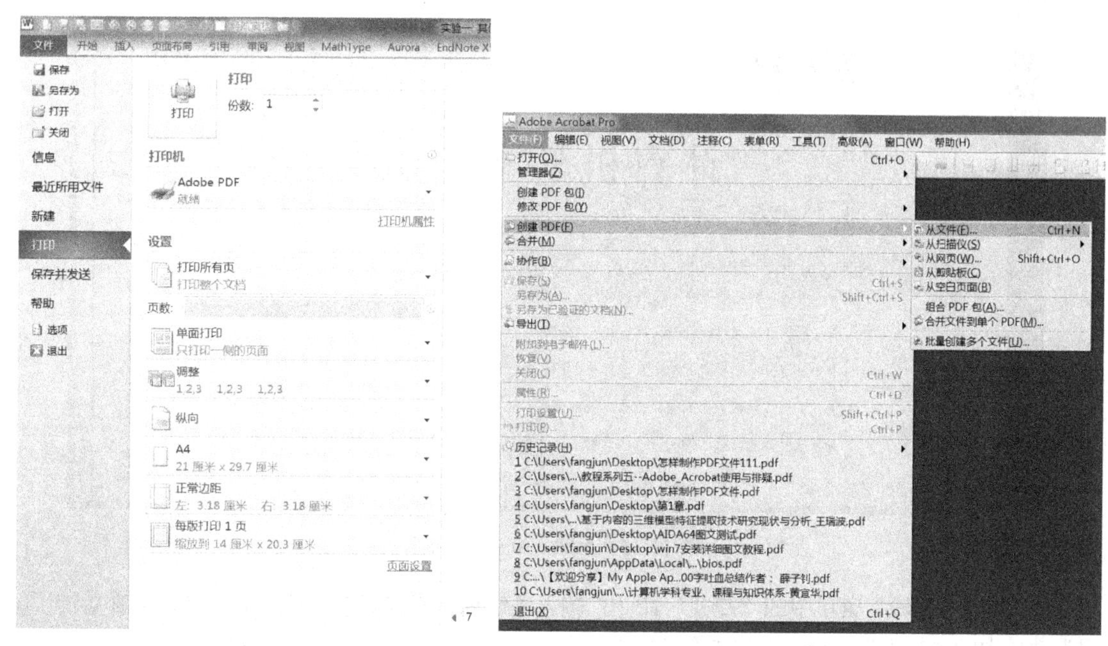


图 11-12　选择打印　　图 11-13　Adobe Acrobat

【步骤 2】在打开的对话框中选择要创建 PDF 文档的原始文档，单击“打开”按钮，这时就会关闭“打开”对话框，出现一个正在启动创建选定文档的应用程序的消息框，Adobe Acrobat 就开始创建 PDF 文档，之后 PDF 转换完成。选择“文件”菜单中的“另存为”命令，选择 PDF 文档要存储的位置，输入 PDF 文件的文件名，单击“保存”按钮即可。

③ 通过快捷菜单创建：选中文件或文件夹，单击右键，在菜单中选择“转换为 Adobe PDF”或“在 Acrobat 中合并支持的文件”，如图 11-14 所示。

此外，Office 2010 软件已经提供了对 Office 文档进行 PDF 文档的创建，单击“文件”功能区中的“另存为”命令，在保存类型中选择“PDF”，单击“保存”按钮，同样也可以把 Office 文件保存为 PDF 文档。

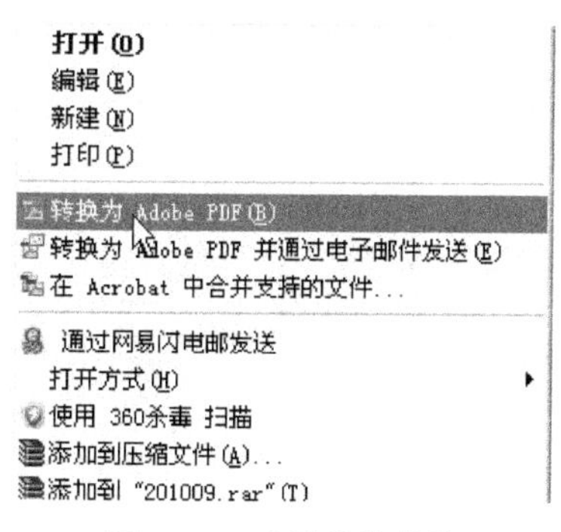


图 11-14　右键快捷菜单

**子任务 2：打开 PDF 文档。具体操作步骤如下。**

在安装好 Adobe Acrobat 软件后，双击 PDF 文件，就可以在 Adobe Acrobat 窗口中打开它们，也可以在资源管理器中右键单击该文件，在快捷菜单中选择“打开方式”→“Adobe Acrobat”，还可以先运行 Adobe Acrobat，再使用“文件”菜单中的“打开”按钮来打开文档。打开文档后的窗口如图 11-15 所示。

**子任务 3：浏览 PDF 文档。具体操作方法如下。**

浏览文档可以有多种方法：

① 利用滚动条浏览文档。

② 利用鼠标中间滑轮的滚动来拖动浏览文档。

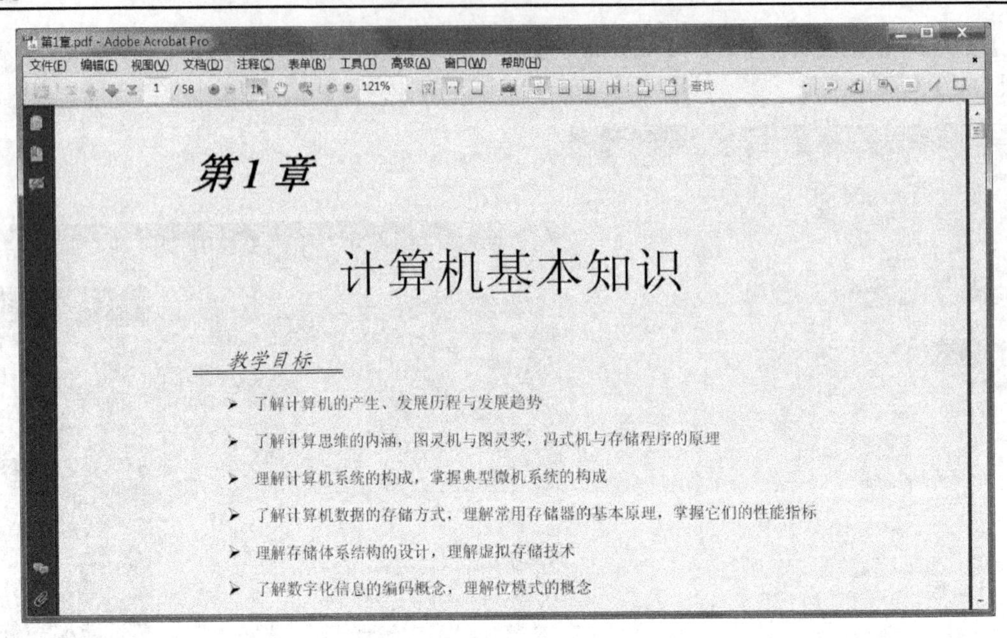


图 11-15 Adobe Acrobat 窗口

③ 利用“编辑”菜单中的“查找”命令，输入关键词来查找其在文档中的位置，或者单击“编辑”菜单中的“搜索”命令，弹出如图 11-16 所示的“搜索”窗口，输入相应的单词或短语后，单击“搜索”按钮，结果如图 11-17 所示，就可以看到找到的搜索项总数，还可以迅速定位到要查找的位置。

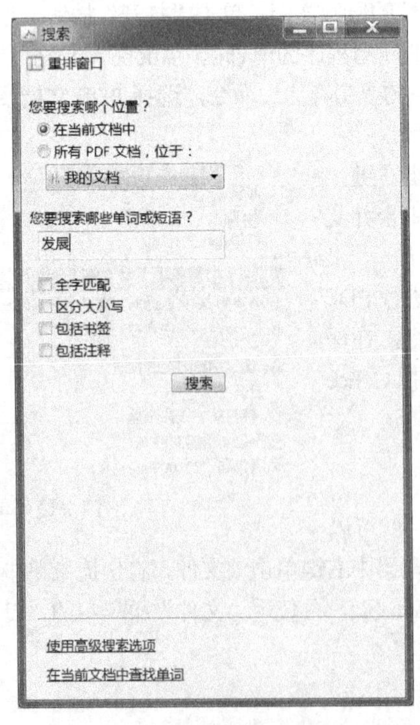


图 11-16 “搜索”窗口

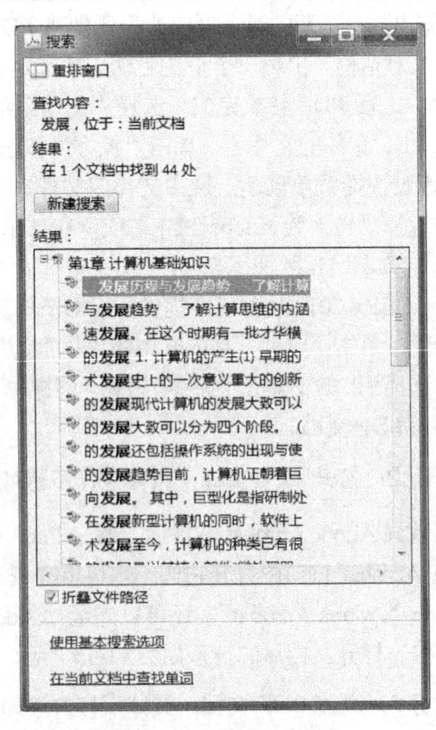


图 11-17 “搜索”结果

④ 如果文档的显示大小不符合要求（如太小看不清细节或太大影响感官效果），可以利用工具栏调整显示比例，或使用“视图”菜单中的“缩放”命令来调节显示大小。

⑤ 如果页面方向不是正的，则可以使用右键快捷菜单中的“顺时针旋转”命令来旋转其方向，或者使用“视图”菜单“旋转视图”中的“顺时针”或“逆时针”命令。

**子任务 4：复制 PDF 文档。具体操作方法如下。**

复制是指把 PDF 中的内容复制到其他可编辑文档中。

① 复制部分文字：在文档中拖动鼠标选择要复制的内容（如此时鼠标指针为手形，需要先切换到“选择工具”——利用工具栏按钮或右键快捷菜单可以实现切换），后续操作与 Word 中的复制操作一样，复制后再利用“粘贴”命令即可将复制的内容粘贴到目标文件中。

② 复制全部文字：使用“编辑”菜单的“复制文件到剪贴板”，或者使用“编辑”菜单的“全部选定”，然后进行复制和粘贴操作。

③ 以图像方式复制文档部分内容：单击“工具”菜单中的“选择和缩放”，在展开的选项中选择“快照工具”，根据需要复制的内容拖曳出一个矩形区域，这时选定的区域以图的方式被复制，然后即可使用“粘贴”命令将图粘贴到目标文件位置。（若要取消快照状态，按“Esc”键即可。）

**子任务 5：加密 PDF 文档。具体操作方法如下。**

【步骤 1】为了限制文档的阅读者，可限定文档的阅读权限，可以对文档进行加密。在“高级”菜单中选择“安全性”，如图 11-18 所示，根据用户要求选择“使用口令加密”或“使用证书加密”。

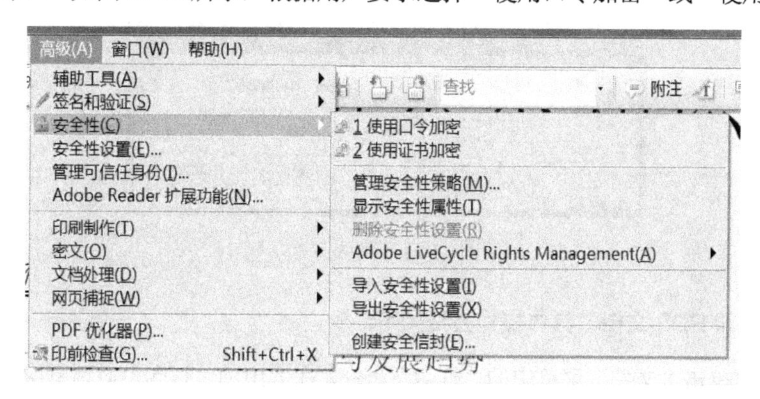


图 11-18　加密

【步骤 2】如选择“使用口令加密”，弹出图 11-19 所示的“应用新的安全性设置”对话框，单击“是”按钮，弹出如图 11-20 所示的“口令安全性-设置”对话框，在该对话框中选择设置，然后输入口令，单击“确定”按钮。

图 11-19　更改文档安全性设置

【步骤 3】再次确认口令，下次打开文档则需要口令才能阅读，如图 11-21 所示。

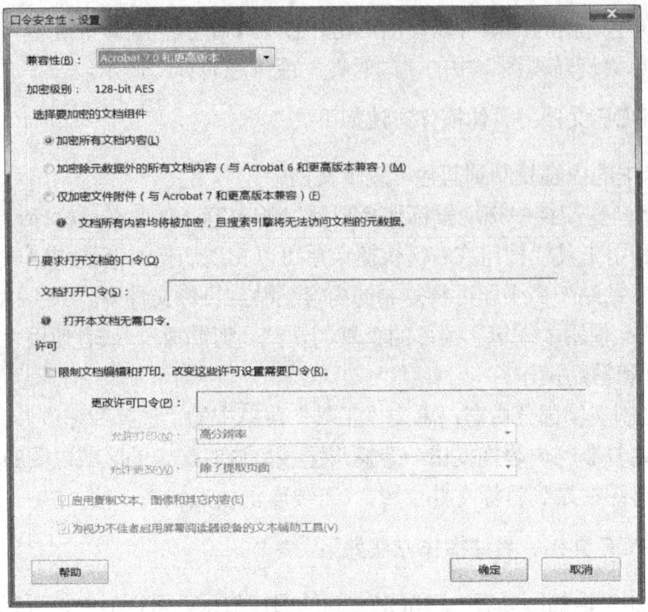

图 11-20　设置口令

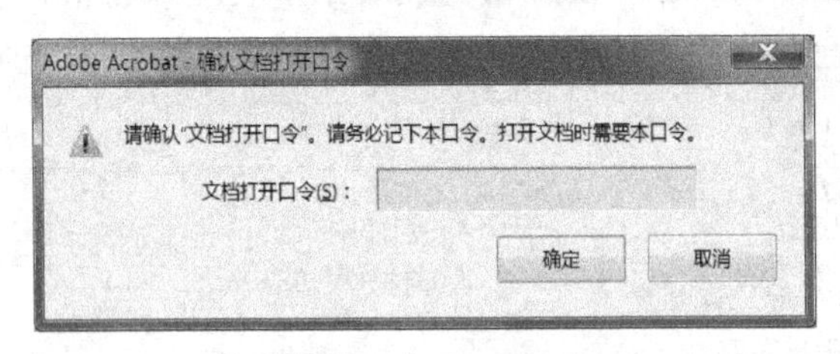


图 11-21　确认口令

**子任务6：打印PDF文档。具体操作方法如下。**

打印可以通过单击“文件”菜单中的“打印”命令，在弹出的“打印”对话框中进行一些设置后，单击“确定”按钮来实现。

# 任务3　刻录数据CD和音乐CD

**背景说明：**当音乐、图片和视频从电脑复制到空白CD或DVD时，称为刻录。使用Windows Media Player可以刻录音频CD和数据CD。确定刻录哪种光盘，需要考虑要复制的内容、要复制的大小以及希望播放光盘的方式。如果要刻录可以在汽车、立体声系统或电脑上播放的自定义音乐CD,可以选择音乐CD，其可以在任何CD播放机上播放音频CD，包括家庭立体声系统、车载立体声系统和电脑，容量大约80分钟。数据CD主要用于存储音乐、图片和视频，容量大约700MB（兆字节）。可以在电脑和一些CD和DVD播放器上播放数据CD。这些设备必须支持添加到光盘中的文件类型，如WMA、MP3、JPEG或Windows Media视频（WMV）。

**具体操作：**任务3包含2个子任务。

**子任务1：刻录音乐CD。具体操作方法如下。**

【步骤1】在Windows 7中插入空白光盘，在资源管理器左窗格中双击光盘图标（不同的计算机可能有不同的驱动器符)，这时出现如图 11-22 所示的对话框。这里有两个选项：一个是“类似于 USB 闪存驱动器”；另一个是“带有 CD/DVD 播放器”。选择“类似于 USB 闪存驱动器”将刻录一张可以随时保存、编辑和删除文件且可以在 WinXP 或更高版本系统中运行的光盘；选择“带有 CD/DVD 播放器”模式刻录光盘，光盘可以在大多数计算机上工作，但是光盘中的文件无法编辑或删除。

【步骤 2】如果选择“类似于 USB 闪存驱动器”，单击“下一步”按钮，系统会对空白光盘进行格式化，如图 11-22 所示。(然后就可以像 U 盘那样存储文件、删除文件、修改文件。但事实上还是与 U 盘不一样，可以发现随着操作的进行，CD 的可用空间在减少。) 若不需要格式化，可跳过此步骤。

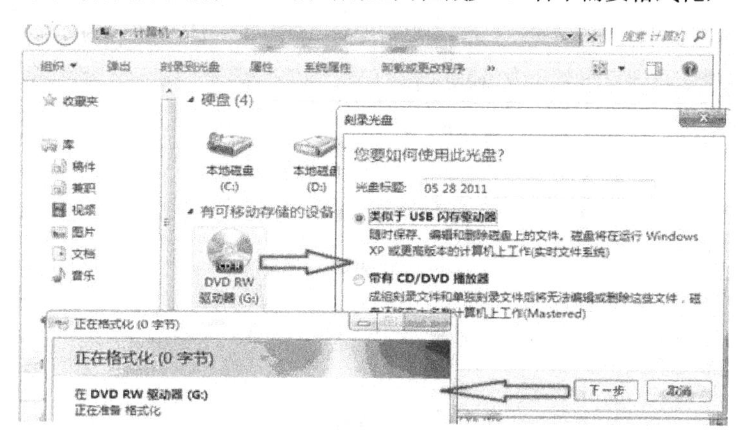


图 11-22　选择刻录模式

【步骤 3】在图 11-22 所示界面中选择“带有 CD/DVD 播放器”模式，输入光盘标题，单击“下一步”按钮。

【步骤 4】打开 Windows Media Player，选择“刻录”选项卡，将媒体库音乐唱片集中的歌曲或将资源管理器中的歌曲(如.mp3、.wma)拖到 Windows Media Player 窗口右下方的刻录列表中，如图 11-23 所示。此时右上方光盘的剩余空间会发生改变，一张音乐 CD 可以刻录约 80 分钟的音乐。

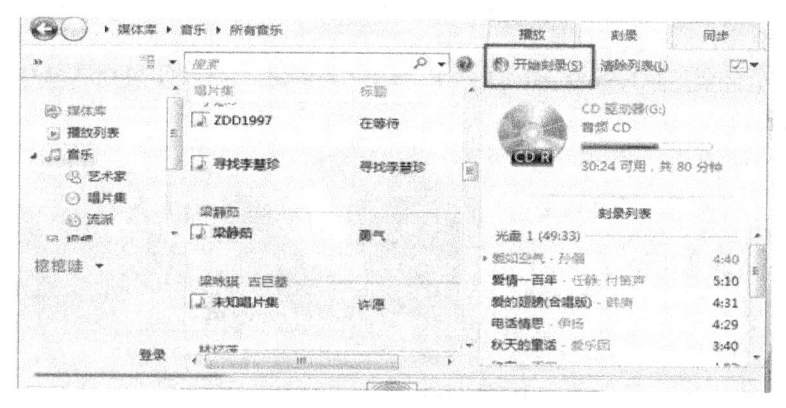


图 11-23　Windows Media Player 窗口

【步骤 5】待所有需要刻录的歌曲添加到刻录列表后，单击“开始刻录”按钮，Windows 7 将自动完成刻录工作。之后，刻好的 CD 就可以在播放机上播放了。

**子任务 2：刻录数据 CD。具体操作方法如下。**

【步骤 1】在 Windows 7 中插入可刻录的、未满的光盘，在资源管理器左窗格中双击光盘图标，如果是空盘，将出现如图11-22所示的对话框。输入光盘标题后，选择“带有CD/DVD播放器”模式，单击“下一步”按钮。（如果存在已刻录文件，资源管理器右窗格将显示这些文件。）

【步骤2】在资源管理器窗口中，选择要刻录的文件，将要刻录的文件复制粘贴到光盘中。

【步骤3】单击资源管理器上方的“刻录到光盘”，这时弹出“刻录到光盘”对话框，如图11-24所示，设置好光盘标题和刻录速度，单击“下一步”按钮，Windows 7将自动完成光盘的刻录。刻录完成后，在对话框中单击“完成”按钮。

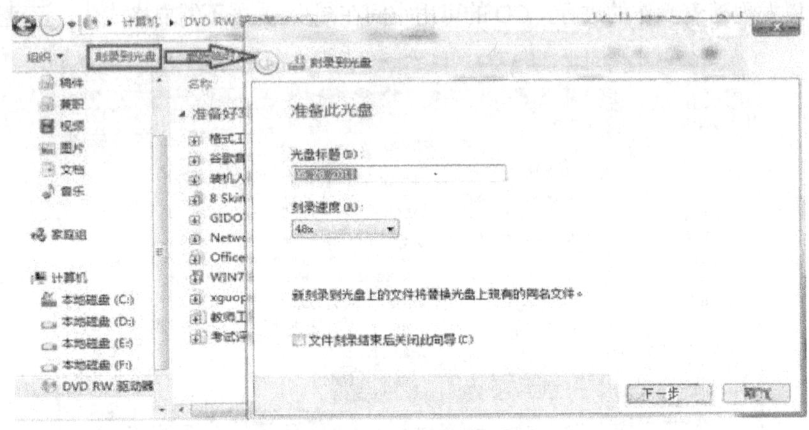


图11-24　资源管理器窗口

# 知识点　刻录软件Nero的使用

Nero是一款德国公司出品的非常出色的刻录软件，它支持数据光盘、音频光盘、视频光盘、启动光盘、硬盘备份以及混合模式光盘刻录，操作简便并提供多种可以定义的刻录选项，同时拥有经典的Nero Burning ROM界面和易用界面Nero Express，无论所要刻录的是资料CD、音乐CD、Video CD、SuperVideo CD，还是DVD，所有的程序都是一样的，使用鼠标将档案从档案浏览器拖曳至编辑窗口中，开启刻录对话框，然后激活刻录。

从程序中打开经典界面Nero Burning ROM，弹出“新编辑”对话框，在对话框左上方可以选择光盘类型（CD或DVD），如图11-25所示。

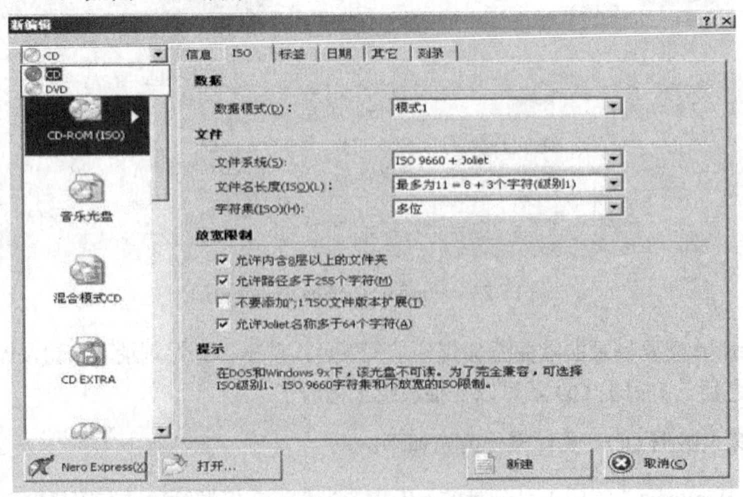


图11-25　选择光盘类型

其中，CD 类型的光盘包含几种常用的格式：CD-ROM（ISO）、音乐光盘、混合模式 CD、CD 复本、Video CD、Super Video CD、miniDVD。下面一一介绍如何刻录几种格式的光盘。

1）CD-ROM（ISO）

这种光盘类型是最常见和最常用的数据光盘，电脑硬盘里有的都可以刻进光盘里，如图 11-26 所示。

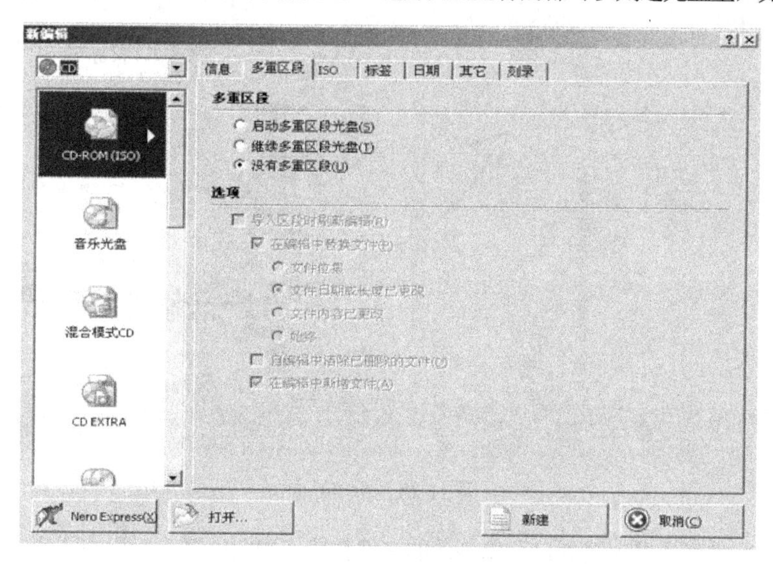


图 11-26　CD-ROM

图 11-26 中在“多重区段”设置中有 3 个选项，其代表的意思分别为：启动光盘的多重区段功能，第二次把数据刻录到有多重区段的光盘，不启动光盘的多重区段功能。其中，选中第一项就是在第一次刻盘中把光盘初始化成区段光盘，意思就是可以多次往未满的光盘里写入数据，第一次写入一部分数据，下次如果还有数据可以继续往原光盘里写入；第二次往光盘里写入数据时就得选第二个选项了，这样系统会把原多重区段光盘里的内容以灰色的形式显示出来，并会告之光盘还剩多少空间可供刻录；第三个选项就是让光盘只能刻一次，不管光盘满不满都不能再次向光盘里写入任何数据了！

切换到“刻录”设置选项，可选择刻录速度及刻录方式等，如图 11-27 所示。

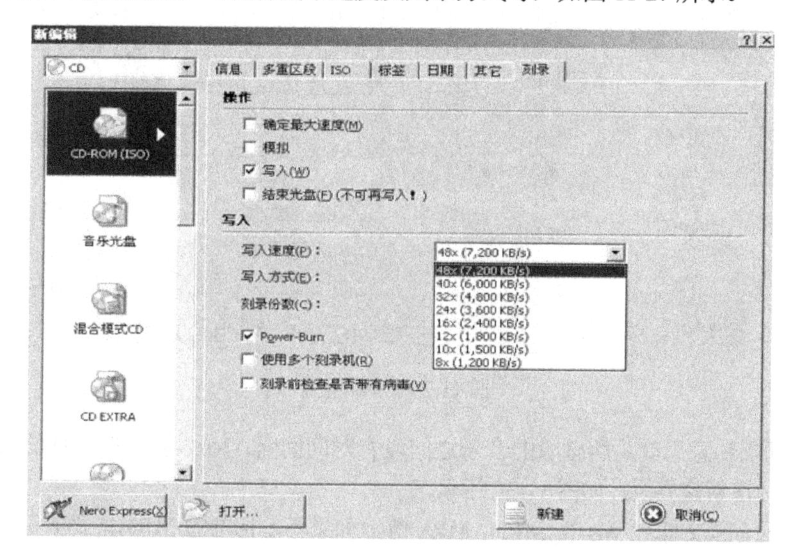


图 11-27　“刻录”选项卡

单击“新建”按钮，弹出新建界面，如图 11-28 所示。

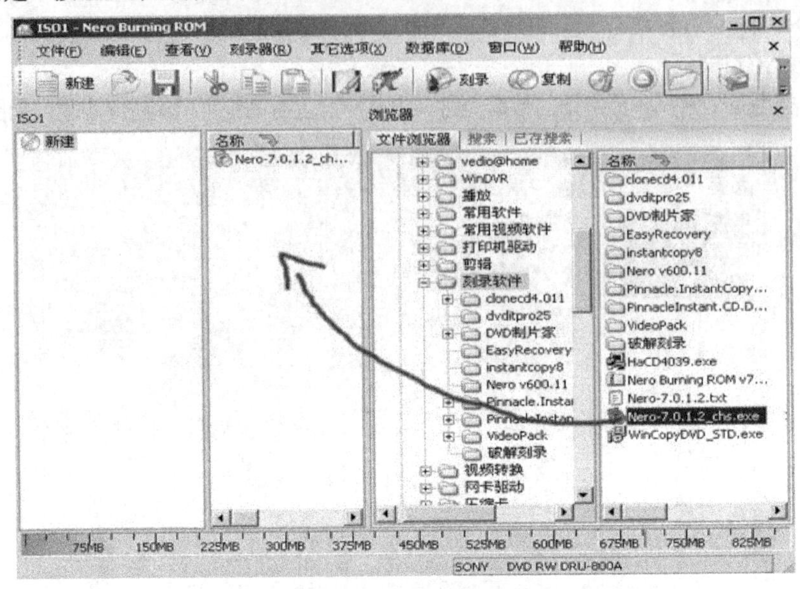


图 11-28　新建界面

这时只需在文件浏览器中找到自己想刻录的文件直接拖到图中键头所指的区域就可以了，然后单击图 11-28 上方的按钮就可以进行刻录了。

2）音乐光盘

此种光盘类型就是我们平时常说的 CD 光盘，如图 11-29 所示。

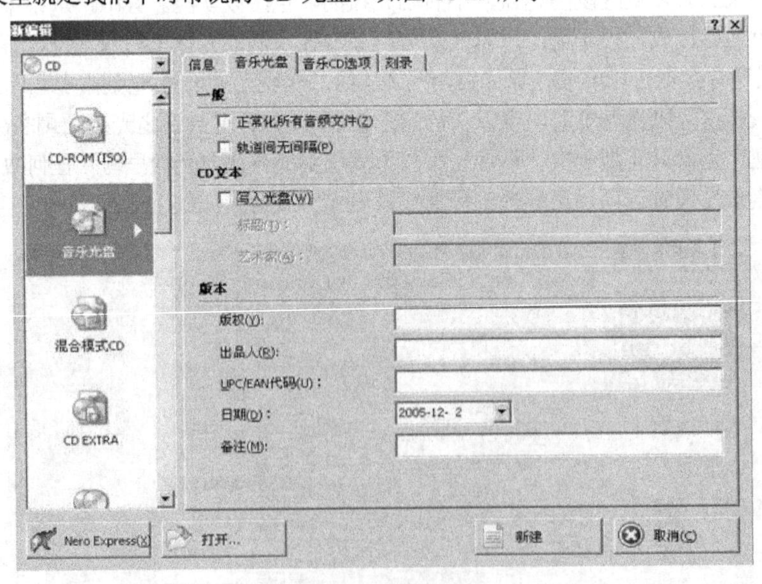


图 11-29　音乐光盘

轨道音无间隔的意思就是所刻录的音乐之间没有时间间隔，Nero 默认有 2 秒的时间间隔。单击“新建”按钮，弹出新建界面，如图 11-30 所示。

Nero 支持的音频文件有 WAV、MP3、MPA 等，如果不是标准的 MP3 格式或是其他音频格式，Nero 的自动侦测文件功能就会提示文件类型出错，如图 11-31 所示。

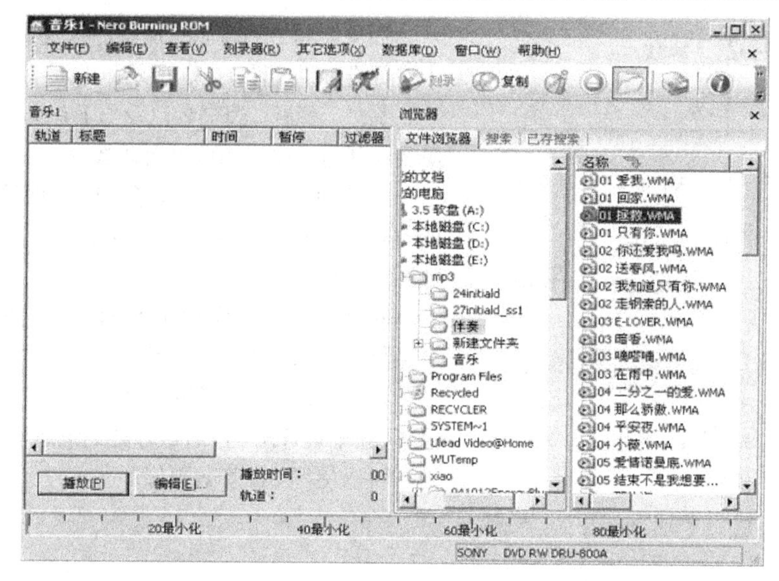

图 11-30　新建界面

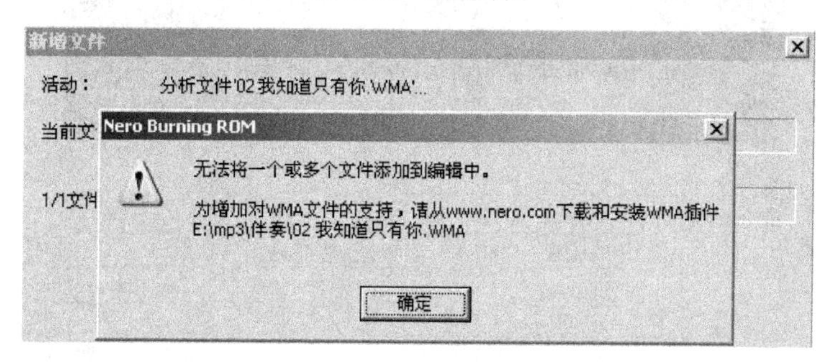

图 11-31　类型不符报错

把自己要刻录的音乐一首一首拖到音乐区域后会自动排序，如图 11-32 所示。

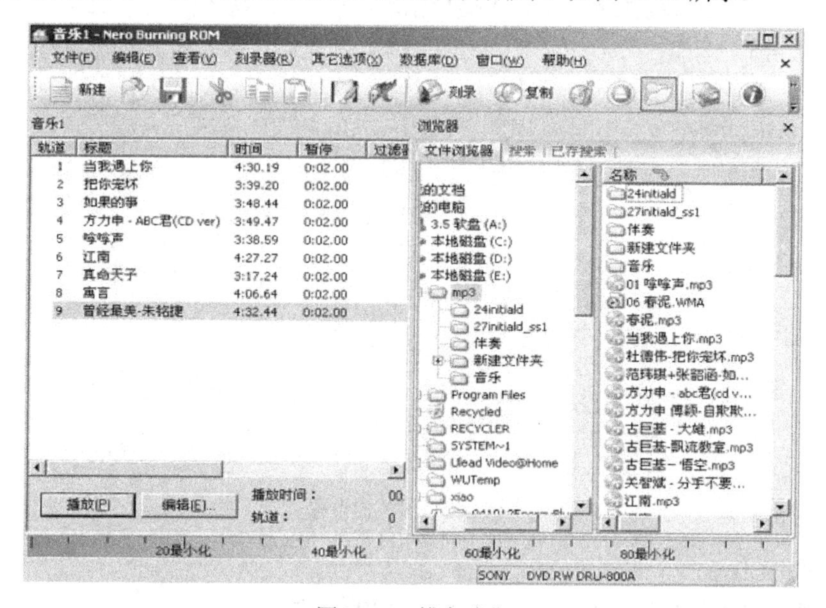

图 11-32　排序歌曲

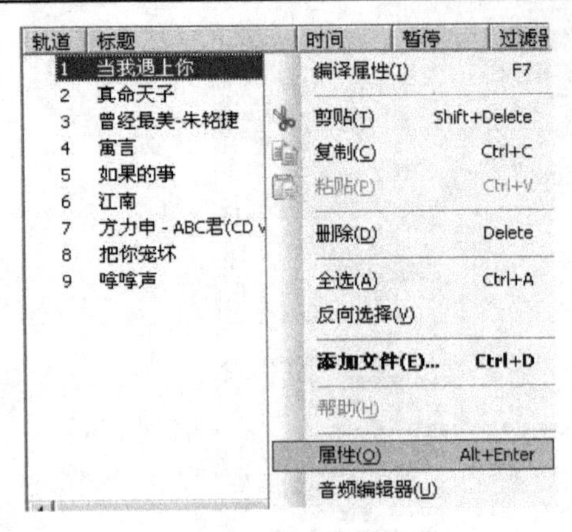


图 11-33 设置音乐属性

如果对其中的音乐想加点特殊效果，可以在其属性中进行设置，如图 11-33 所示。

另外，标题、演唱者以及与下首音乐之间的时间间隔（也就是暂停）都可以自动修改。

切换到“索引、限制、分割”界面还可以对所选定的音乐进行编辑，如从什么时候开始，什么时候结束等，如图 11-34 所示。

在“过滤器”界面中可以对所选定的音乐加入一些音频特效，如图 11-35 所示。

确定后回到主界面单击“刻录”按钮就可以进行刻录了。在刻录音乐 CD 时最好把刻录速度设置得慢一些，这样可以使得 CD 音效更好。

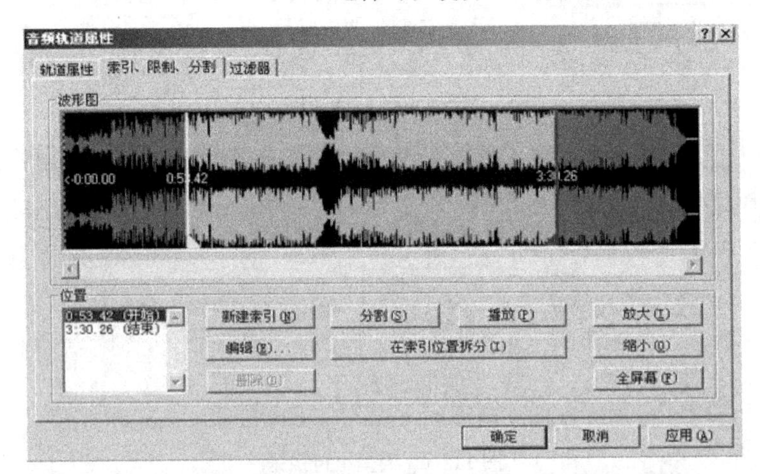


图 11-34 “索引、限制、分割”选项卡

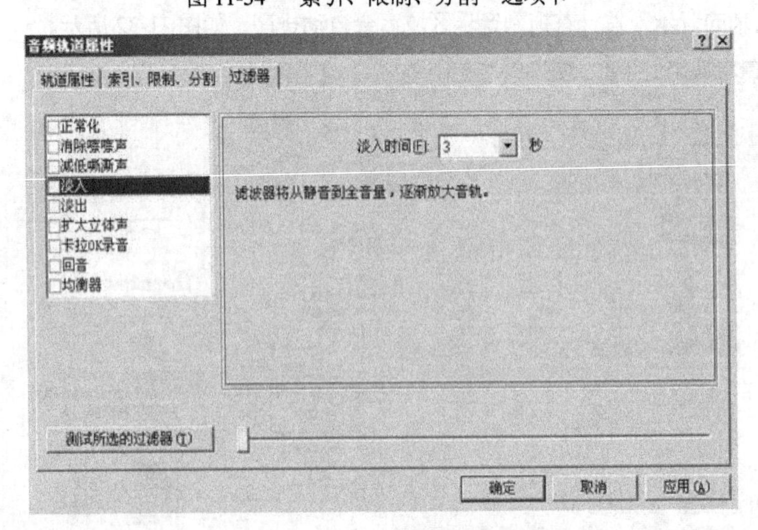


图 11-35 过滤器设置

3）混合模式 CD

此类光盘就是在音乐 CD 光盘里还可以加入一些数据文件。

4）CD 副本

CD 副本也就是复制光盘，如图 11-36 所示。在图中的快速复制设置选项里可以选择要复制的原光盘的类型，这样 Nero 会自动把相关设置内容设置成与所选类型最匹配的环境。

5）Video CD

Video CD 也就是 VCD 光盘，如图 11-37 所示。

图 11-36　CD 副本

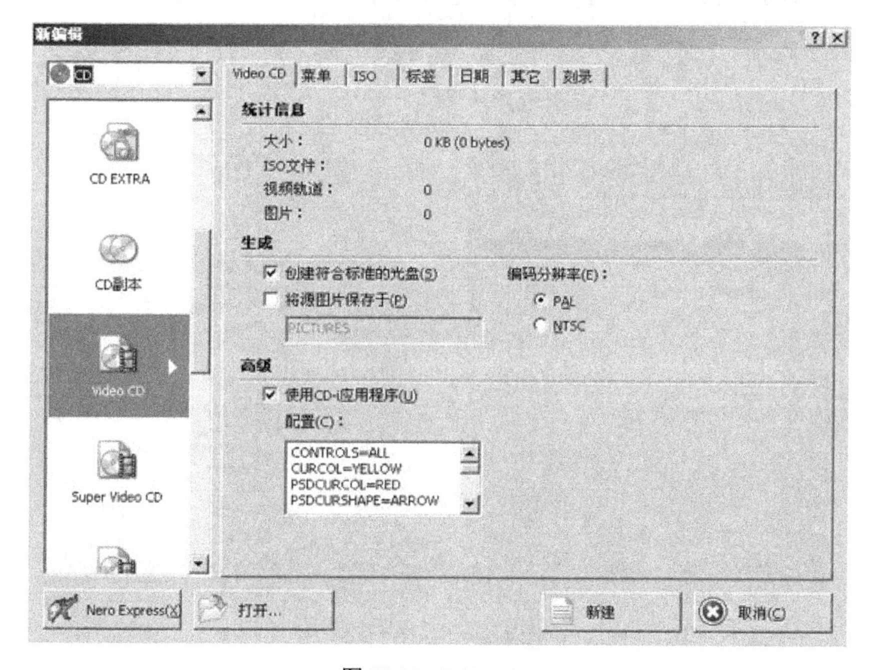


图 11-37　Video CD

编码分辨率要根据视频文件是什么制式的来选择，中国和欧洲地区的都可以选 PAL，美国和日本等地区选 NTSC。在新版的 Nero 中加入了启动菜单设置这一个性设置选项，如图 11-38 所示，设置好相关参数后单击预览首页可以对所设置的菜单进行预览。

把符合标准的 VCD（MPEG1）文件拖到图 11-39 所示的 VCD2 区域，Nero 支持把图片文件也转换成 VCD 视频，如图 11-39 所示。把几张图片按顺序拖到 VCD2 区域，单击其中的图片文件对其属性进行设置，如图 11-40 所示。

Video CD　菜单　ISO　标签　日期　其它　刻录
启动菜单(M)
菜单
布局(L)：名称，左
页眉行(H)
页脚行(F)
背景模式(D)：缩放与配合
背景画面(P)：默认
文本
文本内容：　静区：
页眉(A)：　字体(F)...
页脚(E)：缠绵利用Nero建　字体(O)...
条目：　字体(N)...
链接：　字体(T)...
预览首页(R)　设置为默认值(D)

图 11-38 “菜单”选项卡

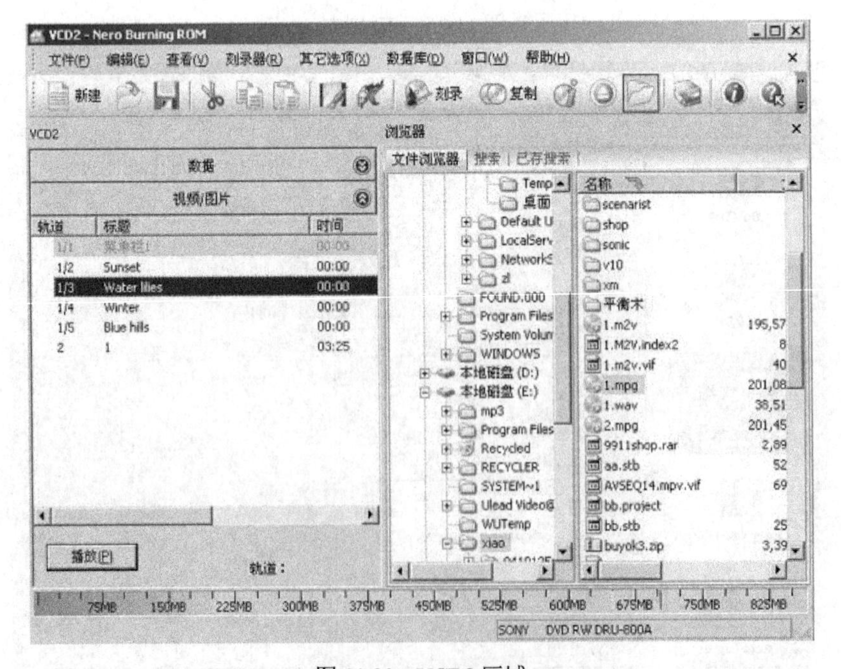


图 11-39 VCD2 区域

如图 11-41 所示，在“音轨之后暂停”框中可以设置图片需播放多少时间，单击“效果”按钮还可以对图片添加特殊效果，如图 11-42 所示。

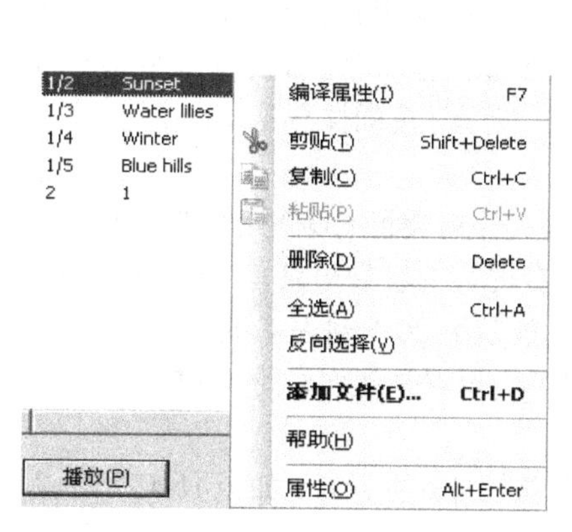


图 11-40　设置属性

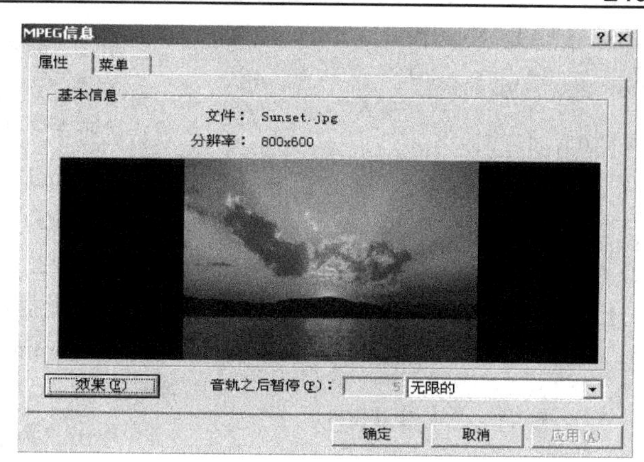


图 11-41　设置图片播放时间

图 11-42　设置图片效果

确定后刻录即可，刻 VCD 时刻录速度也不要选得太高以免产生马赛克现象。

6）Super Video CD

Super Video CD 也就是平时所说的超级 VCD，它的视频质量要优于 VCD，分辨率为 480×576，如图 11-43 所示。

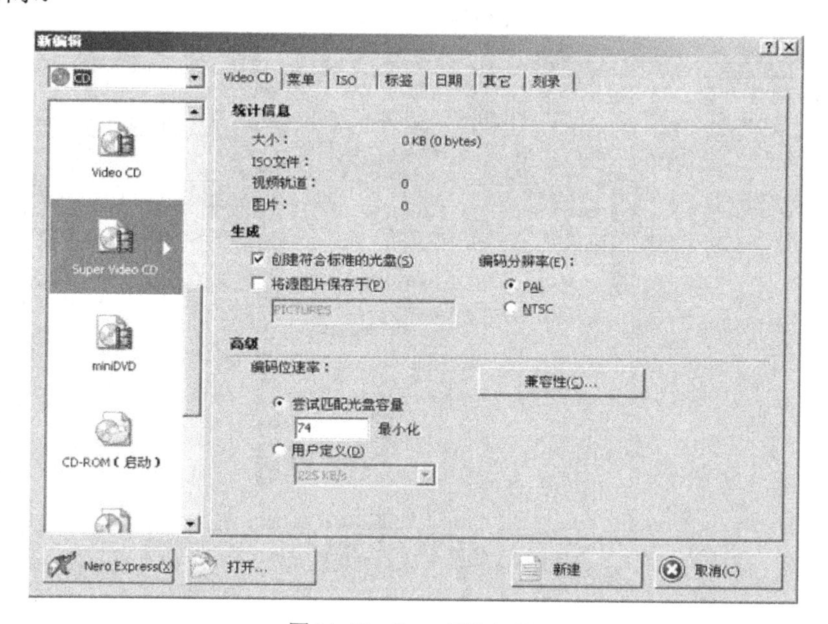


图 11-43　Super Video CD

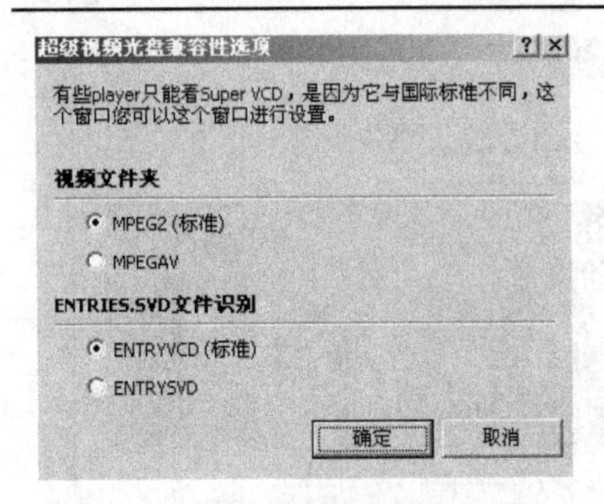


图 11-44　设置兼容性

单击“兼容性”按钮可对其进行设置，如图 11-44 所示。

单击“新建”按钮后把标准的 SVCD 文件拖到相关区域后进行刻录即可，刻录速度同样不要太高。

7）miniDVD

将 DVD 视频文件刻录到 CD 光盘上时，由于 DVD 文件比较大，而 CD 光盘的容量却只有 700MB，所以一般一张 CD 光盘最多能装下 20 分钟左右的 DVD 视频文件，因此就叫 miniDVD，也就是迷你型的 DVD，如图 11-45 所示。

单击“新建”按钮打开主界面，如图 11-46 所示。

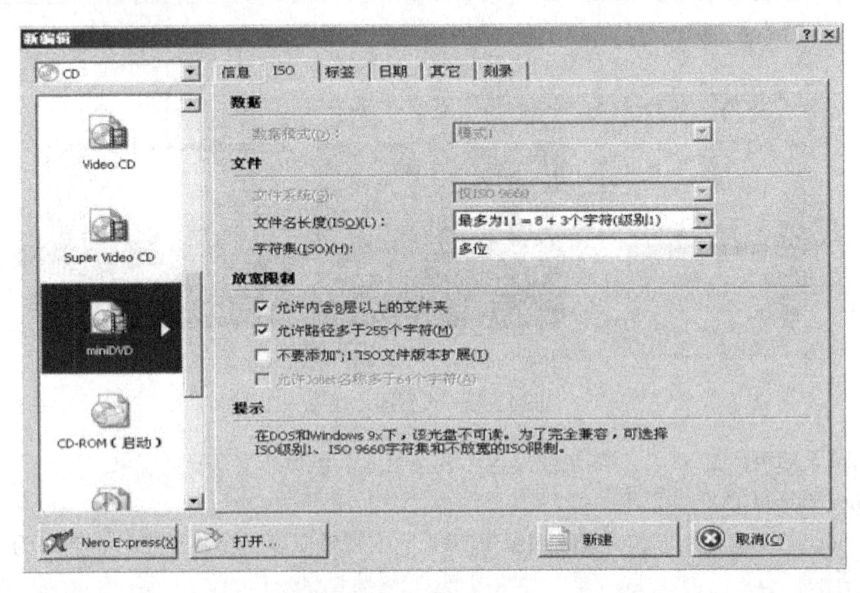


图 11-45　miniDVD

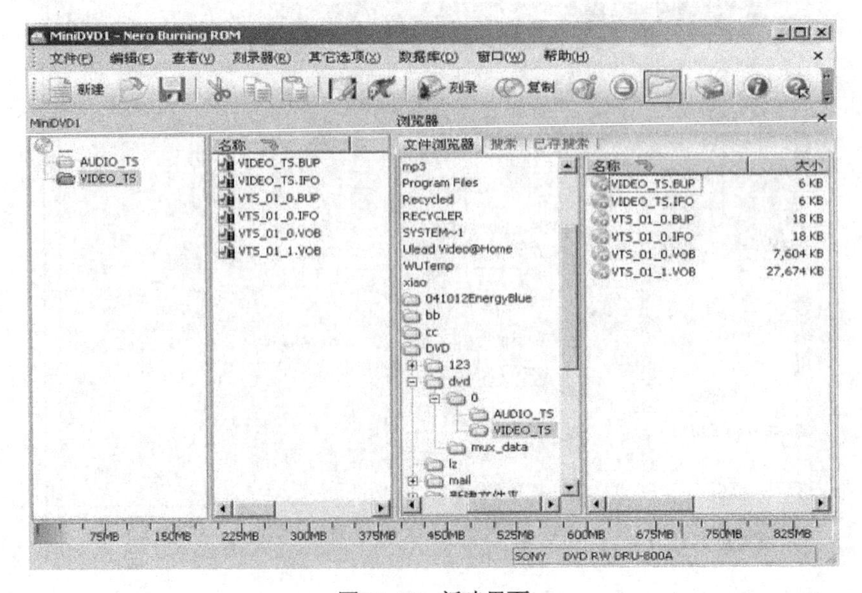


图 11-46　新建界面

对于 DVD 类型的光盘常用的格式有：DVD-ROM(ISO)、DVD 复制、DVD-视频。其中，DVD-ROM(ISO)与 CD-ROM(ISO)的使用方法一样，DVD 复制与 CD 复制也是一样的，DVD-视频与 miniDVD 的制作方法一样，这里不再详述。

此外，Nero 还可以进行映像文件的刻录。打开 Nero 主界面，单击主菜单里刻录器中的“刻录映像文件”，如图 11-47 所示。这时会弹出选择文件对话框，选择要刻录的映像文件，如图 11-48 和图 11-49 所示，单击“刻录”按钮即可。

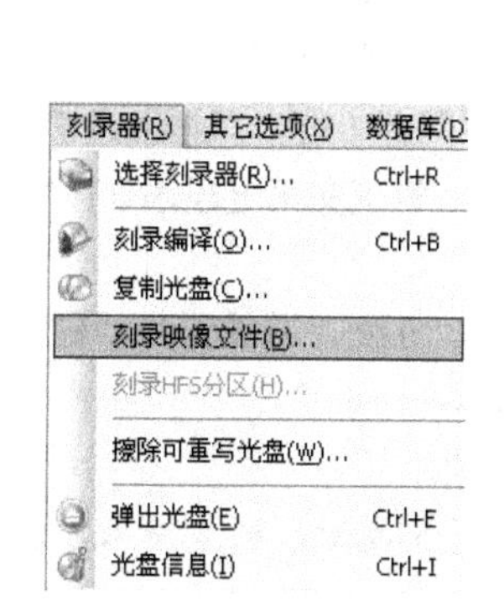


图 11-47　选择“刻录映像文件”

图 11-48　选择映像文件

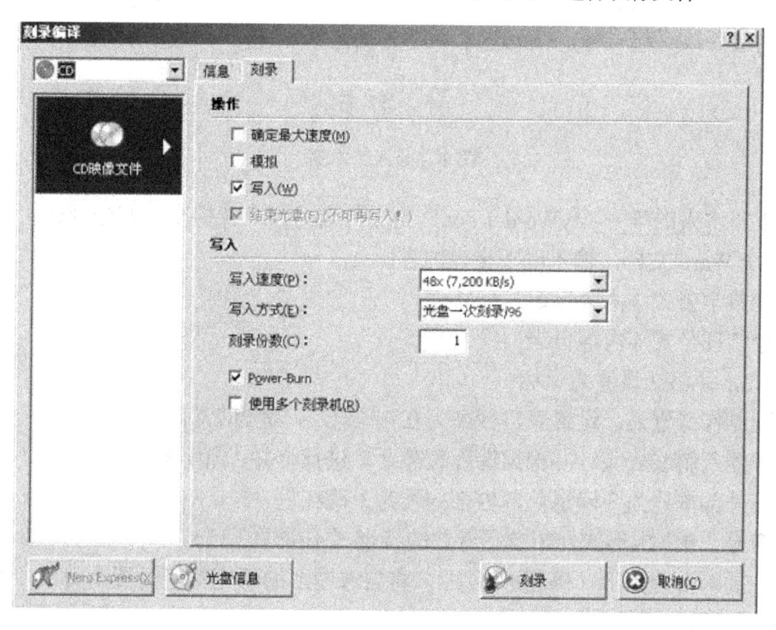


图 11-49　刻录编译映像文件

# 综合实验

## 项目1　Word项目

### 1．限定性项目

（1）从网络上下载一个Word文件（正文至少包括6段），并完成下列操作：

① 将标题段文字设置为楷体_GB2312、二号、红色、空心、加粗、居中，字符间距为加宽。

② 设置正文第一段落首字下沉2行（距正文0厘米），设置正文第二段落左缩进1字符，首行缩进2字符，行距为1.5倍行距，设置正文第三段落段前间距0.5行，段后间距1行，悬挂缩进2字符。

③ 为正文第四段添加蓝色、阴影边框，宽度为1磅（应用于文字），将正文第五段添加图案样式为25%，图案颜色为黄色的底纹，应用于段落。

④ 插入页眉，以自己的学号和姓名作为页眉内容。例如，20089711，王刚，并设置为“右对齐”。

⑤ 插入页脚，在居中位置输入页脚内容“西南交大”，并添加页码。

⑥ 设置页面上边距为3厘米，页面纸张大小为“16开（18.4×26厘米）”。

⑦ 在正文第二段之后另起一段，插入一张图片，设置图片大小为高5厘米，宽4厘米，设置图片版式为“四周型”。

⑧ 为文档添加文字背景水印“西南交通大学”，并设置华文彩云、蓝色，其他选项默认。

⑨ 在文档的最后，另起一行，插入艺术字“书法艺术”，样式如图1所示。

WordArt

图1　插入艺术字

⑩ 将文档以“本人的学号-MyWord-1.doc”为文件名另存，并提交到指定邮箱。

（2）新建一个Word文档，输入以下指定内容：

① 输入一个数学公式（内容自定）。

② 输入一个物理公式（内容自定）。

③ 输入y=x2，并将2设置为上标。

④ 根据课程制作课程表。设置表格行高为0.7厘米，列宽为2.4厘米。

⑤ 在表格中插入斜线表头，并根据课程表需要，进行合并、拆分操作。

⑥ 设置表格外部框线为3磅绿色，内部框线为1磅红色。

⑦ 以项目符号“●”的形式介绍自己专业的特点（不少于3点）。

⑧ 在文档中插入自选图形（椭圆形标注），将自选图形的填充颜色设置为黄色，线条颜色设置为红色，并添加文本“风与智慧”。

⑨ 在文档中练习查找、替换的操作。

⑩ 将文档以“本人的学号-MyWord-2. doc”为文件名另存，并提交到指定邮箱。

### 2．自由发挥性项目

提交一个能够充分展现本人制作电子文档的能力和水平的Word文档，要求内容不少于3页，文件名为“本人的学号-MyWord-3.doc”。

# 项目 2 PowerPoint 项目

## 1. 限定性项目

（1）根据“内容提示向导”新建演示文稿如下：

① 在“内容提示向导”的“演示文稿类型”中选择“推荐策略”，其余步骤按默认值选择（生成的演示文稿共包含 7 张幻灯片）。

② 在第 1 张幻灯片的主标题中输入“策略研讨会”。

③ 在第 2 张幻灯片后插入一张新幻灯片（至此演示文稿共有 8 张幻灯片），并选择第 2 张幻灯片的版式为“内容”。

④ 将文稿以“本人的学号-MyPPT-1.ppt”为文件名另存，并提交到指定邮箱。

（2）对上述演示文稿修改编辑如下：

① 将第 3～8 张幻灯片的标题复制到第 2 张幻灯片中（一个标题一行，按幻灯片顺序排列）。

② 在第 2 张幻灯片的各行与相应的幻灯片间建立超链接。

③ 将第 3 张幻灯片的背景改为预设“宝石蓝”。

④ 将第 4 张幻灯片的“幻灯片切换方式”改为“从右下抽出”。

⑤ 为第 5 张幻灯片的“内容”框添加“进入”、“下降”自定义动画。

⑥ 在第 6 张幻灯片的右下角插入“space shuttles”剪贴画，编辑图片尺寸高度：8 厘米。

⑦ 删除第 8 张幻灯片（演示文稿现剩 7 张幻灯片），删除幻灯片母板中的《日期/时间》。

⑧ 设置演示文稿的模板为“Cascade.pot”。

⑨ 设置幻灯片的“放映方式”为“观众自行浏览（窗口）”。

⑩ 保存修改，并将该文稿（即“本人的学号-MyPPT-1.ppt”）提交到指定邮箱。

## 2. 自由发挥性项目

提交一个能够充分展现本人制作电子文稿能力和水平的演示文稿，要求内容不少于 4 页，文件名为“本人的学号-MyPPT-2.ppt”。

# 项目 3 Excel 项目

## 1. 限定性项目

（1）新建 Excel 工作簿。

① 在 Sheet1 工作表的 A1:G15 区域输入以下内容，并将 Sheet1 更名为“工资表”。

| 姓名 | 性别 | 基本工资 | 奖金 | 补贴 | 房租 | 实发工资 |
|---|---|---|---|---|---|---|
| 刘惠民 | M | 1315.32 | 253.00 | 100.00 | 120.15 | |
| 李宁宁 | F | 2285.12 | 230.00 | 100.00 | 118.00 | |
| 张鑫 | M | 1490.34 | 300.00 | 200.00 | 115.00 | |
| 路程 | M | 1200.76 | 100.00 | 0.00 | 122.00 | |
| 沈霜梅 | F | 1580.00 | 320.00 | 300.00 | 110.00 | |
| 高兴 | M | 1390.78 | 240.00 | 150.00 | 120.00 | |

续表

| 姓名 | 性别 | 基本工资 | 奖金 | 补贴 | 房租 | 实发工资 |
|---|---|---|---|---|---|---|
| 王陈 | M | 1500.60 | 258.00 | 200.00 | 115.00 | |
| 陈枫岚 | F | 2300.80 | 230.00 | 100.00 | 210.34 | |
| 周莉 | F | 1450.36 | 280.00 | 200.00 | 115.57 | |
| 王忠立 | M | 1200.45 | 100.00 | 0.00 | 118.38 | |
| 刘兰 | F | 1280.45 | 220.00 | 80.00 | 118.69 | |
| 陈雪如 | F | 1360.30 | 240.00 | 100.00 | 122.00 | |
| 赵英学 | F | 2612.60 | 450.00 | 300.00 | 220.00 | |
| 平均值 | | | | | | |

② 在Sheet2工作表A1:D17区域输入以下内容，并将Sheet2更名为“成绩统计表”。

| 学　号 | 姓　名 | 专　业 | 考试成绩 |
|---|---|---|---|
| 20061983 | 李剑 | 管理2006-01班 | 87 |
| 20061984 | 张振兴 | 管理2006-01班 | 64 |
| 20061985 | 温杨 | 管理2006-01班 | 54 |
| 20061986 | 古陈 | 管理2006-01班 | 78 |
| 20061987 | 王科家 | 管理2006-01班 | 69 |
| 20061988 | 钟效远 | 管理2006-02班 | 67 |
| 20061989 | 刘利勇 | 管理2006-02班 | 48 |
| 20061990 | 梁霞 | 管理2006-02班 | 83 |
| 20061991 | 庞华兰 | 管理2006-02班 | 75 |
| 20061993 | 杨峻峰 | 管理2006-02班 | 62 |
| 20062815 | 陆珍 | 政治2006-01班 | 82 |
| 20062816 | 刘宏 | 政治2006-01班 | 64 |
| 20062817 | 张光灿 | 政治2006-01班 | 74 |
| 20062845 | 李雪群 | 中文2006-01班 | 42 |
| 20062846 | 何明华 | 中文2006-01班 | 90 |
| 20062847 | 袁钦月 | 中文2006-01班 | 88 |

③ 在Sheet3工作表的A1:D5区域输入以下内容，并将Sheet3更名为“销售表”。

| 商品名称 | 一月销售额 | 二月销售额 | 三月销售额 |
|---|---|---|---|
| 电视机 | 50000 | 48000 | 51000 |
| 电暖炉 | 20000 | 25000 | 15000 |
| 空调机 | 10000 | 12000 | 15000 |
| 计算机 | 5000 | 8000 | 10000 |

④ 将“成绩统计表”表复制一份置于“销售表”之后，并将其更名为“成绩汇总表”。

⑤ 将工作簿以“本人的学号-MyData. xls”为文件名另存。

（2）在上述“工资表”中完成如下操作：

① 在第一行插入一个新行，在A1单元格中输入“红旗连锁超市工资表”，将A1:G1单元格合并居中。

② 设置合并后的单元格格式为水平居中和垂直居中，字体为华文隶书，字号为16，填充颜色为浅青绿。

③ 给A1:G16区域表格加边框线，要求内边框为蓝色单实线，外边框为红色双实线。

④ 利用公式计算实发工资（实发工资=基本工资+奖金+补贴–房租），利用函数完成平均值的计算；并将计算结果填入相应的单元格，要求保留一位小数。

⑤ 按照实发工资的升序排列表格内容。

（3）在上述“成绩统计表”中完成如下操作：

① 在第一列插入一个新列，在 A1 单元格中输入“序号”，在 A1:A17 单元格里进行序列填充，要求：A2 单元格值为 1，A3 单元格值为 2，A4 单元格值为 3，依次类推，即单元格值步长为 1。

② 设置 B2:B17 单元格水平对齐方式为分散对齐；

③ 在 E2:E17 单元格区域设置条件格式，要求：成绩>=90 分的，字体为红色，字形加粗。成绩<60 分的，字体为绿色，字形倾斜。

④ 实现数据的自动筛选，要求：只显示“学号<20061989”或者“学号>=20062845”的所有记录。

（4）在上述“销售表”中完成如下操作：

① 设置 A1:D5 单元格的行高为 18，列宽为 15。

② 为此表数据创建“簇状柱形图”，横坐标为“商品名称”，纵坐标为“销售额”，图表标题为“商品销售表”，并将其嵌入到当前工作表的 A8:D21 区域中。

③ 打开“页面设置”对话框，设置纸张方向为横向，缩放比例为 110%，纸张大小为 B5，设置居中页眉，内容为“黄河商城商品销售表”，页面的居中方式为水平、垂直居中。

④ 在最后一个工作表之后新建一个工作表，工作表名称为“商品表”，将“销售表”A1：D5 单元格转置粘贴至新工作表的 A1:E4 区域。

（5）基于上述操作，完成如下任务：

① 在上述“成绩汇总表”中，对 A1:D17 单元格中的数据进行分类汇总，分类字段为“专业”，汇总项为“考试成绩”，汇总方式为“求平均值”。

② 保存修改，并将该工作簿（即“本人的学号- MyData. xls”）提交到指定邮箱。

# 项目 4　网页制作

## 1．限定性项目

新建一个网页页面，并完成下列操作：

① 完成类似图 2 所示网页的外观。

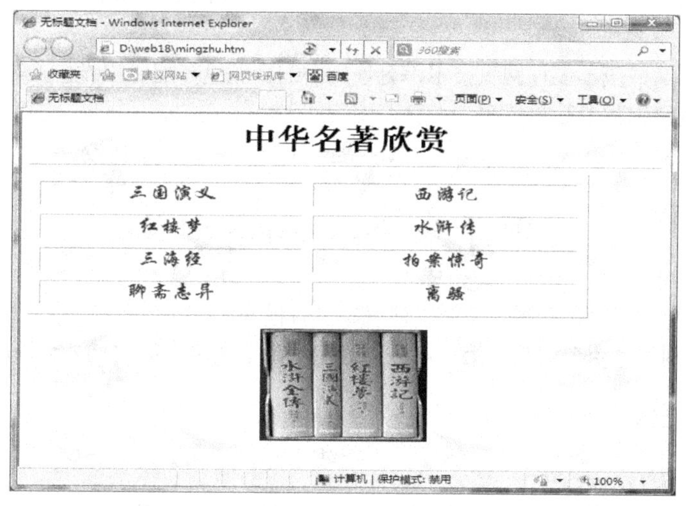


图 2　网页范例

② “中华名著欣赏”文字居中，字体为华文中宋，字号为 36 并且加粗。

③ 表格宽度为 600 像素，边界为 0 像素，单元格间距为 12 像素。

④ 单元格内文字的字体为华文行楷，字号 24，蓝色。

⑤ 从网上下载一幅和名著相关的图片，插入到页面底部。

⑥ 从网上下载一幅背景图片，并设置成页面的背景。

⑦ 新建 8 个页面，分别对应着每本书的内容介绍页面，如《西游记》，类似图 3 所示。

图 3 《西游记》内容介绍

⑧ 分别建立“中华名著欣赏”页面到每个名著内容介绍页面的链接，单击表格中名著的超链接，跳转到这本名著的内容介绍网页。

## 2. 自由发挥性项目

完成其他 7 个名著介绍页面，能够充分展现本人网页制作的能力和水平。

要求：

① 页面内容图文并茂，多种网页技术综合使用，配合颜色搭配、摆设位置等基本美学观念。

② 网站主页要给出作者简单信息。

③ 将作品压缩到名为“本人的学号-MyWeb.rar”的文件中，然后提交。

# 项目 5　Photoshop 项目

本项目涉及的知识点有：选区、通道、滤镜、混合模式。

说明：雪景的制作分两个部分，第一部分为天空中降落的雪，第二部分为地面和物体上的积雪。

## 1. 限定性项目任务

（1）打开原始图片。

① 启动 Photoshop 软件，打开原始照片（提供项目所需原始图片）。

② 将图层调板中的背景图层复制，则图层调板中出现一新图层“背景副本”。

（2）制作天空中的降雪。

① 单击“背景副本”图层，使其成为活动图层，执行“滤镜”→“像素化”→“点状化...”菜单命令，在弹出的对话框中设置单元格的大小为“9”，单击“确定”按钮。（说明：单元格的大小决定了空中雪花的大小。）

② 执行“图像”→“调整”→“阈值...”菜单命令，在打开的对话框中将“阈值色阶”设为最小值1。设置完成后单击“确定”按钮。（说明：在设置“阈值色阶”大小时要注意观察图像的效果变化，直至得到满意的结果。）

③ 由于雪花是白色的，而得到的却是黑色分布的点，因此要再执行“图像”→“调整”→“反相”菜单命令，就可以得到白色分布的点。

注意：由于不同图像本身的亮度不同，当使用“阈值”菜单命令对图像进行处理时，可能会得到白色分布的点或黑色分布的点。如果是白色分布的点就可以直接进行下一步操作了；如果是黑色分布的点，则必须使用“反相”菜单命令操作后方可得到白色的点，然后再进行下一步操作。

④ 将“背景副本”图层重命名为“雪花”，执行“滤镜”→“模糊”→“动感模糊”菜单命令，在打开的对话框中将“角度”设置为–60度，“距离”设置为12像素。设置完成后单击“确定”按钮。

说明：“角度”决定了雪花飘落的方向；“距离”决定了雪花飘落的速度。

⑤ 将“雪花”图层的图层混合模式设置为“滤色”模式，使其与背景图层相混合，则可以得到雪花降落的效果了。

（3）制作地面和狮身上的积雪。

① 首先单击“雪花”图层左侧的“指示图层可见性”图标，使“雪花”图层不可见。

② 单击“背景图层”，使其成为活动图层，按“Ctrl+A”键选择整个图像，然后按“Ctrl+C”键将图像复制到剪贴板。

③ 在调板组中单击选择“通道”调板，单击“创建新通道”按钮新建一个通道，默认名称为“Alpha1”，按“Ctrl+V”键将图像粘贴到通道中。

④ 执行“滤镜”→“艺术效果”→“胶片颗粒...”菜单命令，在弹出的对话框中将“颗粒”设置为6，“高光区域”设置为2，“强度”设置为8。设置完成后单击“确定”按钮。

说明：“颗粒”：用于设置积雪颗粒的大小；“高光区域”：决定了积雪分布的范围；“强度”：用于设置积雪的数量。这三个参数的设定要根据自己的要求和图像效果的变化来决定。

⑤ 按下“Ctrl”键不放，单击“Alpha1”通道缩览图，可得到通道内的白色区域。

⑥ 按下“Ctrl+C”键，将“Alpha1”通道内的白色区域复制到剪贴板，然后返回到图层调板，单击“创建新图层”按钮，创建一个新的图层，新图层命名为“积雪”，并使“积雪”图层位于“背景”图层和“雪花”图层之间。

⑦ 按下“Ctrl+V”键，将已复制的白色区域粘贴到“积雪”图层中。

⑧ 在“积雪”图层中，使用选区工具或橡皮擦工具将不需要的白色区域擦除，使用柔边画笔将前景色设为白色，将画笔流量适当调小，对一些积雪较厚的位置进行描绘，得到最终的积雪图像。

⑨ 在图层调板中单击“雪花”图层，使其可见，即可得到为图像增加风雪效果的最终全部效果图（见图4）。

## 2. 自由发挥性项目任务

提交一份能够充分展现本人PS技能的作品，如平面设计作品、照片PS等，最后作品保存为jpg图片，文件名为“<u>本人的学号</u>-MyPS.jpg”。

（a）原图

（b）最终效果图

图4 原图与最终效果图

# 项目6 动画制作

（1）根据下列操作完成Flash文档的舞台背景设置。

① 新建一个Flash文档，将文档的舞台背景颜色改为“#66CCFF”，即图5所示的蓝色。

② 在图层1中，使用椭圆工具和变形工具，在蓝天上绘制几朵白云，每朵白云是由几个白色的椭圆组合而成的，如图5所示。

③ 新建图层，在图层2中使用矩形工具绘制绿地，如图6所示。然后绘制两个深浅不同的灰色矩形，构成道路，在道路中间，使用铅笔工具绘制一条笔触为3的白色虚线，如图7所示。

④ 新建图层，在图层3中选择“文件”→“导入”→“导入到舞台”命令，从外部文件夹导入树的图片（也可利用Flash中的工具绘制树的图案）。将素材“树”排列在道路旁边，如图8所示。

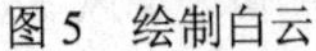

图5 绘制白云

图6 绘制绿地

（2）制作小汽车的运动动画。

① 新建一个Flash文档，在图层4中选择“文件”→“导入”→“导入到舞台”命令，从外部文件夹导入小汽车图片，如图9所示。

图 7　绘制绿地图

图 8　绘制道路边的树

② 将小汽车放在舞台外的右边，并注意车轮要在道路的路面上。选中小汽车图片，选择菜单中的“修改”→“转换为元件”命令（或按“F8”键），在弹出的“转换为元件”对话框中，在“类型”一栏选择“图形”，单击“确定”按钮，将小汽车辆图片转换为图形元件。

图 9　小汽车

③ 在第 100 帧按“F6”键插入关键帧，在第 100 帧中将小汽车放在舞台外的左边，注意保持水平。然后右键单击第一帧和最后一帧之间的任意一帧，在弹出的菜单中选择“创建传统补间”。

④ 在动画中添加署名（即本人的学号和姓名）。可添加在整个动画过程中（如背景图层上）或是单独放在最后若干帧（若采用后一种方法，应注意帧的延长，否则单独一帧会导致画面播放太快）。

⑤ 按“Ctrl”+“Enter”键，测试动画效果。制作完成后，选择“文件”→“导出”→“导出影片”，将影片文件（.swf）导出至需要的路径保存。将文件名改为“本人的学号-MyFlash.swf”。

# 附录A 实验计划一览表

<table>
<tr><th>周次</th><th colspan="2">实验名称</th><th>实验任务</th></tr>
<tr><td>1</td><td colspan="2">实验准备</td><td>入门技能（微机系统基本操作）<br>任务1 开关计算机和键盘指法练习<br>任务2 文件及文件夹基本操作<br>任务3 常用设备属性的设置<br>任务4 系统硬件配置信息的查询</td></tr>
<tr><td>2</td><td colspan="2">实验一</td><td>微机系统配置与优化管理<br>任务1 BIOS的查询与修改<br>任务2 检测、修复和优化系统性能<br>任务3 系统性能测试<br>任务4 虚拟内存管理</td></tr>
<tr><td>3</td><td colspan="2">实验二</td><td>网络基本应用操作<br>任务1 利用搜索引擎查找指定的内容<br>任务2 常用工具软件的下载及安装<br>任务3 免费邮箱的申请与使用<br>任务4 网络基本命令操作</td></tr>
<tr><td>4</td><td colspan="2" rowspan="2">实验三</td><td rowspan="2">电子文档的制作<br>任务1 制作个人简历<br>任务2 制作通知（内嵌表格）<br>任务3 制作请柬<br>任务4 论文格式编排</td></tr>
<tr><td>5</td></tr>
<tr><td>6</td><td colspan="2">实验四</td><td>幻灯片PowerPoint制作<br>任务1 新建演示文稿<br>任务2 编辑教案<br>任务3 设置动画效果<br>任务4 播放演示文稿</td></tr>
<tr><td>7</td><td colspan="2">实验五</td><td>电子表格Excel制作<br>任务1 创建成绩表<br>任务2 成绩表数据统计<br>任务3 图表的创建与编辑<br>任务4 美化及打印成绩表</td></tr>
<tr><td>8</td><td colspan="2">实验六</td><td>Internet的应用<br>任务1 网络配置<br>任务2 代理服务器的配置<br>任务3 BBS的使用<br>任务4 安装及配置安全软件</td></tr>
<tr><td>9</td><td rowspan="3">A理工科</td><td rowspan="2">实验七</td><td rowspan="2">网页制作<br>任务1 制作简单的文本网页<br>任务2 使用表格规范网页布局<br>任务3 使用CSS美化网页、规范网页总体格式</td></tr>
<tr><td>10</td></tr>
<tr><td>11</td><td>实验八</td><td>虚拟光驱与Visio作图<br>任务1 创建.ISO文件和使用虚拟光驱<br>任务2 利用Visio作图</td></tr>
</table>

续表

<table>
<tr><th>周次</th><th colspan="2">实 验 名 称</th><th>实 验 任 务</th></tr>
<tr><td>9</td><td rowspan="3">B 文科</td><td rowspan="2">实验九</td><td rowspan="2">Photoshop 软件的应用<br>任务 1 Photoshop 基本的图像编辑技巧<br>任务 2 利用 Photoshop 优化处理照片</td></tr>
<tr><td>10</td></tr>
<tr><td>11</td><td>实验十</td><td>Flash 软件的应用<br>任务 1 创建逐帧动画<br>任务 2 创建传统运动补间动画<br>任务 3 创建形状补间动画<br>任务 4 创建路径动画</td></tr>
<tr><td>12</td><td colspan="2">实验十一</td><td>其他常用软件工具的使用<br>任务 1 压缩软件 WinRAR 的使用<br>任务 2 制作和阅读 PDF 文档<br>任务 3 刻录数据 CD 和音乐 CD</td></tr>
<tr><td>13～17</td><td colspan="2">综合实验</td><td>综合型项目<br>到位实验，提交个人作品</td></tr>
</table>

# 参 考 文 献

景红. 大学计算机基础实验教程. 成都：西南交通大学出版社，2009.